拱坝全景

拱坝上游库区

拱坝表孔泄水

坝后水垫塘施工场景

建设中的山口拱坝俯瞰

拱坝廊道内场景

仓面仪器布设

仓面仪器电缆走线

仪器线缆接长

廊道监测房内金属管标造孔

拱坝廊道内观测间

监测仪器接入采集箱

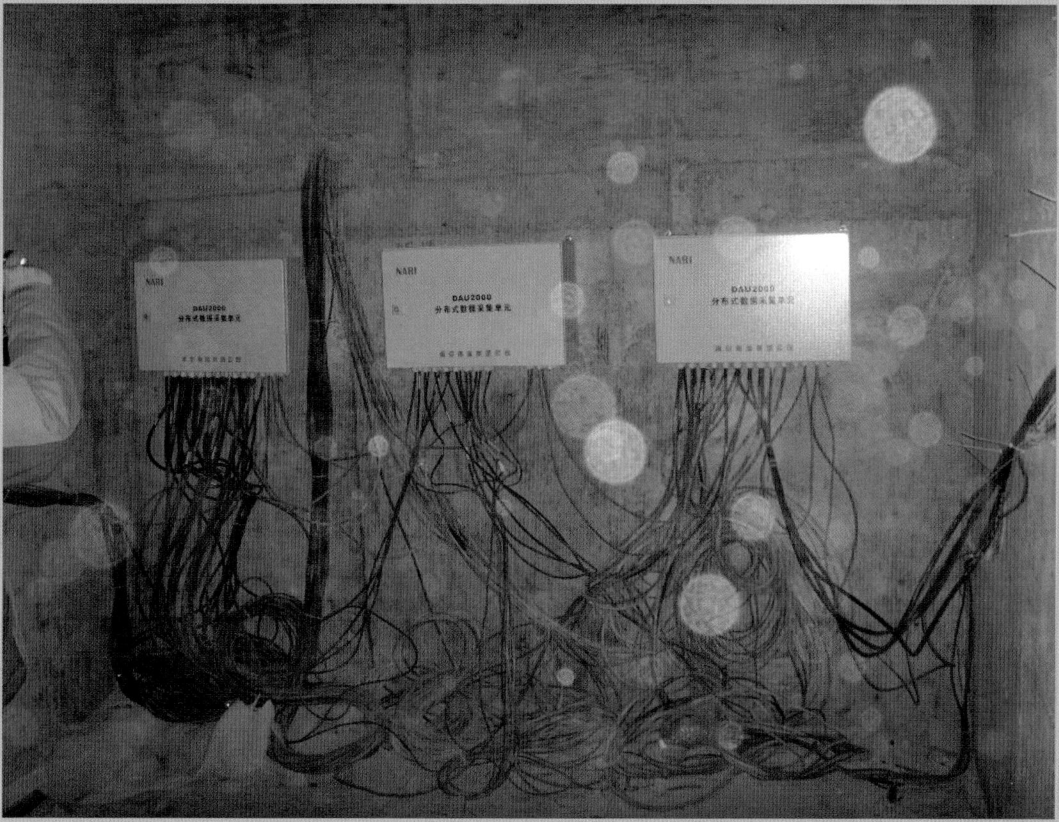

施工期临时监测设备

双金属管安装

现场检查仪器

静力水准仪安装

五项应变计安装

正锤线线体定位

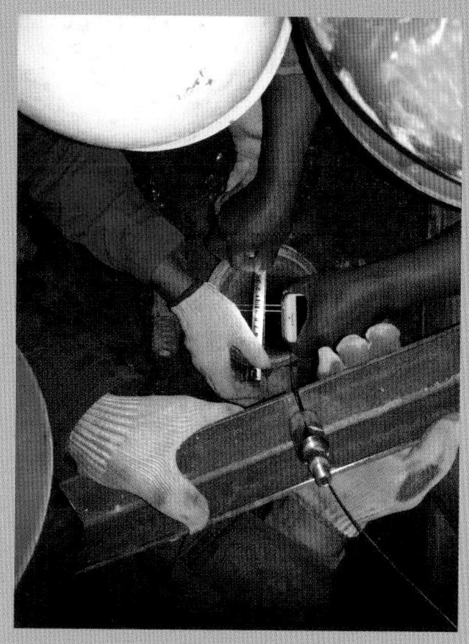
正锤导线安装

测温光纤熔接

施工期光纤测温数据采集

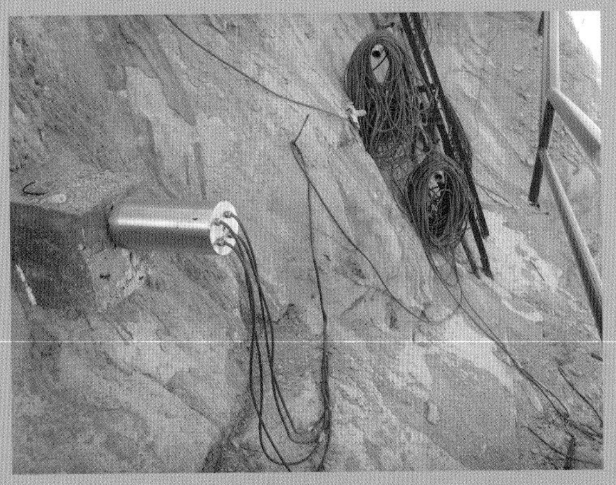

左岸高边坡锚杆测力计

检查锚索应力计

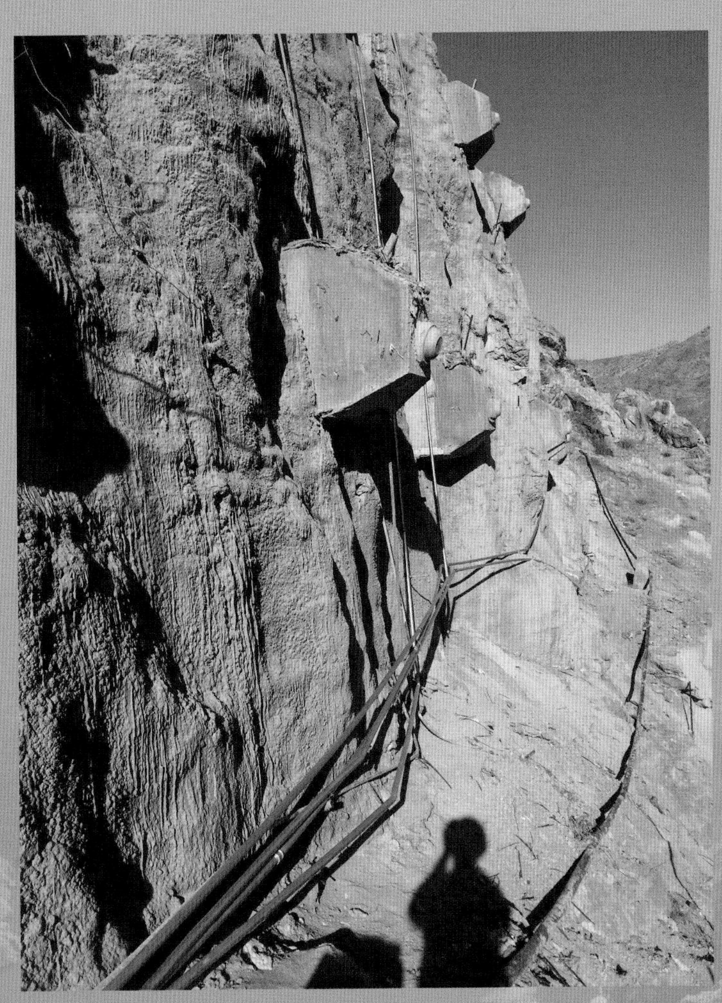

左岸高边坡仪器线缆穿管保护

# 严寒区高拱坝安全监控指标拟定研究与应用

李新　朱赵辉　黄耀英　王庆勇　魏波　田振华　徐小枫　著

中国水利水电出版社
www.waterpub.com.cn
·北京·

## 内 容 提 要

本书结合新疆严寒地区某高拱坝工程，系统阐述了大坝安全监测资料时空分析、正反分析和监控指标拟定的方法、理论及其应用。全书共8章，包括绪论、工程概况、拱坝监测资料时空分析、拱坝监测资料正分析、拱坝变形参数反演分析、拱坝监控指标拟定的监测资料法、拱坝变形监控指标拟定的混合法，以及监测资料分析及监控指标拟定研究展望。

本书主要是面向从事工程安全监测资料分析评价和相关理论研究的各方面技术人员，力求对相关安全监测工程和安全监测技术人员起到一定的参考和借鉴作用，也可供相关专业高等院校师生学习参考。

图书在版编目（CIP）数据

严寒区高拱坝安全监控指标拟定研究与应用 / 李新等著. -- 北京 : 中国水利水电出版社, 2022.12
ISBN 978-7-5226-1255-3

Ⅰ. ①严… Ⅱ. ①李… Ⅲ. ①寒冷地区－高坝－拱坝－安全监控 Ⅳ. ①TV642.4

中国国家版本馆CIP数据核字(2023)第024669号

| | |
|---|---|
| 书　　名 | **严寒区高拱坝安全监控指标拟定研究与应用**<br>YANHAN QU GAO GONGBA ANQUAN JIANKONG ZHIBIAO NIDING YANJIU YU YINGYONG |
| 作　　者 | 李　新　朱赵辉　黄耀英　王庆勇　魏　波　田振华　徐小枫　著 |
| 出版发行 | 中国水利水电出版社<br>（北京市海淀区玉渊潭南路1号D座　100038）<br>网址：www.waterpub.com.cn<br>E-mail：sales@mwr.gov.cn<br>电话：（010）68545888（营销中心） |
| 经　　售 | 北京科水图书销售有限公司<br>电话：（010）68545874、63202643<br>全国各地新华书店和相关出版物销售网点 |
| 排　　版 | 中国水利水电出版社微机排版中心 |
| 印　　刷 | 天津嘉恒印务有限公司 |
| 规　　格 | 184mm×260mm　16开本　18.25印张　450千字　4插页 |
| 版　　次 | 2022年12月第1版　2022年12月第1次印刷 |
| 定　　价 | **98.00**元 |

# 前　言

我国自北纬30°以上属于寒冷地区（华北地区、青藏高原南部地区），北纬40°以上属于严寒地区（包括东北地区、西北地区、内蒙古地区、新疆地区、青藏高原北部地区）。我国现行《水工建筑物抗冰冻设计规范》（NB/T 35024—2014）指出，根据最冷月平均气温可确定气候分区，即温和区最冷月平均气温大于－3℃；寒冷区最冷月平均气温大于－10℃且小于－3℃；严寒区最冷月平均气温小于－10℃。近年来，随着国民经济的快速发展，我国水电资源开发不断向新疆、西藏等高海拔和高寒地区转移。这些地区昼夜温差大、气温年变幅较大，冬季寒冷且历时较长，环境条件极为恶劣，该环境条件使得大坝运行期的安全与稳定受到更严峻的考验。鉴于此，有必要对严寒地区水利工程运行期的实测资料及时进行反馈分析，建立相应的变形监测模型借以掌握大坝运行期的工作状态，借此通过反分析获得力学参数，由此确定大坝变形预警极值。

BEJSK水利枢纽工程地处我国纬度最高地区（北纬48°），空气干燥，夏季气温较高，冬季漫长且严寒，气温日较差明显，年较差悬殊。坝址区年平均气温5℃，最冷月气温－30～－20℃，极端年温差可达80℃以上。枢纽建筑物主要由常态混凝土双曲拱坝、溢流表孔、放水深孔、发电引水系统、电站厂房几部分组成，最大坝高94m，全长319.646m。从工程规模方面来看，属于高坝，从地理位置方面来看，该工程位于严寒干燥地区。该工程蓄水运行已有7年，积累了长序列的监测资料，运行过程中各项监测成果总体正常，但也出现了一些问题，如坝基局部渗压与外界气温相关性较强、局部迎水面坝体渗压过大等。通过本次系统的分析评价和监控指标拟定，将该监控指标作为大坝运行期安全的判据，这对大坝安全运行具有重要的参考价值。

本书的编纂立意是面向从事工程安全监测资料分析评价和相关理论研究的各方面技术人员，通过对监测资料的正反分析和监控指标拟定研究，力求对其他安全监测工程和安全监测技术人员起到一定的参考和借鉴作用，力图为我国安全监测事业深入研究和拓展起到推动作用。

本书共分8章。基于“时空分析—正分析—参数反演分析—监控指标拟定”四位一体的结构模式进行构思写作，主要包括绪论、工程概况、拱坝监测资料时空分析、拱坝监测资料正分析、拱坝变形参数反演分析、拱坝监控指标拟定的监测资料法、拱坝变形监控指标拟定的混合法、结论与展望等内容。

本书编写过程中，得到新疆额尔齐斯河投资开发（集团）有限公司、中国水利水电科学研究院、三峡大学、北京中水科工程集团有限公司等单位的大力支持，在此向他们表示诚挚谢意。本书全文由李新、朱赵辉、黄耀英、王庆勇、魏波、田振华、徐小枫进行统稿和审定。此外，尚层、吴浩、丁倩、谢晓勇、田宇、李秀文、余正源、徐晓强、武学毅、何一洋、云磊、尚静石、徐世媚、丁照祥、顾艳玲、谢同、赵多明、郝斯佳、费大伟、倪志华、马文雅、孙康平、董武、殷晓慧、张峰、高鹏、陆秋月、许建述、梁国成参与了本书数据与资料的收集、整理、统计、计算、分析和校核等工作，在此表示感谢。

限于编者水平，书中难免存在缺点和错误，敬请广大读者批评指正。

**作者**

2022 年 3 月

# 目　　录

# 第1章 绪论

## 1.1 大坝安全监测意义

截至2020年年底，我国已修建了9.8万多座水库大坝，水库总库容9360亿$m^3$，其中：大型水库774座，总库容7410亿$m^3$；中型水库4098座，总库容1179亿$m^3$。这些水利水电工程在防洪、灌溉、发电、城乡供水、航运和水产养殖等方面发挥了巨大的社会经济效益。随着我国社会经济的发展，社会各界越来越重视水利工程在国民经济中的作用，逐渐加大水利水电工程的投资力度。随着西部大开发、西电东送、南水北调等国家政策的实施，坝工技术的发展正使得大坝规模向高、大的方向发展。如二滩双曲薄拱坝（坝高240m）、天生桥面板堆石坝（坝高178m）、三峡重力坝（坝高181m）、小湾拱坝（坝高292m）、锦屏一级拱坝（坝高305m）、水布垭面板堆石坝（坝高232m）、小浪底土石坝（坝高154m）、溪洛渡拱坝（坝高285.5m）、白鹤滩拱坝（坝高289m）、双江口心墙堆石坝（坝高312m）、两河口心墙堆石坝（坝高295m）等，这些特大型水利工程的兴建在一定程度上代表了我国在坝工领域的技术力量和实力。然而，这些大坝在带来效益的同时也给人们带来了一定的风险，大坝的安全性态不仅直接影响到工程效益的发挥，而且也关系到下游人民的生命财产安全、生态环境优劣以及社会的稳定。大坝的安全问题是关系到国计民生的大事。

运行中的大坝是一个复杂的动力系统，坝体、库水、坝基、环境量以及其他枢纽建筑物相互作用使得该动力系统具有高度的非线性特征和不确定性。由于大坝和基岩工作条件复杂，荷载、计算参数、计算模型以及突发因素（如地震、恶劣运行环境）等还都不能精确模拟，也使得目前水工设计与工程实际难以完全吻合。随着运行时间的不断增加，同时由于设计标准、材料性能、施工过程中的人为因素等影响，坝体材料逐渐老化，有些大坝出现危及大坝安全的裂缝和病变现象，有些大坝的坝址地质条件复杂导致大坝的安全度偏低，有些大坝的防洪标准偏低，大坝都存在着不同程度的老化、病变和裂缝等问题。如果这些缺陷和问题不能及时被管理部门发现，大坝将时刻面临着安全威胁，甚至会导致灾难性事故，造成不必要的损失。

国内外有诸多的垮坝事故，都给我们以深刻的教训，如法国的马尔巴塞（Malpasset）坝垮坝，美国的Teton土石坝溃决，我国的板桥、石漫滩以及沟后等大坝失事都造成了非常严重的灾害。法国马尔巴塞拱坝失事的重要原因之一就是对大坝变形监测数据资料的整理分析不够。事故发生前，对该坝设置的三角网进行过一次测量，但没有及时对监测数据进行整理分析，其实在该次测量中，距正常高水位还有 4.5m 时，坝体中部拱坝最大变位已达到 30cm，并出现了较大的非线性切向位移，这些都是大坝失稳的先兆。1975 年 8 月因特大暴雨洪水石漫滩水库水位陡涨垮坝，致河南、安徽 2 省 29 个县市 1100 多万人受灾，下游 90％耕地被淹没，直接经济损失近百亿元；1993 年 8 月因坝体排水不畅青海沟后水库溃坝，冲毁农田 867$hm^2$，村庄 13 个，近 300 人丧生，多人下落不明，直接经济损失达 1.53 亿元。

相关统计表明，1954—2020 年，我国共溃坝 3558 座，年溃坝率 5.3/10000，其中小型水库溃坝 3423 座，占比 96.21％，按照时段可划分为以下三个阶段：

(1) 溃坝高发阶段（1949—1978 年）：年均溃坝 107 座，年均溃坝率 12.3/10000。

(2) 显著下降阶段（1978—2000 年）：年均溃坝 19.5 座，年均溃坝率 2.3/10000。

(3) 渐趋稳定阶段（2000—2020 年）：总共溃坝 99 座，年均 4.5 座，年均溃坝率 0.4/10000。

从溃坝发生时期来看，运行期溃坝占比 77.80％；从工程类型来看，土石坝溃坝占比 94.82％，拱坝和重力坝等刚性坝溃坝占比 1.46％。

统计资料显示，约有 1/3 大坝失事事故发生在建设期或完工后的 5 年内，约 1/2 的事故发生在大坝稳定运行的 50 年后，由于我国绝大多数水库大坝修建于 20 世纪 70 年代，当时因为特殊的环境导致所设计施工的大坝存在较多的问题，据相关部门不完全统计，全国近 5000 座大中型水库大坝中约有 20％、9 万多座小型水库约 30％存在不同程度的病险问题，故当前也是病险坝除险加固的高峰时期。由于坝体和坝基承受巨大荷载，工作条件复杂，加之外部环境荷载的驱动，致使内部材料特性也不断演变，各项性能指标逐渐退化减弱趋于危险区间，如何科学有效地对在役大坝进行安全监控成为学者们越来越关注的重大问题。大坝安全监测的主要目的是掌握大坝结构的实际运行特性，对运行监测资料进行全面而深入的分析，建立和设定不同的监控模型与监控指标，并依此定量分析计算大坝的安全状况，监控大坝的运行性态，及时对发现的异常现象进行评价与诊断，为保障大坝安全提供必要的监测信息。对大坝安全监控理论的方法和应用展开研究，不仅可以及时监测大坝的运行性态，使大坝在保证安全运行的前提下最大限度地发挥其工程效益，而且对发展坝工理论和提高施工及管理水平具有重要的科学价值。

## 1.2　大坝安全监测发展历程

大坝安全监测技术经历了一个较为漫长的发展历程，早在 1891 年的德国于埃施巴赫重力坝上进行了大坝位移观测，这是人类历史上第一次开展大坝安全监测工作。大坝安全监测技术经历了从无到有、从单一到全面、从原始到高科技的发展过程。业内根据其发展特点，将大坝安全监测技术发展大致分为以下三个阶段。

(1) 原型观测阶段（1891—1964 年），此阶段大坝安全监测称为原型观测或大坝观测，重点是检验设计，改进坝工理论。设计的监测项目较少，且以目测及人工观测仪表为主。在历届国际大坝会议议题及论文中，均称为“观测”，例如，1964 年在英国爱丁堡召开的第 8 届国际大坝会议议题即为“各种坝型的观测结果及分析”。我国的有关规范、书籍及论文也是如此，如 1960 年水利电力出版社出版的《混凝土坝的内部观测》及《水工建筑物观测工作手册》等。

当时的布设设计主要是考虑：①在不改变结构受力的前提下了解施工及运行中的工作状态；②在未知的或不能准确计算出应力大小以及尚须探明应力方向的部位布置仪器及某些需要核对室内试验和计算的地方；③明确主要项目后确定观测基面。根据上述三点，主要选在高度最大、负荷最大及地质情况复杂即需要进行观测研究的地方。

（2）原型观测向安全监测过渡阶段（1965—1985 年），此阶段主要是保证大坝安全运行。由于原型观测的技术不甚成熟，处于研究阶段，到此阶段由于国际上一些大坝失事，造成了相当严重的后果，因此各国加紧了对监测技术的研究，专业名词也由“观测”逐渐过渡到“监测”。各国也相继出台了各类的监测技术规范。这些技术规范主要是根据之前积累的经验进行整编。

（3）安全监测阶段（1985 年至今），此阶段安全监测已成为人们的共识。许多发达国家的技术飞速发展，包括自动化监测方面。这个时期也是我国水电开发的高速期，1994 年的《土石坝安全监测技术规范》（SL 60—1994）应运而生，标志着大坝安全监测技术进入了标准化的新阶段，大坝安全监测技术进入成熟期。各监测项目较为齐全，且其布置也较为成熟，主要根据建筑物结构型式和地形地质来布设监测设施，如大坝变形、渗流监测设施主要布置在最大坝高和合龙段、突变地形、复杂地质条件及埋地管道异常反应处，且对布置数量也进行了要求。

大坝安全监测设计、实施和资料整编分析主要是依据水利行业标准《土石坝安全监测技术规范》（SL 551—2012）、《混凝土坝安全监测技术规范》（SL 601—2013）和电力行业标准《土石坝安全监测技术规范》（DL/T 5259—2010）、《混凝土坝安全监测技术规范》（DL/T 5178—2016）、《土石坝安全监测资料整编规程》（DL/T 5256—2010）、《混凝土坝安全监测资料整编规程》（DL/T 5209—2020）进行的。以上所有规范均在《土石坝安全监测技术规范》（SL 60—1994）基础上，将《土石坝安全监测资料整编规程》（SL 169—1996）和《土坝观测资料整编办法》（SLJ 701—1980）合并修订演进而来的。其中，《土坝观测资料整编办法》（SLJ 701—1980）是由于早期的一批大型水库兴建后积累了土坝的观测资料整编工作的一定经验，但未建立统一的技术要求，为了加强土坝的技术管理和健全其资料的整编工作而编制。《土石坝安全监测技术规范》（SL 60—1994）是根据《水库大坝安全管理条例》的要求，用以加强我国土石坝安全监测技术工作而制定的。《土石坝安全监测资料整编规程》（SL 169—1996）系《土石坝安全监测技术规范》（SL 60—1994）的配套规程，用来规范土石坝安全监测资料的整编工作。

目前安全监测规范要求的主要技术内容有：巡视检查、变形监测、渗流监测、压力（应力）监测、环境量监测、监测自动化系统、监测资料整编与分析等。变形监测的内容包括水平位移、垂直位移、倾斜监测等，称外部观测；与建筑物内部有关的如裂缝接缝、应力、应变、压力、渗流、渗压监测等，称为内部观测；还要进行环境量（气温、气压、水位）、水力学、强震等专项监测。本书安全监测主要内容如图 1-1 所示。

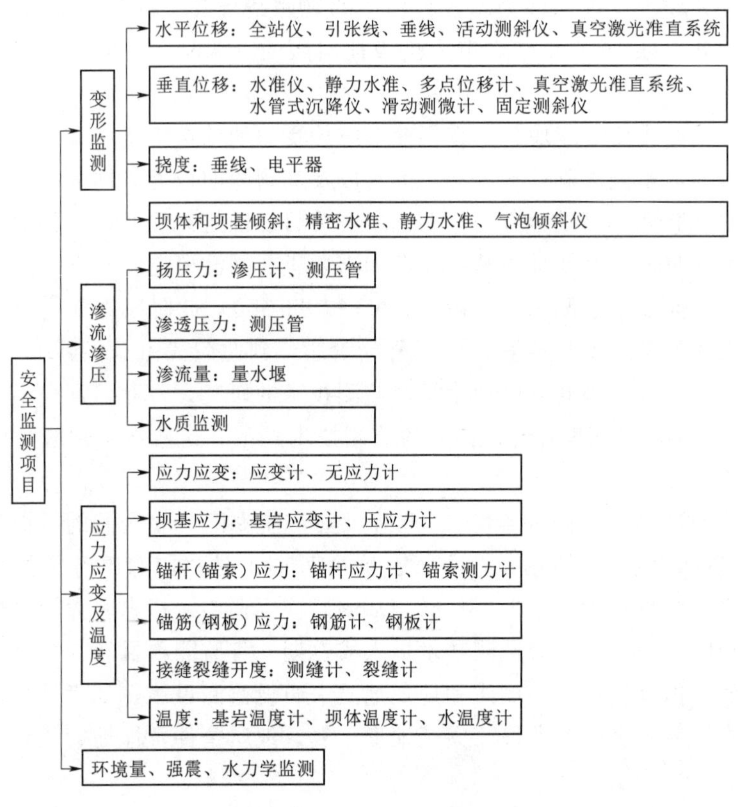


图 1-1　安全监测主要内容

# 1.3　大坝安全监测资料分析发展历程

## 1.3.1　国外研究现状

在国外，大坝监测资料分析研究起步较早。1955 年，意大利的法那林（Faneli）和葡萄牙的罗卡（Rocha）等开始应用统计回归方法来定量分析大坝的变形观测资料。自此以后，葡萄牙、意大利、奥地利、苏联、日本等国的学者相继对观测值的定量分析进行了研究。意大利的托尼尼（Tonini）在美国土木工程师协会会报（ASCE）第 82 卷（1956 年 12 月号）上发表的《几座意大利拱坝的观测性态》一文中，首次将影响大坝的自变量因子分为水压、温度和时效三部分。意大利的爱迪生水电公司曾在 1958 年的第六届国际大坝会议上提出了时效变化为双曲函数的观点，该函数是通过对实测位移值用“年位移平均”法得出的位移变化趋势求得的，近年来也逐渐改用幂函数来表示时效的变化。监测分析做得较深入的日本，在定量分析中首次引进了多元回归分析方法。1963 年，中村庆一等人，首先将数理统计中的回归分析方法应用于观测资料分析中，这种方法能从众多的可能有关因子中挑选出对位移有显著影响的因子，以建立“最优”回归方程，并对方程的有效性进行统计检验，使监测模型的研究前进了一大步。1977 年，法那林等人又提出了混凝土大坝变形的确定性模型和混合模型，将有限元理论计算值与实测资料有机地结合起来，以监控大坝的安全状况。此外，法国在资料分析方面要求简便、迅速，他们采用MDV方法监控大坝，即在测值序列中分离出水压分量和温度分量后，然后对时效和残差的变化规律进行分析，进而评判大坝的安全状况。1986年，奥地利的普勒尔（Purer）和斯泰纳（Steiner）两人在英国的《水力发电与坝工建设》杂志第12期上提出了“混合式自回归模型”来分析122m高的科普斯（Kops）拱坝的观测资料，此模型特点是在因子中增加某因变量的前期值作为自变量参加回归，计算结果表明其残差比一般回归模型可减少50%，复相关系数也有所增加，因而提高了回归值的精度。在常规分析资料的基础上，日本、法国等国家也开展不同内容的反分析，其主要内容为反演坝体材料的物理力学参数以及施工期的反馈分析。在近15～20年中，意大利致力于观测资料分析方法及规范化的研究，已在世界各国取得了领先地位。意大利国家电力局（ENEL）的模型和结构研究所（INMES）与水力和结构研究中心（CRIS），合作开发了利用微处理机进行数据采集和分析的MAMS系统，提出了以有限元计算为基础的确定性模型，使观测资料分析工作向前迈进了一步。

### 1.3.2 国内研究现状

我国大坝变形资料分析工作起步较晚，1974年以前主要是定性分析，即通过实测过程线和简单统计特征值来分析大坝的运行状态。1974年以后，在河海大学陈久宇等的倡导下，应用统计回归方法分析原型监测资料，并将分析结果加以物理成因分析，提出了时效变化的指数模型、双曲函数模型、对数模型、线性模型等。20世纪80年代中期，河海大学吴中如等从混凝土徐变理论出发推导出坝体时效位移的表达式，用周期函数模拟水压、温度等周期荷载，并用非线性二乘法进行参数估计，提出了坝体水平位移的时间序列分析法以及建立连拱坝位移确定性模型的原理和方法。1985年，河海大学在国内首次将确定性模型的理论应用于佛子岭连拱坝结构性态分析，取得较好的效果。李旦江将混合模型应用在拱坝原型资料分析中。此外，有些学者注意到单测点模型难以反映空间位移场的缺点，提出了混凝土坝空间位移场的时空分布模型、多测点统计模型及确定性模型，用以监控大坝的空间位移场。随着大坝监控理论的发展，一些研究者利用数学等相关领域的前沿成果，提出了一系列模型，如模糊预测模型、灰色预测模型、神经网络模型、时间序列模型、相空间预测模型、组合模型等，在传统的回归模型中，也提出了岭估计、主成分估计等新的参数估计方法。此外，在提取监测资料趋势项（即时效分量）上，李珍照等提出应用数字滤波法分离测值中的时效项，也有人利用小波理论进行了时效分量的分离。这些都为大坝监测资料分析模型和方法的研究作出了较大贡献。

## 1.4 大坝安全监测资料处理与分析研究现状

一个完整的大坝安全监测系统包括数据量测、数据采集和数据分析三部分。通过监测采集的大量数据，为了解大坝运行状态提供了基础。但是，原始的监测成果往往只展示了事物的直接表象，要深刻揭示大坝变形规律，从繁多的监测资料中找出关键问题，还必须对监测数据进行分辨、解析、提炼和概括，这就是监测资料整理分析的工作内容。通过资料整编分析，可以从原始数据中提取出蕴藏的信息，为大坝建设和管理提供有价值的资料。

大坝监测资料的整理，是将原始监测记载的资料进行综合整理，经过校核审核、考证分析，使其成为系统化、图表化的监测成果，再对整编初级成果进行一校、二校、复核及审核等工序，发现问题，及时解决，确保资料整编成果的准确性、可靠性和精确度，真实反映坝体实际情况。具有一定精度的现场监测是整理分析工作的前提和基础，而将监测数据加工成理性分析成果，则是监测目的的体现。它是介于现场监测和资料分析之间的中间环节，监测资料分析是进行大坝监测的根本目的。由于影响大坝状态的多种因素是交织在一起的，而监测值是其综合效应的体现，因此为了解测值在空间分布和时间发展上的联系，了解变化过程和发展趋势、预测未来测值出现范围及可能的数值，首先要详尽掌握监测资料，掌握第一手人工资料及自动化采集工作。

### 1.4.1 整编分析工作内容

大坝监测是指直接或借用专门的仪器设备，对建筑物本身及基础岩体，从施工前夕起对施工、蓄水、运行整个过程所进行的量测与分析。这一过程包括三个基本环节：数据量测、数据采集和数据分析。

(1) 数据量测的功能是在选定的建筑物若干部位埋设或安装监测仪或设施，通过定时或随机量测，获取反映建筑物及相关岩体性状变化的数据和资料。水利部先后颁布了《混凝土坝安全监测技术规范》(SL 601—2013) 和《土石坝安全监测技术规范》(SL 551—2012) 明确规定了各类各级水工建筑物必设的安全监测项目。按监测物理量的类型分为两大类：环境（原因）量和效应量。环境量主要包括气温、水温、降水量等，效应量监测项目主要有常规监测、专项监测和另一类监测三类。

1) 常规监测主要有变形监测、渗流渗压监测、应力应变和坝体温度监测。

2) 专项监测是指水力学监测、震动爆破监测和为常规监测提供必要的控制数据、基准数据、环境参数及其一些辅助性监测项目。例如：坝区变形控制网、地应力监测等。

3) 另一类监测是指对大坝坝体、廊道、坝肩、泄水设施、发电设施、通航建筑物、高陡边坡等通过目视检查和一些辅助手段进行的日常或定期检查。

(2) 数据采集（包括传输）是指定时或定期把量测得到的数据或资料通过自动装置或人工手段或半自动半人工的方式采集起来作短时存放，再集中传送到近坝区或远方的监测中心。

(3) 数据分析（包括数据管理、分析解释、安全评价和辅助决策）的主要功能是对传输来的各类监测数据和资料进行有序管理，建立数据库、图库、分析模型库和相关知识库等，并应用一系列数据分析软件，对建筑物及相关岩体的性状变化和安全状态做出评价。在出现可能危及建筑物安全的异常状况时，及时做出预报进行分级分类报警，并提出应对措施的建议，为主管部门决策提供依据。

### 1.4.2 大坝监测资料整编的分类

一般将监测资料根据坝体类别分为两类：混凝土坝监测资料和土石坝监测资料。这两种坝体的资料包含以下三个方面：①监测资料，如现场记录成果，监测设计技术文件和图纸，监测设备竣工图，设备变化及维护、改进记录等；②水工建筑物的资料，包括地质资料，基础处理报告，建筑材料和地基各项物理力学指标以及验收文件，历年各项运用指标，维修加固的各项资料；③其他资料，包括各种盘算图表和分析图表，技术参考资料等。

从时间上一般把监测资料分为年度监测资料汇编和十年监测资料汇编。随着监测技术的日益发展，坝体监测项目不断更新，监测手段也在不断更新。由于新项目的应用，各类考证资料逐渐增加。平时资料整理人员，监测资料每年都要整理汇编成册，只限于一年内的工作项目及成果。为便于资料的统一收集及查询，防止资料散失，在年度资料整理汇编的基础上，每十年又将各类监测资料进行依次综合整理，汇编成册，在档案室入库存档。

### 1.4.3 资料分析常用方法

大坝安全监测是大坝安全管理工作的耳目，是降低工程风险、减少事故、揭示大坝实际工作性态的重要手段，而大坝安全监测资料的分析是判断工程安危的科学依据。因此，在大坝设计、运行期间，必须对大坝进行实时监控，掌握第一手资料，并对观测资料进行全面科学系统的处理和分析，及早发现大坝存在的安全隐患，制定处理措施，以确保大坝安全运行。我国《水库大坝安全管理条例》中就明确规定："大坝管理单位必须按照有关技术标准，对大坝进行安全监测和检查；对监测资料应当及时整理分析，随时掌握大坝运行状况。"综上所述，分析大坝原型观测资料，研究大坝安全监控模型，并对大坝进行安全评价是个值得深入研究的课题。

大坝安全监测资料分析可以大致分为观测资料的误差处理与分析。观测资料与大坝运行性态的正分析。观测资料与大坝性态的反分析。反馈分析与安全监控指标的拟定。大坝安全综合评判与决策等方面。在经过近半个世纪的发展后，国内外大坝安全监测的各项研究工作已经取得了长足的发展。

1. 数据检验

对现场观测的数据或自动化仪器所采集的数据，检查作业方法是否合乎规定，各项被检验数值是否在限差以内，是否存在粗差或系统误差。

2. 资料整编（物理量计算）

经检验合格的观测数据，按照计算公式和仪器参数换算为监测物理量，如水平位移、垂直位移、扬压力、渗流量、应变、应力等。

3. 资料分析方法

监测资料分析通常可分为比较法、作图法、特征值统计法、测值影响因素分析法、数学模型法等五类。

（1）比较法。比较法通常有监测值与技术警戒值相比较；监测物理量的相互对比；监测成果与理论的或试验的成果（或曲线）相对照。与作图法、特征统计法和回归分析法等配合使用，对所得图形、主要特征值或回归方程进行对比分析。

（2）作图法。根据分析的要求，画出相应的过程线图、相关图、分布图以及综合过程线图等。由图直观地了解和分析安全监测值的变化大小和其规律，影响观测值的荷载因素和其对观测值的影响程度，观测值有无异常。

(3) 特征值统计法。特征值包括各监测物理量历年（或指定时段）的最大值和最小值（包括出现时间）、变幅、周期、年（或指定时段）平均值及年（或指定时段）变化趋势等。通过特征值的统计分析检查监测物理量之间在数量变化方面是否具有一致性和合理性。

(4) 测值影响因素分析法。事先收集整理并估计对测值有影响的各重要因素，掌握它们单独作用下对测值影响的特点和规律，并将其逐一与现有地下工程监测资料进行对照比较，综合分析，往往有助于对现有监测资料的规律性、相关因素和产生原因的了解。

(5) 数学模型法。建立效应量（如位移、渗流量等）与原因量（如库水位等）之间的定量关系。

1) 分析效应量随时间的变化规律（利用监测值的过程线图或数学模型），尤其注意相同外因条件（如特定库水位）下的变化趋势和稳定性，以判断工程有无异常和向不利安全方向发展的时效作用。

2) 分析效应量在空间分布上的情况和特点（利用监测值的各种分布图或数学模型），以判断工程有无异常区和不安全部位（或层次）。

3) 分析效应量的主要影响因素及其定量关系和变化规律（利用各种相关图或数学模型），以寻求效应量异常的主要原因，考察效应量与原因量相关关系的稳定性，预报效应量的发展趋势，并判断其是否影响工程的安全运行。

### 1.4.4　大坝安全监测资料的正分析

对大坝安全监测资料进行分析处理包括四个部分，即观测资料的正分析、反演分析、反馈分析与大坝安全综合评判与决策。正分析的主要任务是由实测资料建立数学模型，应用这些模型对大坝的运行进行实时监控，同时对模型中的各个分量进行物理解释，并由此分析大坝的工作性态。监控模型的研究是安全监测数据分析处理中一项很重要的内容，目前主要有以下几种模型，但是各模型都有其各自的特点和适用条件。

1. 回归分析模型

该方法是研究一个变量（因变量）和多个因子（自变量、解释变量）之间非确定关系的最基本方法，也是目前使用最为广泛的方法。通常对大量的试验和观测数据进行逐步回归分析，得到变形与显著因子之间的函数关系，该模型除用于变形预测外也可用于物理解释。这种经典的变形预报方法，在目前的大坝变形监测数据处理方面应用较多。例如，大坝的位移量，其包含的解释变量有时间、温度、水位等。但是回归分析模型的参数估计往往需要大样本，在只有少量观测数据的情况下，模型容易产生较大偏差。

2. 时序分析模型

当逐次观测值之间存在相关性时，就可根据这些动态数据建立预报模型进行预测，这就是时间序列分析方法（简称时序分析）的理论依据。该方法是一种较成熟的动态数据处理方法，它通过对观测值序列进行分析，找出反映事物随时间的变化规律，从而对数据变化趋势做出正确的预报，它具有表达简洁并能以较高的精度进行短期预报等优点。应用时序分析建立变形分析预测模型，其精度与预测时段大小有关，预测时段增加，其误差增大，该方法在模型适应性、时序的间距等方面有待进一步研究。

3. 灰色 GM 模型

灰色预测与多元回归模型的主要优点在于对原始数据没有大样本长序列数据要求，只要原始数据序列有四个以上数据，就可通过生成变换来建立灰色模型。该方法将观测序列看作是随时间变化的灰色量或灰色过程，通过累加或相减生成新序列，对生成的观测序列建立微分方程解的模型来对序列作出灰色预测。它是建立在生成数列基础上的，因此不必知道原始数据分布的先验特征。但是用灰色预测方法不是所有的形变预测都能达到较高的精度，特别是对于突变，灰色预测是无能为力的，这是灰色预测模型的局限性。

4. 卡尔曼（Kalman）滤波模型

卡尔曼滤波是一种具有无偏性的递推线性最小方差估计，即估计误差的均值或数学期望为零。在计算方法上，卡尔曼滤波采用递推形式，即在 $t-1$ 时刻估值的基础上，利用 $t$ 时刻的观测值，递推得到 $t$ 时刻的状态估值。由于一次仅处理一个时刻的观测值，无需存储先前的观测数据，因而计算量大大减少，并且当得到最新的观测数据时，可随时算得新的滤波值，便于实时反映变形体的状态，因此这种滤波方法特别适合处理动态变形数据的模型。该方法的局限性在于它要求精确已知系统的数学模型和噪声统计，并且当噪声统计以及模型参数估值器与状态估值器是相互耦合时，模型易出现收敛速度慢和滤波发散现象。

5. 人工神经网络模型

人工神经网络（artificial neural network，ANN）是近年来发展起来的模拟人脑生物过程的人工智能技术。它是由大量神经元有机组合而成的具有高度自适应的非线性系统，具有巨型并行性、分布式存储、自适应学习和自组织等功能，不需要任何先验公式，就能从已有数据中自动地归纳规则，获得这些数据的内在规律，具有很强的非线性映射能力，特别适用于因果关系复杂的非确定性推理、判断、识别和分类等问题。人工神经网络在大坝变形分析与预测中已取得了一些成功应用，其中，误差反向传播网络（error back - propagation network，简称 BP 神经网络）是目前应用最广泛的神经网络模型之一，尽管它克服了常规统计模型需一定的前提假设和事先确定因子的缺点，理论上可实现任意函数的逼近，所反映的函数关系不必用显式的函数表达式表示，而是通过调整网络本身的权值和阈值来适应，可以有效地避免由于因子选择不当而造成的误差，但其也存在收敛速度慢、拟合效果欠佳的问题，极大地限制了它在实时预报和大量样本下的应用。

6. 有限元法

有限元法是一种采用确定函数模型直接求解变形的具有先验性质的方法，属于确定函数法，它不需要做任何变形监测。将研究对象按一定规则划分为很多计算单元，根据材料的物理力学参数（如弹性模量、泊松比、内摩擦角、内聚力以及容重等），建立荷载与变形之间的函数关系，在边界条件下，通过解算有限元微分方程，可得到有限元结点上的变形。计算的变形值与单元划分、函数模型和物理力学参数选取有关，假设性较大，同时，未考虑外界因子的随机影响，因此用该法所计算的变形仅作参考。如果计算的变形值与实测值有较大的差异，往往需要对模型和参数进行修改并进行迭代计算。若根据实测变形值采用确定性函数反求变形体材料的物理力学参数，则称为反演分析法。反演分析法一般与有限元法联合使用。

综上，进行大坝变形监测资料分析所应用的方法主要有统计学方法、模糊数学、灰色系统理论和神经网络模型等。应用统计学方法建立的各种统计模型均含有统计特性，预报精度在一定程度上取决于因子的选择正确与否，而且影响因子之间关系复杂，很难用一个精确的表达式描述，对模型的精度和可靠性有一定的影响。灰色系统模型是基于系统因子之间发展态势的相似性，致力于少数数据所表现出来的现实规律的研究，它适用于贫信息条件下的分析和预测。人工神经网络作为一门新兴学科，已经被应用在大坝安全监测中，但是一般都是基于BP算法建立的，该法虽是一种有效的算法，但也存在收敛速度慢、存在局部极小点等不足之处。可见，单一的研究途径和方法不再适合于复杂的监测资料分析预测，而多种理论和方法的有机结合与综合比较将是合理分析和解决问题的有效途径。另外，大坝安全监测领域涉及多学科的交叉，因此还有待不断尝试将各学科新理论新方法应用到大坝安全监测中来。

### 1.4.5　监测资料反分析

将正分析的成果作为依据，通过相应的理论分析，反求大坝等水工建筑物和地基的材料参数以及某些结构特性等，即为反分析。

太沙基在1969年提出的监测设计法，是反分析思想的最早应用。国内外学者对大坝及岩基的反演和反馈工作开展得比较深入，并取得了一些成果，尤其是混凝土坝的反演分析已较为普遍。

吴中如等提出利用监测资料，综合统计模型、确定性模型和混合模型以及有限元计算成果，反演坝体混凝土综合弹性模量、线胀系数及坝基变形模量，在实际工程中得到广泛应用，收到良好效果。Bonald等（1980）利用有明显物理概念的变形确定性模型和混合模型，反演坝体混凝土弹模和温度线膨胀系数，在大坝的反分析中起到了积极的作用。刘眉县等提出了利用下游不同深度的温度计的测值，考虑坝体表面黏滞层的影响，反演混凝土导温系数的方法。陈久宇等人利用离上游面不同距离的渗压计测值，并考虑上游水位的波动，来反演坝体混凝土的扩散系数等，有一定的实用价值。吴中如等利用临界荷载和小概率事件法，反演坝体混凝土断裂韧度，首次提出了混凝土断裂韧度的反演方法。朱岳明等利用测压管水位结合渗流有限元分析，反演坝体和坝基的渗透系数，收到一定效果。

近年来，位移反分析方法发展很快，已从弹性问题发展到弹塑性问题、黏弹塑性问题的位移反分析。在弹性问题的位移反分析中，国内外众多学者在这方面做了较多的工作。Shimizu提出了边界元位移反分析方法，樱井春铺、刘永芳、杨志法、吴凯华、G. Gioda等在隧洞、非圆形洞室的位移反分析方面提出了各自的位移反分析法。同济大学杨林德等人在黏弹性参数反演分析方面做了许多研究，在国内比较具有代表性。沈家荫等利用位移监测资料，应用边界元法反演鲍埃丁—汤姆逊黏弹性模型参数，效果较好；薛琳等采用两步位移反分析法，研究了伯格斯模型的位移反分析方法。陈子荫等利用圆形洞室经拉普拉斯变换，在黏弹塑性问题的反演分析上取得了一定成果。吴中如、顾冲时等提出的大坝和基岩黏性系数的反演方法，填补了该领域的空白。

近年来一些前沿的方法被引入工程的反分析领域，如神经网络、遗传算法等。李守巨等采用三层前馈网络的反向传播BP学习算法来识别云峰大坝混凝土和岩石基础的弹性参数。冯夏庭等将神经网络与进化算法相结合提出了一种用于位移反分析的进化神经网络方法。徐洪钟等应用模糊神经网络反演坝体和坝基的弹性模量，建立其反演分析神经网络模型；向衍等基于遗传算法的直接随机寻优特性，结合水平位移等大坝安全监测资料，提出了坝体弹性模量和坝基变形模量的遗传反演方法。

## 1.5　监控指标拟定方法

监控指标是在某种工作条件下（如基本荷载组合）的变形量、渗流量及扬压力等设计值，或有足够的监测资料时经分析求得的允许值（允许范围）。在蓄水初期可用设计值作监控指标，根据监控指标可判定监测物理量是否异常。基于大坝正常运行、特殊情况以及极端情况，结合统计回归分析、数值模拟分析、深度学习算法等，以大坝安全监测数据为基础，提出大坝线弹性状态、准线弹性状态、局部屈服状态、屈服状态、破坏状态、溃坝状态等分级标准，并明确各级标准的确定方法。

### 1.5.1　监控指标拟定研究发展历程

监控指标是诊断并监控大坝安全的重要标准，如何选择一种合理快速的计算方法来拟定监控指标一直是值得研究的重要课题，而且在工程实践中应用较广。大坝一旦建成将面临许多复杂的问题，比如坝体本身的变形、渗漏等问题，以及外界影响因素，如近坝区高边坡安全稳定问题，还有外界环境量，这些都会对大坝的安全产生威胁。因此，拟定大坝变形监控指标难度较大。对比国内研究成果，国外学者关于大坝安全监控指标研究成果的报道较少。结合已有的研究成果可知，拟定大坝变形监控指标主要包含两个方面，一是仅仅基于已有的监测数据，采用数学处理进而挖掘大坝蕴含的变形信息；二是从坝体及坝基的力学性态角度进行结构计算获取变形极值。

首先从监测序列资料处理角度看，国内吴中如院士曾经指出，采用置信区间法、典型监控效应量的小概率法确定大坝位移监控指标，该方法广泛应用于新安江、佛子岭、清江隔河岩、龙羊峡、古田溪一级、飞来峡、王甫洲等水利工程位移变形监控指标拟定中。显然，以简单的数理统计计算方式来拟定大坝变形监控指标较方便，但只有在长期监测资料序列中大坝经历过极端工况组合时，计算的位移极值才是警戒值；另外，由于这种方法仅仅依靠数学进行计算，太单一，并没有考虑大坝实际受力。因此，坝工界引入了极限状态设计法，即从坝体与坝基受力状态出发，将实测值与理论值结合，通过结构有限元计算拟定变形指标，显然从某种程度上讲，这更符合大坝实际情况。目前，关于有限元计算方面应用较多，如顾冲时等将结构计算分析法灵活应用于大坝变形监控指标拟定，如碗窑碾压混凝土坝与龙羊峡大坝；郭海庆等考虑了坝体与基岩渗流场与应力场耦合，基于有限元拟定某大坝变形指标，更好地反映出大坝蓄水后的变形与渗流特性；郑东健等结合结构法与小概率法的双重优点，对比数模与结构计算，获得了相应的温度分量极值，由此拟定了大坝水平位移监控指标；俞进萍等考虑坝体及坝基弹性、塑性直至破坏三种临界状态，引入强度储备法，由此定义了三级变形监控指标并应用于飞来峡大坝。此外，雷鹏等考虑不确定因素的影响，将区间分析法灵活应用于变形监控模型中，同时确定了变形指标。经多年实践与探索表明，这些方法的提出无疑是对前人理论的不断完善且更为合理。

在坝工领域中，拟定监控指标通常将考虑和不考虑坝体及坝基受力状态两个方面进行对比来拟定运行期大坝变形监控指标。如金秋等对比研究了典型小概率法和结构计算分析法的差异，认为位移最大值采用结构计算分析法，而位移最小值采用小概率法；魏超等针对高寒地区丰满大坝的变形监测资料序列，对比研究了混合法与典型小概率的异同，认为混合法充分考虑了结构计算分析法与小概率法，拟定的变形指标较合理。

近年来，拟定监控指标的报道较多。2008年丛培江等引入信息熵推导了无需假设概率分布的最大熵概率密度函数模型，随之最大熵法应用于大坝监控指标拟定；黄耀英等采用最大熵法拟定了西南某建设中的混凝土特高拱坝高温季节浇筑仓温度双控指标，取得了良好的工程应用效果。近年来，具有模糊性与随机性的云模型备受大坝安全监控领域科研工作者的欢迎。如研究者们针对大坝监测数据含有噪声问题，首先采用滤波技术如小波去噪、经验模态分解（EMD）去噪、卡尔曼滤波（Kalman Filter）去噪等方法对大坝监测数据进行预处理，然后采用云模型拟定大坝变形监控指标。此外，在传统的监控指标方法上，许多学者一直不断地探索新的方法，目前已取得了一些进步。例如，虞鸿等针对传统的正态分布未能联系到坝体材料特性问题，首次探索了具有随机现象的威布尔分布，对大坝变形监控指标拟定进行了研究，证明了此法的可行性；谷艳昌等考虑了基本变量的随机性，首次将蒙特卡罗方法应用于高拱坝变形监控指标拟定；聂兵兵等基于极值理论具有研究随机序列中的极端值分布特征的优势，将极值理论很好地应用于大坝变形监控指标中。

以上研究大多主要是针对坝顶位移拟定变形指标，即单测点监控指标拟定。在大坝安全监控中，若仅仅依靠坝体中单一测点的位移极值来评判大坝的安全健康状况，显然不能反映大坝整体的工作性态。实践表明，对坝体整体性态进行分析往往缺乏描述空间场整体变形性态的合理表达式。为此，雷鹏等针对高混凝土坝空间变形预警能力的不足，提出了大坝空间场整体变形性态的变形熵表达式；殷详详等基于熵理论给出各测点熵权，然后给出单测点变形熵表达式进而构建多测点空间变形熵，拟定了锦屏一级拱坝空间变形指标。由以上研究成果可看出，这些研究虽取得一些进展，但仍需探索更高效的方法拟定大坝监控指标。

综上可见，当混凝土大坝处于正常运行状态时，基于实测数据拟定的监控指标多属于一级监控指标；由于监控指标拟定涉及参数众多且不易合理确定，完全采用数值计算法来拟定监控指标的文献很少；而采用数值计算—变形统计模型的混合法拟定二级监控指标时，存在对变形统计模型分离的不利温度分量的非线性效应考虑不足的问题；此外，材料强度参数以及安全储备系数（或强度折减系数）等的取值也较为含糊。由于变形三级监控指标的拟定需要采用大坝变形非线性计算的大变形理论，以及迄今关于混凝土坝溃坝的监测资料极少，因此三级监控指标拟定十分复杂和困难，即如何获得合理可靠的二级和三级监控指标仍需进一步研究。

### 1.5.2　大坝监控指标分级标准

1. 大坝安全条例和水利行业监测规范规定

依据大坝安全条例和监测规范，大坝安全状态分正常、异常和险情三大类，相对应，大坝结构状态也可分为弹性、弹塑性和失稳破坏三个阶段，因此一般安全监控指标相应分为一级、二级、三级。监控指标拟定标准为强度和稳定性，其中：

一级指标：控制部位拉应力＜允许拉应力；控制部位压应力＜允许压应力；不利荷载下稳定系数＜允许抗滑稳定安全系数。

二级指标：控制部位拉应力＜抗拉屈服强度；控制部位压应力＜抗压屈服强度；不利荷载下稳定系数＜材料强度为屈服强度时抗滑稳定安全系数。

三级指标：控制部位拉应力＜抗拉强度极限；控制部位压应力＜抗压强度极限；不利荷载下稳定系数＜材料强度为极限强度时抗滑稳定安全系数。

上述分级标准对应大坝结构不同层次安全状态，涵盖结构自完好至破坏的各个阶段，能够较为有效评价拱坝结构运行性态。但上述分级标准存在一些不足，一是考虑到大坝失事后果的严重性，在现实条件下，高拱坝不可能允许发展到强度达到拉压强度极限或抗滑稳定达到极限强度对应的抗滑稳定安全情况，在大坝运行过程中，一旦应力超过允许应力出现开裂，或稳定系数大于允许抗滑稳定安全系数，坝体变形出现异常，会立即分析原因并采取措施进行处理，二级指标和三级指标在日常实时监控中意义不大；二是依据上述分级标准，采用线弹性理论和弹塑性理论通过计算确定变形监控指标，该指标为静态值，在大坝实时监控中需要动态调整监控指标。

另外在一些文献中，也有建议采用二级监控、四级监控和五级监控等多种，如五级监控包括正常、基本正常、轻度异常、重度异常和恶性失常等。

基于大坝现有安全监控指标分级标准，按照“概念清晰、层次分明、标准一致、工程实用”的原则对大坝安全进行分级，与常用分级标准一致，共三级，其中：

一级为正常级别，该级别全部监控点测值变形在允许范围内，大坝变形呈线弹性状态，大坝应力、稳定满足安全条件，大坝安全。

二级为异常级别，该级别个别部位监控点测值变形超出允许范围，大坝变形基本呈线弹性状态，大坝局部可能存在破损现象，大坝整体安全，具体测点个数定义为 1 个点。

三级为险情级别，该级别整个坝段或区域变形超出允许范围，大坝变形呈非线弹性状态，大坝可能出现较为严重损坏，大坝整体安全受到影响，具体测点个数为一个坝段 2/3 以上测点变形超出允许范围。

每一分级分别对应不同的预警及处置措施，其中一级为正常级别，该级别无需预警，正常运行；二级为异常级别，该情况可能存在局部问题，不会产生大的影响，但会进行报警，要求现场运维人员进行检查、核实和分析，并进行相应处置；三级为险情级别，该情况可能存在相对比较严重的问题，继续发展可能会影响正常运行，会进行报警，并通知电厂、公司等高层管理人员进行处理。大坝运行安全分级标准见表 1-1。

**表 1-1　　大坝运行安全分级标准**

| 等级 | 类型 | 说　　明 |
|---|---|---|
| 一 | 正常 | 各监测点径向变形均在允许范围内，大坝整体呈线弹性工作状态 |
| 二 | 异常 | 个别监测点径向变形超出允许范围，大坝局部呈非线弹性工作状态 |
| 三 | 险情 | 坝段或区域监测点径向变形超出允许范围，大坝整体呈非线弹性工作状态 |

2.《水电站大坝运行安全评价导则》规定

国家能源局2014年颁布实施的《水电站大坝运行安全评价导则》（DL/T 5313—2014）指出，根据大坝的防洪能力、坝基状况、结构安全、运行性态和边坡状况等因素将大坝划分为正常坝（A级或A-级）、病坝（B级）、险坝（C级）三等四级，具体见表1-2。《水电站大坝运行安全评价导则》将边坡分为枢纽区工程边坡和近坝库岸边坡分别确定安全级别。

**表1-2　　大坝安全等级综合评价标准**

| 序号 | 分项 | 正常坝 |  | 病坝（B级） | 险坝（C级） |
|---|---|---|---|---|---|
|  |  | A级 | A-级 |  |  |
| 1 | 防洪能力 | 符合现行规范要求 | 非常运用情况下的防洪能力略有不足，但大坝安全风险低 | 正常运行情况下的防洪能力略有不足，但风险较低；或者非常运行情况下的防洪能力不足，风险较高 | 正常运行情况下的防洪能力不足，风险较高；或者非常运行情况下的防洪能力不足，风险很高 |
| 2 | 坝基状况 | 良好 | 存在局部缺陷但无趋势性恶化，不影响大坝整体安全 | 存在局部缺陷，且有趋势性恶化，可能危及大坝整体安全 | 存在的缺陷持续恶化，已危及大坝安全 |
| 3 | 结构安全 | 符合现行规范要求 | 略有不足，但大坝安全风险低 | 不符合规范要求，存在安全风险，可能危及大坝整体安全 | 严重不符合现行规范要求，已危及大坝安全 |
| 4 | 运行性态 | 总体正常 | 局部异常，但大坝安全风险低 | 异常，存在安全风险，可能危及大坝安全 | 存在事故迹象 |
| 5 | 边坡状况 | 近坝库岸和工程边坡稳定 | 近坝库岸和工程边坡基本稳定，或失稳后不影响大坝安全 | 近坝库岸和工程边坡有失稳迹象，失稳后影响工程正常运用 | 近坝库岸或工程边坡有失稳迹象，失稳后危及大坝安全 |

枢纽区工程边坡安全级别确定的标准如下：

A级：稳定安全系数满足规范要求，无整体变形迹象。

A-级：稳定安全系数基本满足规范要求，存在整体变形但无整体失稳迹象，或失稳仅造成大坝结构局部损伤，但不影响其正常运行。

B级：稳定安全系数不满足规范要求，存在整体失稳迹象，失稳将造成坝体结构局部损伤并影响其正常运行。

C级：稳定系数不满足规范要求，存在整体失稳迹象，失稳将危及坝体结构安全，或导致泄洪设施无法使用。

近坝库岸边坡安全级别确定的标准如下：

A级：稳定安全系数满足规范要求，无整体变形迹象。

A-级：稳定安全系数基本满足规范要求，存在整体变形但无整体失稳迹象，或失稳产生的涌浪不超过坝顶。

B级：稳定安全系数不满足规范要求，存在整体失稳迹象，且失稳涌浪将超过坝顶需要限制运行水位。

C级：稳定系数不满足规范要求，存在整体失稳迹象，且失稳将导致水库报废或涌浪超过土石坝坝顶。

### 1.5.3 监控指标拟定方法

拟定监控指标是一个复杂的问题，特别是位移监控指标，它受很多因素的影响，如：地形地质条件、碾压层厚度、计算模型和计算方法选取和运行时间等。目前对常态混凝土拟定坝体监控指标的方法主要有两种：数理统计法（包括置信区间法和典型监测效应量的小概率法）和结构计算分析法。

1. 置信区间法

置信区间法是根据以往的监测资料，用统计理论或有限元计算，建立监测效应量与荷载之间的数学模型（统计模型、确定性模型或混合模型）。用这些模型计算在各种荷载作用下监测效应量 $\hat{y}$ 与实测值 $y$ 的差值（$\hat{y}-y$）。该值有（$1-\alpha$）的概率落在置信带（$\Delta=\beta\sigma$）范围之内，而且测值过程无明显趋势性变化，则认为大坝运行是正常的，反之是异常的。此时，相应的监测效应量的监控指标 $\delta_m$ 为 $\delta_m=\hat{y}\pm\Delta$。置信区间法简单、易掌握。然而，当大坝没有遭遇过最不利荷载组合或者资料系列很短，则在以往监测效应量的资料中，不包含最不利荷载组合时的监测效应量，显然用这些资料建立的数学模型只能用来预测大坝遭遇荷载范围内的效应量，其值不一定是警戒值。同时，资料系列不同，分析计算结果的标准差 $\sigma$ 不相同；显著性水平 $\alpha$ 不同，$\beta$ 也不相同；置信区间（$\Delta=\beta\sigma$）有一定的任意性（显著性水平 $\alpha$ 取 5%时，$\beta$ 为 2）。如果标准差较大，由该法拟定的监控指标可能超过大坝监测效应量的真正极值。另外，该法没有联系大坝失事的原因和机理，物理概念不十分明确，没有联系大坝的重要性（等级和级别）。

2. 小概率法

小概率法是根据不利荷载组合的监测效应量或它们的数学模型中的各个荷载分量，由此得到一个小子样样本空间，用小子样统计检验方法（如 K－D 法、K－S 法）对其进行分布检验，确定其概率密度函数 $f(y)$ 的分布函数（如正态分布、对数正态分布和极值Ⅰ型分布等）。根据大坝重要性确定失事概率 $Pa$，设监测效应量的极值为 $y_m$，则有

$$P(y>y_m)=Pa=\int_{y_m}^{\infty}f(y)\mathrm{d}y$$

再由分布函数直接求出 $y_m$。如果选取的子样是监测效应量的各个分量，那么将各个分量叠加才是极值。小概率法定性联系了对强度和稳定不利的荷载组合所产生的效应量，并根据以往监测资料来估计监控指标，显然比置信区间估计法提高了一步。当有长期监测资料，并真正遭遇较不利荷载组合时，该法估计的监控指标才接近极值，否则只能是现行荷载条件下的极值。然而，确定失事概率还没有规范，失事概率取值带有一定的经验性，因此由此估计的监控指标不一定是真实的极值。与此同时，该法没有定量联系强度和稳定控制条件。

3. 结构计算分析法

结构计算分析法根据大坝处在黏弹性、黏弹塑性和极限荷载等不同状态，利用非线性有限元方法来模拟分析大坝时效位移的变化过程，从而更加精确地拟定监控指标。此方法将监控指标分为三个级别。结构计算分析法考虑了大坝的物理特性，可以模拟时效分量，求得的监测效应量的监控指标是该效应量的极值。但是必须有完整的大坝和地基的材料物

理力学参数的试验资料，求得的效应量极值与选用的材料本构模型有关。

在结构计算分析法拟定碾压混凝土坝安全监控指标方面，吴相豪、吴中如针对碾压混凝土坝薄层碾压的结构特点，引入渗流场与应力场耦合的数学模型分析坝体在水荷载、温度荷载等作用下引起的弹性位移分量，采用黏弹性有限元计算坝体在水荷载等作用下引起的时效位移分量，讨论了碾压混凝土坝变形一级监控指标的拟定方法。顾冲时将力学模型引入大坝安全监测领域，结合变形监测资料，提出了利用三维黏弹塑性理论拟定大坝二级监控指标的原理和方法。吴相豪根据碾压混凝土坝的结构特点，运用四参数、Mohr－Coulumb 和 Drucker－Parger 准则分别模拟坝体、层面和基岩的非线性特征，并以渗流水压力和位移为未知数，建立坝体渗流场与应力场耦合的弹塑性有限元分析模型，探讨了拟定碾压混凝土坝变形二级监控指标的方法。顾冲时利用三维黏弹塑性大变形理论拟定混凝土坝三级监控指标的原理和方法。吴相豪针对碾压混凝土拱坝薄层碾压的结构特点以及坝体埋有一定数量温度计的情况，引入渗流场与应力场耦合的数学模型分析水压对坝体位移的影响，采用“开关函数”解决坝体温度位移时空分布问题，探讨了建立碾压混凝土拱坝位移监控模型的方法。吴中如在文献中提出用常规方法拟定碾压混凝土坝渗压监控指标，用结构计算分析法拟定碾压混凝土坝在不同工作时段（蓄水期和运行期）的位移一级、二级和三级监控指标。

## 1.6　研　究　内　容

### 1.6.1　分析和计算思路

1. 监测资料正分析

结合 BEJSK 水利枢纽实际，采用作图法、比较法和特征值统计法对安全监测资料进行定性分析，与此同时，采用统计模型法对大坝主要的变形、渗流渗压和应力应变监测资料建立统计模型，分离各分量，进而进行定量分析评价。

2. 力学参数反演分析

建立 BEJSK 拱坝三维有限元模型，结合拱坝变形监测资料，采用正交设计—神经网络—数值计算方法，优化反演大坝和坝基主要力学参数，并与设计值进行对比分析。

3. 变形、渗流和应力应变监控指标拟定

结合 BEJSK 拱坝变形、渗流和应力应变监测资料，采用典型监测效应量的小概率法分别拟定大坝变形（水平位移和垂直位移）、渗流（坝基扬压力和渗流量）和应力应变（锚杆应力计、钢板应力计、横缝开合度、裂缝开合度和应变计组）监控指标；与此同时，采用结构力学法，拟定大坝变形一级和二级监控指标。

### 1.6.2　主要内容及技术路线

本书首先采用作图法、比较法和特征值统计法对大坝安全监测资料进行定性分析，进而采用数学模型法对大坝变形、渗流渗压、应力应变和温度监测资料建立统计模型进行定量分析评价，然后采用正交设计—神经网络—数值计算方法对大坝力学参数进行反演分析，最后采用典型监测效应量小概率法和最大熵法分别拟定大坝变形、渗流和应力应变监控指标，并采用结构力学法拟定大坝变形一级和二级监控指标（图 1-2）。

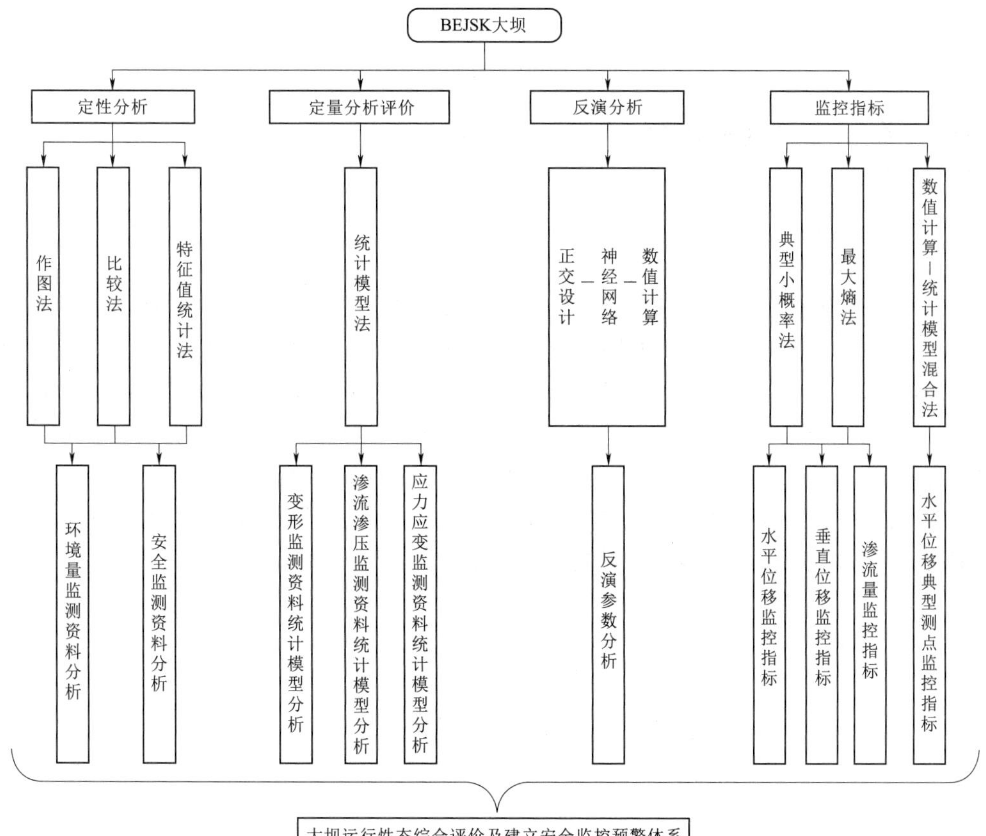


图 1-2 技术路线图

本书主要内容简述如下：

（1）介绍大坝安全监测的意义、发展历程、资料分析正反方法、监控指标拟定方法等内容。

（2）介绍 BEJSK 水利枢纽的工程概况、安全监测系统概况。

（3）对枢纽各工程部位如大坝、发电引水系统、边坡的监测资料进行定性分析。

（4）介绍统计模型建模分析原理，对大坝的变形、渗流渗压和应力应变监测资料进行建模分析，分离水压、降雨、温度、时效等分量，对所建模型进行精度分析和影响效应分析，定量分析各监测效应量的变化规律，最终建立预报模型。

（5）基于正交设计—BP 神经网络—数值计算的方法，结合 BEJSK 拱坝垂线实测值进行大坝变形参数优化反演。

（6）分别基于典型小概率法和最大熵法拟定变形、渗流和应力应变的监控指标。

（7）基于数值计算—变形统计模型的混合法拟定 BEJSK 拱坝变形一级和二级监控指标。

（8）对本书取得的成果进行总结与评价，并对相关研究进行展望。

# 第2章 工程概况

BEJSK水利枢纽建筑物主要由常态混凝土双曲拱坝、溢流表孔、放水深孔、发电引水系统、电站厂房等组成。大坝为全断面常态混凝土双曲拱坝，最大坝高94m，全长319.646m。溢流表孔坝段布置在河床段，共布置3孔，每孔净宽10m，堰顶高程635.00m；深放水孔由进水口、闸门井、洞身段及出口明流段组成，全长43.121m。发电引水系统及电站厂房布置在右岸3#沟处岸边，采用地面式厂房，进水口为岸塔式，与大坝分离式布置，一洞四机型，平面转弯布置，有压圆洞，上平洞末端设置调压井。

枢纽水库正常蓄水位646.00m，电站装机容量20MW。枢纽工程等别为Ⅱ等，工程规模为大（2）型。大坝、泄水建筑物为2级建筑物；发电引水系统、厂房为3级建筑物，发电洞进水口为2级建筑物。

## 2.1 工程地质条件

### 2.1.1 基本地质条件

拱坝轴线位于上Ⅰ坝线附近，拱端连线方向N39.3°W，大坝为常态混凝土双曲中厚拱坝，坝顶高程649.00m，建基面高程555.00m，最大坝高94m，坝顶厚10m，坝底厚27m，坝顶弧长319.646m。

坝轴线处河道较平直，枯水期水位571.00m，河水面宽25～40m，正常蓄水位646.00m高程河谷宽217m，河谷断面呈不对称V形，两岸地形左陡右稍缓，左岸高程590.00m以上山体地形坡度较陡，坡度50°～60°，部分为陡壁，基岩裸露，高程590.00m以下段坡度24°～37°；右岸岸坡30°～50°，局部为陡壁，两岸山顶高程850.00m，相对高差约280m。

大坝河床地基岩体主要由中泥盆统阿尔泰组厚层～巨厚层状灰白色花岗片麻岩组成，微～新鲜岩体质量属$A_{Ⅱ}$类岩体；两岸为厚层～巨厚层状灰白色花岗片麻岩，局部为薄层～中厚状灰黑色黑云母斜长片麻岩，微风化～新鲜岩体质量属$A_{Ⅱ}$类、$B_{Ⅲ}$类。河床砂砾石厚2.4～2.7m，两岸崩坡积含土碎块石垂直深度5～8m，左岸Ⅱ级基座阶地砂砾卵石厚2～4m，基座阶地前缘基岩面高程571.00～573.00m。

坝区构造以裂隙发育为主，左岸发育有$f_{104}$、$f_{105}$、$f_{106}$小断层；两岸卸荷带水平深度多在2m左右，个别3～4m，卸荷裂隙产状30°～50°NW或SE∠80°～90°。

两岸强风化水平深度：灰白色花岗片麻岩 2～3m，灰黑色黑云母斜长片麻岩 2～4m。两岸弱风化水平深度：(D2a4) 花岗片麻岩 8～12m，黑云母斜长片麻岩 10～19m。河床弱风化垂直深度：花岗片麻岩 7～9m，黑云母斜长片麻岩 10～12m。两岸发育主要物理地质现象：左坝肩边坡高程 635.00m 存在 1 处 (BT4) 崩塌体，方量为 $800m^3$；坝线下游 50m 处，高程 625.00m 存在 1 处 (BT5) 崩塌体，方量 $1600m^3$；坝肩高程以上山体边坡陡峻，岩体浅层存在崩塌掉块现象。

### 2.1.2 坝基承载力与变形

花岗片麻岩地层微新鲜岩体承载力 5.0MPa，强度较高，抗变形性能较强，变形模量 12.9～15.9GPa；黑云母斜长片麻岩地层微新鲜岩体承载力 4.0MPa，岩体变形模量 8.9～14.7GPa；两地层均可满足拱坝的设计要求。

上 1 坝线拱坝坝基分段岩石（体）物理力学参数见表 2-1。

### 2.1.3 坝肩抗滑稳定

1. 结构面的分布特征

(1) 断层。

1) 左坝肩。岸坡主要分布有一组顺层挤压 $F_{101}$、$F_{102}$、$F_{103}$、$F_{107}$、$F_{108}$、$F_{109}$、$F_{110}$ 中陡倾角断层，延伸 100～200m，产状分别为 330°～340°NE∠40°～50°、300°～320°SW∠35°～40°、325°SW∠30°、325°SW∠30°、325°SW∠30°、325°NE∠45°、325°NE∠45°，为顺层挤压断层，走向与谷坡近垂直，与坝轴线夹角 10°～30°，倾向河床上游或下游，破碎带宽度 0.1～0.5m，影响带宽度 0.2～0.5m，破碎带内以压碎岩、岩屑为主，个别为压碎岩、糜棱岩，属岩块岩屑类型。

另在左坝肩及下游岸坡分布有一组顺河向 $f_{104}$、$f_{105}$ 和 $f_{106}$ 缓倾角断层，延伸长 90～140m，产状分别为 75°SE∠20°～25°、70°～80°SE∠10°～25°、80°SE∠12°～25°，走向与谷坡夹角 35°，与坝轴线夹角 15°，倾向岸里。断层破碎带的特征是：在边坡强风化层岩体内破碎带宽度约 0.01m，断层面舒缓波状，破碎带内以岩屑为主，局部有夹泥，属岩屑夹泥型；在边坡弱风化层岩体内破碎带宽度约 0.005m，断层面舒缓波状，破碎带内以碎裂岩为主，局部有夹岩屑，属岩块岩屑型；在微新岩体内断层已趋变成不连续裂隙，裂隙面闭合，局部石英脉充填，属无充填结构面。其中：$f_{104}$ 缓倾角断层分布出露高程 655.00～666.00m，高于正常蓄水位 10～20m，未通过坝基，对坝肩稳定无影响；$f_{105}$ 缓倾角断层分布出露高程 625.00～630.00m，低于正常蓄水位 15～20m，未通过坝基，对坝肩稳定影响不大；$f_{106}$ 缓倾角断层分布出露高程 600.00～610.00m，低于正常蓄水位 35～45m，在拱坝范围以不连续裂隙结构面形式通过坝基。

2) 右坝肩。岸坡主要分布有一组顺层挤压 $F_{111}$、$F_{112}$、$F_{113}$、$F_{114}$ 中陡倾角断层，延伸 100～150m，产状分别为 320°～330°NE∠35°～50°、310°～330°NE∠45°～50°、320°～330°NE∠35°～50°、315°～320°NE∠35°～45°，为顺层挤压断层，与坝轴线近平行，倾向上游，断层面较平直，破碎带宽度 0.1～0.2m，影响带宽度 0.2～0.5m，破碎带内以压碎岩、岩屑为主，个别为压碎岩、康棱岩，部分石英脉充填，属岩块岩屑类型。

表 2-1 上1坝线拱坝坝基分段岩石（体）物理力学参数

| 部位 | 坝基建基面岩性 | 风化程度 | 天然密度 /(g/cm$^3$) | 饱和抗压 /MPa | 允许承载力 /MPa | 纵波速度 /(m/s) | 泊松比 $\mu$ | 变形模量 /GPa | 弹性模量 /GPa | 饱和抗剪断 | | | |
|---|---|---|---|---|---|---|---|---|---|---|---|---|---|
| | | | | | | | | | | 混凝土/岩 | | 岩/岩 | |
| | | | | | | | | | | $f$ | $C'$ /MPa | $f$ | $C'$ /MPa |
| 左岸岸坡坝段（桩号 0+000.00～0+067.00） | 花岗片麻岩（$D_2a^{-4}$） | 新鲜 | 2.69 | 67 | 5.0 | 4000～5500 | 0.22 | 10 | 18 | 1.0 | 0.90 | 1.2 | 1.1 |
| 左岸岸坡坝段（桩号 0+067.00～0+088.00） | 黑云母斜长片麻岩（$D_2a^{-3}$） | 新鲜 | 2.68 | 48 | 4.0 | 3500～4500 | 0.25 | 8.0 | 15 | 0.95 | 0.80 | 1.1 | 0.95 |
| 左岸、主河床、右岸坝段（桩号 0+088.00～0+249.00） | 花岗片麻岩（$D_2a^{-4}$） | 新鲜 | 2.69 | 67 | 5.0 | 4000～5500 | 0.22 | 10 | 18 | 1.0 | 0.90 | 1.2 | 1.1 |
| 右岸岸坡坝段（桩号 0+249.00～0+277.00） | 黑云母斜长片麻岩（$D_2a^{-5}$） | 新鲜 | 2.68 | 48 | 4.0 | 3500～4500 | 0.25 | 8.0 | 15 | 0.95 | 0.80 | 1.1 | 0.95 |
| 右岸岸坡坝段（桩号 0+277.00～0+287.00） | 花岗片麻岩（$D_2a^{-4}$） | 新鲜 | 2.69 | 67 | 5.0 | 4000～5500 | 0.22 | 10 | 18 | 1.0 | 0.90 | 1.2 | 1.1 |
| 右岸岸坡坝段（桩号 0+287.00～0+319.00） | 黑云母斜长片麻岩（$D_2a^{-5}$） | 新鲜 | 2.68 | 48 | 4.0 | 3500～4500 | 0.25 | 8.0 | 15 | 0.95 | 0.80 | 1.1 | 0.95 |

（2）节理。通过坝址区地面地质测绘、平洞、钻孔岩芯节理统计综合分析，表明左、右岸坝肩均分布有3组节理，以NW、NE向节理最为发育，其次还发育有少量NNE向和NE向缓倾角节理。

2. 坝肩结构面不利组合稳定性分析

（1）左坝肩。大坝受力方向244°，左岸河谷边坡走向52°，根据左岸$f_{101}$、$f_{102}$、$f_{103}$、$f_{109}$、$f_{110}$中陡倾角断层和$f_{105}$、$f_{106}$缓倾角断层及3组节理产状组合分析，最不利稳定的组合应是：由52°走向的河谷边坡临空面与第Ⅰ组节理形成的上游拉裂面和第Ⅱ组节理形成的侧滑面，加之缓倾角断层组合的底滑面所构成坝肩的切割体。但根据现场复核，$f_{105}$、$f_{106}$缓倾角断层，走向与谷坡夹角35°，与坝轴线夹角15°，倾向岸里。其中：$f_{105}$缓倾角断层在轴线下游被坝基花岗岩脉体截断，未通过坝基；$f_{106}$缓倾角断层在坝基范围内以不连续节理形式通过。根据$PD_{11}$、$PD_{13}$号平洞及现状左坝肩坝基开挖分析，断层破碎带的特征是：在坝肩强风化层岩体内破碎带宽度约0.01m，断层面舒缓波状，破碎带内以岩屑为主，局部有夹泥，属岩屑夹泥型；在弱风化层岩体内破碎带宽度约0.005m，断层面舒缓波状，破碎带内以碎裂岩为主，局部有夹岩屑，属岩块岩屑型；在微新岩体内断层已趋变成不连续裂隙，裂隙面闭合，局部石英脉充填，属无充填结构面。这表明缓倾角断层规模较小、延伸短，且第Ⅰ、第Ⅱ组节理不发育，连通率仅25%～45%。故构成坝肩的滑动组合体可能性不大，坝肩抗滑稳定是受表层混凝土与岩体、岩体与岩体接触面抗剪强度控制。

（2）右坝肩。大坝受力方向244°，左岸河谷边坡走向52°，根据右岸$f_{112}$、$f_{113}$、$f_{114}$断层和3组节理产状组合分析，由52°走向的河谷边坡临空面与第Ⅰ组节理形成的上游拉裂面和第Ⅱ组节理形成的侧滑面，但无倾向坡外的缓倾角底滑面，故不存在构成坝肩的滑动组合体，坝肩抗滑稳定是受表层混凝土与岩体、岩体与岩体接触面抗剪强度控制的。

## 2.2 安全监测系统

### 2.2.1 环境量监测

在拱坝枢纽区布置了水尺和遥测水位计监测水库上下游水位变化；在典型坝段（6#、9#、13#坝段）上游面布置37支温度计监测库水温；在坝区设置简易气象测站，主要包括温湿度计、雨量计、风速风向仪；由于坝址处缺少环境气温资料，当使用环境气温进行分析时，综合参照典型坝段高程最高的水温计监测资料和当地日平均气温资料进行分析。

### 2.2.2 大坝监测

混凝土拱坝变形监测纵剖面图如图2-1所示，6#坝段内观仪器布置剖面图如图2-2所示，9#坝段内观仪器布置剖面图如图2-3所示，13#坝段内观仪器布置剖面图如图2-4所示。

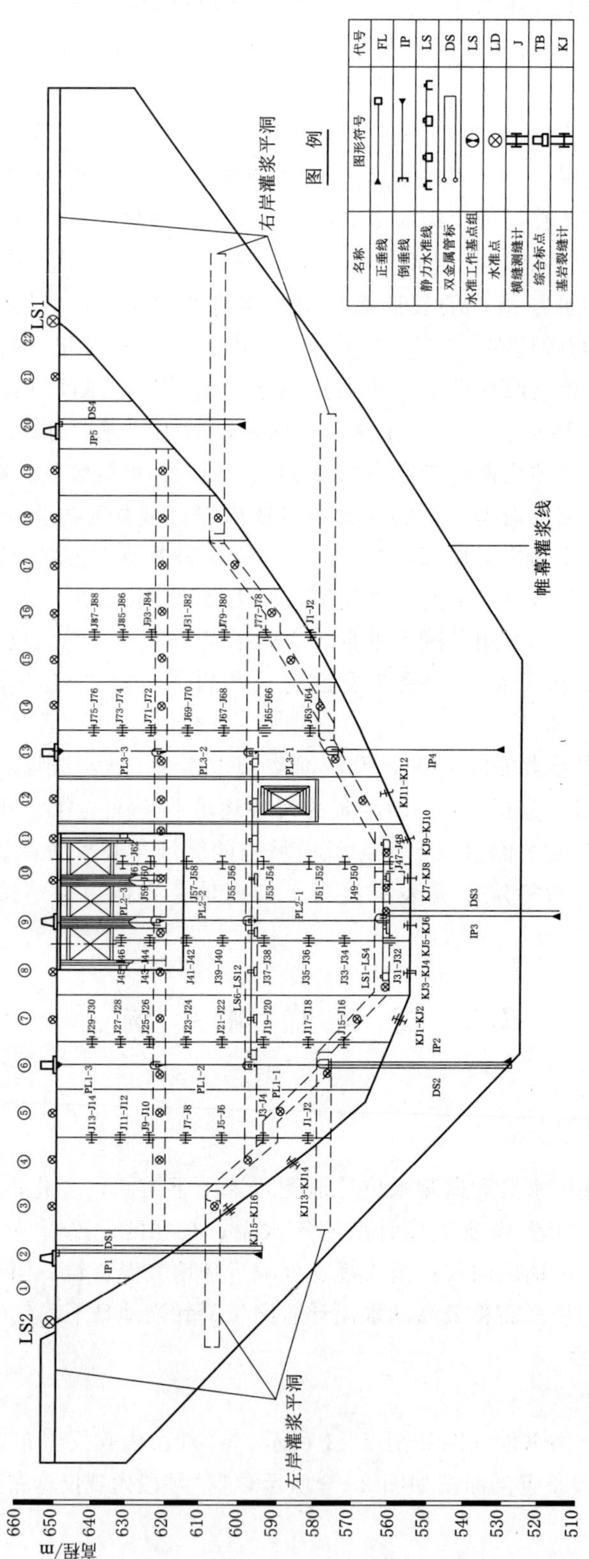


图 2-1　混凝土拱坝变形监测纵剖面图

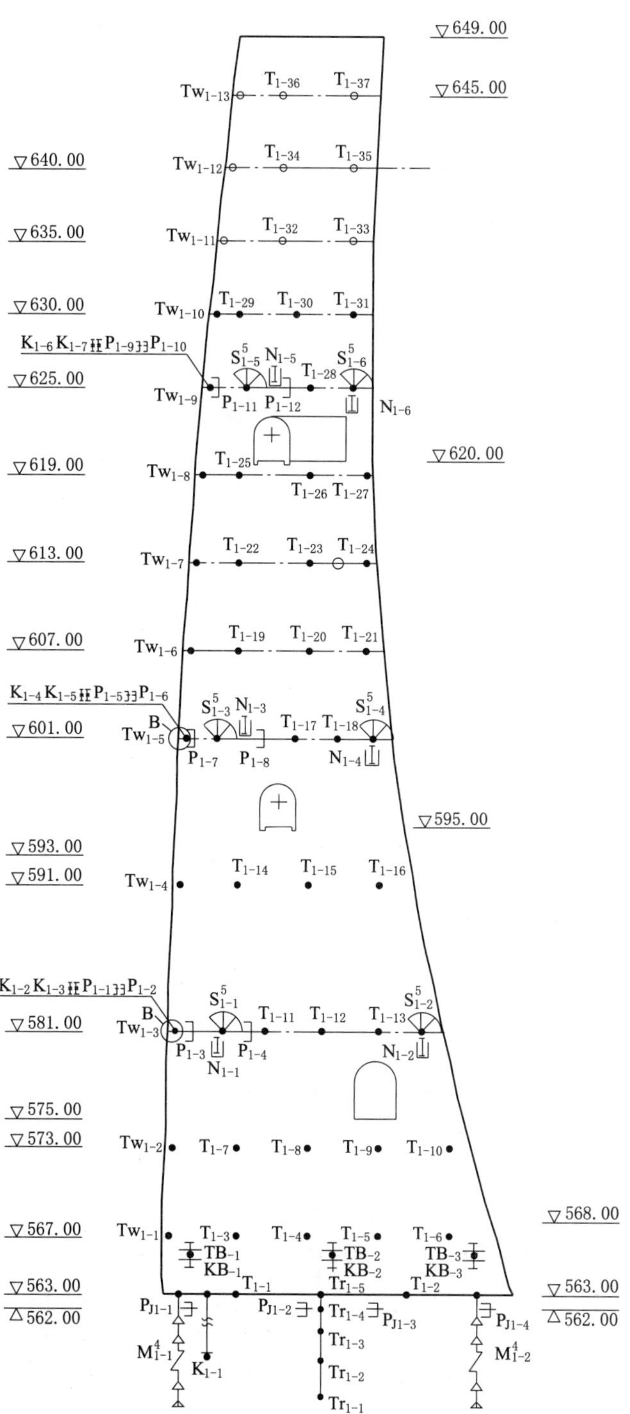


图 2-2　6# 坝段内观仪器布置剖面图

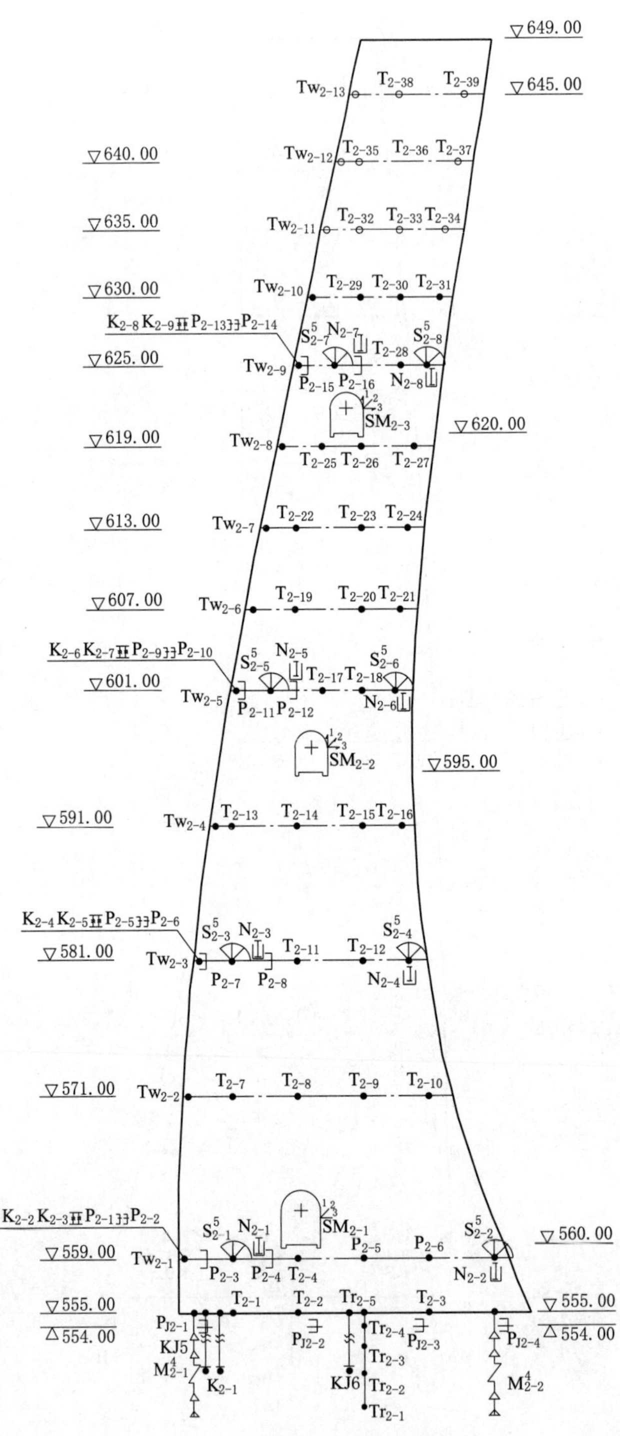


图 2-3　9# 坝段内观仪器布置剖面图

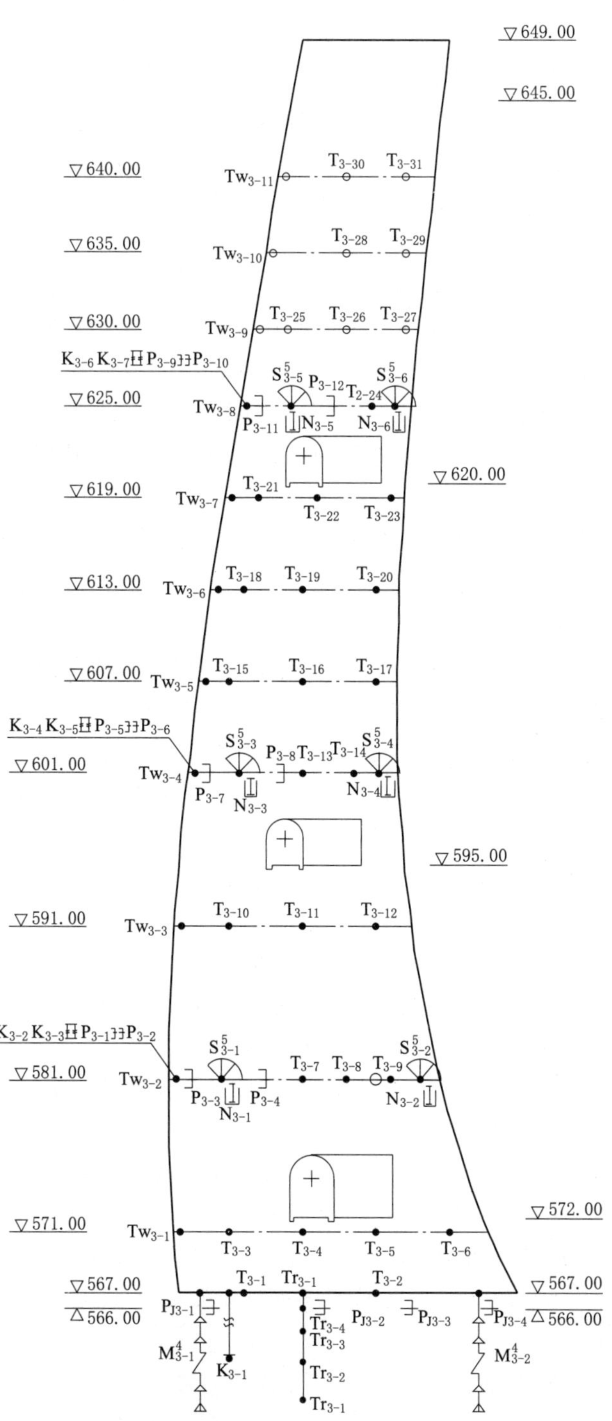


图 2-4 13# 坝段内观仪器布置剖面图

1. 变形监测

（1）水平变形。在 6#、9#、13# 坝段各层廊道中分段设置正垂线（共 9 条），分别和基础廊道的倒垂线衔接，监测坝体水平绝对变形和挠度；在 2#、6#、9#、13#、20# 坝段布置了 5 条倒垂线来观测基岩水平变形。

（2）垂直变形。在 2#、6#、9#、20# 坝段布置了 4 个双金属标来观测垂直位移；并在高程 560.00m 纵向廊道 8#～11# 坝段和高程 597.00m 纵向廊道 6#～13# 坝段各布置了 1 条静力水准来观测大坝垂直位移，共 12 个测点。

（3）基岩变形。为监测坝踵和坝趾部位基岩变形情况，在 6#、9#、13# 坝段的坝踵部位和坝趾部位埋设多点位移计监测岩体的受压变形，共布置了 6 组多点位移计（四点式）。

（4）横缝监测。在坝体典型横缝上布置了测缝计来观测横缝开合情况，分别在左岸岸坡坝段的 4#、6# 横缝、主河床坝段的 8#、10# 横缝、右岸岸坡坝段的 13#、15# 横缝处按高程在其上下游布设测缝计，自坝基垫层 555m 开始，每 10m 一个标准灌区，在每个灌区的中间高程布设相应的测缝计，各缝面的测缝计采用距上下游坝面 2m 对称布设，6 条横缝共布设单向测缝计 88 支。

（5）裂缝监测。在坝基和坝体布置了裂缝计来观测可能出现的裂缝，其中坝体布置了 23 支，坝基布置了 16 支。

2. 应力应变及温度监测

选择了 6#、9#、13# 共 3 个坝段作为重点监测坝段，具体监测项目如下：

（1）应力应变监测。为监测坝体应力应变情况，在 6#、9#、13# 坝段布置了五向应变计和无应力计来观测混凝土应力应变情况，共布置了 20 组应变计组。为了解拱端应力情况，在高程 559.00m、581.00m、601.00m、607.00m 和 625.00m 拱圈拱端处布置了五向应变计和无应力计，共 20 组应变计组。

（2）温度监测。为了解施工期的温控处理效果，了解坝体内部温度分布和变化情况，在 6#、9#、13# 坝段布置了大量温度计来观测坝体温度情况，其中 6# 坝段布置了 37 支温度计，9# 坝段布置了 39 支温度计，13# 坝段布置了 31 支。为监测基岩温度情况，在 6#、9#、13# 坝段基岩各埋设了 5 支温度计来观测基岩不同深度的温度。

（3）越冬面监测。由于 BEJSK 位于严寒地区，冬季时停止施工，及时掌握越冬面混凝土工作状况是十分重要的。在部分坝段越冬面布置了温度计和测缝计，用来观测越冬面混凝土温度情况以及新老混凝土接合情况。

由于浇筑进度和设计有所差别，目前已埋设的仪器包括：2011 年 6#～11# 坝段越冬面埋设温度计 18 支；2012 年 7#～11# 坝段、14# 坝段越冬面埋设温度计 18 支，6#～11# 坝段埋设测缝计 18 支；2013 年在 4#、6#、9#、11#、13# 和 19# 坝段越冬面埋设温度计 18 支，在 4#、6#、9#、13# 和 19# 坝段越冬面埋设测缝计 15 支。

3. 渗流渗压监测

（1）坝基扬压力。在纵向廊道 3#～18# 坝段布置测压管，内置渗压计，共布置 16 个测点。在 6#、9#、13# 坝段横向廊道顺河向布置扬压力测点，共 12 个测点。

（2）渗透压力。选择 6#、9#、13# 坝段，在混凝土中埋设渗压计，监测混凝土渗透压力，从而评价混凝土的施工质量和防渗效果。

（3）渗流量。在坝基灌浆廊道和左右岸灌浆平洞内布置了8台量水堰来观测渗流量大小。

（4）绕坝渗流。在高程575.00m、605.00m、649.00m左右岸灌浆平洞内布置了23个测压孔来观测绕坝渗流情况。

4. 强震监测

在大坝设置了3台强震仪来监测大坝地震反应情况。

### 2.2.3 边坡监测

为了能够及时了解大坝左岸649.00m平台高边坡、右岸缆机副塔高边坡、厂房边坡在施工期和运行期工作性态，及时地提出处理方案与措施，保证施工期和运行期工程的安全，分别在两处边坡布置了变形及应力监测仪器。

1. 大坝左岸649.00m平台高边坡监测

（1）变形监测。在大坝左岸649.00m平台高边坡C—C断面和E—E断面的670.00m、700.00m、720.00m、740.00m高程共布置了8组四点式多点位移计，用来长期监测边坡岩体的深层变形。每组多点位移计孔口附近布置了1个综合标点用以观测边坡的外部变形情况。

（2）锚固结构受力监测。在680.00m、716.00m高程100t预应力锚索上沿水流方向各布置了3台100t锚索测力计，用以监测预应力锚索的张力变化情况。在698.00m、734.00m高程200t预应力锚索上沿水流方向各布置了3台200t锚索测力计，用以监测预应力锚索的张力变化情况。在746.00m高程200t预应力锚索上沿水流方向各布置了2台200t锚索测力计，用以监测边坡顶部预应力锚索的张力变化情况。在边坡C—C断面和E—E断面的5个不同高程部位布置了10支锚杆应力计用以监测边坡系统锚杆的受力情况。

2. 右岸缆机副塔高边坡监测

（1）变形监测。大坝右岸缆机副塔高边坡720.00m高程0+70.00、0+90.00断面分别布置了1组多点位移计，用来观测边坡岩体的深层变形。相应的在多点位移计孔口附近马道上各布置了1个综合标点用以监测边坡的外部变形情况。

（2）锚固结构受力监测。在0+70.00、0+90.00断面选取不同高程的两根预应力锚索布置了2台200t锚索测力计，用以监测预应力锚索的张力变化情况。在0+70.00、0+80.00、0+90.00断面不同高程部位共布置了10支锚杆测力计来监测系统锚杆的受力变化情况。

3. 厂房边坡

（1）变形监测。在厂房边坡7—7断面、8—8断面、9—9断面的585.00m、585.00m、605.00m高程共布置了9组四点式多点位移计，来监测厂房边坡岩体的深层位移变化情况。每组多点位移计孔口附近布置了1个综合标点用以观测边坡的外部变形情况。

（2）锚固结构受力监测。在厂房边坡选取了10根锚杆在其上安装了10支锚杆测力计用以监测锚杆的受力情况。在8—8断面的585.00m、605.00m高程的100t锚索上共布置了2台100t锚索测力计来监测锚索的张力变化情况。

### 2.2.4　发电引水系统监测

1. 变形监测

进水口闸井底板中心线上沿水流方向布置了 2 组多点位移计（四点式），监测底板基础岩体的深层位移变化情况。

在厂房底板 3# 机组中心线沿水流方向布置了 2 组多点位移计（四点式），监测厂房底板基础岩体的深层位移变化情况。

为监测渐变段衬砌钢筋混凝土与闸井段、上平洞间接缝开合度变化情况，在接缝处布置了 4 支测缝计。

2. 渗透压力监测

从进水口闸井至压力钢主管段在发电洞的底部岩石钻孔中布置了 12 支渗压计来监测所处断面的渗透压力变化情况。

3. 应力应变监测

在进水口闸井底板中心线上沿水流方向布置了 2 支锚杆测力计，用来监测基岩系统锚杆的受力变化情况。

为监测进水口闸井、隧洞衬砌钢筋混凝土、调压井等部位受力钢筋的应力变化情况，在相应部位共布置了 37 支钢筋计。

为监测压力钢管主管段、岔管段钢板的受力变形情况，在相应部位布置了 46 支钢板计。

4. 其他

在进水口闸井中墩迎水面混凝土中不同高程共布置了 5 支温度计来观测库水温。

布置了 1 套电测水位计来监测调压井内涌浪水位变化。

### 2.2.5　导流洞堵头监测

为监测堵头的混凝土温度以及混凝土与洞壁缝隙开合度，在导流洞堵头布设了 17 支温度计和 6 支测缝计。

BEJSK 水利枢纽共布置安全监测仪器 1049 支（套），具体监测项目和分布情况详见表 2-2。

**表 2-2　　监测仪器监测项目和分布情况表**

| 序号 | 监测项目 | 监测仪器 | 单位 | 数量 | 备注 |
|---|---|---|---|---|---|
| 1 | 坝基扬压力 | 渗压计 | 支 | 16 | |
| 2 | 绕坝渗流 | 渗压计 | 支 | 23 | |
| 3 | 渗流量 | 量水堰计 | 支 | 8 | |
| 4 | 拱坝变形 | 正垂线 | 条 | 9 | |
| 5 | | 倒垂线 | 条 | 5 | |
| 6 | | 静力水准仪 | 台 | 12 | |
| 7 | | 双金属标 | 支 | 4 | |
| 8 | | 测缝计 | 支 | 88 | |
| 9 | | 裂缝计 | 支 | 16 | |

续表

| 序号 | 监测项目 | 监测仪器 | 单位 | 数量 | 备注 |
|---|---|---|---|---|---|
| 10 | 发电引水系统 | 温度计 | 支 | 5 | |
| 11 | | 岩石变位计（四点式） | 支 | 16 | 4套 |
| 12 | | 测缝计 | 支 | 4 | |
| 13 | | 钢筋计 | 支 | 37 | |
| 14 | | 渗压计 | 支 | 12 | |
| 15 | | 钢板计 | 支 | 46 | |
| 16 | | 锚杆测力计 | 支 | 2 | |
| 17 | | 电测水位计 | 支 | 1 | |
| 18 | | 无应力计 | 支 | 1 | |
| 19 | 左岸高边坡 | 多点位移计（四点式） | 支 | 32 | 8套 |
| 20 | | 锚索测力计 | 支 | 14 | |
| 21 | | 锚杆测力计 | 支 | 10 | |
| 22 | 右岸高边坡 | 多点位移计（四点式） | 支 | 8 | 2套 |
| 23 | | 锚索测力计 | 台 | 2 | |
| 24 | | 锚杆测力计 | 支 | 10 | |
| 25 | 厂房边坡 | 多点位移计（四点式） | 支 | 36 | 9套 |
| 26 | | 锚索测力计 | 支 | 2 | |
| 27 | | 锚杆测力计 | 支 | 10 | |
| 28 | 6#坝段 | 基岩温度计 | 支 | 5 | |
| 29 | | 多点位移计（四点式） | 支 | 8 | 2套 |
| 30 | | 裂缝计 | 支 | 7 | |
| 31 | | 库水温 | 支 | 13 | |
| 32 | | 坝体温度 | 支 | 37 | |
| 33 | | 五向应变计组 | 支 | 30 | 6套 |
| 34 | | 无应力计 | 支 | 6 | |
| 35 | | 坝体渗压计 | 支 | 12 | |
| 36 | | 坝基渗压计 | 支 | 4 | |
| 37 | 9#坝段 | 基岩温度计 | 支 | 5 | |
| 38 | | 多点位移计（四点式） | 支 | 8 | 2套 |
| 39 | | 裂缝计 | 支 | 9 | |
| 40 | | 库水温 | 支 | 13 | |
| 41 | | 坝体温度 | 支 | 39 | |
| 42 | | 五向应变计组 | 支 | 40 | 8套 |
| 43 | | 无应力计 | 支 | 8 | |
| 44 | | 坝体渗压计 | 支 | 16 | |
| 45 | | 坝基渗压计 | 支 | 4 | |

续表

| 序号 | 监测项目 | 监测仪器 | 单位 | 数量 | 备注 |
|---|---|---|---|---|---|
| 46 | 13# 坝段 | 基岩温度计 | 支 | 5 | |
| 47 | | 多点位移计（四点式） | 支 | 8 | 2套 |
| 48 | | 裂缝计 | 支 | 7 | |
| 49 | | 库水温 | 支 | 11 | |
| 50 | | 坝体温度 | 支 | 31 | |
| 51 | | 五向应变计组 | 支 | 30 | 6套 |
| 52 | | 无应力计 | 支 | 6 | |
| 53 | | 坝体渗压计 | 支 | 12 | |
| 54 | | 坝基渗压计 | 支 | 4 | |
| 55 | 拱圈 | 五向应变计组 | 支 | 100 | 20套 |
| 56 | | 无应力计 | 支 | 20 | |
| 57 | 工作加固和供料平台 | 锚索测力计 | 台 | 9 | |
| 58 | 施工越冬面 | 温度计 | 支 | 54 | |
| 59 | | 测缝计 | 支 | 33 | |
| 60 | 导流洞封堵 | 温度计 | 支 | 17 | |
| 61 | | 测缝计 | 支 | 6 | |
| 62 | 强震监测 | 强震仪 | 台 | 3 | |
| | 合计 | | | 1049 | 802 |

### 2.2.6 仪器设备现状

通过现场检查、监测仪器历史数据分析、资料查阅，对 BEJSK 水利枢纽监测仪器、设备工作状态进行统计并做出如下评价：BEJSK 水利枢纽监测项目齐全，各类监测方法可靠，数据真实、准确，总体能满足对枢纽各建筑物工作性态评价的要求。

## 2.3 监测资料分析符号规定

本工程监测资料分析符号规定如下：

（1）径向水平位移：向下游为正，向上游为负。

（2）切向水平位移：向左岸为正，向右岸为负。

（3）垂直位移：下沉为正，上升为负。

（4）缝开合度：张开为正，闭合为负。

（5）渗流监测：有压为正，反之为负。

（6）应力应变：受拉为正，受压为负。

## 2.4 环境量

### 2.4.1 库水位

BEJSK 拱坝库水位资料从 2016 年 1 月 28 日至 2020 年 10 月 29 日，下游水位资料从

2019 年 9 月 23 日至 2020 年 11 月 20 日，其上下游水位过程线如图 2-5 所示，历年上下游水位极值统计见表 2-3，历年上下游水位变幅如图 2-6 所示。

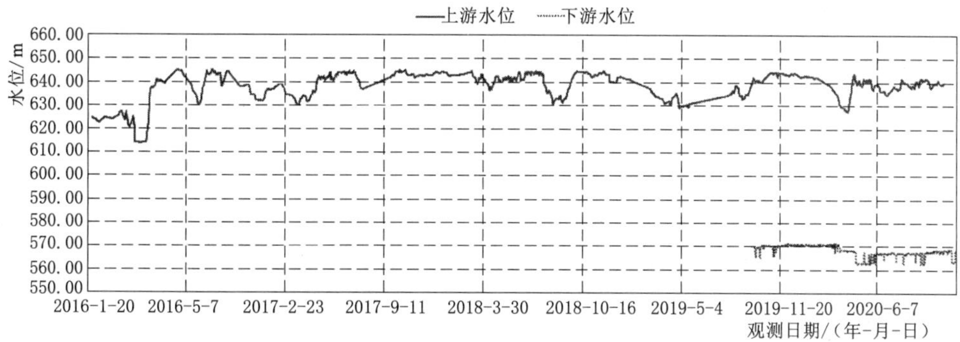


图 2-5 BEJSK 水利枢纽上下游水位过程线

**表 2-3** **历年上下游水位极值统计表** 单位：m

| 年份 | 上游水位计（右）测值 | | | 下游水位计测值 | | |
|---|---|---|---|---|---|---|
| | 最大值 | 最小值 | 年变幅 | 最大值 | 最小值 | 年变幅 |
| 2016 | 645.99 | 614.36 | 31.63 | — | — | — |
| 2017 | 646.20 | 631.10 | 15.10 | — | — | — |
| 2018 | 646.10 | 631.40 | 14.70 | — | — | — |
| 2019 | 645.50 | 630.10 | 15.40 | 571.13 | 565.03 | 6.10 |
| 2020 | 644.10 | 628.20 | 15.90 | 571.22 | 562.34 | 8.88 |

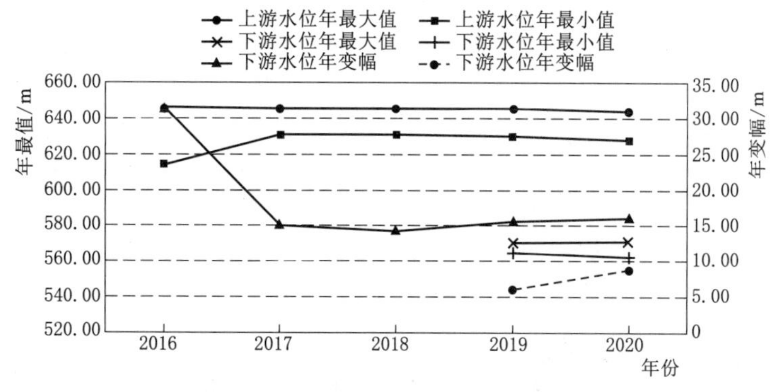


图 2-6 历年上下游水位变幅

BEJSK 水利枢纽于 2014 年 7 月开始蓄水，2016 年 5 月 28 日—11 月 2 日略低于正常蓄水位运行，2017 年 10 月 16 日达到历史最高库水位 646.20m。每年春季（3—5 月）和秋季（9—11 月）在高水位（642.00m 以上）运行，每年夏季（6—8 月）和冬季（12 月至次年 2 月）在低水位（636.00m 以下）运行。

2016—2020 年，BEJSK 水利枢纽最高库水位为 646.20m（2017 年 10 月 16 日），比正常蓄水位（646.00m）高 0.2m，比设计洪水位 643.73m 高 2.47m，比校核洪水位

647.21m 低 1.01m；最低库水位为 628.20m（2016 年 5 月 10 日），比死水位 620.00m 高 8.20m。2016—2020 年，库水位年变幅最大为 15.90m（2020 年），水位年变幅最小为 12.20m（2016 年）。

下游水位资料系列较短，最大值保持在 571.0m 附近，历年年变幅变化不明显。

### 2.4.2 降雨

在坝区设置简易气象测站，主要包括温湿度计、雨量计、风速风向仪。2017 年 6 月 24 日 8：00 至 2020 年 10 月 29 日 8：00，历年降雨量过程线如图 2-7 所示。其中，2017—2020 年的年降雨量分别为 300mm、1800mm、1050mm 和 780mm。

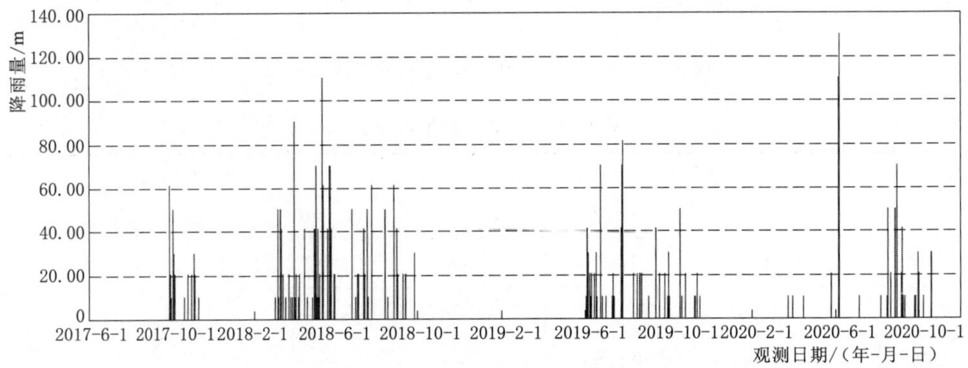


图 2-7 气象测站历年降雨资料过程线

2017 年 6 月 24 日—2020 年 10 月 29 日，气象测站各年降雨量在 300～1800mm 之间，年平均降雨量 982.5mm，每年 4—11 月降雨量较多。

### 2.4.3 环境气温

由于没有坝区的环境气温实测资料，BEJSK 水利枢纽坝区气温以当地气温资料作为参考。2016—2020 年当地气温过程线如图 2-8 所示，历年的日最高气温、日最低气温和气温年变幅见表 2-4。

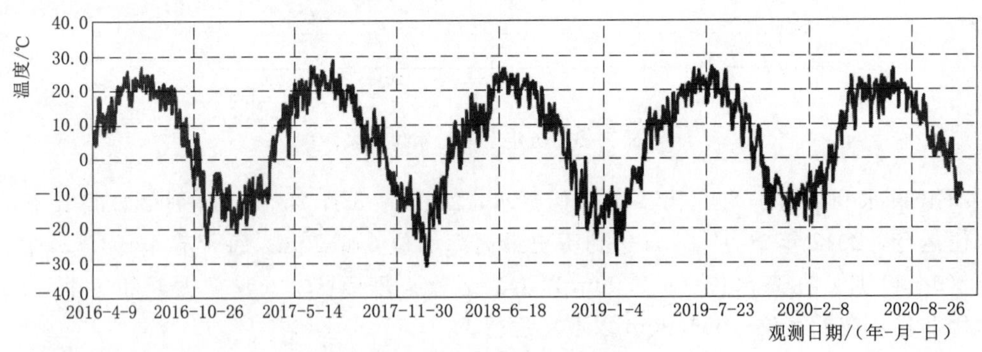


图 2-8 阿勒泰地区气温过程线

表 2-4 **历年气温极值统计表** 单位:℃

| 年份 | | 2016 | 2017 | 2018 | 2019 |
|---|---|---|---|---|---|
| 气温极值 | 最高值 | 27.0 | 29.0 | 26.5 | 27.0 |
| | 最低值 | −24.0 | −20.5 | −30.5 | −27.5 |
| | 年变幅 | 51.0 | 49.5 | 57.0 | 54.5 |

气温基本呈年周期性变化，最高气温出现在 6—8 月，最高温在 26.5～29℃之间，最低气温出现在 12 月至次年 2 月之间，最低温在−30～−20.5℃之间。

# 第3章 拱坝监测资料时空分析

本章采用比较法、作图法和特征值法分别对大坝变形、渗流渗压、应力应变及温度、大坝越冬面以及发电引水系统和近坝区边坡的监测资料进行时空分析，以定性获得BEJSK水利枢纽整体工作性态。

## 3.1 大坝监测资料定性分析

### 3.1.1 大坝变形监测资料分析

#### 3.1.1.1 水平位移

1. 水平位移监测概况

典型监测坝段为6#、9#和13#坝段，由正倒垂线组分别对典型坝段的径向水平位移和切向水平位移进行监测。垂线组分布位置资料见表3-1，正倒垂线测点布置图如图3-1所示，正垂线编号分别为PL1-1、PL1-2、PL1-3、PL2-1、PL2-2、PL2-3、PL3-1、PL3-2、PL3-3，单个典型坝段一共分为三个典型高程，倒垂线编号分别为IP1、IP2、IP3、IP4。

表3-1 典型坝段典型测点分布情况

| 坝段 | 测点高程/m | 正倒垂线编号 | 所测位移高程/m |
|---|---|---|---|
| 2# | 649.00 | IP1 | 649.00 |
| 6# | 575.00 | IP2 | 575.00 |
| | 575.00 | PL1-1 | 594.00 |
| | 594.00 | PL1-2 | 620.00 |
| | 620.00 | PL1-3 | 649.00 |
| 9# | 560.00 | IP3 | 560.00 |
| | 560.00 | PL2-1 | 594.00 |
| | 594.00 | PL2-2 | 620.00 |
| | 620.00 | PL2-3 | 649.00 |
| 13# | 575.00 | IP4 | 575.00 |
| | 575.00 | PL3-1 | 594.00 |
| | 594.00 | PL3-2 | 620.00 |
| | 620.00 | PL3-3 | 649.0 |

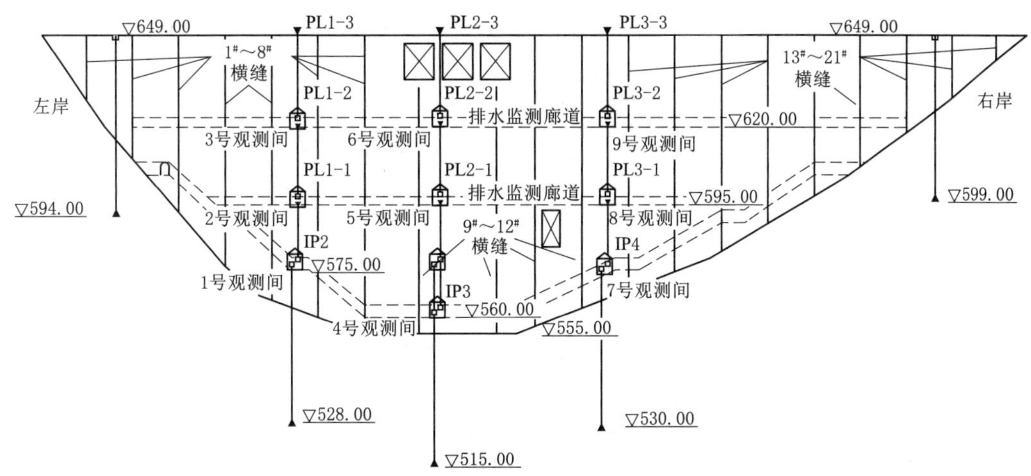


图 3-1　正倒垂线测点布置图

2. 径向水平位移

(1) 径向水平位移相关性分析。

1) 径向水平位移与库水位相关性。2#、6#、9#、13# 坝段倒垂线径向水平位移（以下简称为径向位移）监测资料与库水位过程线如图 3-2 所示，其中只有 6#、9#、13# 三个典型坝段布置有正垂线，其径向水平位移监测资料与库水位过程线如图 3-3～图 3-5 所示。其中，径向位移以向下游为正，向上游为负。

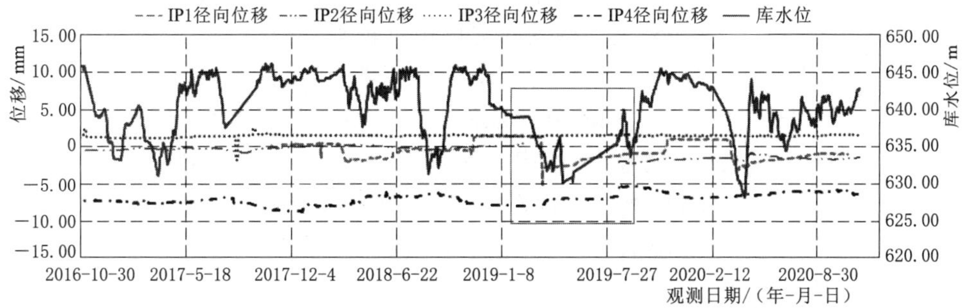


图 3-2　2#、6#、9#、13# 坝段倒垂线径向水平位移与库水位过程线

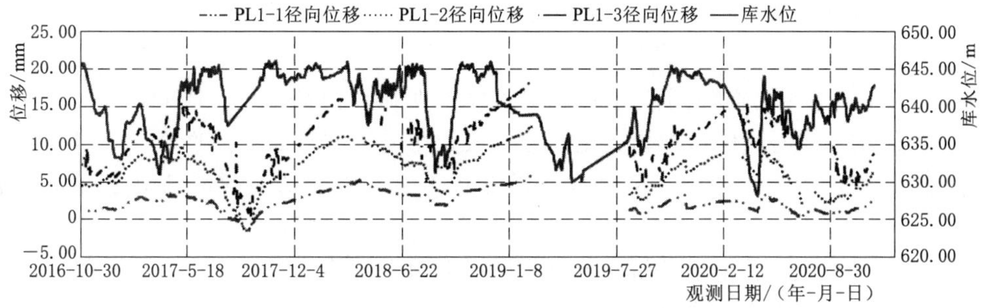


图 3-3　6# 坝段正垂线径向水平位移与库水位过程线

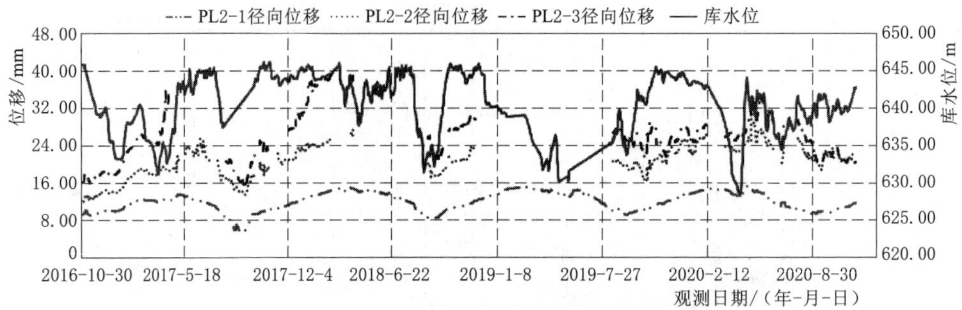


图 3-4　9# 坝段正垂线径向水平位移与库水位过程线

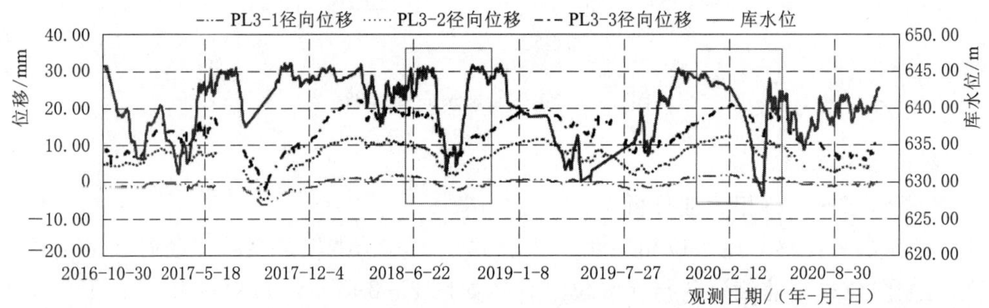


图 3-5　13# 坝段正垂线径向水平位移与库水位过程线

由图 3-2 可知，倒垂线测值几乎没有发生较为明显的变动，与库水位相关性不明显，表明坝体整体相对于基岩较为稳定，变动幅度也相对较小。特别地，倒垂线 IP2 在 2019 年 3—7 月中断监测 4 个月，2019 年 8 月 17 日继续监测，测值发生明显向上游的位移（2mm），至今仍保持较为稳定的测值，如图 3-2 中方框所示，其可能的原因为资料缺失或部分监测仪器进行了人为调整。倒垂线 IP1 资料完整性不好，且测值并不稳定，存在反复突升突降，原因需进一步查明，后续不再对 IP1 进一步分析。由图 3-3～图 3-5 可知，水位变动较为明显时（方框标记），正垂线所测位移会受到影响，表现为随水位升高而增大，随水位降低而减小。

2）径向水平位移与环境气温相关性。2#、6#、9#、13# 坝段倒垂线径向水平位移（以下简称为径向位移）监测资料与环境气温过程线如图 3-6 所示，其中只有 6#、9#、13# 三个典型坝段布置有正垂线，其径向水平位移监测资料与环境气温过程线如图 3-7～图 3-9 所示。

由图 3-6 可知，倒垂线测值与温度相关性不明显。由图 3-7～图 3-9 可知，6#、9#、13# 坝段正垂线所测位移规律变化较为一致，均呈现明显的周期性变化，表现为随温度升高向上游变形增大，随温度降低向下游变形增大，且测值变化略滞后于环境气温的变化。

(2) 径向水平位移特征值分析。典型坝段径向水平位移年变幅、最大值和最小值统计结果见表 3-2，典型坝段特征值历年变化如图 3-10～图 3-13 所示。

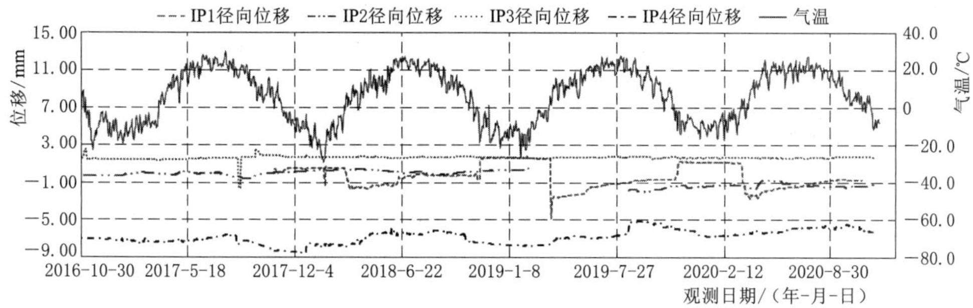


图 3-6 2#、6#、9#、13#坝段倒垂线径向水平位移与环境气温过程线

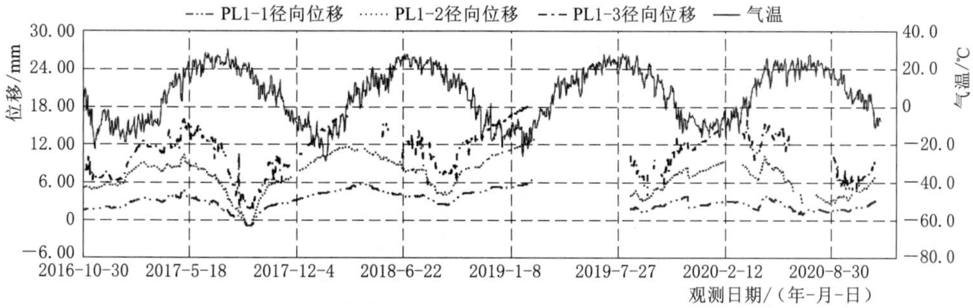


图 3-7 6#坝段正垂线径向水平位移与环境气温过程线

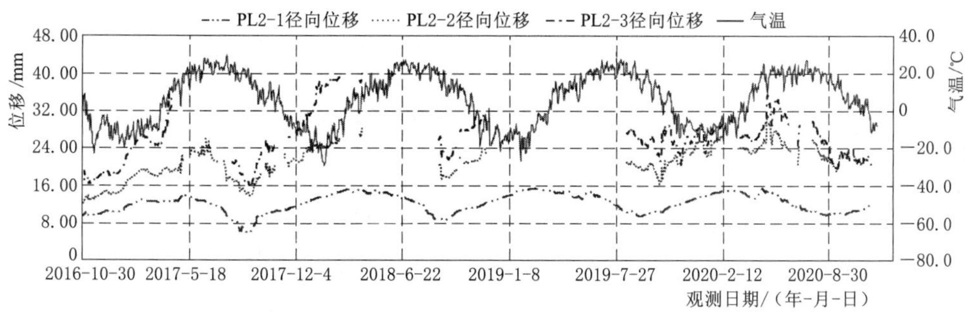


图 3-8 9#坝段正垂线径向水平位移与环境气温过程线

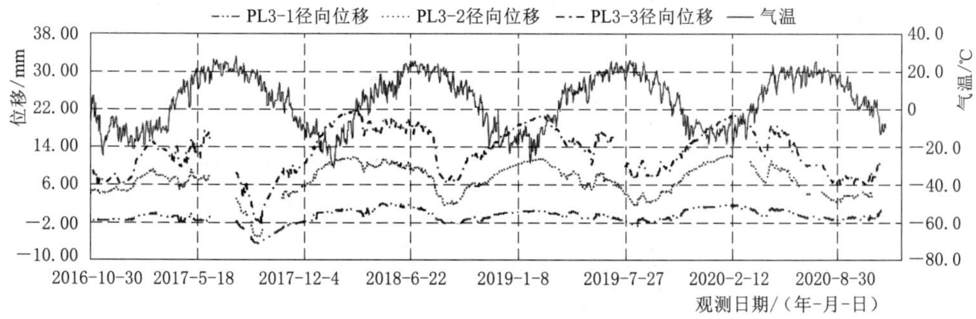


图 3-9 13#坝段正垂线径向水平位移与环境气温过程线

**表 3-2** **9# 坝段径向水平位移监测值特征值** 单位：mm

| 年份 | IP3 径向水平位移 | | | | | PL2-1 径向水平位移 | | | | |
|---|---|---|---|---|---|---|---|---|---|---|
| | 最大值 | | 最小值 | | 年变幅 | 最大值 | | 最小值 | | 年变幅 |
| | 数值 | 日期 | 数值 | 日期 | | 数值 | 日期 | 数值 | 日期 | |
| 2016 | 2.34 | 11 月 8 日 | 0.38 | 6 月 1 日 | 1.96 | 10.43 | 5 月 31 日 | 4.62 | 5 月 15 日 | 5.81 |
| 2017 | 2.42 | 9 月 22 日 | 1.18 | 3 月 14 日 | 1.24 | 13.49 | 5 月 6 日 | 5.50 | 9 月 8 日 | 7.99 |
| 2018 | 1.60 | 10 月 11 日 | 1.42 | 6 月 1 日 | 0.18 | 14.93 | 4 月 2 日 | 8.23 | 9 月 9 日 | 6.70 |
| 2019 | 1.62 | 9 月 3 日 | 1.36 | 9 月 30 日 | 0.26 | 15.05 | 2 月 25 日 | 9.05 | 9 月 10 日 | 6.00 |
| 2020 | 1.63 | 10 月 29 日 | 1.39 | 8 月 18 日 | 0.24 | 15.17 | 4 月 26 日 | 9.23 | 8 月 27 日 | 5.94 |

| 年份 | PL2-2 径向水平位移 | | | | | PL2-3 径向水平位移 | | | | |
|---|---|---|---|---|---|---|---|---|---|---|
| | 最大值 | | 最小值 | | 年变幅 | 最大值 | | 最小值 | | 年变幅 |
| | 数值 | 日期 | 数值 | 日期 | | 数值 | 日期 | 数值 | 日期 | |
| 2016 | 18.09 | 6 月 1 日 | 6.89 | 9 月 6 日 | 11.2 | 22.41 | 6 月 1 日 | 10.99 | 5 月 6 日 | 11.42 |
| 2017 | 25.56 | 6 月 19 日 | 13.44 | 9 月 11 日 | 12.12 | 34.51 | 4 月 17 日 | 15.64 | 9 月 8 日 | 18.87 |
| 2018 | 28.44 | 3 月 28 日 | 17.28 | 9 月 3 日 | 11.16 | 39.74 | 3 月 28 日 | 21.15 | 9 月 17 日 | 18.59 |
| 2019 | 25.31 | 12 月 27 日 | 16.06 | 10 月 16 日 | 9.25 | 28.79 | 11 月 6 日 | 20.94 | 10 月 16 日 | 7.85 |
| 2020 | 30.94 | 5 月 6 日 | 19.05 | 9 月 14 日 | 11.89 | 35.26 | 5 月 6 日 | 19.04 | 9 月 14 日 | 16.22 |
| 2020 | 12.77 | 2 月 12 日 | 2.64 | 8 月 27 日 | 10.13 | 21.21 | 2 月 12 日 | 5.65 | 10 月 27 日 | 15.56 |

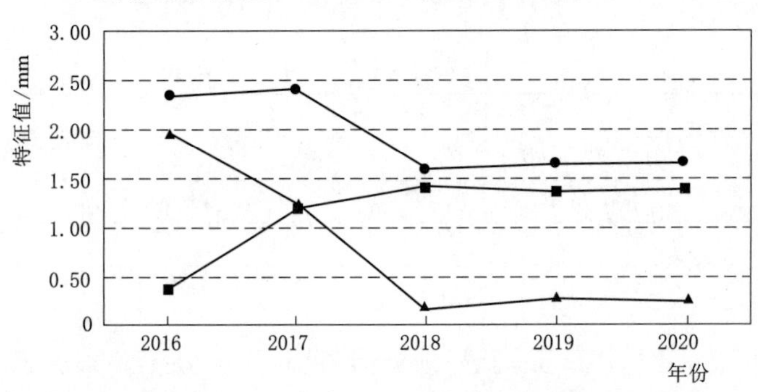

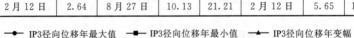

图 3-10 9# 坝段 IP3 测点径向位移历年特征值

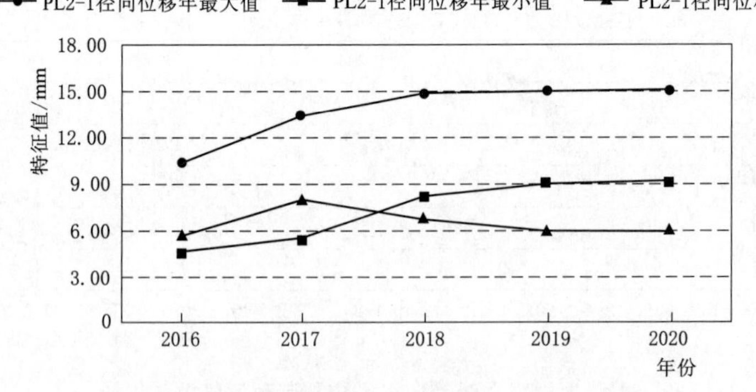


图 3-11 9# 坝段 PL2-1 测点径向位移历年特征值

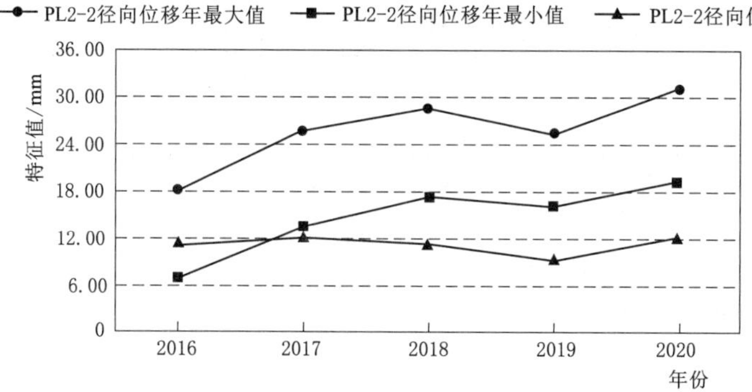


图 3-12 9# 坝段 PL2-2 测点径向位移历年特征值

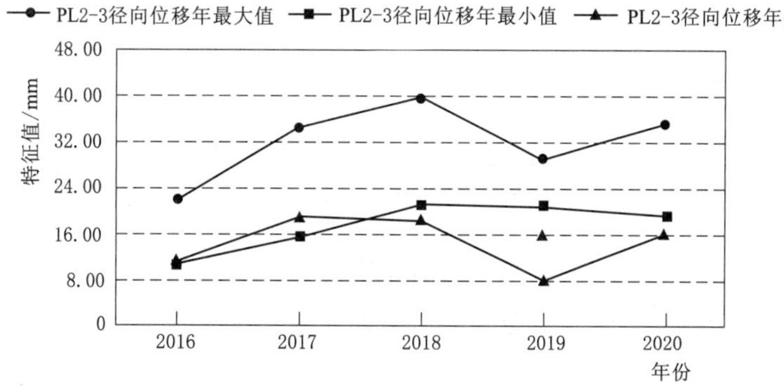


图 3-13 9# 坝段 PL2-3 测点径向位移历年特征值

9# 坝段 IP3 倒垂线所测径向水平位移年最大值变化范围为 1.6～2.42mm，年最小值变化范围为 0.38～1.42mm，年变幅范围为 0.24～1.96mm；PL2-1 正垂线所测径向水平位移年最大值变化范围为 10.43～15.17mm，年最小值变化范围为 4.62～9.23mm，年变幅范围为 5.81～7.99mm；PL2-2 正垂线所测径向水平位移年最大值变化范围为 18.09～30.94mm，年最小值变化范围为 6.89～19.05mm，年变幅范围为 9.25～12.12mm；PL2-3 正垂线所测径向水平位移年最大值变化范围为 22.41～39.74mm，年最小值变化范围为 10.99～21.15mm，年变幅范围为 7.85～18.87mm。

对于 9# 坝段 IP3 所测的坝基位移，年最大值在 2017 年降低后保持稳定，其年最小值小幅度逐渐上升后保持稳定，相应的年变幅也在 2017 年降低后保持稳定，说明 9# 坝段坝体相对于基岩的位移比较稳定；对于 9# 坝段正垂线所测的坝体典型高程的位移，PL2-1、PL2-2 和 PL2-3 径向水平位移年最大值和年最小值均随时间有不同程度的增长，且年变幅趋于平稳。2016—2020 年，各测点年最大值增幅分别为 4.74mm、12.85mm、12.85mm，年最小值增幅分别为 4.61mm、12.16mm、8.05mm。PL2-2 和 PL2-3 径向水平位移年最大值和年最小值增长较大，建议对 PL2-2 和 PL2-3 测点进行检查或持续跟踪监测。总体上，9# 坝段坝体工作性态较为正常，但仍需要进一步观测分析。

（3）径向水平位移时空分析。6#、9# 和 13# 坝段历年年变幅沿高程分布如图 3-14～图 3-16 所示，各典型高程测点历年年变幅沿横河向分布如图 3-17～图 3-20 所示，典型日期径向水平位移分布如图 3-21 和图 3-22 所示。

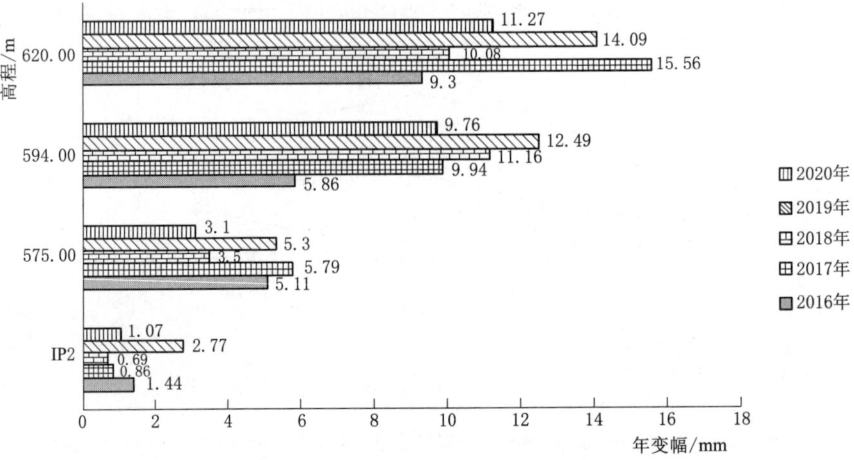


图 3-14　6# 坝段径向水平位移历年年变幅沿高程分布图

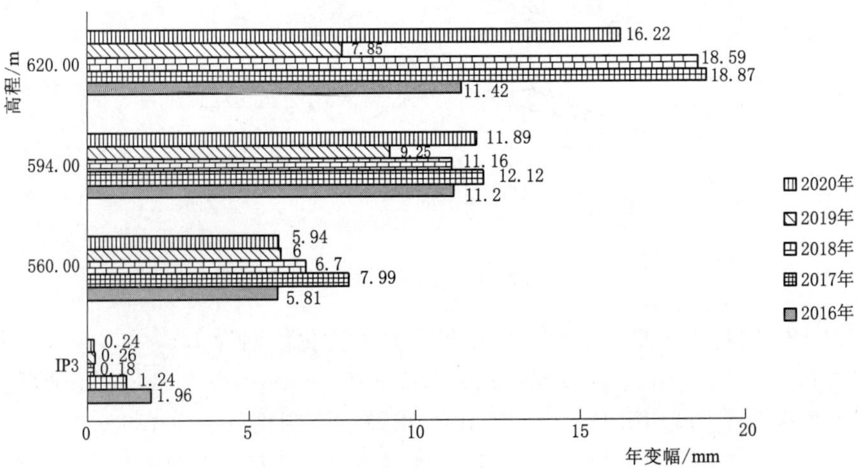


图 3-15　9# 坝段径向水平位移历年年变幅沿高程分布图

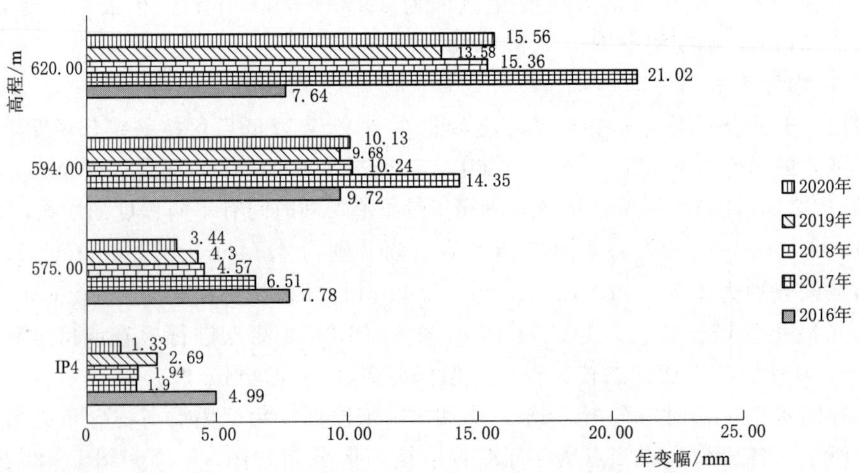


图 3-16　13# 坝段径向水平位移历年年变幅沿高程分布图

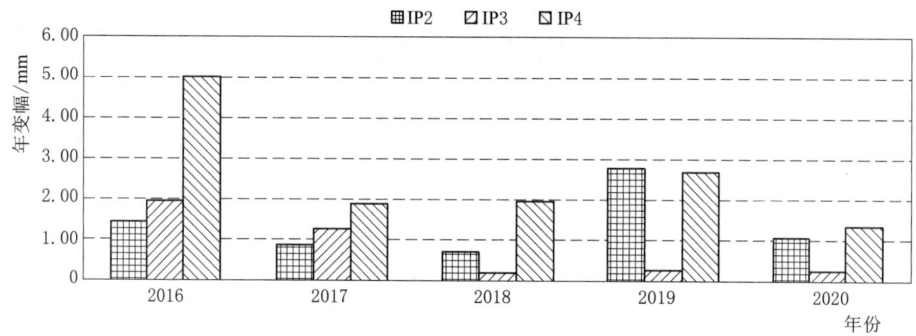


图 3-17 坝基径向水平位移沿横河向历年年变幅分布图

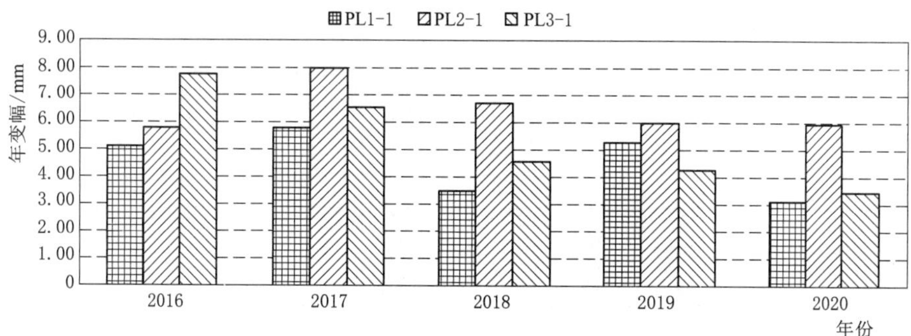


图 3-18 575.00 (560.00) m 高程测点径向水平位移沿横河向年变幅分布图

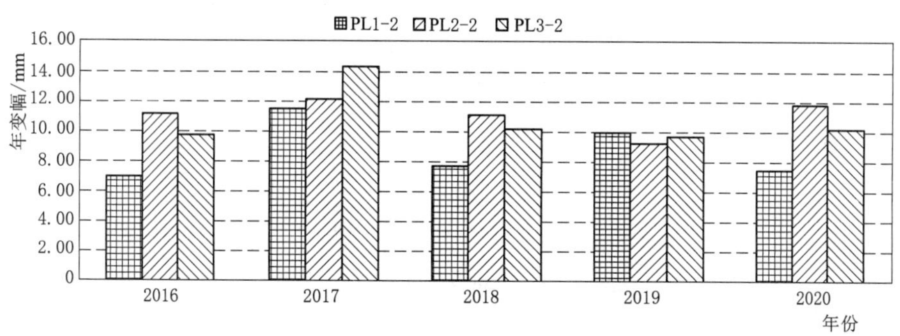


图 3-19 594.00m 高程测点径向水平位移沿横河向年变幅分布图

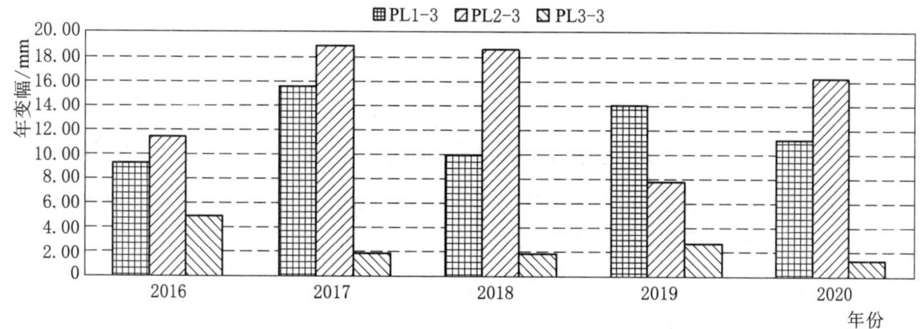


图 3-20 620.00m 高程测点径向水平位移沿横河向年变幅分布图

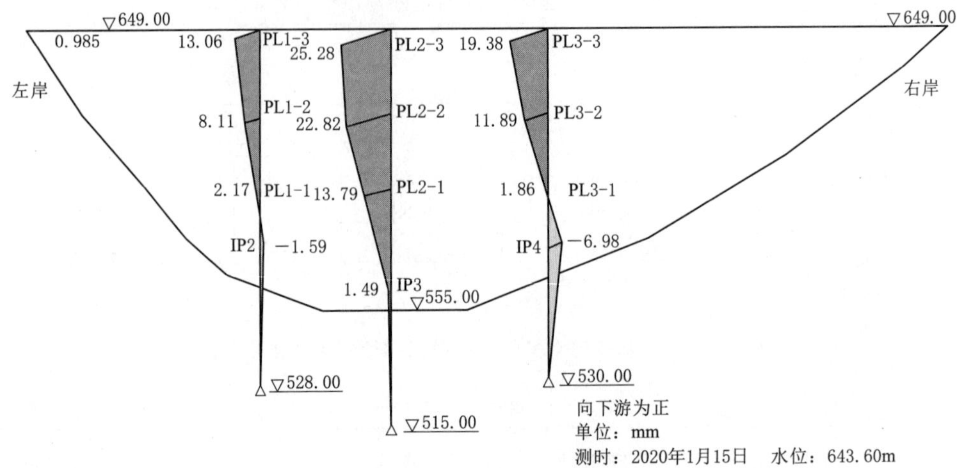


图 3-21 冬季径向水平位移分布图（2020 年 1 月 15 日）

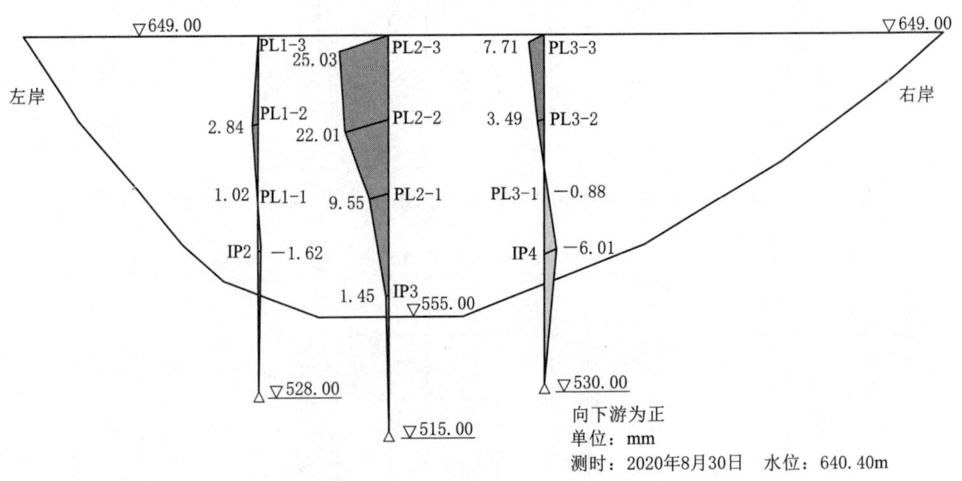


图 3-22 夏季径向水平位移分布图（2020 年 8 月 30 日）

1）沿高程分布。由图 3-14～图 3-16 可知，6#、9#和 13#坝段沿高程方向的位移分布规律相对明显，大部分测点测值均表现为年变幅随高程增加而增大，说明随高程增加，测点受荷载作用或外界干扰时，产生的变形越大，符合坝体变形一般规律，可认为坝体工作性态正常。

2）沿横河向分布。由图 3-17 可知，对于坝基径向水平位移，2017 年之前表现为从左岸往右岸逐渐增加，2017 年之后表现为靠近大坝中心线处（9#）较小、两端（6#、13#）较大的分布规律，可能因为中心线处坝基相对稳定，坝基径向水平位移测值稳定后，中心线处位移受到外界因素扰动时变化较小。

由图 3-18～图 3-20 可知，对于坝基以上不同高程测点的径向水平位移，大部分测点均表现为靠近大坝中心线的测点位移变幅较大，两端测点的位移较小，符合坝体变形一般规律，可认为坝体工作性态正常。

整体上，选取冬季2020年1月15日和夏季2020年8月30日作为典型日期，其径向水平位移分布如图3-21～图3-22所示，分布规律基本表现为：靠近坝体中心线的测点位移要大于两端测点的位移；径向水平位移随高程增加而增大。

3. 切向水平位移

（1）切向水平位移相关性分析。

1）切向水平位移与库水位相关性。6#、9#、13#坝段倒垂线切向水平位移（以下简称为切向位移）监测资料与库水位过程线如图3-23所示，正垂线切向水平位移监测资料与库水位过程线如图3-24～图3-26所示。

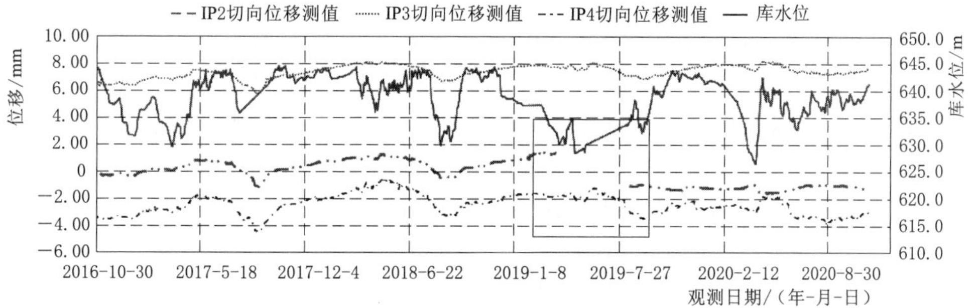


图3-23 6#、9#、13#坝段倒垂线切向水平位移与库水位过程线

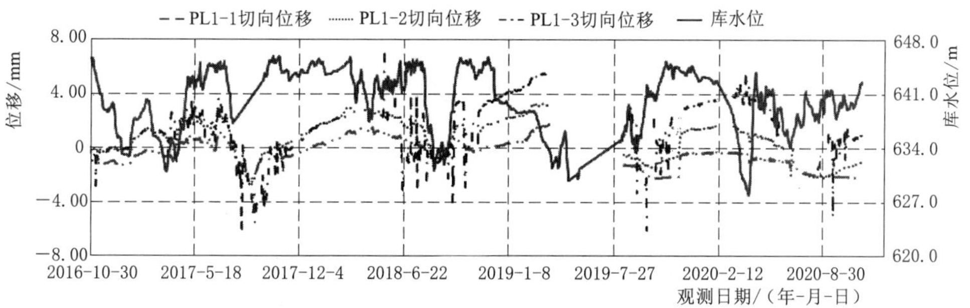


图3-24 6#坝段正垂线切向水平位移与库水位过程线

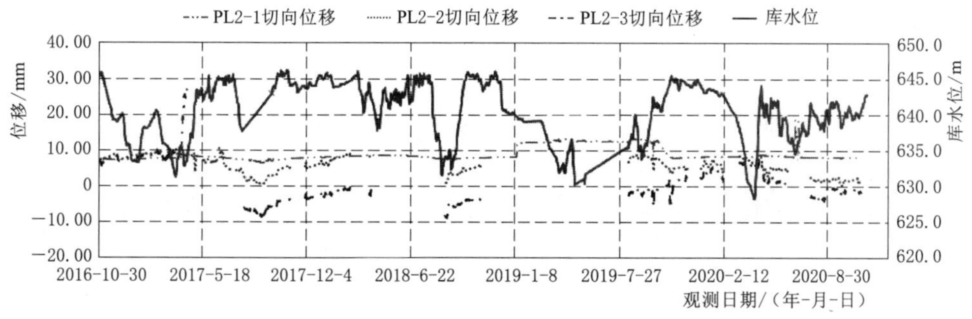


图3-25 9#坝段正垂线切向水平位移与库水位过程线

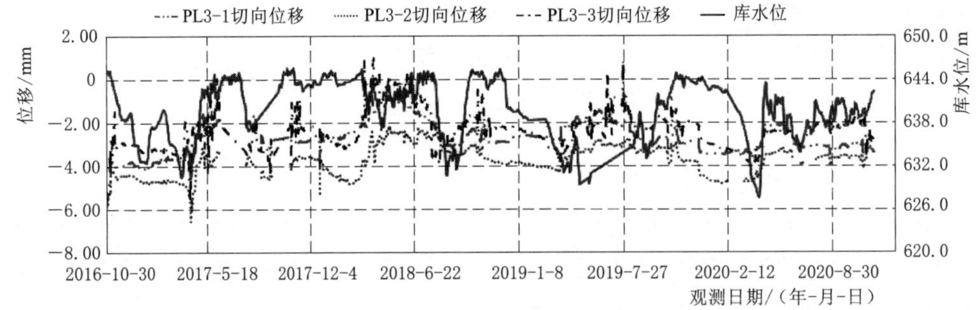


图3-26　13#坝段正垂线切向水平位移与库水位过程线

由图3-23可知，倒垂线切向水平位移测值较小，几乎没有发生明显变动，说明坝体整体相对于基岩的切向水平位移变化较为稳定，变动幅度也相对较小。特别地，倒垂线IP2在2019年3—7月中断监测4个月，2019年8月17日继续监测，测值发生明显向右岸的位移（0.5mm），至今仍保持较为稳定的测值，如图3-23方框所示，其可能的原因为资料缺失或对部分监测仪器进行了人为调整。

如图3-24～图3-26所示，6#、9#、13#坝段正垂线所测切向水平位移变化规律较为一致，正垂线组所测的位移呈现明显的周期性小幅变化。

2）切向水平位移与环境气温相关性。6#、9#、13#坝段倒垂线切向水平位移（以下简称为切向位移）监测资料与环境气温过程线如图3-27所示，正垂线切向水平位移监测资料与环境气温过程线如图3-28～图3-30所示。

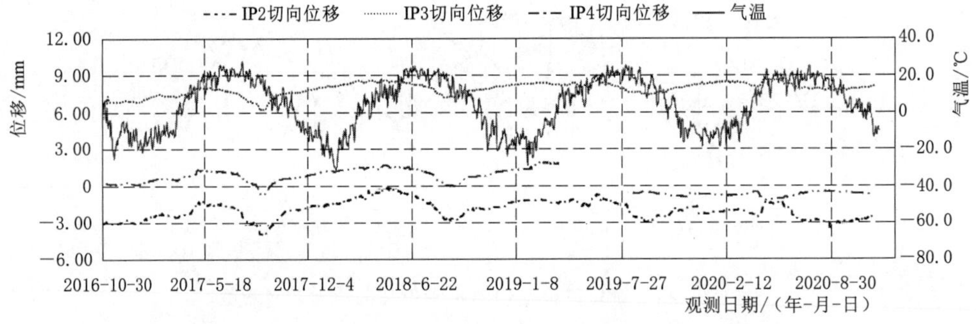


图3-27　6#、9#、13#坝段倒垂线切向水平位移与环境气温过程线

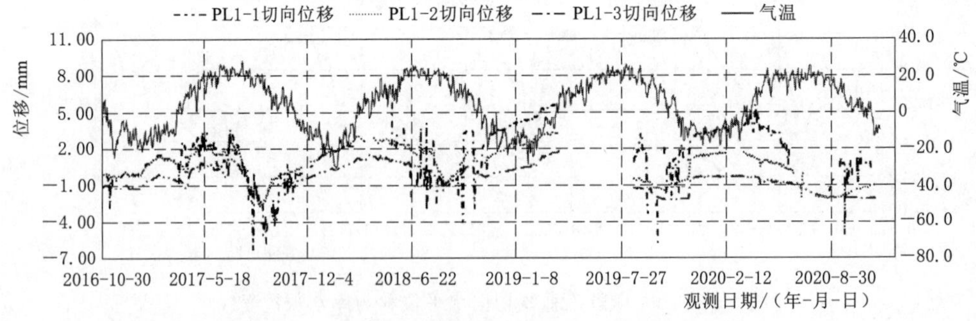


图3-28　6#坝段正垂线切向水平位移与环境气温过程线

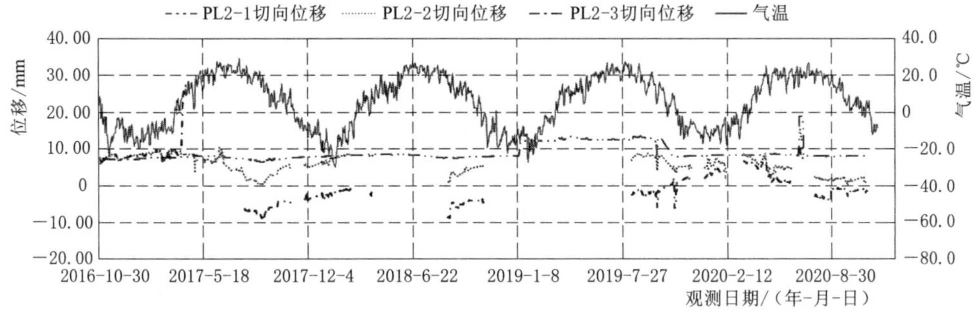


图 3-29 9# 坝段正垂线切向水平位移与环境气温过程线

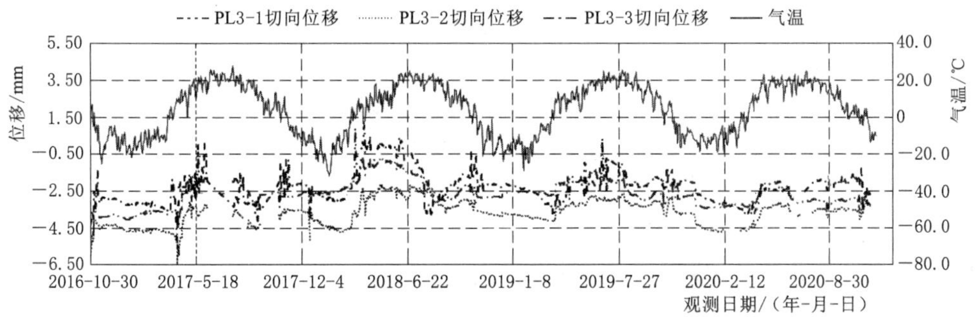


图 3-30 13# 坝段正垂线切向水平位移与环境气温过程线

河床坝段（9# 坝段）测点切向水平位移受气温影响不明显，倒垂线测点及两岸坝段的正垂线测点规律变化较为一致，均随环境气温呈现明显的周期性变化。对于倒垂线测点和左岸测点，温度升高时向右岸变形增大，温度降低时向左岸变形增大，且略滞后于环境气温的变化。对于右岸测点，温度升高时向左岸变形增大，温度降低时向右岸变形增大。由于峡谷地形不对称，左岸测点更靠近岸边，因此受温度影响更加明显。

（2）切向水平位移特征值分析。典型坝段切向水平位移年变幅、最大值和最小值统计结果见表 3-3，典型坝段特征值历年变化如图 3-31～图 3-34 所示。

9# 坝段 IP3 倒垂线所测切向水平位移年最大值变化范围为 7.52～8.93mm，年最小值变化范围为 0.55～7.85mm，年变幅范围为 1.08～6.97mm；PL2-1 正垂线所测切向水平位移年最大值变化范围为 7.3～13.3mm，年最小值变化范围为 1.03～7.72mm，年变幅

**表 3-3　9# 坝段切向水平位移监测值特征值**　单位：mm

| 年份 | IP3 切向水平位移 | | | | | PL2-1 切向水平位移 | | | | |
|---|---|---|---|---|---|---|---|---|---|---|
| | 最大值 | | 最小值 | | 年变幅 | 最大值 | | 最小值 | | 年变幅 |
| | 数值 | 日期 | 数值 | 日期 | | 数值 | 日期 | 数值 | 日期 | |
| 2016 | 7.52 | 11 月 9 日 | 0.55 | 5 月 20 日 | 6.97 | 7.3 | 11 月 5 日 | 1.03 | 5 月 20 日 | 6.27 |
| 2017 | 8.23 | 12 月 31 日 | 6.42 | 9 月 7 日 | 1.81 | 8.02 | 5 月 6 日 | 6.37 | 9 月 9 日 | 1.65 |
| 2018 | 8.79 | 5 月 3 日 | 7.35 | 8 月 22 日 | 1.44 | 8.37 | 7 月 11 日 | 7.26 | 9 月 9 日 | 1.11 |
| 2019 | 8.73 | 6 月 13 日 | 7.54 | 9 月 9 日 | 1.19 | 13.3 | 8 月 30 日 | 7.56 | 10 月 20 日 | 5.74 |
| 2020 | 8.93 | 4 月 26 日 | 7.85 | 9 月 5 日 | 1.08 | 8.57 | 4 月 26 日 | 7.72 | 8 月 29 日 | 0.85 |

续表

| 年份 | PL2－2 切向水平位移 | | | | | PL2－3 切向水平位移 | | | | |
|---|---|---|---|---|---|---|---|---|---|---|
| | 最大值 | | 最小值 | | 年变幅 | 最大值 | | 最小值 | | 年变幅 |
| | 数值 | 日期 | 数值 | 日期 | | 数值 | 日期 | 数值 | 日期 | |
| 2016 | 10.21 | 10 月 9 日 | －0.62 | 5 月 18 日 | 10.83 | 10.62 | 10 月 9 日 | －0.47 | 5 月 17 日 | 11.09 |
| 2017 | 10.29 | 6 月 19 日 | 0.21 | 9 月 8 日 | 10.08 | 9.83 | 2 月 19 日 | －9.03 | 9 月 8 日 | 18.86 |
| 2018 | 8.64 | 2 月 25 日 | 0.50 | 8 月 31 日 | 8.14 | －0.77 | 2 月 25 日 | －9.10 | 9 月 1 日 | 8.33 |
| 2019 | 8.81 | 8 月 27 日 | 2.99 | 10 月 25 日 | 5.82 | 3.46 | 11 月 29 日 | －7.47 | 10 月 23 日 | 10.93 |
| 2020 | 8.31 | 3 月 16 日 | －0.4 | 10 月 25 日 | 8.71 | 7.35 | 4 月 26 日 | －4.36 | 8 月 20 日 | 11.71 |

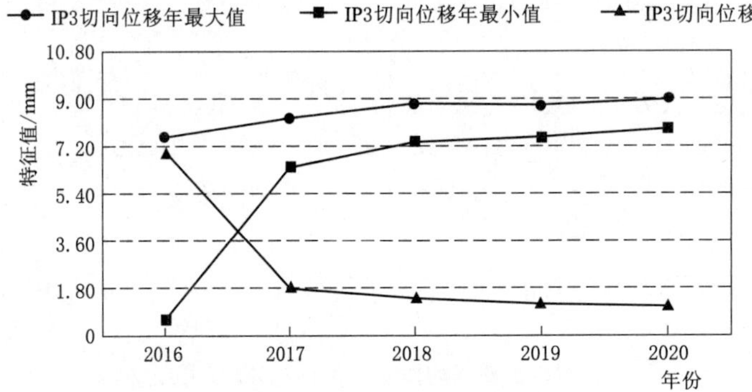


图 3－31　9# 坝段 IP3 测点切向位移历年特征值

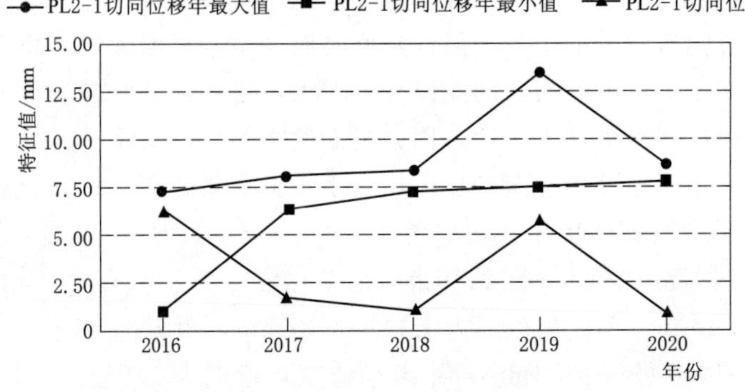


图 3－32　9# 坝段 PL2－1 测点切向位移历年特征值

范围为 0.85～6.27mm；PL2－2 正垂线所测切向水平位移年最大值变化范围为 8.31～10.29mm，年最小值变化范围为－0.62～2.99mm，年变幅范围为 5.82～12.12mm；PL2－3 正垂线所测切向水平位移年最大值变化范围为－0.47～－9.03mm，年最小值变化范围为 8.33～18.86mm，年变幅范围为 8.33～18.86mm。

对于 9# 坝段 IP3 所测的坝基切向水平位移，年变幅、年最大值和年最小值在 2017 年后保持稳定，说明 9# 坝段坝基相对于基岩的切向水平位移趋于稳定；对于 9# 坝段正垂线所测坝体典型高程的切向水平位移，PL2－1 和 PL2－2 测点所测位移年最大值在 2019 年突然增加，达到了 4mm 以上，相应的年变幅也增加，表明该处受到外界因素扰动较为明显，需要

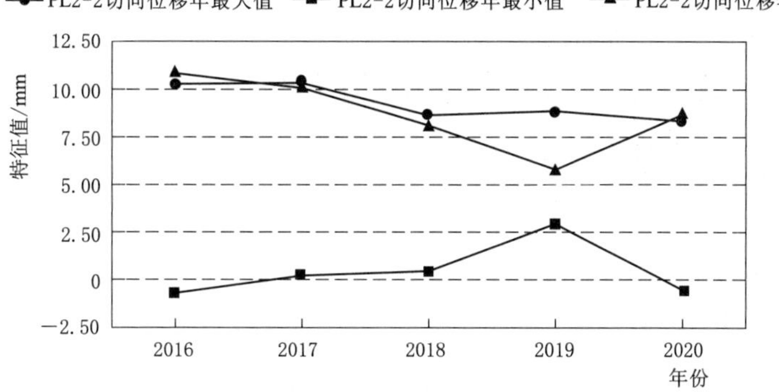


图 3-33 9# 坝段 PL2-2 测点切向位移历年特征值

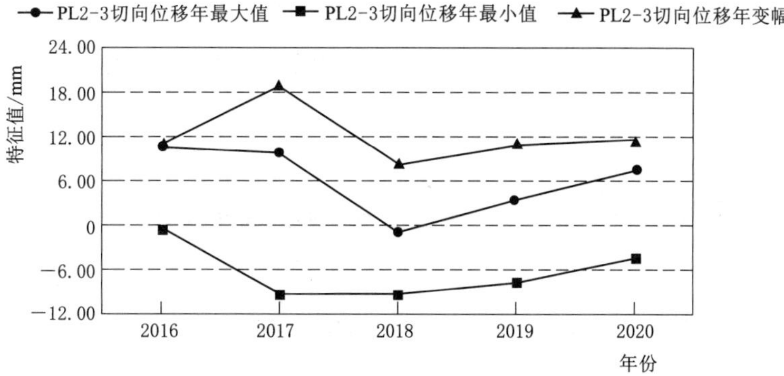


图 3-34 9# 坝段 PL2-3 测点切向位移历年特征值

进一步跟踪监测，并及时分析；其余各高程年变幅、年最大值和最小值变动并不明显。

(3) 切向水平位移时空分析。6#、9# 和 13# 坝段切向水平位移历年年变幅沿高程分布如图 3-35～图 3-37 所示，各典型高程测点切向水平位移沿横河向历年年变幅分布如图 3-38～图 3-41 所示，典型日期切向水平位移分布如图 3-42 和图 3-43 所示。

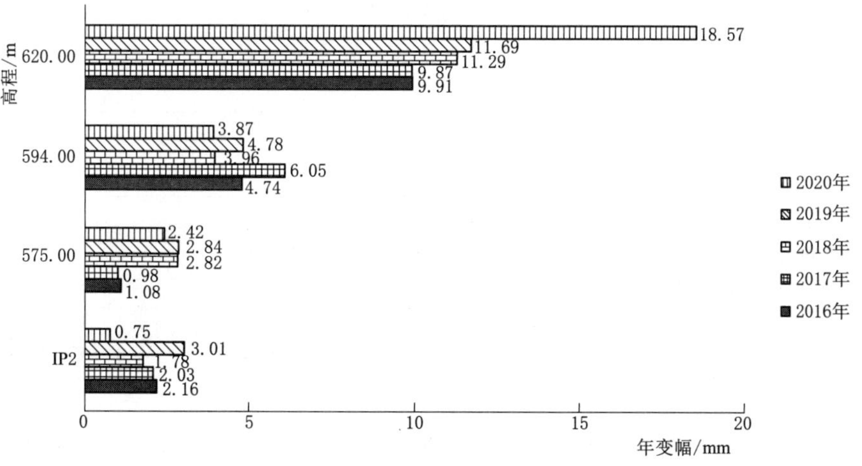


图 3-35 6# 坝段切向水平位移历年年变幅沿高程分布图

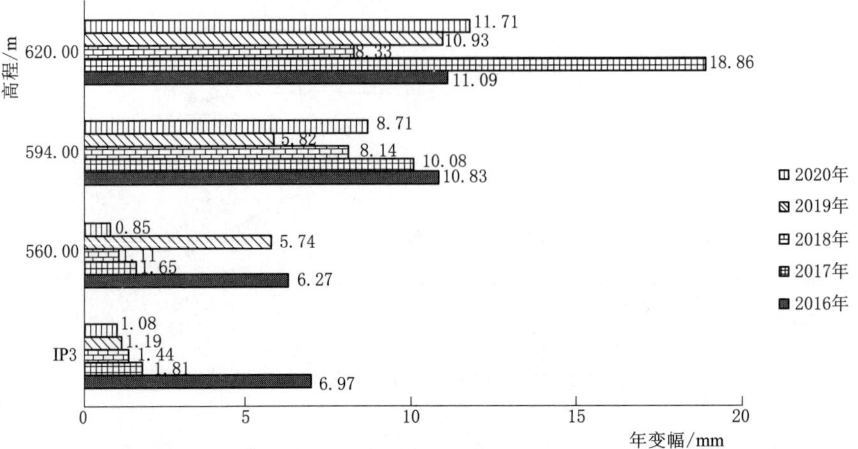


图 3-36　9# 坝段切向水平位移历年年变幅沿高程分布图

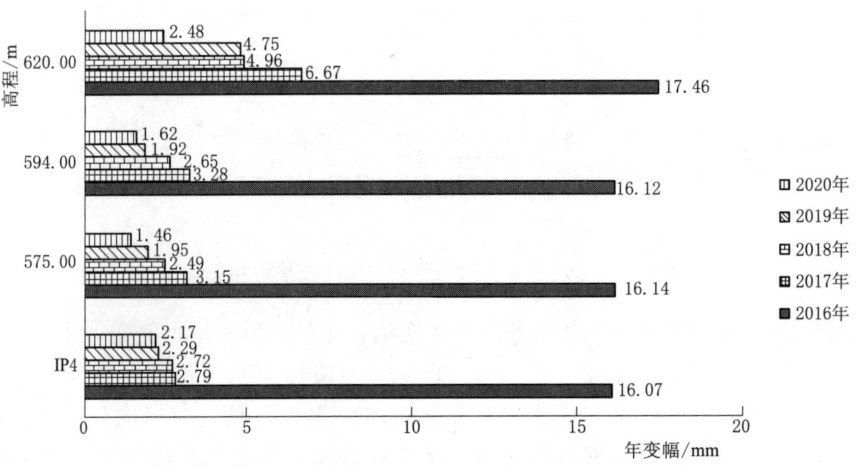


图 3-37　13# 坝段切向位移历年年变幅沿高程分布图

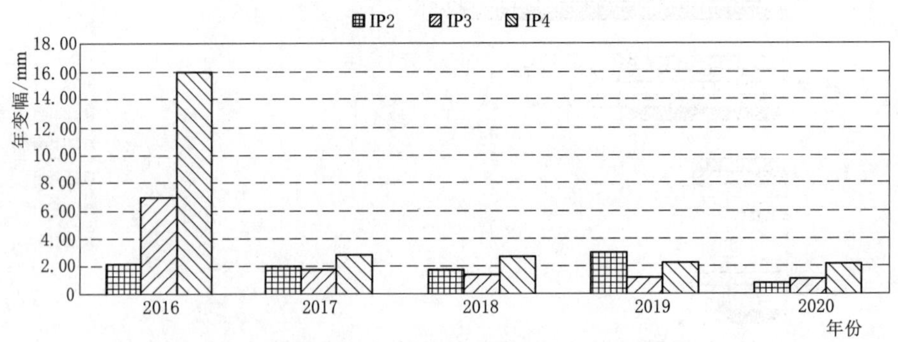


图 3-38　坝基切向水平位移沿横河向历年年变幅分布图

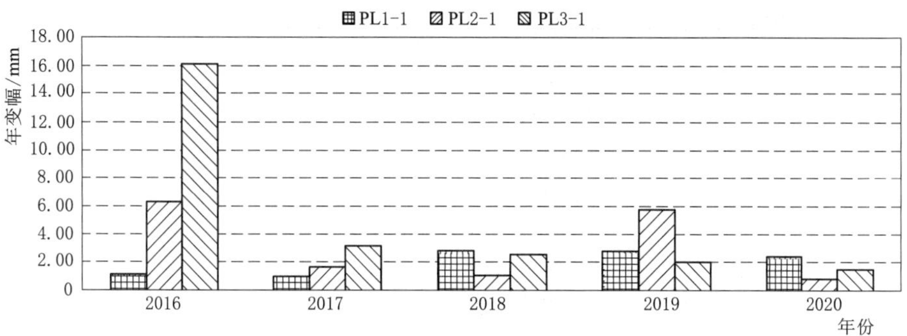


图 3-39　575.00 (560.00)m 高程测点切向水平位移沿横河向历年年变幅分布图

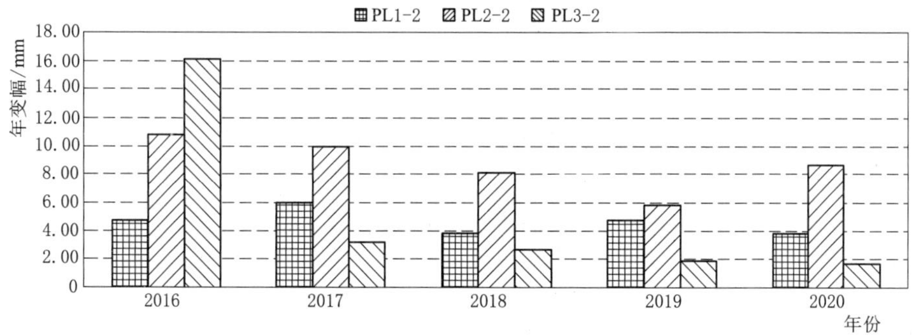


图 3-40　594.00m 高程测点切向水平位移沿横河向历年年变幅分布图

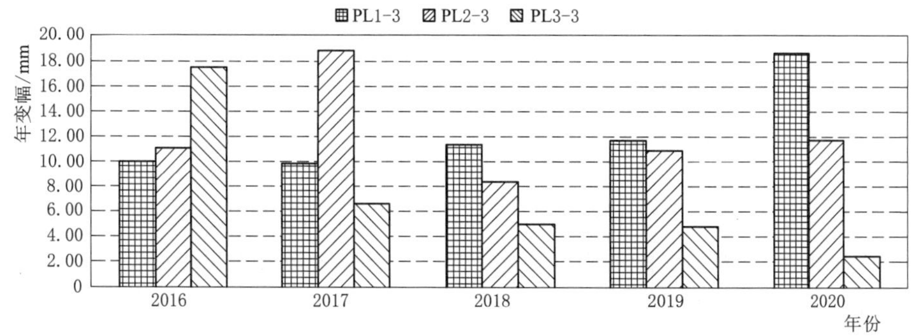


图 3-41　620.00m 高程测点切向水平位移沿横河向历年年变幅分布图

1）沿高程分布。由图 3-35～图 3-37 可知，6#、9# 和 13# 坝段沿高程方向的位移分布规律相对明显，大部分测点测值均表现为年变幅随高程增加而增大，说明随高程增加，测点受荷载作用或外界干扰时，产生的变形越大，符合坝体变形一般规律，坝体工作性态正常。

2）沿横河向分布。由图 3-38 可知，对于坝基切向水平位移，2017 年之前表现为从左岸往右岸逐渐增加，2017 年之后表现为靠近大坝中心线处（9#）较小，两端（6#、13#）较大的分布规律，可能因为中心线处坝基相对稳定，坝基切向水平位移测值稳定后，中心线处位移受到外界因素扰动时变化较小。

由图 3-39～图 3-41 可知，对于 575.00m（560.00m）高程测点的切向水平位移，

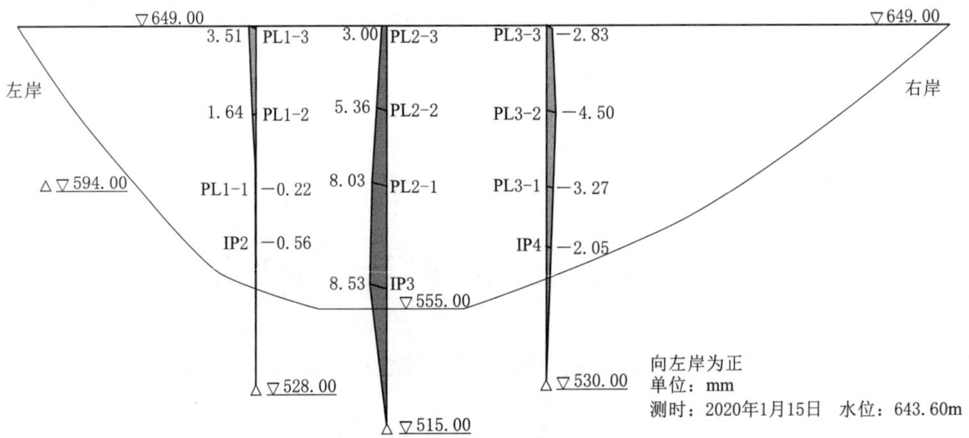


图 3-42　冬季切向水平位移分布图（2020 年 1 月 15 日）

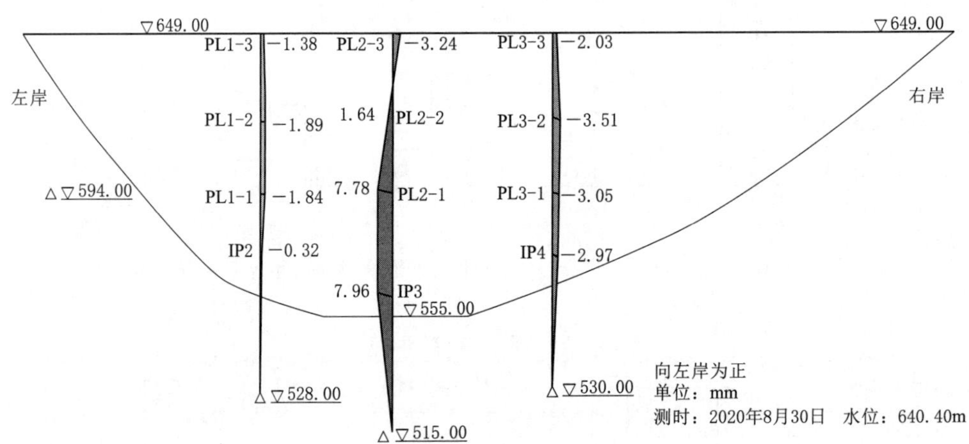


图 3-43　夏季切向水平位移分布图（2020 年 8 月 30 日）

大部分测点均表现为靠近大坝中心线的测点位移变幅较小，两端测点的位移较大；对于 594.00m 高程测点的切向水平位移，大部分测点均表现为靠近大坝中心线的测点位移变幅较大，两端测点的位移较小。

整体上，选取冬季 2020 年 1 月 15 日和夏季 2020 年 8 月 30 日作为典型日期，其切向水平位移分布如图 3-42 和图 3-43 所示。冬季温度较低，拱坝整体有向下游变形的趋势，所以左岸测点的切向位移向左岸变形，右岸测点的切向位移向右岸变形。在左陡右缓的不对称峡谷地形中，河床坝段测点位置偏向左岸，所以河床坝段测点的切向位移也向左岸变形。夏季温度较高，拱坝整体有向上游变形的趋势，所以左岸测点的切向位移向右岸变形，河床坝段测点的切向位移向左岸变形明显减小，右岸测点的切向位移向右岸变形明显减小，符合一般规律。

#### 3.1.1.2　垂直位移

1. 垂直位移监测概况

为提高垂直位移监测精度和测值可靠性，避免温度变化影响基点高程，BEJSK 拱坝布置了 4 套双金属标，分别布置于 2#、6#、9#、20# 坝段，在 560.00m 高程纵向廊道 8#～11# 坝段布置了一条静力水准 LS1，在 597.00m 高程纵向廊道 6#～13# 坝段布置了一条静力水准 LS2。垂直位移测点布置如图 3-44 所示，共布置 16 个测点，失效 7 个测点，垂直位移测点分布位置及具体工作情况见表 3-4。

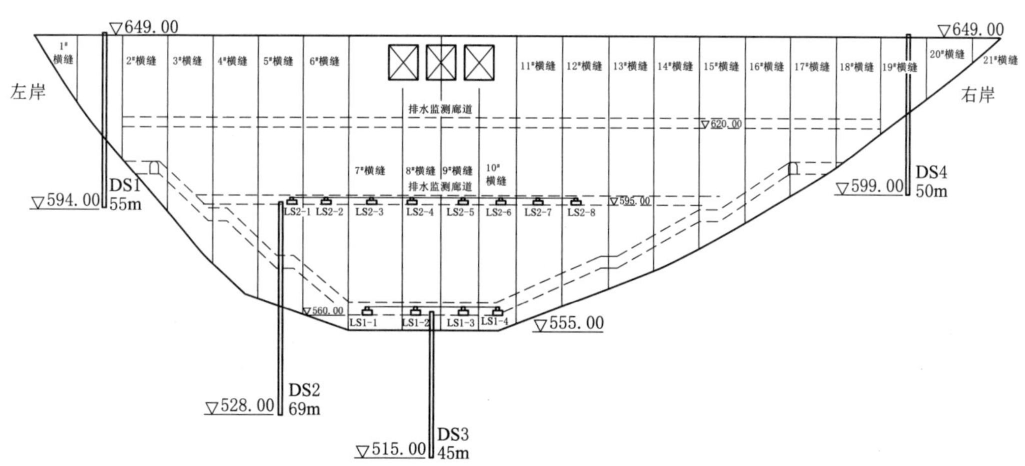


图 3-44 垂直位移测点布置图

**表 3-4　　垂直位移测点统计表**

| 序号 | 测点编号 | 所在坝段 | 安装部位 | 工作状态 |
|---|---|---|---|---|
| 1 | DS1 | 2# | 594.00m 高程 | 测值缺失严重 |
| 2 | DS2 | 6# | 528.00m 高程 | 正常 |
| 3 | DS3 | 9# | 515.00m 高程 | 2019 年 8 月 9 日之后无测值 |
| 4 | DS4 | 20# | 599.00m 高程 | 无测值 |
| 5 | LS1-1 | 8# | 560.00m 高程纵向廊道 | 2019 年 8 月 10 日之后无测值 |
| 6 | LS1-2 | 9# | 560.00m 高程纵向廊道 | 2019 年 8 月 10 日之后无测值 |
| 7 | LS1-3 | 10# | 560.00m 高程纵向廊道 | 2019 年 8 月 10 日之后无测值 |
| 8 | LS1-4 | 11# | 560.00m 高程纵向廊道 | 2019 年 8 月 10 日之后无测值 |
| 9 | LS2-1 | 6# | 597.00m 高程纵向廊道 | 正常 |
| 10 | LS2-2 | 7# | 597.00m 高程纵向廊道 | 正常 |
| 11 | LS2-3 | 8# | 597.00m 高程纵向廊道 | 正常 |
| 12 | LS2-4 | 9# | 597.00m 高程纵向廊道 | 正常 |
| 13 | LS2-5 | 10# | 597.00m 高程纵向廊道 | 正常 |
| 14 | LS2-6 | 11# | 597.00m 高程纵向廊道 | 正常 |
| 15 | LS2-7 | 12# | 597.00m 高程纵向廊道 | 正常 |
| 16 | LS2-8 | 13# | 597.00m 高程纵向廊道 | 正常 |

2. 垂直位移相关性分析

(1) 双金属标。6# 坝段双金属标垂直位移与库水位过程线如图 3-45 所示，双金属标垂直位移与环境气温过程线如图 3-46 所示。

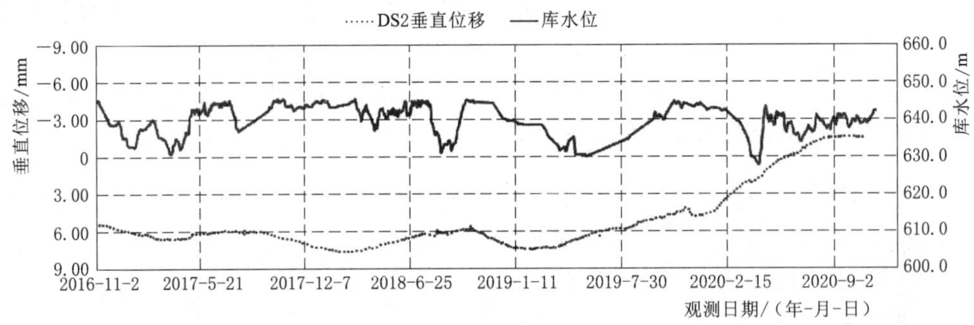


图 3-45　6# 坝段 DS2 双金属标垂直位移与库水位过程线

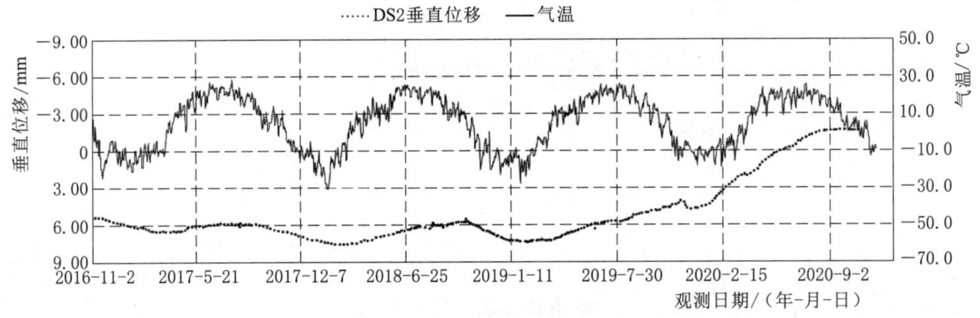


图 3-46　6# 坝段 DS2 双金属标垂直位移与环境气温过程线

DS2 测值在 2019 年以前表现为下沉，下沉量稳定在 6mm 左右，2019 年 6 月出现明显的抬升趋势，截至 2020 年 10 月 8 日已抬升约 6mm。DS3 测值表现为下沉，下沉量基本稳定在 7mm 左右，但 2019 年 6 月下旬突然迅速上抬，2019 年 8 月之后测值缺失。对这两个测点附近的纵向和横向坝基扬压力测值分析表明，坝基扬压力无明显趋势；且坝基 M4-1 和 M4-2 多点位移计测值也无明显趋势或异常。

DS2 双金属标垂直位移测值与环境气温有一定相关性，可能是未对仪器进行严格准确的线膨胀系数率定程序，导致仪器参数设置不合理，从而随温度变化出现系统误差。

(2) 静力水准。597.00m 高程两条静力水准垂直位移与库水位过程线如图 3-47 所示，垂直位移与环境气温过程线如图 3-48 所示。

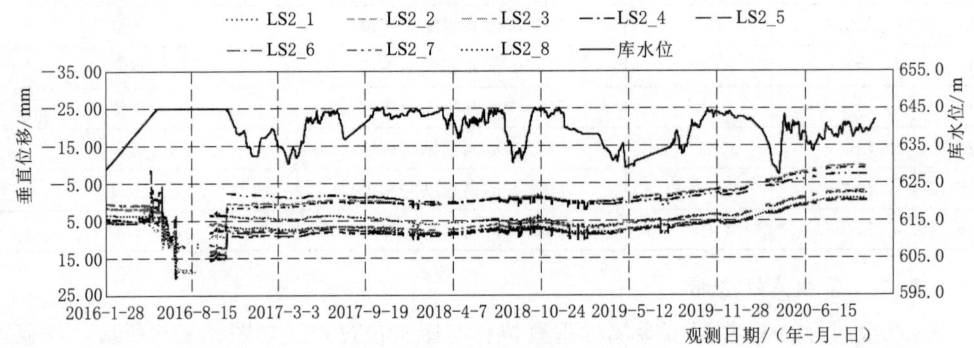


图 3-47　597.00m 高程 LS2 静力水准垂直位移与库水位过程线

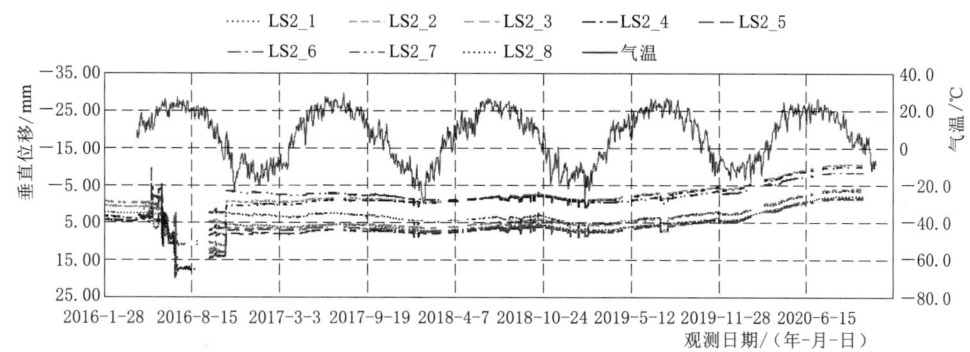


图 3-48　597.00m 高程 LS2 静力水准垂直位移与环境气温过程线

595.00m 高程静力水准 LS2 在 2019 年 6 月出现明显的抬升趋势，同双金属标 DS2 测值变化趋势相同，其原因是 DS2 为 LS2 静力水准的基准。静力水准垂直位移测值波动很小，与库水位和环境气温相关性均不明显。

#### 3.1.1.3　接缝变形监测资料分析

1. 横缝开合度监测资料分析

在坝体典型横缝上布置了测缝计来观测横缝开合情况，分别在左岸岸坡坝段的 4#、6# 横缝、主河床坝段的 8#、10# 横缝、右岸岸坡坝段的 13#、15# 横缝处按高程在其上下游布设测缝计，自坝基垫层 555m 开始，每 10m 一个标准灌区，在每个灌区的中间高程布设相应的测缝计，各缝面的测缝计采用距上下游坝面 2m 对称布设，6 条横缝共布设单向测缝计 88 支，失效 28 支，测缝计详细情况见表 3-5。

表 3-5　　单向测缝计详细情况统计表

| 序号 | 测点编号 | 安装部位 | 状　态 | 序号 | 测点编号 | 安装部位 | 状　态 |
|---|---|---|---|---|---|---|---|
| 1 | J1 | 4# 横缝 | 2014 年 9 月 13 日后无测值 | 15 | J15 | 6# 横缝 | 2016 年 6 月 20 日后无测值 |
| 2 | J2 | | 2014 年 9 月 13 日后无测值 | 16 | J16 | | 正常 |
| 3 | J3 | | 2013 年 11 月 10 日后无测值 | 17 | J17 | | 正常 |
| 4 | J4 | | 2013 年 11 月 23 日后无测值 | 18 | J18 | | 正常 |
| 5 | J5 | | 正常 | 19 | J19 | | 正常 |
| 6 | J6 | | 无测值 | 20 | J20 | | 2019 年 10 月 18 日后无测值 |
| 7 | J7 | | 正常 | 21 | J21 | | 正常 |
| 8 | J8 | | 2019 年 10 月 18 日后无测值 | 22 | J22 | | 正常 |
| 9 | J9 | | 正常 | 23 | J23 | | 正常 |
| 10 | J10 | | 正常 | 24 | J24 | | 2014 年 5 月 30 日后无测值 |
| 11 | J11 | | 正常 | 25 | J25 | | 2019 年 12 月 26 日后无测值 |
| 12 | J12 | | 2019 年 10 月 18 日后无测值 | 26 | J26 | | 正常 |
| 13 | J13 | | 2020 年 9 月 12 日后无测值 | 27 | J27 | | 2019 年 9 月 9 日后无测值 |
| 14 | J14 | | 正常 | 28 | J28 | | 正常 |

续表

| 序号 | 测点编号 | 安装部位 | 状　态 | 序号 | 测点编号 | 安装部位 | 状　态 |
|---|---|---|---|---|---|---|---|
| 29 | J29 | 6#横缝 | 正常 | 59 | J59 | 10#横缝 | 2019年1月17日后无测值 |
| 30 | J30 | | 2014年10月14日后无测值 | 60 | J60 | | 正常 |
| 31 | J31 | 8#横缝 | 正常 | 61 | J61 | | 正常 |
| 32 | J32 | | 正常 | 62 | J62 | | 正常 |
| 33 | J33 | | 正常 | 63 | J63 | 13#横缝 | 正常 |
| 34 | J34 | | 正常 | 64 | J64 | | 2017年12月26日后无测值 |
| 35 | J35 | | 正常 | 65 | J65 | | 正常 |
| 36 | J36 | | 正常 | 66 | J66 | | 正常 |
| 37 | J37 | | 正常 | 67 | J67 | | 正常 |
| 38 | J38 | | 正常 | 68 | J68 | | 正常 |
| 39 | J39 | | 正常 | 69 | J69 | | 正常 |
| 40 | J40 | | 正常 | 70 | J70 | | 正常 |
| 41 | J41 | | 正常 | 71 | J71 | | 正常 |
| 42 | J42 | | 正常 | 72 | J72 | | 正常 |
| 43 | J43 | | 2015年11月13日后无测值 | 73 | J73 | | 2015年5月12日后无测值 |
| 44 | J44 | | 正常 | 74 | J74 | | 2015年5月12日后无测值 |
| 45 | J45 | | 正常 | 75 | J75 | | 2015年4月15日后无测值 |
| 46 | J46 | | 2015年11月3日后无测值 | 76 | J76 | | 2015年4月15日后无测值 |
| 47 | J47 | 10#横缝 | 正常 | 77 | J77 | 15#横缝 | 2015年5月9日后无测值 |
| 48 | J48 | | 正常 | 78 | J78 | | 正常 |
| 49 | J49 | | 正常 | 79 | J79 | | 正常 |
| 50 | J50 | | 正常 | 80 | J80 | | 2014年10月26日后无测值 |
| 51 | J51 | | 2019年11月11日后无测值 | 81 | J81 | | 正常 |
| 52 | J52 | | 2013年12月16日后无测值 | 82 | J82 | | 正常 |
| 53 | J53 | | 正常 | 83 | J83 | | 正常 |
| 54 | J54 | | 正常 | 84 | J84 | | 正常 |
| 55 | J55 | | 正常 | 85 | J85 | | 正常 |
| 56 | J56 | | 正常 | 86 | J86 | | 2017年7月27日后无测值 |
| 57 | J57 | | 2019年12月26日后无测值 | 87 | J87 | | 正常 |
| 58 | J58 | | 正常 | 88 | J88 | | 正常 |

（1）时空分析。4#横缝缝开合度时序曲线如图3-49所示，当前缝开合度最大的测点为J9测点，当前开合度为3.85mm，2016年10月，J9测点缝开合度突然增大，之后测值稳定，缝开合度变幅较小，年变幅在0.27～0.40mm之间；J7、J11、J14测点灌浆之后缝开合度较稳定，无明显的张开与闭合变化，且与温度没有明显的相关关系；灌浆后J10测点缝开合度受温度影响呈年周期性变化，变幅较小。

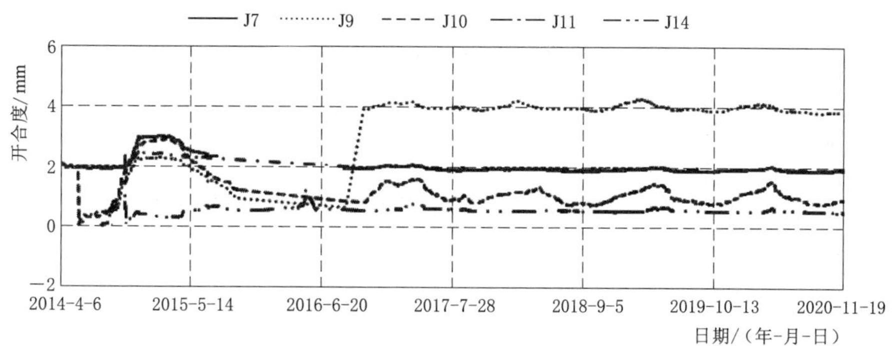


图 3-49　4[#]横缝缝开合度时序曲线（J7、J9、J10、J11、J14 测点）

6[#]横缝缝开合度时序曲线如图 3-50～图 3-52 所示，6[#]横缝 J19、J23、J26、J27、J28、J29 测点于灌浆之后开合度闭合情况良好，虽然温度仍然发生着升降变化，横缝变形却从此进入稳定状态，基本不再发生开合变化。J18 测缝计安装在坝体内部，J18 测点开合度随温度变化较为明显。

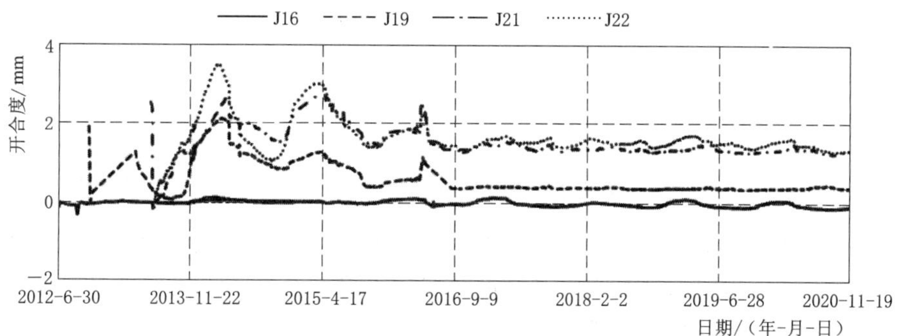


图 3-50　6[#]横缝缝开合度时序曲线（J16、J19、J21、J22 测点）

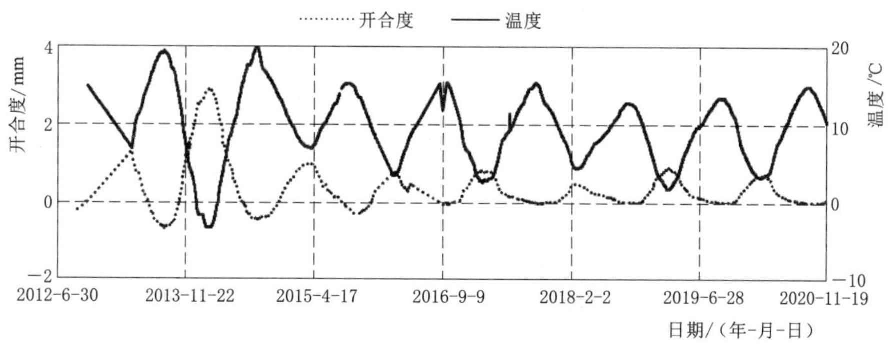


图 3-51　6[#]横缝 J18 测点缝开合度时序曲线

8[#]横缝典型缝开合度时序曲线如图 3-53 所示，当前缝开合度在 0.46～3.09mm 之间，灌浆后各测点缝开合度变化较平稳，个别测点受温度影响，缝开合度有小幅度变化。

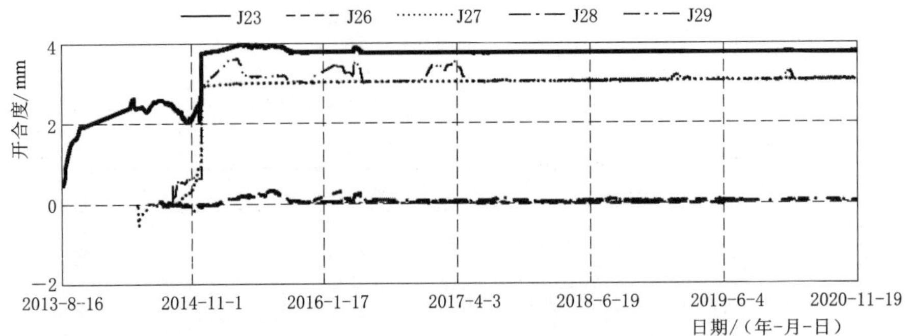


图3-52 6#横缝缝开合度时序曲线(J23、J26～J29测点)

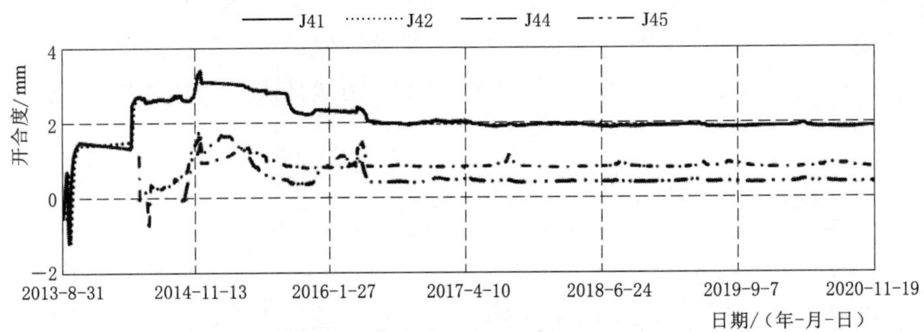


图3-53 8#横缝缝开合度时序曲线(J41、J42、J44、J45测点)

10#横缝典型缝开合度时序曲线如图3-54和图3-55所示，当前缝开合度在0.1～3.33mm之间，灌浆后大部分测点缝开合度变化较平稳，个别测点受温度影响，缝开合度有小幅度变化，变幅呈逐年减小趋势。

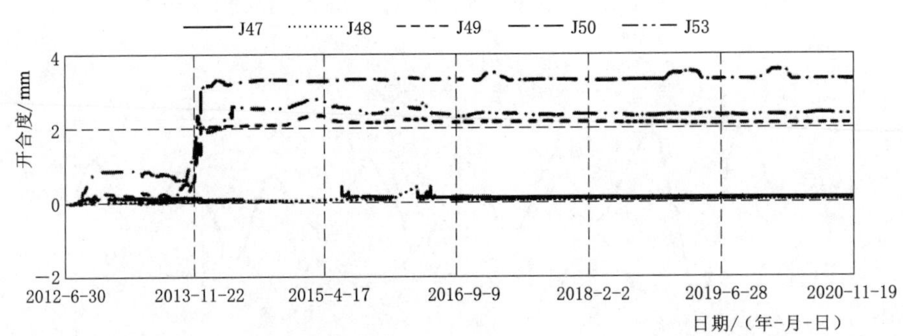


图3-54 10#横缝缝开合度时序曲线(J47～J50、J53测点)

13#横缝典型缝开合度时序曲线如图3-56所示，当前缝开合度在−1.3～1.7mm之间，灌浆后大部分测点缝开合度变化较平稳，无异常趋势性变化，个别测点受温度影响，缝开合度呈小幅度周期性变化。

15#横缝典型缝开合度时序曲线如图3-57所示，当前缝开合度在1.89～4.53mm之

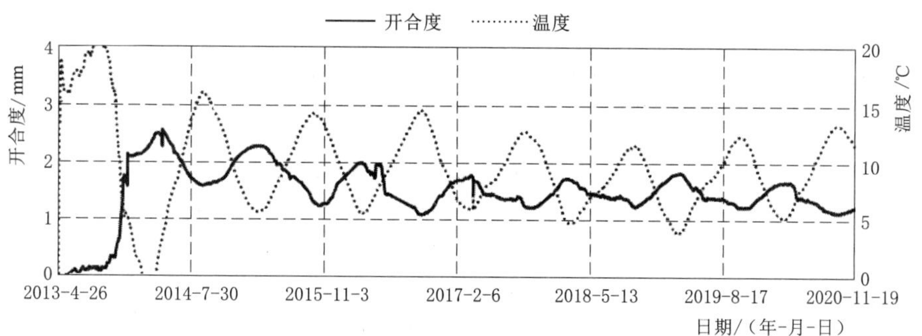


图 3-55　10# 横缝 J54 测点缝开合度时序曲线

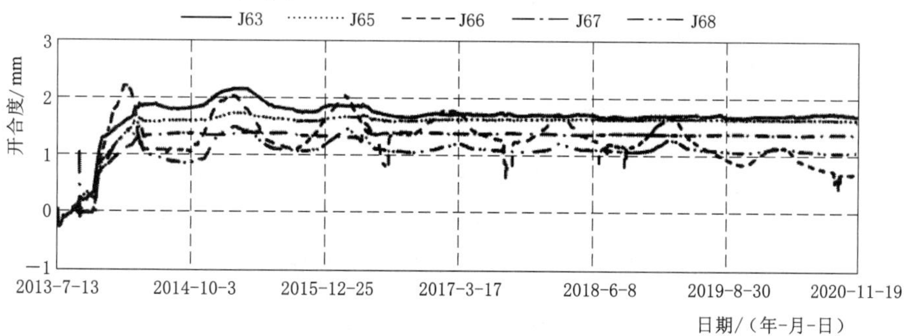


图 3-56　13# 横缝缝开合度时序曲线（J63、J65～J68 测点）

间，灌浆后大部分测点缝开合度变化较平稳，无异常趋势性变化，个别测点受温度影响，缝开合度呈周期性变化，变幅较小。

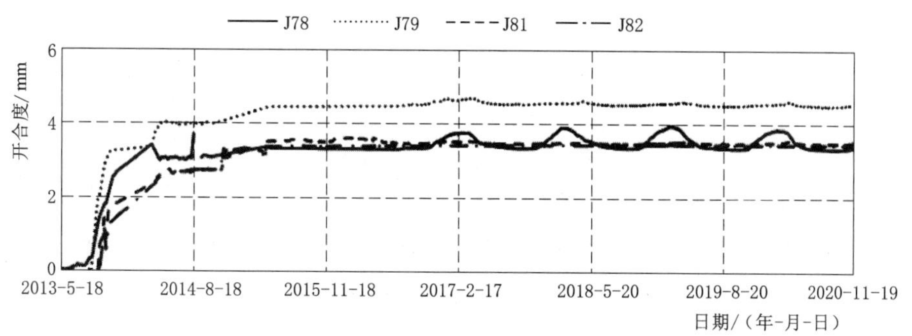


图 3-57　15# 横缝缝开合度时序曲线（J78、J79、J81、J82 测点）

（2）特征值分析。6# 横缝 J23 测点和 15# 横缝 J79 测点特征值分布如图 3-58 和图 3-59 所示，各测点于 2016 年后基本趋于稳定状态，各测值整体变化较小。

2. 裂缝监测资料分析

在坝基和坝体布置了裂缝计来监测可能出现的裂缝，其中坝体布置了 23 支，坝基布置了 16 支，共失效 12 支，裂缝计详细情况见表 3-6。

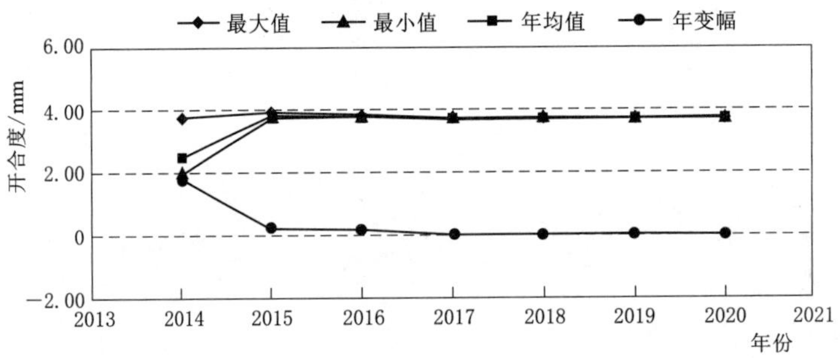


图 3-58　$6^{\#}$ 横缝 J23 测点特征值分布图

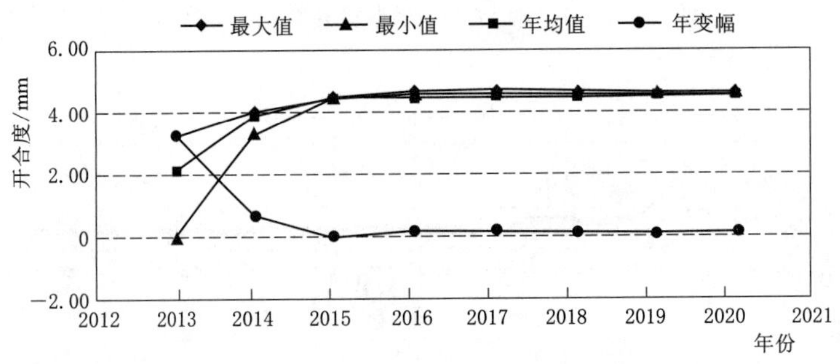


图 3-59　$15^{\#}$ 横缝 J79 测点特征值分布图

**表 3-6**　　　　　　　　**裂缝计详细情况统计表**

| 序号 | 测点编号 | 安装部位 | 状　态 | 序号 | 测点编号 | 安装部位 | 状　态 |
|---|---|---|---|---|---|---|---|
| 1 | KJ1 | 坝基 | 正常 | 21 | K1-5 | $6^{\#}$ 坝段 | 正常 |
| 2 | KJ2 | | 2013 年 11 月 23 日后无测值 | 22 | K1-6 | | 正常 |
| 3 | KJ3 | | 2013 年 11 月 23 日后无测值 | 23 | K1-7 | | 2016 年 6 月 20 日后无测值 |
| 4 | KJ4 | | 失效 | 24 | K2-1 | $9^{\#}$ 坝段 | 正常 |
| 5 | KJ5 | | 正常 | 25 | K2-2 | | 2016 年 8 月 24 日后无测值 |
| 6 | KJ6 | | 正常 | 26 | K2-3 | | 2016 年 11 月 19 日后无测值 |
| 7 | KJ7 | | 2019 年 3 月 20 日后无测值 | 27 | K2-4 | | 正常 |
| 8 | KJ8 | | 正常 | 28 | K2-5 | | 正常 |
| 9 | KJ9 | | 正常 | 29 | K2-6 | | 正常 |
| 10 | KJ10 | | 失效 | 30 | K2-7 | | 正常 |
| 11 | KJ11 | | 正常 | 31 | K2-8 | | 正常 |
| 12 | KJ12 | | 2014 年 4 月 27 日后无测值 | 32 | K2-9 | | 正常 |
| 13 | KJ13 | | 正常 | 33 | K3-1 | $13^{\#}$ 坝段 | 正常 |
| 14 | KJ14 | | 正常 | 34 | K3-2 | | 2015 年 8 月 2 日后无测值 |
| 15 | KJ15 | | 正常 | 35 | K3-3 | | 正常 |
| 16 | KJ16 | | 2014 年 7 月 20 日后无测值 | 36 | K3-4 | | 正常 |
| 17 | K1-1 | $6^{\#}$ 坝段 | 正常 | 37 | K3-5 | | 正常 |
| 18 | K1-2 | | 正常 | 38 | K3-6 | | 2014 年 6 月 20 日后无测值 |
| 19 | K1-3 | | 2016 年 6 月 18 日后无测值 | 39 | K3-7 | | 2015 年 5 月 12 日后无测值 |
| 20 | K1-4 | | 正常 | | | | |

(1) 时空分析。典型坝基裂缝开合度时序曲线如图 3-60～图 3-62 所示，坝基裂缝当前开合度在−0.5～0.95mm 之间，大部分测点裂缝开合度均稳定，无明显变化，裂缝开合度总体受温度影响呈周期性变化，温度升高闭合、温度降低张开。

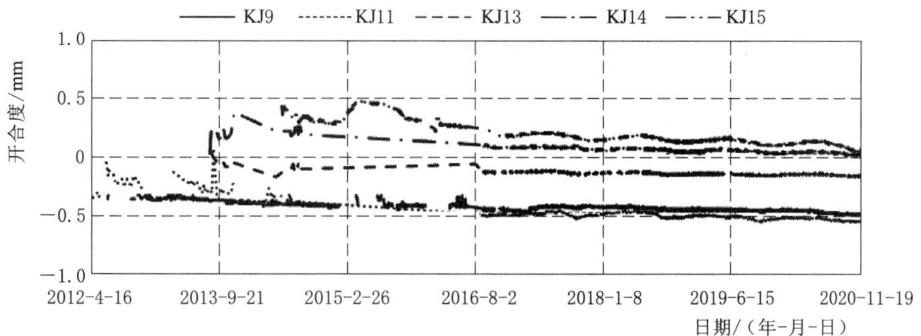


图 3-60 坝基裂缝开合度时序曲线（KJ9、KJ11、KJ13、KJ14、KJ15 测点）

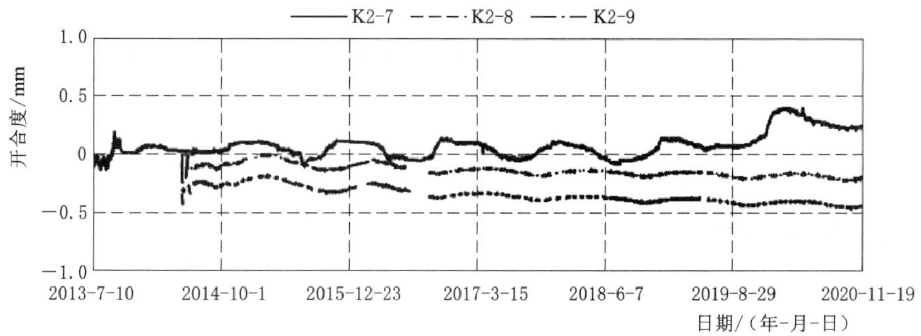


图 3-61 9# 坝段裂缝开合度时序曲线（K2-7～K2-9 测点）

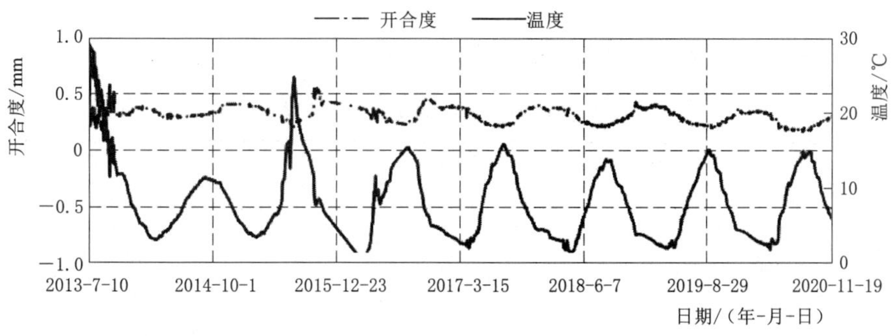


图 3-62 9# 坝段 K2-6 测点裂缝开合度-温度时序曲线

(2) 特征值分析。坝基和坝体典型测点开合度特征值分布如图 3-63 和图 3-64 所示，目前变幅很小，基本处于稳定状态。

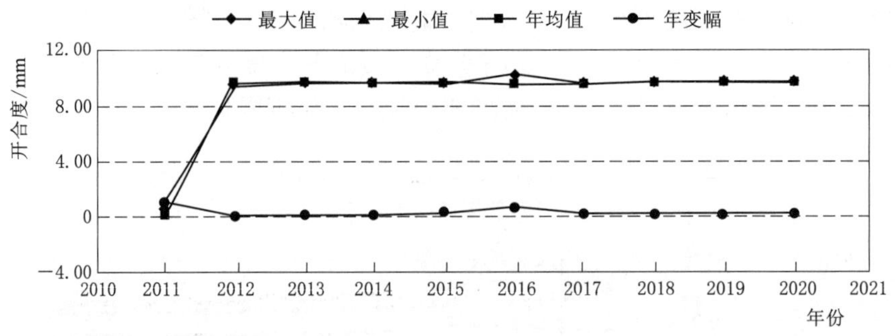


图 3－63　坝基 KJ5 测点裂缝开合度特征值分布图

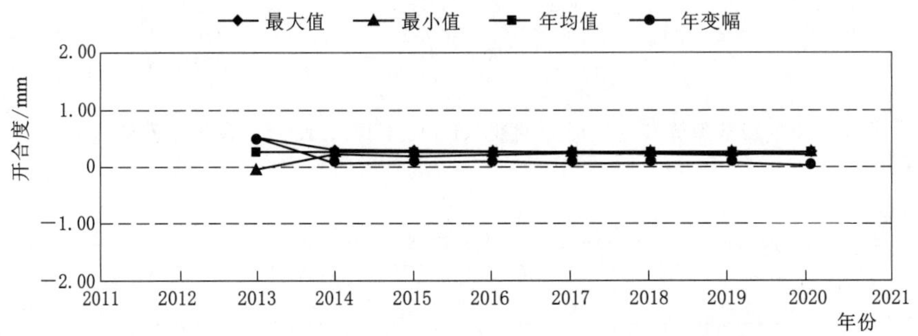


图 3－64　13# 坝段 K3－3 测点裂缝开合度特征值分布图

## 3.1.2　渗流渗压监测资料分析

### 3.1.2.1　纵向坝基扬压力

1. 监测资料概况

在纵向廊道 3# ～18# 坝段布置了测压管，内置渗压计，共布置 16 个测点目前均正常，监测资料概况见表 3－7。资料整体上完整度不高，其中 UP14－12、UP15－13、UP16－14、UP17－15、UP18－16 在 2019 年 8 月左右更换过一次渗压计，因此，对这 5 个测点采用更换渗压计以后的资料系列进行监测资料分析。

表 3－7　　坝基纵向扬压力监测资料概况汇总

| 测点编号 | 埋设高程/m | 所在坝段 | 监测资料概况 |
|---|---|---|---|
| UP3－1 | 602.00 | 3# | 2017 年 8 月 5 日—2020 年 11 月 20 日 |
| UP4－2 | 585.00 | 4# | 无压 |
| UP5－3 | 576.00 | 5# | 无压 |
| UP6－4 | 567.00 | 6# | 2017 年 8 月 5 日—2020 年 11 月 20 日 |
| UP7－5 | 559.00 | 7# | 测值异常 |
| UP8－6 | 553.00 | 8# | 测值异常 |
| UP9－7 | 554.00 | 9# | 测值异常 |
| UP10－8 | 554.00 | 10# | 测值缺失 |

续表

| 测点编号 | 埋设高程/m | 所在坝段 | 监测资料概况 |
|---|---|---|---|
| UP11-9 | 554.00 | 11# | 2016年4月9日—2020年11月20日 |
| UP12-10 | 561.00 | 12# | 2016年4月9日—2020年11月20日 |
| UP13-11 | 566.00 | 13# | 2016年4月9日—2020年11月20日 |
| UP14-12 | 571.00 | 14# | 2019年8月19日—2020年11月20日 |
| UP15-13 | 576.00 | 15# | 2019年8月19日—2020年11月20日 |
| UP16-14 | 583.00 | 16# | 2019年8月19日—2020年11月20日 |
| UP17-15 | 592.00 | 17# | 2019年8月19日—2020年11月20日 |
| UP18-16 | 601.50 | 18# | 2019年8月19日—2020年11月20日 |

2. 变化规律分析

3#、6#、11#、12#、13#、14#、15#、16#、17#、18#坝段扬压力水位随上游水位变化过程线如图3-65～图3-74所示。

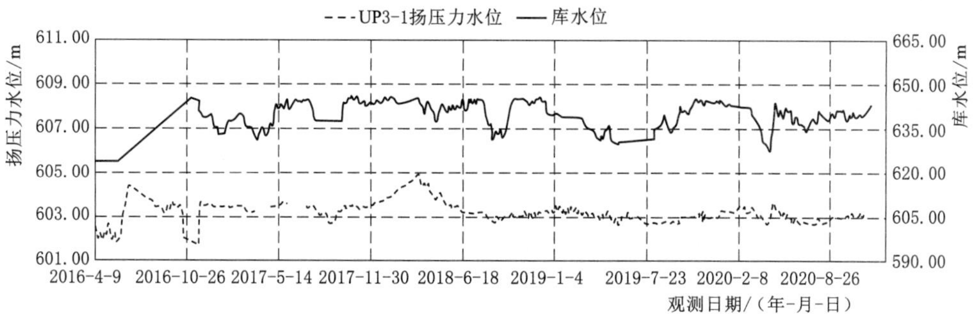


图3-65 3#坝段UP3-1测点坝基扬压力水位过程线

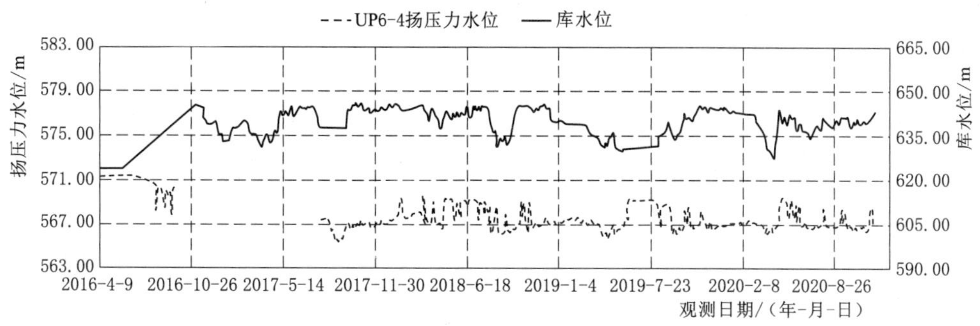


图3-66 6#坝段UP6-4测点坝基扬压力水位过程线

(1) UP16-14和UP18-16测孔水位基本不变，可能是孔口盖子密封性差、压力表不灵敏或测孔水位低于压力表高程而无法观测等因素引起。对于这类孔，在可能的情况下，应对压力表进行率定。

(2) UP14-12和UP15-13测孔水位与库水位成正相关，且略有滞后性。库水位升高时，测孔水位上升；库水位降低时，测孔水位下降。

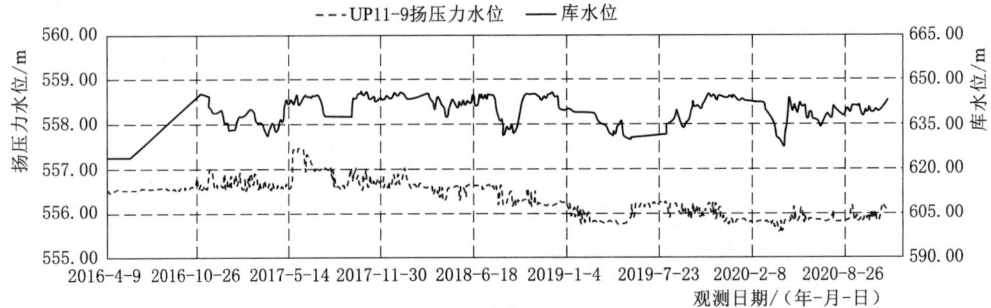


图3-67 11#坝段UP11-9测点坝基扬压力水位过程线

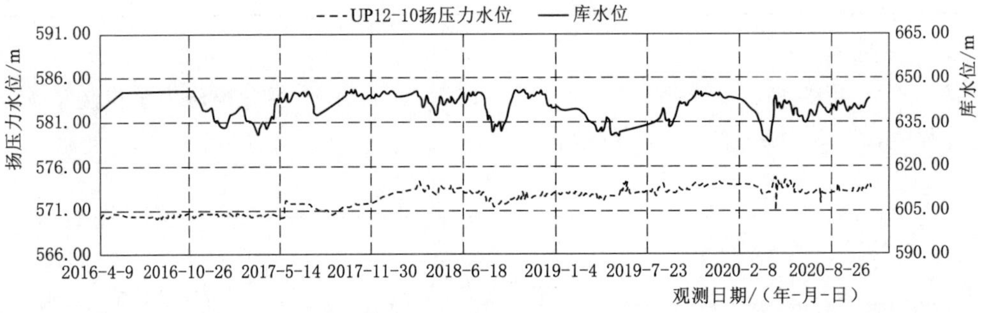


图3-68 12#坝段UP12-10测点坝基扬压力水位过程线

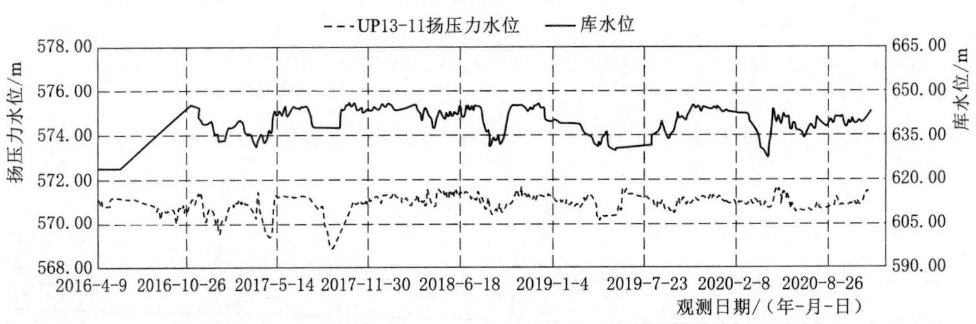


图3-69 13#坝段UP13-11测点坝基扬压力水位过程线

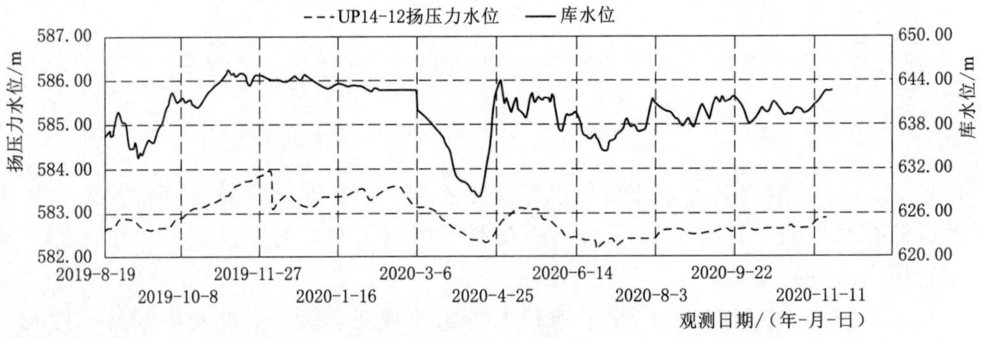


图3-70 14#坝段UP14-12测点坝基扬压力水位过程线

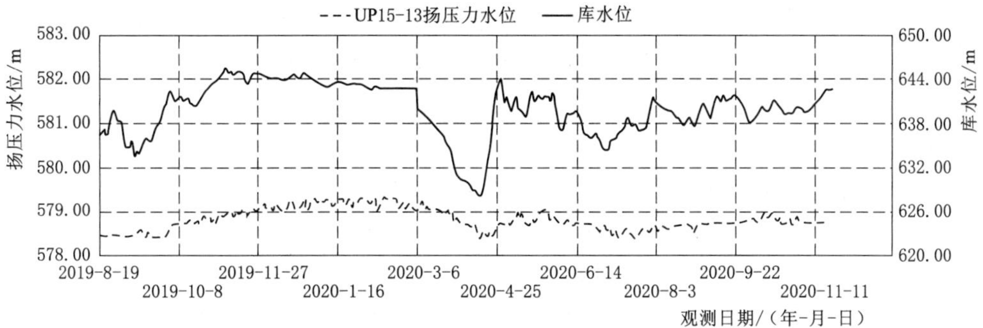


图 3-71 15# 坝段 UP15-13 测点坝基扬压力水位过程线

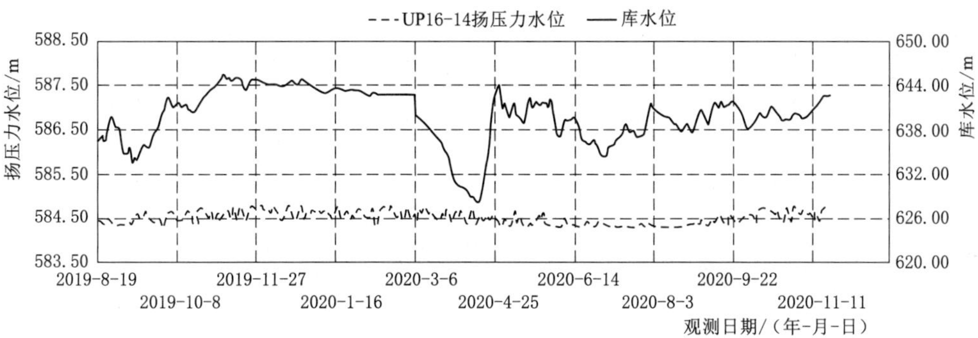


图 3-72 16# 坝段 UP16-14 测点坝基扬压力水位过程线

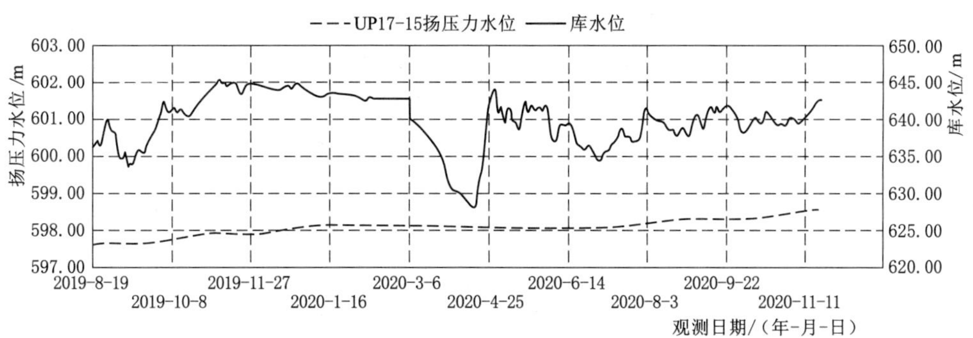


图 3-73 17# 坝段 UP17-15 测点坝基扬压力水位过程线

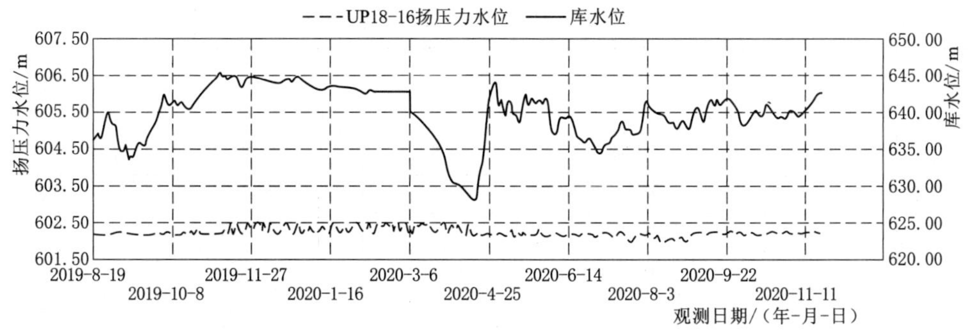


图 3-74 18# 坝段 UP18-16 测点坝基扬压力水位过程线

(3) 2016年至今，UP11－9测孔水位有趋势性降低，约降低了0.7m；UP12－10测孔水位有趋势性升高，约升高了2.63m；UP17－15测孔水位有趋势性升高，约升高了0.89m。对测孔水位有趋势性升高的测点UP12－10和UP17－15应加强观测，及时反馈。

3. 特征值分析

纵向坝基扬压力年变幅、最大值和最小值统计结果见表3－8～表3－9，特征值历年变化如图3－75～图3－77所示。

**表3－8　　纵向坝基扬压力水位监测值特征值1**　　单位：m

| 年份 | UP3－1坝基扬压力水位 | | | | | UP6－4坝基扬压力水位 | | | | |
|---|---|---|---|---|---|---|---|---|---|---|
| | 最大值 | | 最小值 | | 年变幅 | 最大值 | | 最小值 | | 年变幅 |
| | 数值 | 日期 | 数值 | 日期 | | 数值 | 日期 | 数值 | 日期 | |
| 2018 | 604.91 | 3月13日 | 602.74 | 8月26日 | 2.17 | 569.58 | 1月23日 | 566.00 | 3月21日 | 3.58 |
| 2019 | 603.52 | 1月6日 | 602.71 | 5月10日 | 0.81 | 569.40 | 6月4日 | 565.77 | 4月10日 | 3.63 |
| 2020 | 603.75 | 4月26日 | 602.72 | 4月12日 | 1.03 | 569.40 | 5月7日 | 566.20 | 3月31日 | 3.20 |

| 年份 | UP11－9坝基扬压力水位 | | | | | UP12－10坝基扬压力水位 | | | | |
|---|---|---|---|---|---|---|---|---|---|---|
| | 最大值 | | 最小值 | | 年变幅 | 最大值 | | 最小值 | | 年变幅 |
| | 数值 | 日期 | 数值 | 日期 | | 数值 | 日期 | 数值 | 日期 | |
| 2016 | 557.01 | 11月23日 | 556.45 | 4月18日 | 0.56 | 570.63 | 4月16日 | 570.08 | 8月15日 | 0.55 |
| 2017 | 557.44 | 6月9日 | 556.52 | 3月21日 | 0.92 | 572.64 | 12月29日 | 570.11 | 5月16日 | 2.53 |
| 2018 | 557.00 | 1月24日 | 556.14 | 11月17日 | 0.86 | 574.38 | 3月13日 | 571.37 | 8月26日 | 3.01 |
| 2019 | 556.25 | 7月31日 | 555.75 | 4月24日 | 0.50 | 574.56 | 11月6日 | 572.20 | 4月4日 | 2.36 |
| 2020 | 556.21 | 11月17日 | 555.57 | 4月7日 | 0.64 | 575.04 | 4月26日 | 570.97 | 4月28日 | 4.07 |

| 年份 | UP13－11坝基扬压力水位 | | | | |
|---|---|---|---|---|---|
| | 最大值 | | 最小值 | | 年变幅 |
| | 数值 | 日期 | 数值 | 日期 | |
| 2016 | 571.44 | 11月18日 | 570.02 | 12月6日 | 1.42 |
| 2017 | 571.45 | 3月31日 | 568.84 | 9月5日 | 2.61 |
| 2018 | 571.64 | 10月30日 | 570.42 | 8月24日 | 1.22 |
| 2019 | 571.60 | 6月3日 | 570.18 | 4月16日 | 1.42 |
| 2020 | 571.61 | 5月7日 | 570.52 | 7月10日 | 1.09 |

**表3－9　　纵向坝基扬压力水位监测值特征值2**　　单位：m

| 测点 | 2020年坝基扬压力水位 | | | | |
|---|---|---|---|---|---|
| | 最大值 | | 最小值 | | 年变幅 |
| | 数值 | 日期 | 数值 | 日期 | |
| UP14－12 | 583.59 | 2月19日 | 582.14 | 6月27日 | 1.45 |
| UP15－13 | 579.34 | 1月17日 | 578.42 | 7月10日 | 0.92 |
| UP16－14 | 584.79 | 2月14日 | 584.29 | 6月3日 | 0.50 |
| UP17－15 | 598.59 | 11月18日 | 598.06 | 5月19日 | 0.53 |
| UP18－16 | 602.51 | 1月18日 | 601.98 | 7月21日 | 0.53 |

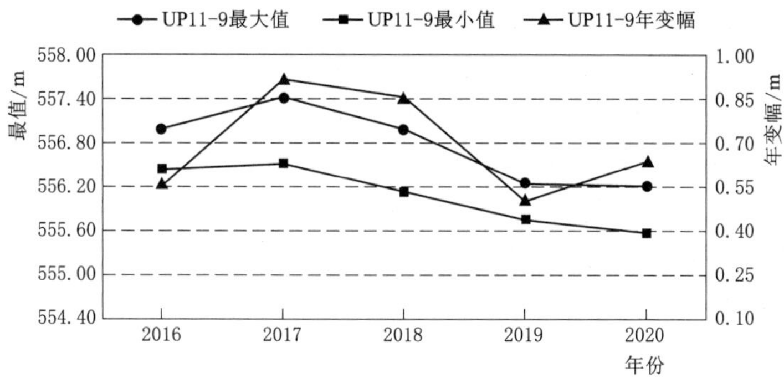


图 3-75　11# 坝段 UP11-9 测点坝基扬压力历年特征值

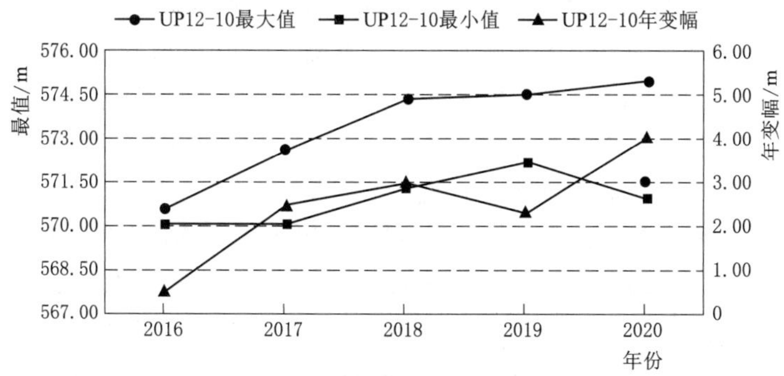


图 3-76　12# 坝段 UP12-10 测点坝基扬压力历年特征值

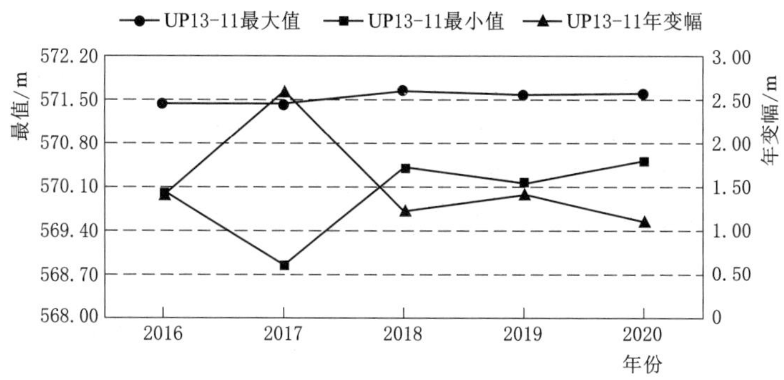


图 3-77　13# 坝段 UP13-11 测点坝基扬压力历年特征值

（1）极值分析。由表 3-8 可知：2018—2020 年，对于 3# 坝段和 6# 坝段，纵向坝基扬压力水位最大值为 604.91m，发生位置为 3# 坝段的 UP3-1 测点，对应日期为 2018 年 3 月 13 日；纵向坝基扬压力水位最小值为 565.77m，发生位置为 6# 坝段的 UP6-4 测点，对应日期为 2019 年 4 月 10 日。2016—2020 年，对于 11# 坝段、12# 坝段和 13# 坝段，纵向坝基扬压力水位最大值为 575.04m，发生位置为 12# 坝段的 UP12-10 测点，对应日期为 2020 年 4 月 26 日；纵向坝基扬压力水位最小值为 555.57m，发生位置为 11# 坝段的

UP11－9测点，对应日期为2020年4月7日。

由表3－9可知：2020年对于14#坝段、15#坝段、16#坝段、17#坝段和18#坝段，纵向坝基扬压力水位最大值为602.51m，发生位置为18#坝段的UP18－16测点，对应日期为2020年1月18日；纵向坝基扬压力水位最小值为578.42m，发生位置为15#坝段的UP15－13测点，对应日期为2020年7月10日。

由图3－75～图3－77可知：UP11－9测点坝基扬压力的极值有逐渐减小的趋势，且近两年变化趋势明显放缓；UP12－10测点坝基扬压力的极值有逐渐增大的趋势，且近两年变化趋势明显放缓，后续应持续关注测点测值变化情况；UP13－11测点坝基扬压力的极值变化存在小幅波动，无明显增减趋势。

(2) 年变幅分析。由表3－8可知：2018—2020年，对于3#坝段和6#坝段，纵向坝基扬压力水位最大年变幅为3.63m，发生位置为6#坝段的UP6－4测点（2019年）；纵向坝基扬压力水位最小年变幅为0.81m，发生位置为3#坝段的UP3－1测点（2019年）。2016—2020年，对于11#坝段、12#坝段和13#坝段，纵向坝基扬压力水位最大年变幅为4.07m，发生位置为12#坝段的UP12－10测点（2020年）；纵向坝基扬压力水位最小年变幅为0.50m，发生位置为11#坝段的UP11－9测点（2019年）。

由表3－9可知：2020年对于14#坝段、15#坝段、16#坝段、17#坝段和18#坝段，纵向坝基扬压力水位最大年变幅为1.45m，发生位置为14#坝段的UP14－12测点；纵向坝基扬压力水位最小年变幅为0.50m，发生位置为16#坝段的UP16－14测点。

由图3－75～图3－77可知：UP11－9和UP13－11测点坝基扬压力的年变幅分布较为平稳，波动不超过1m；UP12－10测点坝基扬压力的年变幅有逐渐增大的趋势，2016年至今，增大了3.5m左右，但仍处于合理的量级范围内，后续应持续关注测点测值变化情况。

4. 分布分析

扬压力是在上、下游净水头作用下形成的渗流场产生的，扬压力减小了混凝土坝作用在地基上的有效压力，从而降低了坝底的抗滑力。为分析坝基扬压力是否满足一般要求，选取历史最高库水位、当前库水位两种工况计算坝基扬压力折减系数。计算方法采用《混凝土坝安全监测资料整编规程》(DL/T 5209—2020) 中扬压力折减系数计算公式：

下游水位高于基岩高程时

$$\alpha_i=\frac{H_i-H_2}{H_1-H_2} \tag{3-1}$$

下游水位低于基岩高程时

$$\alpha_i=\frac{H_i-H_4}{H_1-H_4} \tag{3-2}$$

式中　$\alpha_i$——第$i$测点渗压系数；

$H_1$——上游水位，m；

$H_2$——下游水位，m；

$H_i$——第$i$测点实测水位，m；

$H_4$——测点处基岩高程，m。

计算工况 1：2017 年 10 月 28 日，历史最高库水位为 646.2m，下游水位取现有下游水位数据序列（2019 年 9 月 29 日—2020 年 11 月 19 日）的均值 568m。

计算工况 2：2020 年 11 月 19 日（当前），上游库水位为 642.7m，下游水位为 568.25m。

根据《混凝土拱坝设计规范》（SL 282—2018），坝基设有帷幕和排水孔时，扬压力折减系数设计值为 0.25。本书取 0.25 为扬压力折减系数警戒值。扬压力折减系数计算值见表 3-10。纵向坝基扬压力折减系数沿坝轴线方向的分布如图 3-78 所示。

**表 3-10　　BEJSK 拱坝纵向灌浆廊道坝基扬压力折减系数统计表**

| 坝段编号 | 测点编号 | 基岩高程/m | 工况 1 扬压力测值/m | 工况 1 扬压力折减系数 | 工况 2 扬压力测值/m | 工况 2 扬压力折减系数 |
|---|---|---|---|---|---|---|
| 3# | UP3-1 | 602 | 603.49 | 0.03 | 603.28 | 0.03 |
| 4# | UP4-2 | 585 | 585.12 | 0.00 | 585.18 | 0.00 |
| 5# | UP5-3 | 576 | 576.15 | 0.00 | 576.19 | 0.00 |
| 6# | UP6-4 | 567 | 567.44 | −0.01 | 567.40 | −0.01 |
| 7# | UP7-5 | 559 | 570.02 | 0.03 | 568.65 | 0.01 |
| 8# | UP8-6 | 553 | 569.35 | 0.02 | 564.39 | −0.05 |
| 9# | UP9-7 | 554 | 559.21 | −0.11 | 559.29 | −0.12 |
| 10# | UP10-8 | 554 | 577.96 | 0.13 | 560.73 | −0.10 |
| 11# | UP11-9 | 554 | 556.96 | −0.14 | 556.09 | −0.16 |
| 12# | UP12-10 | 561 | 571.84 | 0.05 | 573.36 | 0.07 |
| 13# | UP13-11 | 566 | 571.1 | 0.04 | 571.22 | 0.04 |
| 14# | UP14-12 | 571 | 582.38 | 0.15 | 582.87 | 0.17 |
| 15# | UP15-13 | 576 | 578.42 | 0.03 | 578.81 | 0.04 |
| 16# | UP16-14 | 583 | 584.34 | 0.02 | 584.78 | 0.03 |
| 17# | UP17-15 | 592 | 597.62 | 0.10 | 598.59 | 0.13 |
| 18# | UP18-16 | 601.5 | 606.42 | 0.11 | 602.29 | 0.02 |

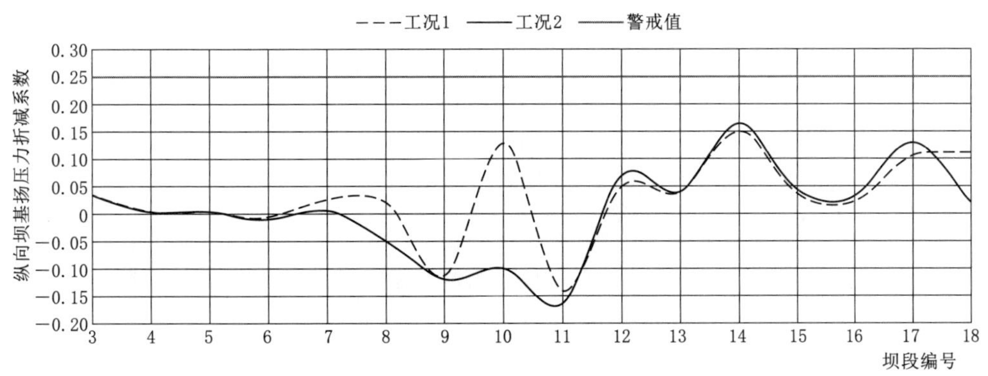


图 3-78　纵向坝基扬压力折减系数沿坝轴线方向的分布图

工况1扬压力折减系数在－0.14～0.15之间，工况2扬压力折减系数在－0.16～0.17之间，两种工况下各坝段扬压力折减系数均小于设计警戒值，符合规范要求。

值得说明的是，不同工况下坝基扬压力折减系数存在负数，出现该情况主要是该坝段基岩高程低于下游水位且当前扬压力水位小于下游水位所致，该情况下坝基扬压力正常。

#### 3.1.2.2　横向坝基扬压力

1. 监测资料概况

在6#、9#、13#坝段横向廊道顺河向分别布置4个扬压力测点，横向坝基扬压力测点布置如图3-79～图3-81所示，共布置12个测点，失效2个测点，具体监测概况见表3-11。原型监测资料为测点压力水头，为了方便扬压力监测资料分析，以下坝基扬压力监测料分析均采用坝基扬压力水位（埋设高程＋压力水头）。

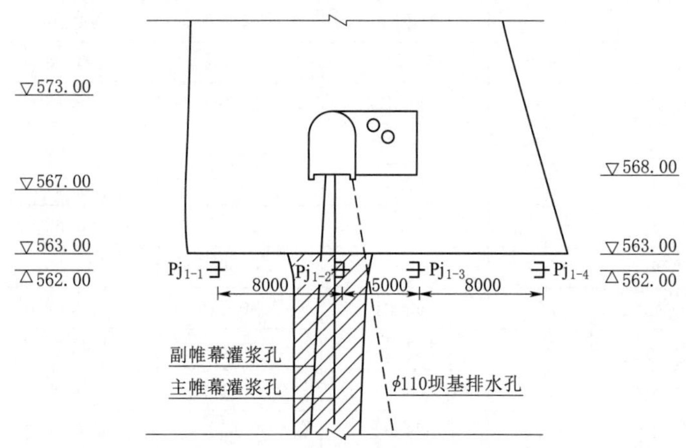


图3-79　6#坝段横向坝基扬压力测点布置图（高程单位：m；尺寸单位：mm）

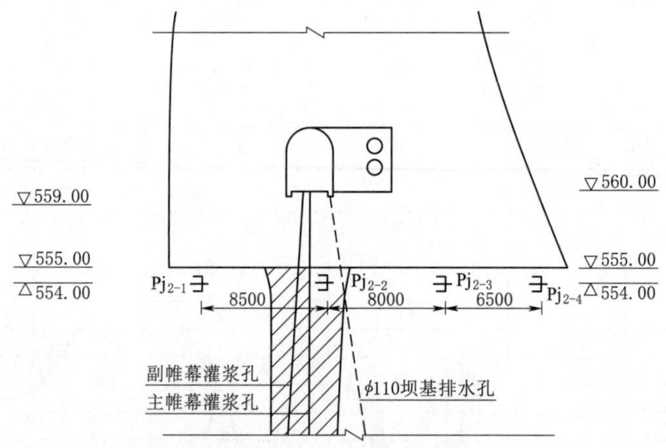


图3-80　9#坝段横向坝基扬压力测点布置图（高程单位：m；尺寸单位：mm）

2. 变化规律分析

横向坝基扬压力与库水位过程线如图3-82～图3-89所示，9#坝段坝基扬压力与降雨量过程线如图3-90～图3-92所示。

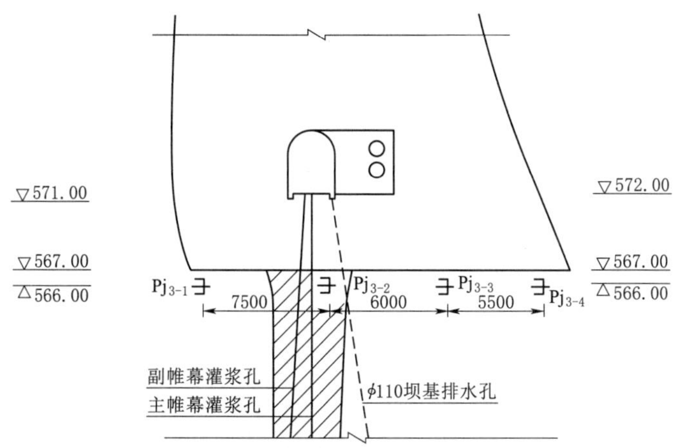


图 3-81　13# 坝段横向坝基扬压力测点布置图（高程单位：m；尺寸单位：mm）

**表 3-11　　坝基横向扬压力监测资料概况汇总**

| 测点编号 | 埋设高程/m | 资料系列概况 | 相对于防渗帷幕位置 | 所在坝段 |
|---|---|---|---|---|
| Pj1-1 | 562.00 | 2016 年 8 月 9 日—2019 年 12 月 26 日 | 帷幕前（距坝踵 2） | 6# |
| Pj1-2 | 562.00 | 2017 年 8 月 4 日—2019 年 12 月 26 日 | 帷幕后，排水孔前（距坝踵 10） | |
| Pj1-3 | 562.00 | 缺失严重 | 排水孔后（距坝踵 15） | |
| Pj1-4 | 562.00 | 2016 年 8 月 9 日—2019 年 12 月 26 日 | 排水孔后（距坝踵 23） | |
| Pj2-1 | 554.00 | 2016 年 8 月 9 日—2020 年 11 月 20 日 | 帷幕前（距坝踵 2） | 9# |
| Pj2-2 | 554.00 | 缺失严重 | 帷幕后，排水孔前（距坝踵 10.5） | |
| Pj2-3 | 554.00 | 2016 年 8 月 9 日—2020 年 11 月 20 日 | 排水孔后（距坝踵 18.5） | |
| Pj2-4 | 554.00 | 2016 年 8 月 9 日—2020 年 11 月 20 日 | 排水孔后（距坝踵 25） | |
| Pj3-1 | 566.00 | 2016 年 8 月 9 日—2020 年 11 月 20 日 | 帷幕前（距坝踵 2.5） | 13# |
| Pj3-2 | 566.00 | 2016 年 8 月 26 日—2020 年 11 月 20 日 | 帷幕后，排水孔前（距坝踵 10） | |
| Pj3-3 | 566.00 | 2016 年 8 月 9 日—2020 年 11 月 20 日 | 排水孔后（距坝踵 16） | |
| Pj3-4 | 566.00 | 2016 年 8 月 9 日—2020 年 11 月 20 日 | 排水孔后（距坝踵 21.5） | |

图 3-82　6# 坝段 Pj1-1 测点坝基扬压力与库水位过程线

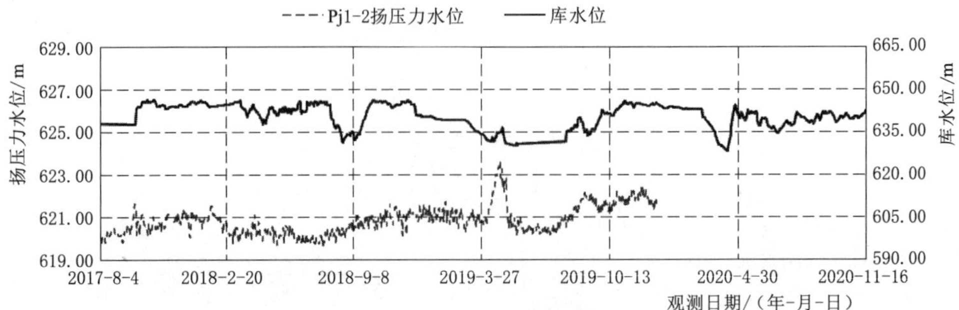


图 3-83　6# 坝段 Pj1-2 测点坝基扬压力与库水位过程线

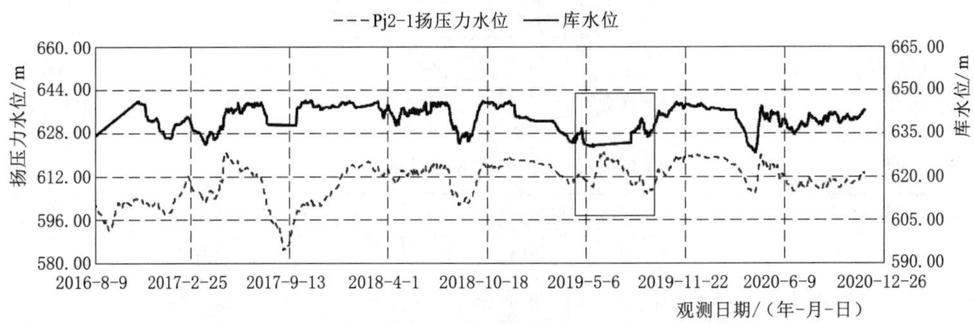


图 3-84　9# 坝段 Pj2-1 测点坝基扬压力与库水位过程线

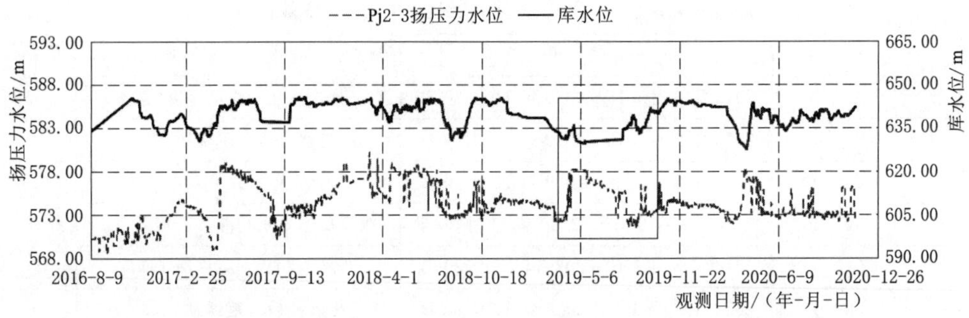


图 3-85　9# 坝段 Pj2-3 测点坝基扬压力与库水位过程线

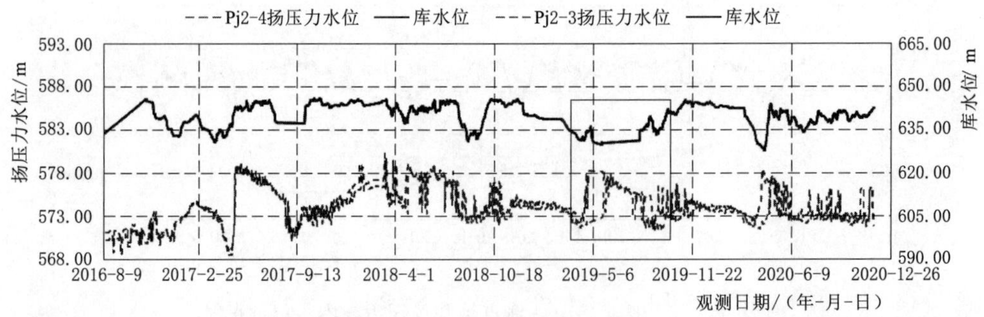


图 3-86　9# 坝段 Pj2-4 测点坝基扬压力与库水位过程线

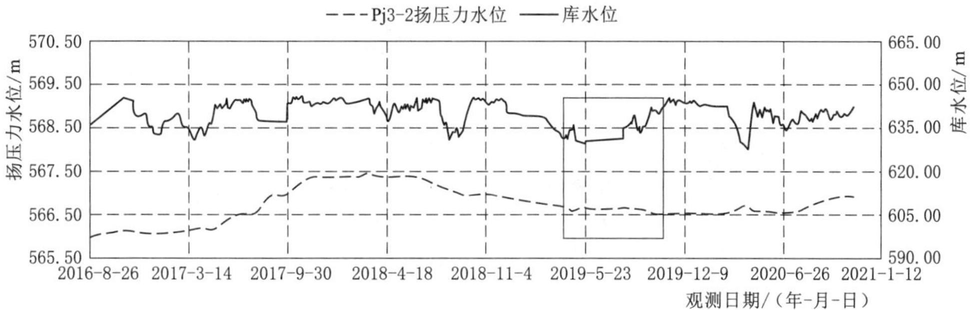


图 3-87 13# 坝段 Pj3-2 测点坝基扬压力与库水位过程线

图 3-88 13# 坝段 Pj3-3 测点坝基扬压力与库水位过程线

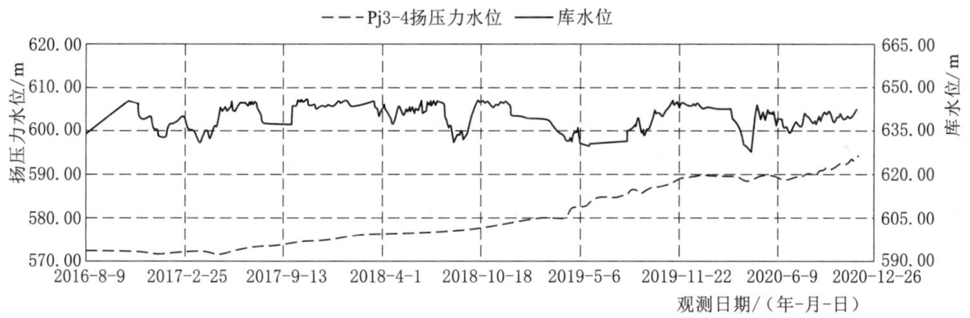


图 3-89 13# 坝段 Pj3-4 测点坝基扬压力与库水位过程线

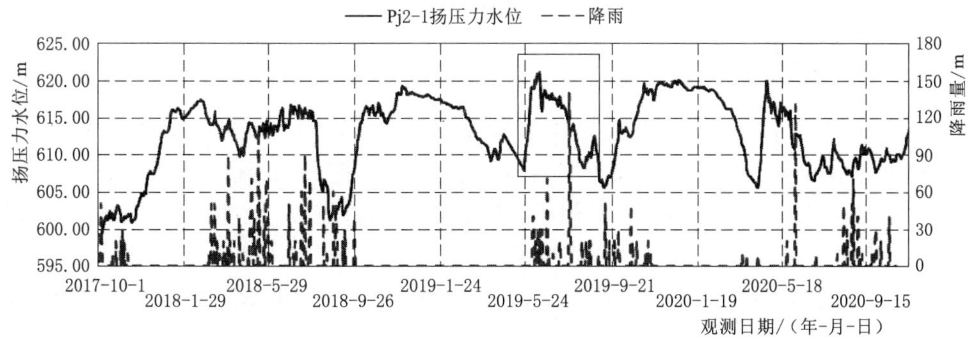


图 3-90 9# 坝段 Pj2-1 测点坝基扬压力与降雨量过程线

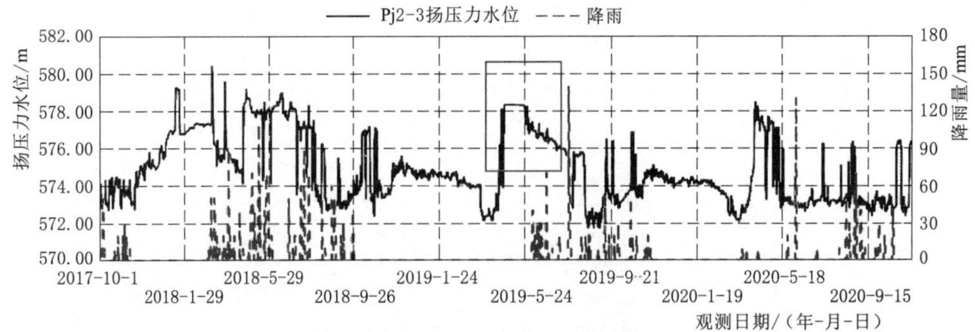


图3-91　9#坝段Pj2-3测点坝基扬压力与降雨量过程线

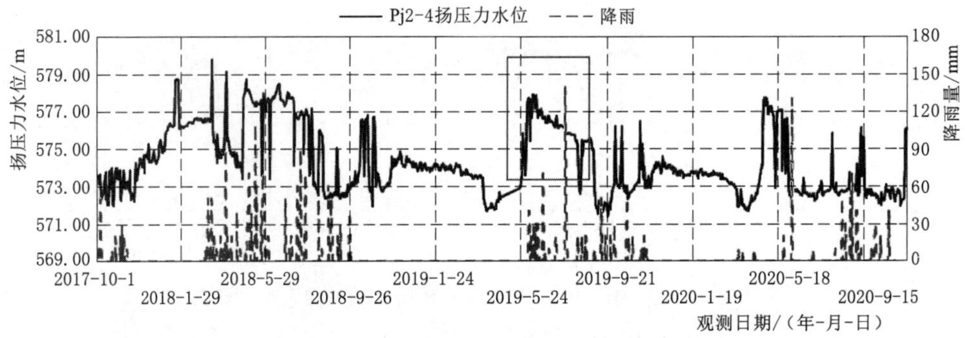


图3-92　9#坝段Pj2-4测点坝基扬压力与降雨量过程线

（1）6#坝段。Pj1-1测点位于防渗帷幕前，扬压力水位持续下降，截至2020年11月20日，扬压力水位为562.60m左右，而仪器埋设高程为562.00m，说明渗压计基本无水，可能是测孔被堵或仪器损坏。Pj1-2与周围环境量变化相关性比较密切，一般库水位较高且处于温降时期时，其孔水位较高；而库水位较低且处于温升期时，其孔水位较低。

（2）9#坝段。Pj2-1测点位于防渗帷幕前，扬压力水位受上游水位影响明显，2017年7月29日—8月1日，上游水位约降低7m，扬压力水位也逐渐降低至580m左右，可能由泄洪弃水所致。2019年5月21日—8月7日，库水位较低且处于温升期，正常情况下应表现为扬压力孔水位降低，但Pj2-1、Pj2-3和Pj2-4测点的扬压力孔水位都表现出升高的规律（方框标记），且与库水位相关性不明显，跳动测值较多，由图3-84～图3-86可知，2019年5月21日—8月7日，降雨量较多，推测Pj2-1、Pj2-3和Pj2-4渗压计埋设处可能有与外界连通的微细裂隙。

（3）13#坝段。Pj3-2位于防渗帷幕和排水孔之间，测孔扬压力水位从埋设高程566.00m逐渐抬升1.5m，然后又逐渐下降1m，最后抬升0.5m，目前扬压力水位为567.00m左右；Pj3-2总体渗压水头很小，帷幕防渗效果较好。Pj3-3测孔扬压力水位变化很小，与库水位相关性不明显，目前稳定在576.50m左右。从2016年8月至今，Pj3-4测孔扬压力水位逐渐抬升了18m，高于下游水垫塘水位，建议检查和跟踪该测孔测值。

3. 特征值分析

典型测点特征值历年变化如图3-93～图3-97所示。

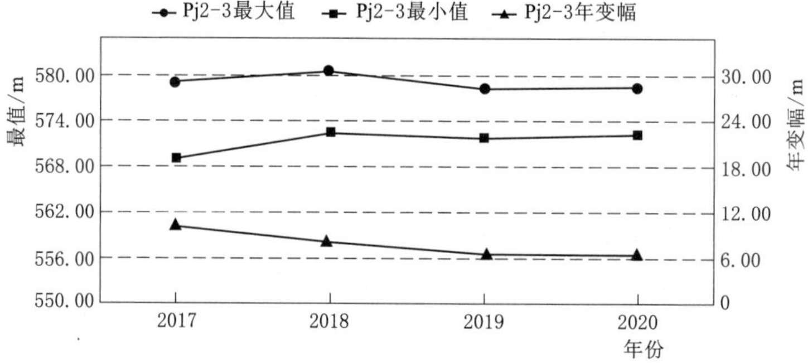


图 3-93　9# 坝段 Pj2-3 测点坝基扬压力历年特征值

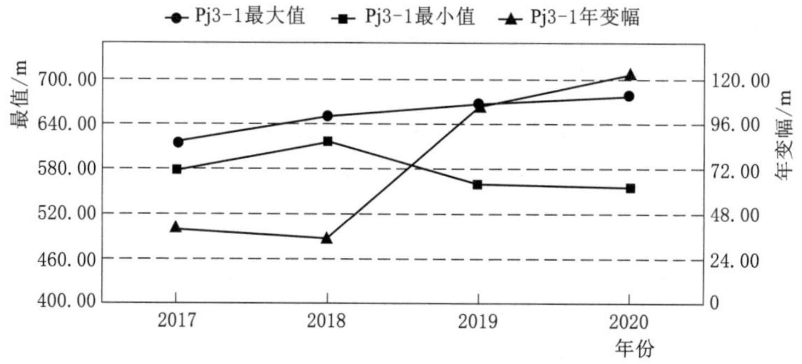


图 3-94　13# 坝段 Pj3-1 测点坝基扬压力历年特征值

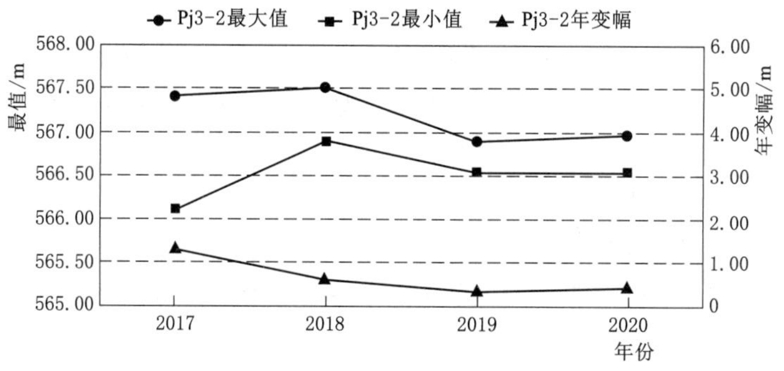


图 3-95　13# 坝段 Pj3-2 测点坝基扬压力历年特征值

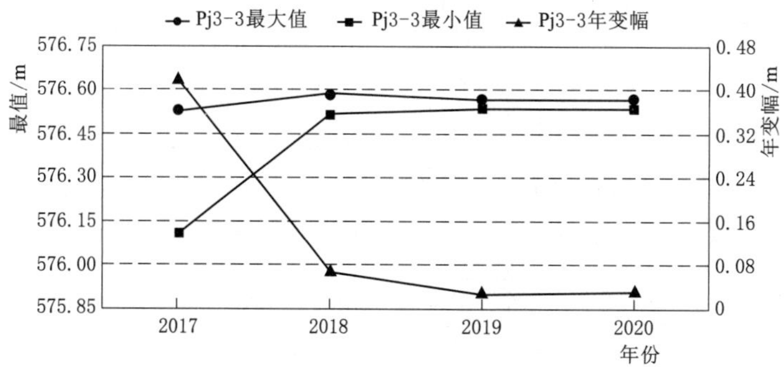


图 3-96　13# 坝段 Pj3-3 测点坝基扬压力历年特征值

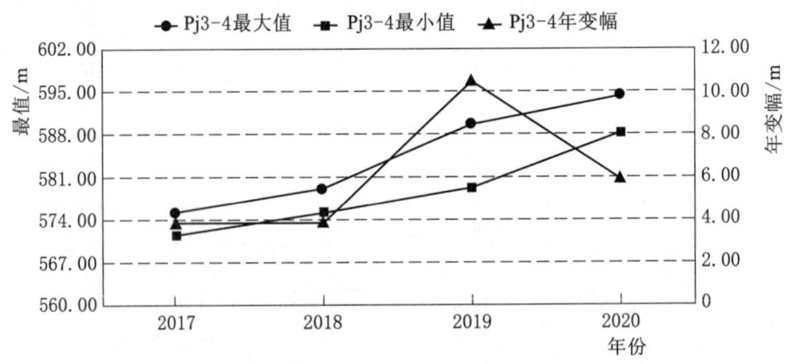


图 3-97　13# 坝段 Pj3-4 测点坝基扬压力历年特征值

（1）极值分析。对于 9# 坝段各测点坝基扬压力水位，最大值波动较小（不超过 2m）；最小值在 2017—2018 年略有增加，近两年变化已趋于平缓。对于 13# 坝段坝基扬压力水位，Pj3-2 和 Pj3-3 测点的极值除 2018 年略有增减之外，近两年波动很小，无明显增减趋势；Pj3-4 测点的极值逐年增加且没有放缓趋势，后续应持续关注测点测值变化情况。

（2）年变幅分析。对于 9# 坝段各测点坝基扬压力水位，年变幅除 2018 年略有减小之外，近两年波动很小，无明显增减趋势。对于 13# 坝段坝基扬压力水位，Pj3-1 测点年变幅随最大值增加有明显增大趋势；Pj3-2 和 Pj3-3 测点年变幅除 2018 年略有减小之外，近两年波动很小，无明显增减趋势；Pj3-4 测点的年变幅在 2019 年最大（约 10m），其余年份变幅正常。

4. 分布分析

大坝除纵向灌浆廊道布置有渗压计外，还在 6#、9#、13# 坝段横向廊道顺河向布置 12 个扬压力测点以监测坝基扬压力横向分布。为便于全过程分析扬压力分布状态并利于数据比对，选取工况 1——历史最高库水位，工况 2——当前库水位（选取工况日期同坝基扬压力纵向分布分析时工况日期），计算横向坝基扬压力折减系数。

根据《混凝土拱坝设计规范》（SL 282—2018），坝基设有帷幕和排水孔时，扬压力折减系数设计值为 0.25，本研究取 0.25 为扬压力折减系数警戒值。帷幕后测点坝基扬压力折减系数计算值见表 3-12。

**表 3-12　BEJSK 拱坝横向灌浆廊道坝基扬压力折减系数统计表**

| 坝段编号 | 测点编号 | 基岩高程/m | 工况 1 扬压力测值/m | 工况 1 扬压力折减系数 | 工况 2 扬压力测值/m | 工况 2 扬压力折减系数 |
|---|---|---|---|---|---|---|
| 6# | Pj1-2 | 562 | 620.88 | 0.68 | 621.66 | 0.72 |
| 6# | Pj1-3 | 562 | 567.88 | 0.00 | 603.95 | 0.48 |
| 6# | Pj1-4 | 562 | 570.64 | 0.03 | 570.56 | 0.03 |
| 9# | Pj2-3 | 554 | 573.57 | 0.07 | 572.77 | 0.06 |
| 9# | Pj2-4 | 554 | 574.02 | 0.08 | 572.23 | 0.05 |
| 13# | Pj3-2 | 566 | 567.26 | −0.01 | 566.94 | −0.02 |
| 13# | Pj3-3 | 566 | 576.34 | 0.11 | 576.56 | 0.11 |
| 13# | Pj3-4 | 566 | 574.62 | 0.08 | 594.22 | 0.35 |

渗压计 Pj1－3、Pj2－3 和 Pj3－3 位于排水孔后，其中 Pj1－3 扬压力折减系数 0.48 大于混凝土拱坝的设计扬压力折减系数 0.25，需要加强观测，但该测点自 2020 年以来已没有监测数据。由前述 6# 坝段纵向坝基扬压力测点 UP6－4 测值过程线可知，纵向坝基扬压力未出现测值异常，建议检查 Pj1－3 渗压计工作性态是否正常；Pj2－3 和 Pj3－3 扬压力折减系数均小于 0.25，符合设计要求。

为便于更直观地分析扬压力分布状态并利于数据比对，选取最高库水位、当前库水位（选取的工况和日期同纵向坝基扬压力）时扬压力测值，分别绘制典型坝段扬压力折算水头分布示意图，如图 3－98～图 3－100 所示。由于无设计扬压力警戒值，为便于评价扬压力折算水头大小，按照《混凝土重力坝设计规范》（SL 319—2018）中扬压力计算方法，采用上游最高库水位 646.20m、下游水位 568.00m 和设计坝基扬压力折减系数 0.25，计算扬压力折算水头控制值，并将扬压力控制线绘制在扬压力折算水头分布示意图中。

（1）6# 坝段：帷幕后，Pj1－2 测点两种工况的扬压力水头明显高于设计控制值，且由前述分析可知，Pj1－2 测点坝基扬压力水位与周围环境量变化相关性比较密切，可能是防渗帷幕存在损伤；Pj1－3 测点工况 2 扬压力水头明显超过设计控制值，建议及时细致排查原因。其中，Pj1－1 测点可能是测孔被堵或仪器损坏，作图时将上游水深和 Pj1－2 测点测值直接连接。

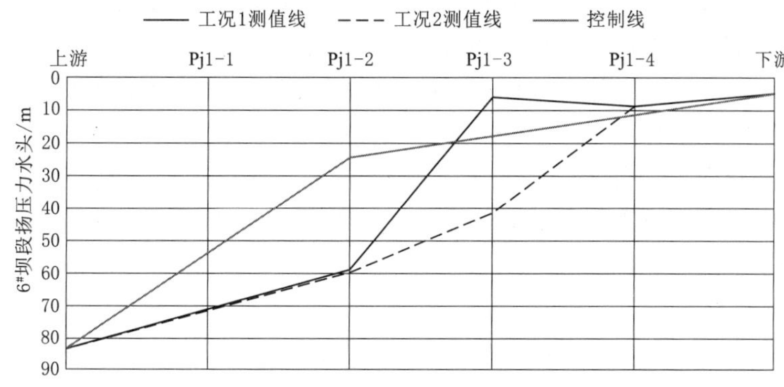


图 3－98　6# 坝段坝基扬压力折算水头分布示意图

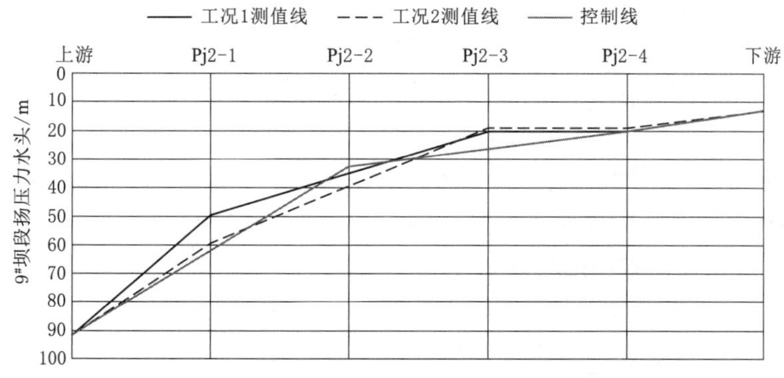


图 3－99　9# 坝段坝基扬压力折算水头分布示意图

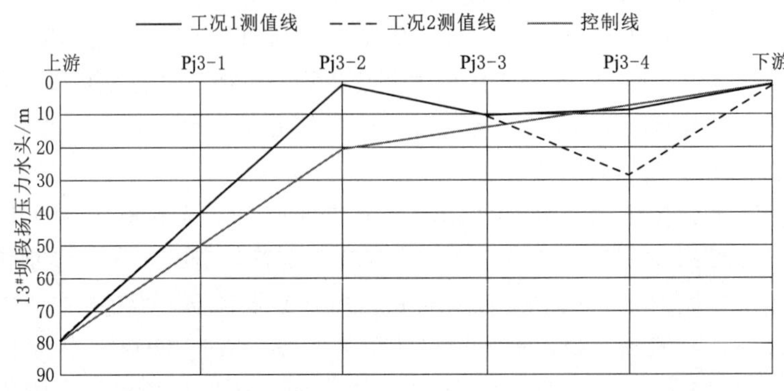


图 3-100 13# 坝段坝基扬压力折算水头分布示意图

(2) 9# 坝段：Pj2-3 和 Pj2-4 测点两种工况的扬压力水头测值均低于设计控制值，说明帷幕阻渗效果较好。其中，Pj2-2 测点没有测值，作图时将 Pj2-1 和 Pj2-3 测点两种工况的扬压力水头测值用直线连接，连接线在 Pj2-2 测点位置处的大小不能反映真实情况。

(3) 13# 坝段：帷幕后，Pj3-2 测点两种工况的扬压力水头明显低于设计控制值，说明帷幕阻渗效果较好；Pj3-4 测点工况 2 扬压力水头略超过设计控制值，由前述分析可知，Pj3-4 测孔扬压力水位从 2016 年 8 月至今开始有 18m 的抬升，该测孔扬压力折算水头较大。其中，Pj3-1 测点测值异常，不能反映真实情况，作图时将上游水深和 Pj3-2 测点测值直接连接。

#### 3.1.2.3 坝体渗透压力

选择 6#、9#、13# 坝段，在混凝土中埋设渗压计，监测混凝土渗透压力，从而评价混凝土的施工质量和防渗效果。

1. 监测资料概况

根据传感器历史监测数据显示，当前可正常工作的渗压计 32 支，坝体渗透压力监测仪器信息统计见表 3-13。

2. 时空分析

6# 坝段坝体渗压水位时序曲线如图 3-101～图 3-103 所示，除 P1-9 测点外，其余测点坝体渗压水位变化较平稳，P1-9 测点渗压水位随库水位升高而升高且与上游水位几乎保持一致。这说明此处存在渗漏通道，且该渗漏通道在蓄水位到达该高程之前就已存在。同一高程其他渗压计渗压较小，且附近的应变计组 S51-5 测值正常（相对 P1-9 测点，其距表面更深），说明渗漏通道由该处裂缝引起，裂缝深度止于 P1-9 埋设位置附近。

9# 坝段坝体渗压水位时序曲线如图 3-104～图 3-107 所示。

9# 坝段 559.00m 高程 4 个测点（P2-1～P2-4）当前处于无水状态。

9# 坝段 581.00m 高程 4 支渗压计（P2-5～P2-8）在 2015 年 8 月 15 日之前渗压水位较小，基本处于无压状态，之后当上游库水位上涨时，P2-5 和 P2-6 开始出现水头，最高渗透水位出现在 2016 年 9 月 5 日，两支渗压计的水位分别是 595.62m 和 596.24m，此时库水位为 630.84m，水位差 35m；2016 年 10 月 11 日后这两处渗透水位开始有所下

**表 3-13　　坝体渗透压力监测仪器统计表**

| 序号 | 测点编号 | 安装部位 | 高程/m | 状态 | 序号 | 测点编号 | 安装部位 | 高程/m | 状态 |
|---|---|---|---|---|---|---|---|---|---|
| 1 | P1-1 | 6# 坝段 | 581.00 | 正常 | 21 | P2-9 | 9# 坝段 | 601.00 | 测值跳动 |
| 2 | P1-2 | | | 失效 | 22 | P2-10 | | | 失效 |
| 3 | P1-3 | | | 正常 | 23 | P2-11 | | | 正常 |
| 4 | P1-4 | | | 正常 | 24 | P2-12 | | | 正常 |
| 5 | P1-5 | | 601.00 | 正常 | 25 | P2-13 | | 625.00 | 正常 |
| 6 | P1-6 | | | 正常 | 26 | P2-14 | | | 正常 |
| 7 | P1-7 | | | 正常 | 27 | P2-15 | | | 正常 |
| 8 | P1-8 | | | 正常 | 28 | P2-16 | | | 正常 |
| 9 | P1-9 | | 625.00 | 正常 | 29 | P3-1 | 13# 坝段 | 581.00 | 正常 |
| 10 | P1-10 | | | 正常 | 30 | P3-2 | | | 正常 |
| 11 | P1-11 | | | 正常 | 31 | P3-3 | | | 正常 |
| 12 | P1-12 | | | 正常 | 32 | P3-4 | | | 正常 |
| 13 | P2-1 | 9# 坝段 | 559.00 | 正常 | 33 | P3-5 | | 601.00 | 失效 |
| 14 | P2-2 | | | 正常 | 34 | P3-6 | | | 正常 |
| 15 | P2-3 | | | 正常 | 35 | P3-7 | | | 正常 |
| 16 | P2-4 | | | 正常 | 36 | P3-8 | | | 失效 |
| 17 | P2-5 | | 581.00 | 正常 | 37 | P3-9 | | 625.00 | 失效 |
| 18 | P2-6 | | | 正常 | 38 | P3-10 | | | 失效 |
| 19 | P2-7 | | | 正常 | 39 | P3-11 | | | 失效 |
| 20 | P2-8 | | | 正常 | 40 | P3-12 | | | 失效 |

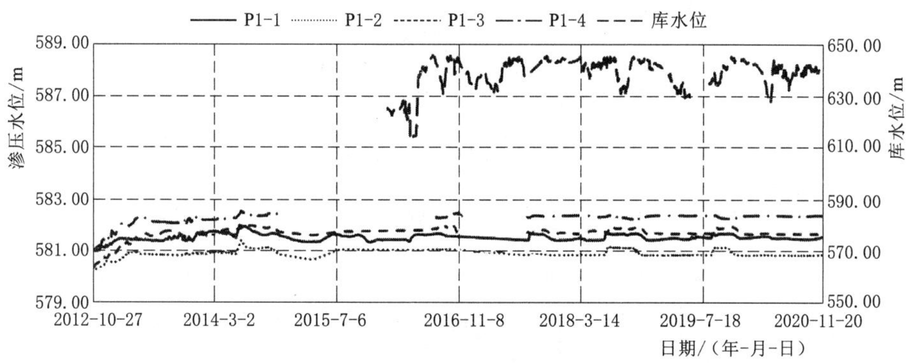


图 3-101　6# 坝段 P1-1～P1-4 测点坝体渗压水位时序曲线

降，目前在 580.00m 左右。从这两支渗压计的变化过程来看，渗漏通道存在的原因可能是该高程附近出现了竖向或斜竖向的裂缝，在蓄水初期库水沿着裂缝渗漏，而随着库水位的进一步抬升，受拱的压力作用影响裂缝闭合，从而使得渗透水位降低。P2-7 和 P2-8 在蓄水期间基本处于无压状态，且 P2-5 和 P2-6 附近的应变计组 S52-3 测值正常（相对 P2-5 和 P2-6 测点，其距表面更深），说明渗漏通道尚未扩展到此处。

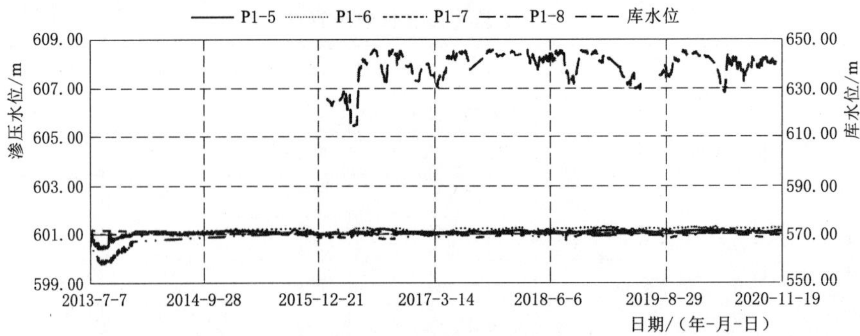


图 3-102　6# 坝段 P1-5～P1-8 测点坝体渗压水位时序曲线

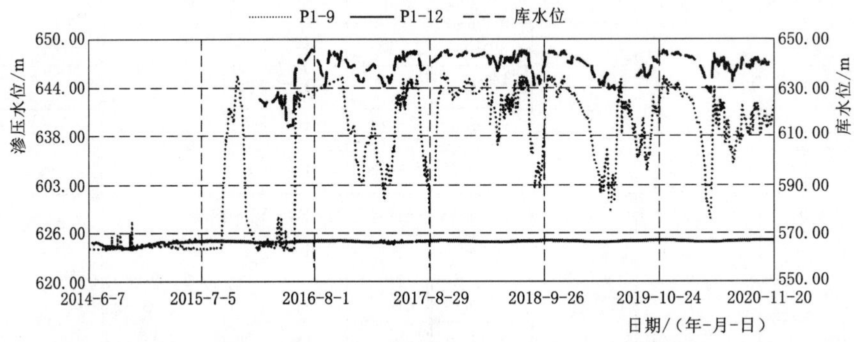


图 3-103　6# 坝段 P1-9、P1-12 测点坝体渗压水位时序曲线

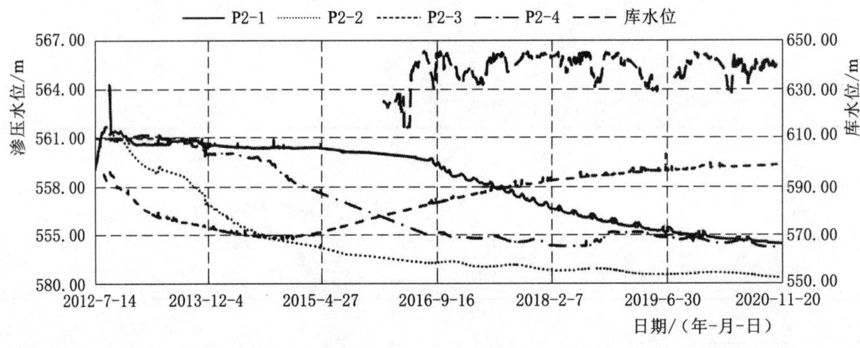


图 3-104　9# 坝段 P2-1～P2-4 测点坝体渗压水位时序曲线

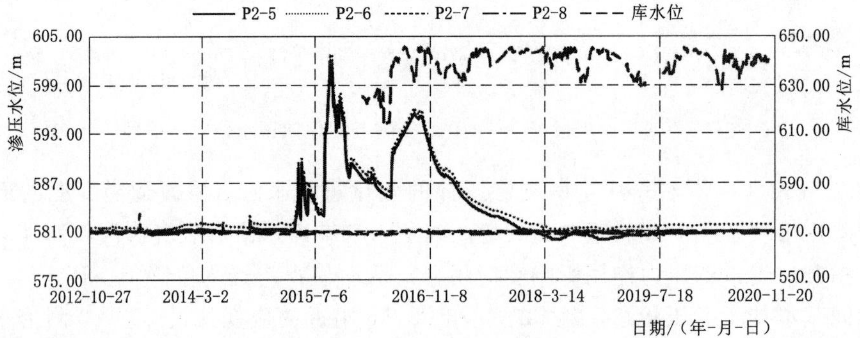


图 3-105　9# 坝段 P2-5～P2-8 测点坝体渗压水位时序曲线

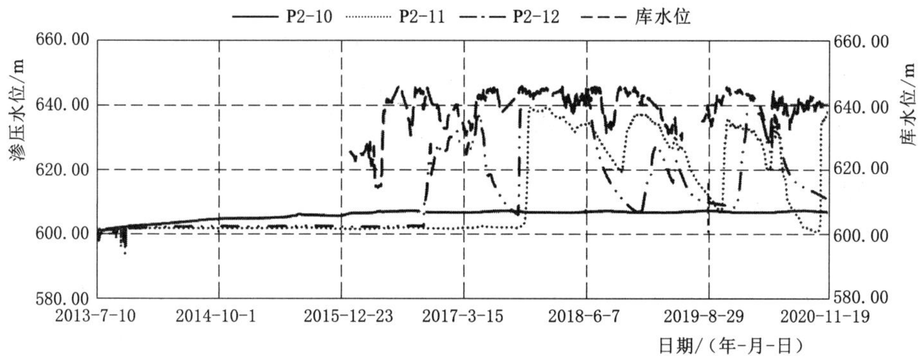


图 3-106 9#坝段 P2-10～P2-12 测点坝体渗压水位时序曲线

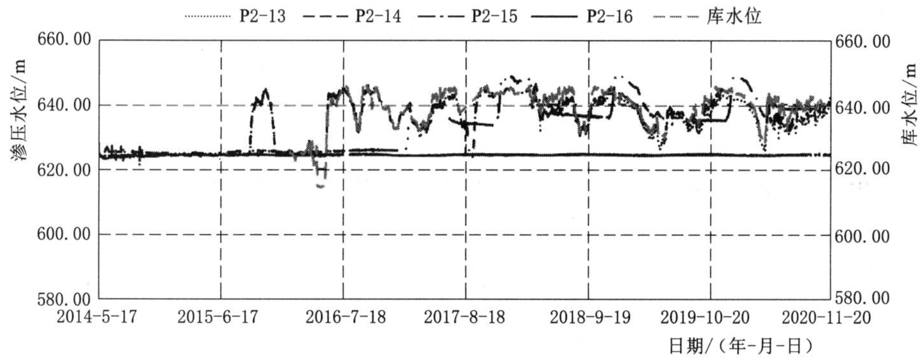


图 3-107 9#坝段 P2-13～P2-16 测点坝体渗压水位时序曲线

9#坝段 601.00m 高程渗压计（P2-9～P2-12）2016 年 10 月之前一直处于无水状态，P2-9 测点测值不稳定，跳动幅度较大，2016 年、2017 年 P11 测点及 P2-12 测点渗压水位逐渐升高，且逐渐接近库水位，之后随库水位波动变化；P10 测点渗压水位较小且变化量较小，当前渗压水位为 606.76m。

9#坝段 625.00m 高程的 4 支渗压计（P2-13～P2-16），在 2015 年 9 月 20 日之前渗压计基本处于无压状态，9 月 20 日后 P2-13 和 P2-14 测点渗透水位开始增大，并逐渐上升至与库水位持平，并与库水位变化同步，说明该处存在明显的渗漏通道。2017 年 2 月，P2-15 测点渗压水位也升高至库水位水平，说明渗漏通道逐渐延伸到该部位。P2-16 测点一直处于无压状态，说明渗漏通道尚未扩展到此处。

13#坝段 581.00m 高程 P3-1、P3-2 测点出现渗压水头后，随着上游水位有一定波动的同时，有一个逐年减小的过程，其渗透水位并未完全和上游水位一致，说明渗漏通道在逐渐被填充。P3-1、P3-2、P3-4 渗压水头均与库水位接近，P3-3 渗压水位较低，由于该测点附近的应变计组 S53-1 测值正常，建议检查 P3-1、P3-2 和 P3-4 渗压计工作性态是否正常。如图 3-108 和图 3-109 所示。

#### 3.1.2.4 绕坝渗流监测资料分析

1. 监测资料概况

根据传感器历史监测数据显示，目前全部正常，其中 UPR _ 1～3、UPR _ 21～23 测

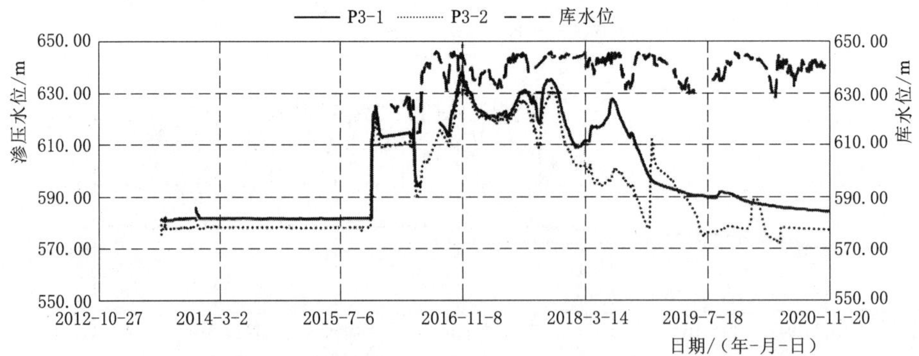


图 3-108　13# 坝段 P3-1～P3-2 测点坝体渗压水位时序曲线

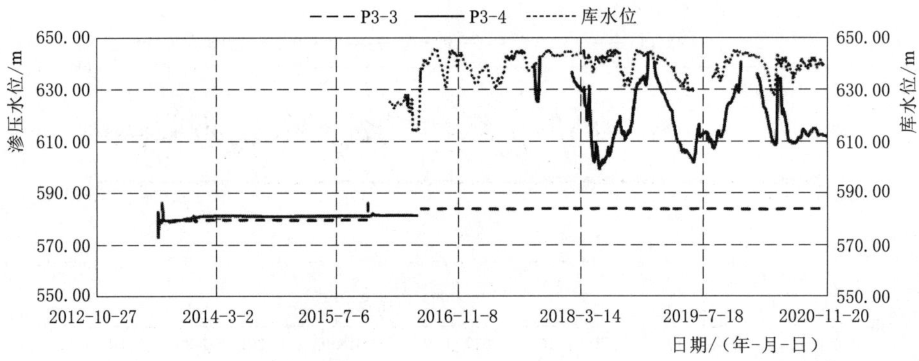


图 3-109　13# 坝段 P3-3～P3-4 测点坝体渗压水位时序曲线

点监测数据测值无变化，测值不可信，UPR_13、UPR_14 测点测值不稳定，绕坝渗流监测仪器信息统计见表 3-14。

**表 3-14　　绕坝渗流监测仪器信息统计表**

| 序号 | 仪器类型 | 测点编号 | 埋设位置 | 埋设高程/m | 状态 |
|---|---|---|---|---|---|
| 1 | 渗压计 | UPR_1 | 605.00 左岸灌浆平洞 | 602.00 | 正常 |
| 2 | 渗压计 | UPR_2 | | 602.00 | 正常 |
| 3 | 渗压计 | UPR_3 | | 602.00 | 正常 |
| 4 | 渗压计 | UPR_4 | | 602.00 | 正常 |
| 5 | 渗压计 | UPR_5 | | 602.00 | 正常 |
| 6 | 渗压计 | UPR_6 | | 602.00 | 正常 |
| 7 | 渗压计 | UPR_7 | 575.00 左岸灌浆平洞 | 572.00 | 正常 |
| 8 | 渗压计 | UPR_8 | | 572.00 | 正常 |
| 9 | 渗压计 | UPR_9 | | 572.00 | 正常 |
| 10 | 渗压计 | UPR_10 | 575.00 右岸岸灌浆平洞 | 572.00 | 正常 |
| 11 | 渗压计 | UPR_11 | | 572.00 | 正常 |
| 12 | 渗压计 | UPR_12 | | 572.00 | 正常 |
| 13 | 渗压计 | UPR_13 | | 572.00 | 测值不稳定 |
| 14 | 渗压计 | UPR_14 | | 572.00 | 测值不稳定 |

续表

| 序号 | 仪器类型 | 测点编号 | 埋设位置 | 埋设高程/m | 状态 |
|---|---|---|---|---|---|
| 15 | 渗压计 | UPR_15 | 605.00 右岸灌浆平洞 | 602.00 | 正常 |
| 16 | 渗压计 | UPR_16 | | 602.00 | 正常 |
| 17 | 渗压计 | UPR_17 | | 602.00 | 正常 |
| 18 | 渗压计 | UPR_18 | | 602.00 | 正常 |
| 19 | 渗压计 | UPR_19 | | 602.00 | 正常 |
| 20 | 渗压计 | UPR_20 | | 602.00 | 正常 |
| 21 | 渗压计 | UPR_21 | | 602.00 | 正常 |
| 22 | 渗压计 | UPR_22 | | 602.00 | 正常 |
| 23 | 渗压计 | UPR_23 | | 602.00 | 正常 |

2. 时空分析

典型绕坝渗流渗压水位时序曲线如图 3-110～图 3-112 所示，绕坝渗压水位较低且变化较平稳，但大部分渗压计测值不稳定。

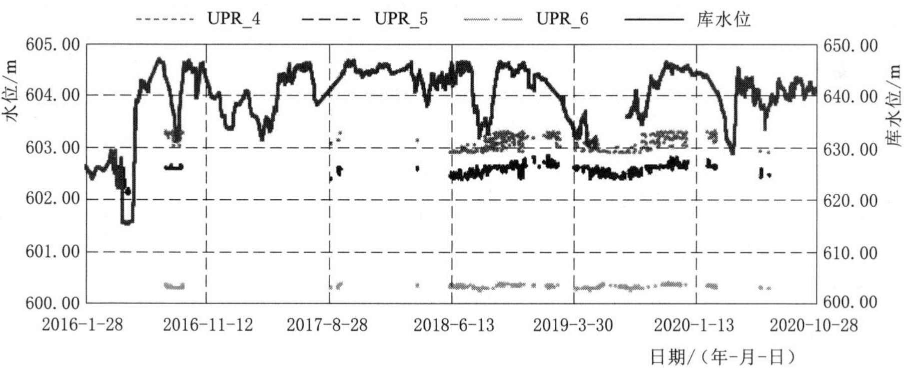


图 3-110 605.00m 左岸灌浆平洞渗压水位时序曲线

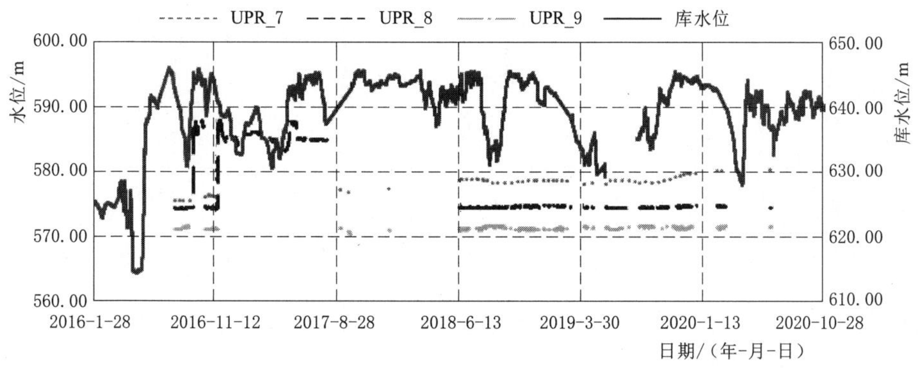


图 3-111 575.00m 左岸灌浆平洞渗压水位时序曲线

#### 3.1.2.5 渗流量

1. 监测资料概况

为监测拱坝渗流量，在坝基灌浆廊道内布置了 8 套量水堰来监测渗流量大小，监测资

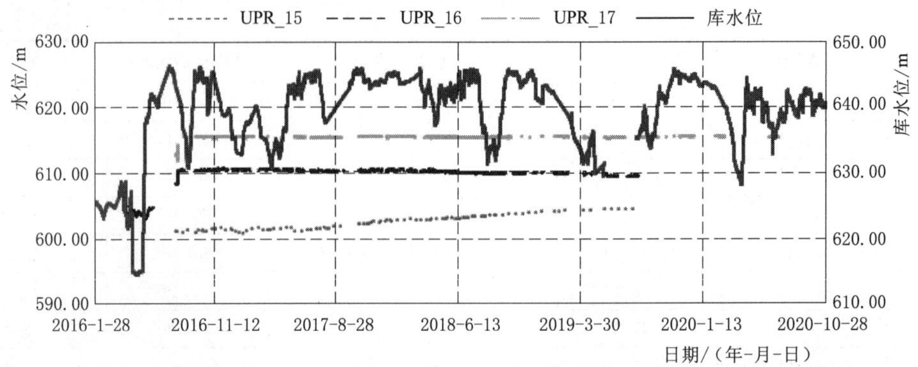


图 3-112　605.00m 右岸灌浆平洞渗压水位时序曲线 1

料概况见表 3-15。由于目前坝体渗流量不大，仅集水井两侧的 WE1、WE2 两台量水堰堰顶有水通过，可分别反映大坝右、左岸的渗流量。

**表 3-15　　　　量水堰监测资料概况汇总**

| 测点编号 | 资料系列概况 | 测点编号 | 资料系列概况 |
|---|---|---|---|
| WE1 | 2016 年 8 月 8 日—2020 年 11 月 20 日 | WE5 | 测值为 0 |
| WE2 | 2016 年 9 月 12 日—2020 年 11 月 20 日 | WE6 | 测值为 0 |
| WE3 | 正常 | WE7 | 测值为 0 |
| WE4 | 正常 | | |

2. 变化规律分析

根据表 3-15 中的完整资料系列，绘制渗流量与库水位时序曲线如图 3-113 所示，渗流量与温度过程线如图 3-114 和图 3-115 所示。

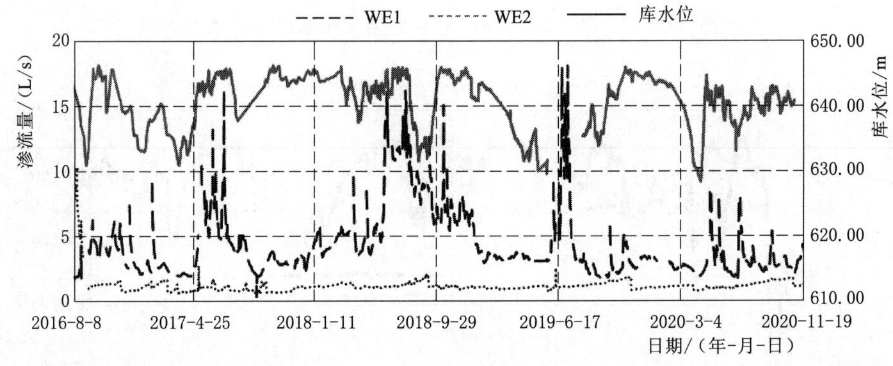


图 3-113　渗流量与库水位时序曲线

(1) WE1 量水堰渗流量波动较大，每年 5—7 月会出现较大增长，约增长 15L/s。WE2 量水堰渗流量波动较小，每年 7—9 月会出现较大增长，约增长 1L/s。

(2) 库水位对 WE1 和 WE2 量水堰渗流量的影响不太明显。一般来说，库水位较高时渗流量较大，库水位较低时渗流量较小。BEJSK 拱坝渗流量未表现出渗流量随库水位变化的一般规律。

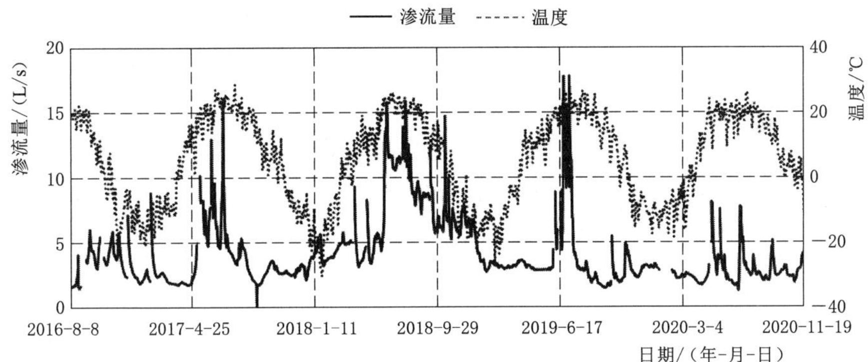


图 3-114　WE1 测点渗流量与环境温度过程线

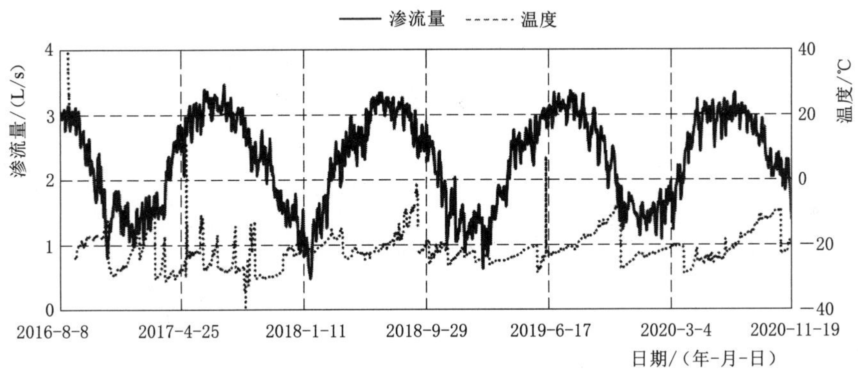


图 3-115　WE2 测点渗流量与环境温度过程线

(3) 降雨对 WE1 和 WE2 量水堰渗流量的影响均较为显著。降雨量较大时，两台量水堰的渗流量均较大，其中降雨量对 WE2 量水堰渗流量的影响具有明显的滞后效应。

3. *渗流量特征值分析*

WE1 和 WE2 量水堰渗流量年变幅、最大值和最小值统计结果见表 3-16，特征值历年变化如图 3-116 和图 3-117 所示。

**表 3-16**　　**渗流量监测值特征值**　　单位：L/s

| 年份 | WE1 渗流量 | | | | | WE2 渗流量 | | | | |
|---|---|---|---|---|---|---|---|---|---|---|
| | 最大值 | | 最小值 | | 年变幅 | 最大值 | | 最小值 | | 年变幅 |
| | 数值 | 日期 | 数值 | 日期 | | 数值 | 日期 | 数值 | 日期 | |
| 2017 | 16.29 | 5月15日 | 1.71 | 9月14日 | 14.58 | 1.66 | 5月7日 | 0.33 | 9月9日 | 1.34 |
| 2018 | 15.63 | 7月30日 | 3.11 | 4月16日 | 12.52 | 1.84 | 9月9日 | 0.68 | 11月15日 | 1.16 |
| 2019 | 18.76 | 6月4日 | 1.46 | 9月19日 | 17.30 | 1.61 | 6月11日 | 0.56 | 5月24日 | 1.05 |
| 2020 | 9.57 | 5月5日 | 1.31 | 6月30日 | 8.26 | 1.53 | 10月25日 | 0.55 | 3月31日 | 0.98 |

渗流量最大值为 18.76L/s，发生位置为 WE1 量水堰，对应日期为 2019 年 6 月 4 日；渗流量最小值为 0.33L/s，发生位置为 WE2 量水堰，对应日期为 2017 年 9 月 9 日；渗流量最大年变幅为 17.30L/s，发生位置为 WE1 量水堰（2019 年）。渗流量最小年变幅为

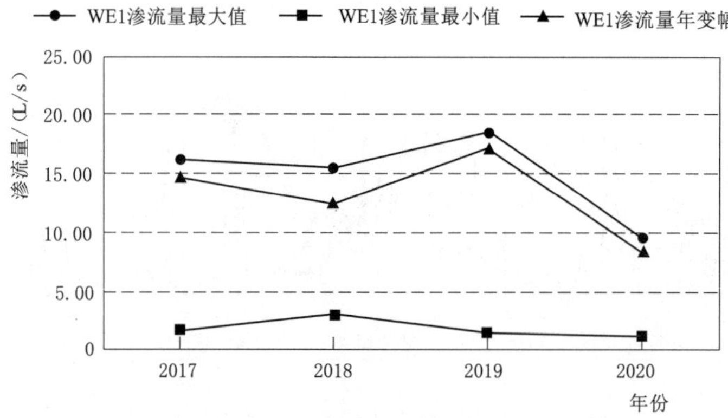


图 3-116　WE1 量水堰渗流量历年特征值

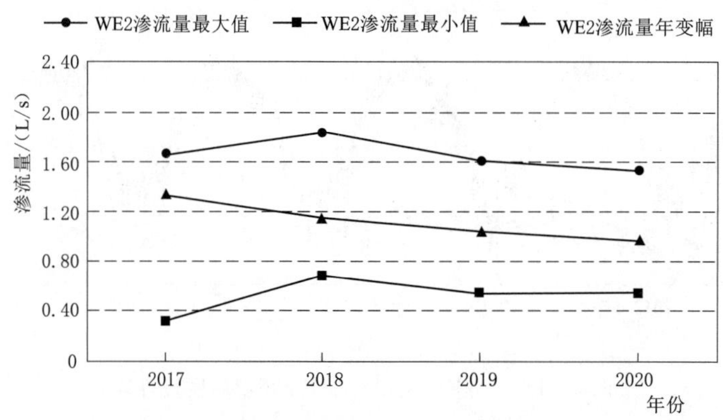


图 3-117　WE2 量水堰渗流量历年特征值

0.98L/s，发生位置为 WE2 量水堰（2020 年）。

对于 WE1 量水堰渗流量，最大值先增大后减小，2019 年约增加了 2L/s，2020 年开始减小；最小值分布比较平稳，波动不超过 2L/s；年变幅的变化略小于最大值，和最大值同步变化。对于 WE2 量水堰渗流量，最大值、最小值和年变幅分布均较为平稳，波动都不超过 0.5L/s。

### 3.1.3　大坝应力应变及温度监测资料分析

#### 3.1.3.1　应力应变

为监测坝体应力应变情况，在 6#、9#、13# 坝段布置了五向应变计和无应力计来观测混凝土应力应变情况，共布置了 20 组应变计组。

为了解拱端应力情况，在高程 559.00m、581.00m、601.00m、607.00m 和 625.00m 拱圈拱端处布置了五向应变计和无应力计，共 20 组应变计组。

1. 监测资料概况

根据传感器历史监测数据显示，当前可正常工作的应变计共 199 支，监测仪器信息统计见表 3-17。

表 3-17 应力应变监测仪器统计表

| 序号 | 监测仪器 | 测点编号 | 坝段 | 高程/m | 安装部位 | 状态 |
|---|---|---|---|---|---|---|
| 1 | 应变计 | S5-1-1-1 | 6#坝段 | 581.00 | 坝 0+081.870、纵 0-001.50 | 正常 |
| 2 | 应变计 | S5-1-1-2 | | | | 正常 |
| 3 | 应变计 | S5-1-1-3 | | | | 正常 |
| 4 | 应变计 | S5-1-1-4 | | | | 正常 |
| 5 | 应变计 | S5-1-1-5 | | | | 正常 |
| 6 | 应变计 | S5-1-2-1 | | 581.00 | 坝 0+081.870、纵 0+012.50 | 正常 |
| 7 | 应变计 | S5-1-2-2 | | | | 正常 |
| 8 | 应变计 | S5-1-2-3 | | | | 正常 |
| 9 | 应变计 | S5-1-2-4 | | | | 失效 |
| 10 | 应变计 | S5-1-2-5 | | | | 正常 |
| 11 | 应变计 | S5-1-3-1 | | 601.00 | 坝 0+081.870、纵 0-000.50 | 正常 |
| 12 | 应变计 | S5-1-3-2 | | | | 正常 |
| 13 | 应变计 | S5-1-3-3 | | | | 正常 |
| 14 | 应变计 | S5-1-3-4 | | | | 失效 |
| 15 | 应变计 | S5-1-3-5 | | | | 正常 |
| 16 | 应变计 | S5-1-4-1 | | 601.00 | 坝 0+081.870、纵 0+010.50 | 正常 |
| 17 | 应变计 | S5-1-4-2 | | | | 正常 |
| 18 | 应变计 | S5-1-4-3 | | | | 正常 |
| 19 | 应变计 | S5-1-4-4 | | | | 正常 |
| 20 | 应变计 | S5-1-4-5 | | | | 失效 |
| 21 | 应变计 | S5-1-5-1 | | 625.00 | 坝 0+081.870、纵 0+000.50 | 正常 |
| 22 | 应变计 | S5-1-5-2 | | | | 正常 |
| 23 | 应变计 | S5-1-5-3 | | | | 正常 |
| 24 | 应变计 | S5-1-5-4 | | | | 正常 |
| 25 | 应变计 | S5-1-5-5 | | | | 正常 |
| 26 | 应变计 | S5-1-6-1 | | 625.00 | 坝 0+081.870、纵 0+007.50 | 正常 |
| 27 | 应变计 | S5-1-6-2 | | | | 正常 |
| 28 | 应变计 | S5-1-6-3 | | | | 失效 |
| 29 | 应变计 | S5-1-6-4 | | | | 失效 |
| 30 | 应变计 | S5-1-6-5 | | | | 正常 |
| 31 | 无应力计 | N1-1 | | 581.00 | 坝 0+081.870、纵 0-001.50 | 正常 |
| 32 | 无应力计 | N1-2 | | 581.00 | 坝 0+081.870、纵 0+012.50 | 正常 |
| 33 | 无应力计 | N1-3 | | 601.00 | 坝 0+081.870、纵 0-000.50 | 失效 |
| 34 | 无应力计 | N1-4 | | 601.00 | 坝 0+081.870、纵 0+010.50 | 正常 |
| 35 | 无应力计 | N1-5 | | 625.00 | 坝 0+081.870、纵 0+000.50 | 正常 |
| 36 | 无应力计 | N1-6 | | 625.00 | 坝 0+081.870、纵 0+007.50 | 失效 |

续表

| 序号 | 监测仪器 | 测点编号 | 坝段 | 高程/m | 安　装　部　位 | 状态 |
|---|---|---|---|---|---|---|
| 37 | 应变计 | S5－2－1－1 | 9#坝段 | 559.00 | 坝 0＋126.870、纵 0－010.00 | 正常 |
| 38 | 应变计 | S5－2－1－2 | | | | 正常 |
| 39 | 应变计 | S5－2－1－3 | | | | 正常 |
| 40 | 应变计 | S5－2－1－4 | | | | 正常 |
| 41 | 应变计 | S5－2－1－5 | | | | 正常 |
| 42 | 应变计 | S5－2－2－1 | | | 坝 0＋126.870、纵 0＋010.00 | 正常 |
| 43 | 应变计 | S5－2－2－2 | | | | 正常 |
| 44 | 应变计 | S5－2－2－3 | | | | 失效 |
| 45 | 应变计 | S5－2－2－4 | | | | 正常 |
| 46 | 应变计 | S5－2－2－5 | | | | 正常 |
| 47 | 应变计 | S5－2－3－1 | | 581.00 | 坝 0＋126.870、纵 0－010.00 | 正常 |
| 48 | 应变计 | S5－2－3－2 | | | | 失效 |
| 49 | 应变计 | S5－2－3－3 | | | | 正常 |
| 50 | 应变计 | S5－2－3－4 | | | | 正常 |
| 51 | 应变计 | S5－2－3－5 | | | | 正常 |
| 52 | 应变计 | S5－2－4－1 | | | 坝 0＋126.870、纵 0＋003.50 | 正常 |
| 53 | 应变计 | S5－2－4－2 | | | | 正常 |
| 54 | 应变计 | S5－2－4－3 | | | | 正常 |
| 55 | 应变计 | S5－2－4－4 | | | | 正常 |
| 56 | 应变计 | S5－2－4－5 | | | | 正常 |
| 57 | 应变计 | S5－2－5－1 | | 601.00 | 坝 0＋126.870、纵 0－007.00 | 正常 |
| 58 | 应变计 | S5－2－5－2 | | | | 失效 |
| 59 | 应变计 | S5－2－5－3 | | | | 正常 |
| 60 | 应变计 | S5－2－5－4 | | | | 正常 |
| 61 | 应变计 | S5－2－5－5 | | | | 正常 |
| 62 | 应变计 | S5－2－6－1 | | | 坝 0＋126.870、纵 0＋002.50 | 正常 |
| 63 | 应变计 | S5－2－6－2 | | | | 失效 |
| 64 | 应变计 | S5－2－6－3 | | | | 正常 |
| 65 | 应变计 | S5－2－6－4 | | | | 正常 |
| 66 | 应变计 | S5－2－6－5 | | | | 正常 |
| 67 | 应变计 | S5－2－7－1 | | 625.00 | 坝 0＋126.870、纵 0－001.20 | 正常 |
| 68 | 应变计 | S5－2－7－2 | | | | 失效 |
| 69 | 应变计 | S5－2－7－3 | | | | 正常 |
| 70 | 应变计 | S5－2－7－4 | | | | 正常 |
| 71 | 应变计 | S5－2－7－5 | | | | 正常 |

续表

| 序号 | 监测仪器 | 测点编号 | 坝段 | 高程/m | 安装部位 | 状态 |
|---|---|---|---|---|---|---|
| 72 | 应变计 | S5-2-8-1 | 9#坝段 | 625.00 | 坝0+126.870、纵0+005.00 | 正常 |
| 73 | 应变计 | S5-2-8-2 | | | | 正常 |
| 74 | 应变计 | S5-2-8-3 | | | | 正常 |
| 75 | 应变计 | S5-2-8-4 | | | | 正常 |
| 76 | 应变计 | S5-2-8-5 | | | | 正常 |
| 77 | 无应力计 | N2-1 | | 559.00 | 坝0+126.870、纵0-010.00 | 正常 |
| 78 | 无应力计 | N2-2 | | 559.00 | 坝0+126.870、纵0+010.00 | 正常 |
| 79 | 无应力计 | N2-3 | | 581.00 | 坝0+126.870、纵0-010.00 | 正常 |
| 80 | 无应力计 | N2-4 | | 581.00 | 坝0+126.870、纵0+003.50 | 正常 |
| 81 | 无应力计 | N2-5 | | 601.00 | 坝0+126.870、纵0-007.00 | 正常 |
| 82 | 无应力计 | N2-6 | | 601.00 | 坝0+126.870、纵0+002.50 | 正常 |
| 83 | 无应力计 | N2-7 | | 625.00 | 坝0+126.870、纵0-001.20 | 正常 |
| 84 | 无应力计 | N2-8 | | 625.00 | 坝0+126.870、纵0+005.00 | 正常 |
| 85 | 应变计 | S5-3-1-1 | 13#坝段 | 581.00 | 坝0+0181.870、纵0-006.00 | 正常 |
| 86 | 应变计 | S5-3-1-2 | | | | 正常 |
| 87 | 应变计 | S5-3-1-3 | | | | 正常 |
| 88 | 应变计 | S5-3-1-4 | | | | 正常 |
| 89 | 应变计 | S5-3-1-5 | | | | 正常 |
| 90 | 应变计 | S5-3-2-1 | | 581.00 | 坝0+0181.870、纵0+008.00 | 正常 |
| 91 | 应变计 | S5-3-2-2 | | | | 正常 |
| 92 | 应变计 | S5-3-2-3 | | | | 正常 |
| 93 | 应变计 | S5-3-2-4 | | | | 正常 |
| 94 | 应变计 | S5-3-2-5 | | | | 失效 |
| 95 | 应变计 | S5-3-3-1 | | 601.00 | 坝0+0181.870、纵0-004.80 | 正常 |
| 96 | 应变计 | S5-3-3-2 | | | | 失效 |
| 97 | 应变计 | S5-3-3-3 | | | | 正常 |
| 98 | 应变计 | S5-3-3-4 | | | | 正常 |
| 99 | 应变计 | S5-3-3-5 | | | | 正常 |
| 100 | 应变计 | S5-3-4-1 | | 601.00 | 坝0+0181.870、纵0+005.50 | 正常 |
| 101 | 应变计 | S5-3-4-2 | | | | 正常 |
| 102 | 应变计 | S5-3-4-3 | | | | 正常 |
| 103 | 应变计 | S5-3-4-4 | | | | 正常 |
| 104 | 应变计 | S5-3-4-5 | | | | 正常 |
| 105 | 应变计 | S5-3-5-1 | | 625.00 | 坝0+0181.870、纵0-001.2 | 失效 |
| 106 | 应变计 | S5-3-5-2 | | | | 失效 |
| 107 | 应变计 | S5-3-5-3 | | | | 失效 |

续表

| 序号 | 监测仪器 | 测点编号 | 坝段 | 高程/m | 安装部位 | 状态 |
|---|---|---|---|---|---|---|
| 108 | 应变计 | S5-3-5-4 | 13# 坝段 | 625.00 | 坝0+0181.870、纵0-001.2 | 正常 |
| 109 | 应变计 | S5-3-5-5 | | | | 正常 |
| 110 | 应变计 | S5-3-6-1 | | 625.00 | 坝0+0181.870、纵0+006.00 | 正常 |
| 111 | 应变计 | S5-3-6-2 | | | | 正常 |
| 112 | 应变计 | S5-3-6-3 | | | | 失效 |
| 113 | 应变计 | S5-3-6-4 | | | | 正常 |
| 114 | 应变计 | S5-3-6-5 | | | | 正常 |
| 115 | 无应力计 | N3-1 | | 581.00 | 坝0+0181.870、纵0-006.00 | 正常 |
| 116 | 无应力计 | N3-2 | | 581.00 | 坝0+0181.870、纵0+008.00 | 正常 |
| 117 | 无应力计 | N3-3 | | 601.00 | 坝0+0181.870、纵0-004.80 | 正常 |
| 118 | 无应力计 | N3-4 | | 601.00 | 坝0+0181.870、纵0+005.50 | 正常 |
| 119 | 无应力计 | N3-5 | | 625.00 | 坝0+0181.870、纵0-001.2 | 失效 |
| 120 | 无应力计 | N3-6 | | 625.00 | 坝0+0181.870、纵0+006.00 | 失效 |
| 121 | 应变计 | S5D-1-1-1 | 拱圈 | 559.00 | 左拱端 | 正常 |
| 122 | 应变计 | S5D-1-1-2 | | 559.00 | 左拱端 | 正常 |
| 123 | 应变计 | S5D-1-1-3 | | 559.00 | 左拱端 | 正常 |
| 124 | 应变计 | S5D-1-1-4 | | 559.00 | 左拱端 | 正常 |
| 125 | 应变计 | S5D-1-1-5 | | 559.00 | 左拱端 | 失效 |
| 126 | 应变计 | S5D-1-2-1 | | 559.00 | 左拱端 | 失效 |
| 127 | 应变计 | S5D-1-2-2 | | 559.00 | 左拱端 | 失效 |
| 128 | 应变计 | S5D-1-2-3 | | 559.00 | 左拱端 | 正常 |
| 129 | 应变计 | S5D-1-2-4 | | 559.00 | 左拱端 | 正常 |
| 130 | 应变计 | S5D-1-2-5 | | 559.00 | 左拱端 | 正常 |
| 131 | 无应力计 | ND1-1 | | 559.00 | 左拱端 | 正常 |
| 132 | 无应力计 | ND1-2 | | 559.00 | 左拱端 | 正常 |
| 133 | 应变计 | S5D-1-3-1 | | 559.00 | 右拱端 | 正常 |
| 134 | 应变计 | S5D-1-3-2 | | 559.00 | 右拱端 | 正常 |
| 135 | 应变计 | S5D-1-3-3 | | 559.00 | 右拱端 | 正常 |
| 136 | 应变计 | S5D-1-3-4 | | 559.00 | 右拱端 | 正常 |
| 137 | 应变计 | S5D-1-3-5 | | 559.00 | 右拱端 | 正常 |
| 138 | 应变计 | S5D-1-4-1 | | 559.00 | 右拱端 | 正常 |
| 139 | 应变计 | S5D-1-4-2 | | 559.00 | 右拱端 | 正常 |
| 140 | 应变计 | S5D-1-4-3 | | 559.00 | 右拱端 | 正常 |
| 141 | 应变计 | S5D-1-4-4 | | 559.00 | 右拱端 | 正常 |
| 142 | 应变计 | S5D-1-4-5 | | 559.00 | 右拱端 | 正常 |
| 143 | 无应力计 | ND1-3 | | 559.00 | 右拱端 | 失效 |

续表

| 序号 | 监测仪器 | 测点编号 | 坝段 | 高程/m | 安 装 部 位 | 状态 |
|---|---|---|---|---|---|---|
| 144 | 无应力计 | ND1-4 | 拱圈 | 559.00 | 右拱端 | 正常 |
| 145 | 应变计 | S5D-2-1-1 | | 581.00 | 左拱端 | 失效 |
| 146 | 应变计 | S5D-2-1-2 | | 581.00 | 左拱端 | 失效 |
| 147 | 应变计 | S5D-2-1-3 | | 581.00 | 左拱端 | 失效 |
| 148 | 应变计 | S5D-2-1-4 | | 581.00 | 左拱端 | 失效 |
| 149 | 应变计 | S5D-2-1-5 | | 581.00 | 左拱端 | 失效 |
| 150 | 应变计 | S5D-2-2-1 | | 581.00 | 左拱端 | 失效 |
| 151 | 应变计 | S5D-2-2-2 | | 581.00 | 左拱端 | 正常 |
| 152 | 应变计 | S5D-2-2-3 | | 581.00 | 左拱端 | 正常 |
| 153 | 应变计 | S5D-2-2-4 | | 581.00 | 左拱端 | 正常 |
| 154 | 应变计 | S5D-2-2-5 | | 581.00 | 左拱端 | 正常 |
| 155 | 无应力计 | ND2-1 | | 581.00 | 左拱端 | 正常 |
| 156 | 无应力计 | ND2-2 | | 581.00 | 左拱端 | 正常 |
| 157 | 应变计 | S5D-2-3-1 | | 581.00 | 右拱端 | 失效 |
| 158 | 应变计 | S5D-2-3-2 | | 581.00 | 右拱端 | 失效 |
| 159 | 应变计 | S5D-2-3-3 | | 581.00 | 右拱端 | 正常 |
| 160 | 应变计 | S5D-2-3-4 | | 581.00 | 右拱端 | 失效 |
| 161 | 应变计 | S5D-2-3-5 | | 581.00 | 右拱端 | 失效 |
| 162 | 应变计 | S5D-2-4-1 | | 581.00 | 右拱端 | 正常 |
| 163 | 应变计 | S5D-2-4-2 | | 581.00 | 右拱端 | 正常 |
| 164 | 应变计 | S5D-2-4-3 | | 581.00 | 右拱端 | 正常 |
| 165 | 应变计 | S5D-2-4-4 | | 581.00 | 右拱端 | 正常 |
| 166 | 应变计 | S5D-2-4-5 | | 581.00 | 右拱端 | 正常 |
| 167 | 无应力计 | ND2-3 | | 581.00 | 右拱端 | 正常 |
| 168 | 无应力计 | ND2-4 | | 581.00 | 右拱端 | 失效 |
| 169 | 应变计 | S5D-3-1-1 | | 601.00 | 左拱端 | 正常 |
| 170 | 应变计 | S5D-3-1-2 | | 601.00 | 左拱端 | 正常 |
| 171 | 应变计 | S5D-3-1-3 | | 601.00 | 左拱端 | 正常 |
| 172 | 应变计 | S5D-3-1-4 | | 601.00 | 左拱端 | 正常 |
| 173 | 应变计 | S5D-3-1-5 | | 601.00 | 左拱端 | 正常 |
| 174 | 应变计 | S5D-3-2-1 | | 601.00 | 左拱端 | 失效 |
| 175 | 应变计 | S5D-3-2-2 | | 601.00 | 左拱端 | 正常 |
| 176 | 应变计 | S5D-3-2-3 | | 601.00 | 左拱端 | 正常 |
| 177 | 应变计 | S5D-3-2-4 | | 601.00 | 左拱端 | 正常 |
| 178 | 应变计 | S5D-3-2-5 | | 601.00 | 左拱端 | 正常 |
| 179 | 无应力计 | ND3-1 | | 601.00 | 左拱端 | 正常 |

续表

| 序号 | 监测仪器 | 测点编号 | 坝段 | 高程/m | 安装部位 | 状态 |
|---|---|---|---|---|---|---|
| 180 | 无应力计 | ND3-2 | 拱圈 | 601.00 | 左拱端 | 正常 |
| 181 | 应变计 | S5D-3-3-1 | | 601.00 | 右拱端 | 正常 |
| 182 | 应变计 | S5D-3-3-2 | | 601.00 | 右拱端 | 正常 |
| 183 | 应变计 | S5D-3-3-3 | | 601.00 | 右拱端 | 正常 |
| 184 | 应变计 | S5D-3-3-4 | | 601.00 | 右拱端 | 正常 |
| 185 | 应变计 | S5D-3-3-5 | | 601.00 | 右拱端 | 正常 |
| 186 | 应变计 | S5D-3-4-1 | | 601.00 | 右拱端 | 正常 |
| 187 | 应变计 | S5D-3-4-2 | | 601.00 | 右拱端 | 正常 |
| 188 | 应变计 | S5D-3-4-3 | | 601.00 | 右拱端 | 正常 |
| 189 | 应变计 | S5D-3-4-4 | | 601.00 | 右拱端 | 失效 |
| 190 | 应变计 | S5D-3-4-5 | | 601.00 | 右拱端 | 正常 |
| 191 | 无应力计 | ND3-3 | | 601.00 | 右拱端 | 正常 |
| 192 | 无应力计 | ND3-4 | | 601.00 | 右拱端 | 正常 |
| 193 | 应变计 | S5D-4-1-1 | | 607.00 | 左拱端 | 正常 |
| 194 | 应变计 | S5D-4-1-2 | | 607.00 | 左拱端 | 正常 |
| 195 | 应变计 | S5D-4-1-3 | | 607.00 | 左拱端 | 正常 |
| 196 | 应变计 | S5D-4-1-4 | | 607.00 | 左拱端 | 正常 |
| 197 | 应变计 | S5D-4-1-5 | | 607.00 | 左拱端 | 正常 |
| 198 | 应变计 | S5D-4-2-1 | | 607.00 | 左拱端 | 正常 |
| 199 | 应变计 | S5D-4-2-2 | | 607.00 | 左拱端 | 正常 |
| 200 | 应变计 | S5D-4-2-3 | | 607.00 | 左拱端 | 正常 |
| 201 | 应变计 | S5D-4-2-4 | | 607.00 | 左拱端 | 正常 |
| 202 | 应变计 | S5D-4-2-5 | | 607.00 | 左拱端 | 正常 |
| 203 | 无应力计 | ND4-1 | | 607.00 | 左拱端 | 正常 |
| 204 | 无应力计 | ND4-2 | | 607.00 | 左拱端 | 正常 |
| 205 | 应变计 | S5D-4-3-1 | | 607.00 | 右拱端 | 正常 |
| 206 | 应变计 | S5D-4-3-2 | | 607.00 | 右拱端 | 正常 |
| 207 | 应变计 | S5D-4-3-3 | | 607.00 | 右拱端 | 正常 |
| 208 | 应变计 | S5D-4-3-4 | | 607.00 | 右拱端 | 正常 |
| 209 | 应变计 | S5D-4-3-5 | | 607.00 | 右拱端 | 正常 |
| 210 | 应变计 | S5D-4-4-1 | | 607.00 | 右拱端 | 正常 |
| 211 | 应变计 | S5D-4-4-2 | | 607.00 | 右拱端 | 正常 |
| 212 | 应变计 | S5D-4-4-3 | | 607.00 | 右拱端 | 正常 |
| 213 | 应变计 | S5D-4-4-4 | | 607.00 | 右拱端 | 正常 |
| 214 | 应变计 | S5D-4-4-5 | | 607.00 | 右拱端 | 正常 |
| 215 | 无应力计 | ND4-3 | | 607.00 | 右拱端 | 正常 |

续表

| 序号 | 监测仪器 | 测点编号 | 坝段 | 高程/m | 安 装 部 位 | 状态 |
|---|---|---|---|---|---|---|
| 216 | 无应力计 | ND4-4 | 拱圈 | 607.00 | 右拱端 | 正常 |
| 217 | 应变计 | S5D-5-1-1 | | 625.00 | 左拱端 | 正常 |
| 218 | 应变计 | S5D-5-1-2 | | 625.00 | 左拱端 | 正常 |
| 219 | 应变计 | S5D-5-1-3 | | 625.00 | 左拱端 | 正常 |
| 220 | 应变计 | S5D-5-1-4 | | 625.00 | 左拱端 | 正常 |
| 221 | 应变计 | S5D-5-1-5 | | 625.00 | 左拱端 | 失效 |
| 222 | 应变计 | S5D-5-2-1 | | 625.00 | 左拱端 | 正常 |
| 223 | 应变计 | S5D-5-2-2 | | 625.00 | 左拱端 | 正常 |
| 224 | 应变计 | S5D-5-2-3 | | 625.00 | 左拱端 | 失效 |
| 225 | 应变计 | S5D-5-2-4 | | 625.00 | 左拱端 | 正常 |
| 226 | 应变计 | S5D-5-2-5 | | 625.00 | 左拱端 | 失效 |
| 227 | 无应力计 | ND5-1 | | 625.00 | 左拱端 | 正常 |
| 228 | 无应力计 | ND5-2 | | 625.00 | 左拱端 | 正常 |
| 229 | 应变计 | S5D-5-3-1 | | 625.00 | 右拱端 | 失效 |
| 230 | 应变计 | S5D-5-3-2 | | 625.00 | 右拱端 | 正常 |
| 231 | 应变计 | S5D-5-3-3 | | 625.00 | 右拱端 | 正常 |
| 232 | 应变计 | S5D-5-3-4 | | 625.00 | 右拱端 | 正常 |
| 233 | 应变计 | S5D-5-3-5 | | 625.00 | 右拱端 | 正常 |
| 234 | 应变计 | S5D-5-4-1 | | 625.00 | 右拱端 | 正常 |
| 235 | 应变计 | S5D-5-4-2 | | 625.00 | 右拱端 | 正常 |
| 236 | 应变计 | S5D-5-4-3 | | 625.00 | 右拱端 | 正常 |
| 237 | 应变计 | S5D-5-4-4 | | 625.00 | 右拱端 | 正常 |
| 238 | 应变计 | S5D-5-4-5 | | 625.00 | 右拱端 | 正常 |
| 239 | 无应力计 | ND5-3 | | 625.00 | 右拱端 | 正常 |
| 240 | 无应力计 | ND5-4 | | 625.00 | 右拱端 | 正常 |

2. 时空分析

(1) 主监测坝段应力应变监测。根据各测点历史监测成果来看，拉应力主要发生在混凝土浇筑后最早一段时间内，水化热释放完毕后的降温阶段，应变绝大多数在100$\mu\varepsilon$以下。

温度变化对坝体有效应变的影响显著，高程越高，越靠近下游面，应变计有效应变测值受温度变化影响越大。应变计位置和方向不同，温度对其的影响也不同。如9[#]坝段581.00m高程左右岸方向的应变计S5-2-4-1和S5-2-4-4，S5-2-4-1测点测值当坝体温度升高时压应变增加或拉应变减小；坝体温度降低时则相反，压应变减小或拉应力增加。而S5-2-4-4测点，受温度变化的影响正相反，温度升高，测值增大，压应变减小；温度降低，压应变增大。此外，由于坝体温度变化滞后于气温，一般在7—10月产生坝体应变极值，在12月至次年3月出现坝体应变的另一极值。靠近坝体内部和上游的应变计测值变化滞后于气温变化的时间较长。

从趋势性来看，随着库水位上升，大部分测点向压应变方向变化，原先受拉部位的拉应变均有所减小，水位上升对坝体拉应力减小起到了明显的作用。

1）混凝土自生体积变形。混凝土自生体积变形过程线如图3-118～图3-120所示。根据历史监测成果来看，各测点混凝土自生体积变形受温度影响，温度升高混凝土呈膨胀状态，温度降低混凝土呈收缩状态，符合一般变化规律。

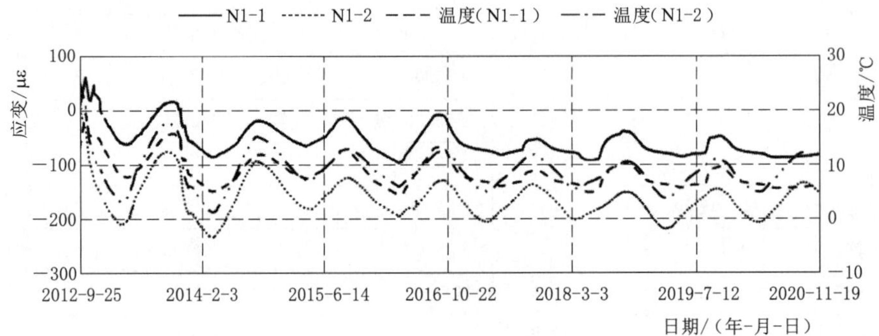


图3-118　6#坝段581.00m高程混凝土自生体积变形过程线图

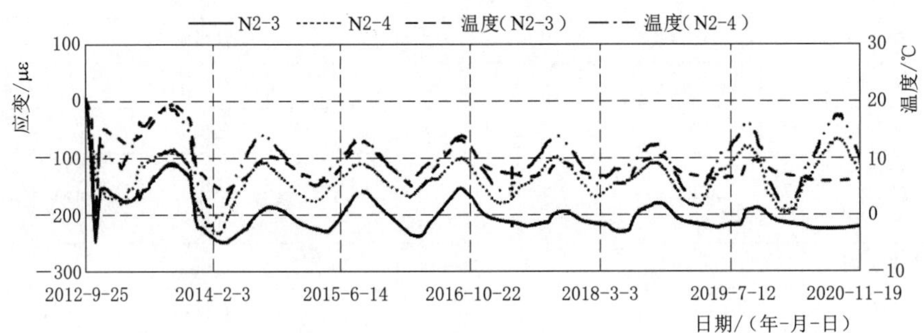


图3-119　9#坝段581.00m高程混凝土自生体积变形过程线图

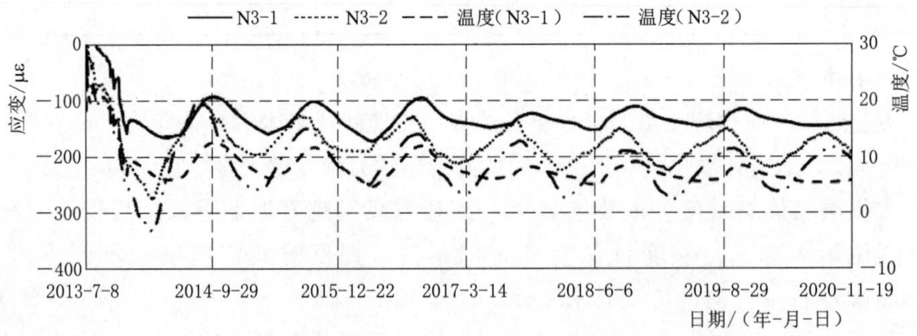


图3-120　13#坝段559.00m高程混凝土自生体积变形过程线图

2）切向应变。6#坝段581.00m高程切向混凝土应变受库水位及温度影响，温度升高混凝土应变呈压应变增大趋势或拉应变减小趋势，温度降低，混凝土应变呈压应变减小趋势或拉应变增大趋势；库水位升高，混凝土应变呈压应变趋势，库水位降低，混凝土应变呈拉应变趋势。601.00m 高程切向混凝土应变呈受压状态，受库水位及温度影响较小，但也随库水位和温度有一定变化，且有一定的滞后性。过程线如图 3-121～图 3-124 所示。

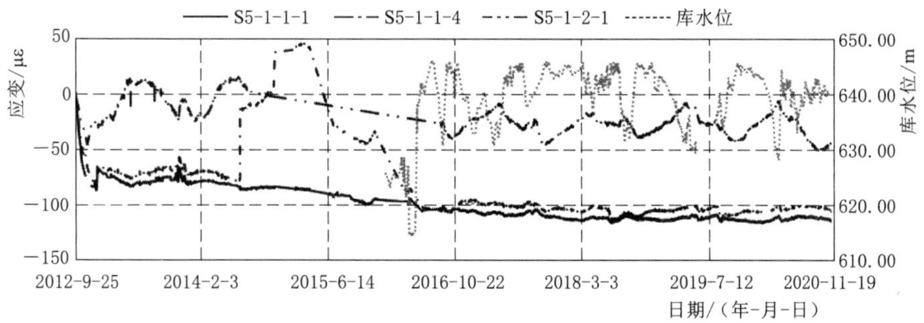


图 3-121 6# 坝段 581.00m 高程切向应变过程线

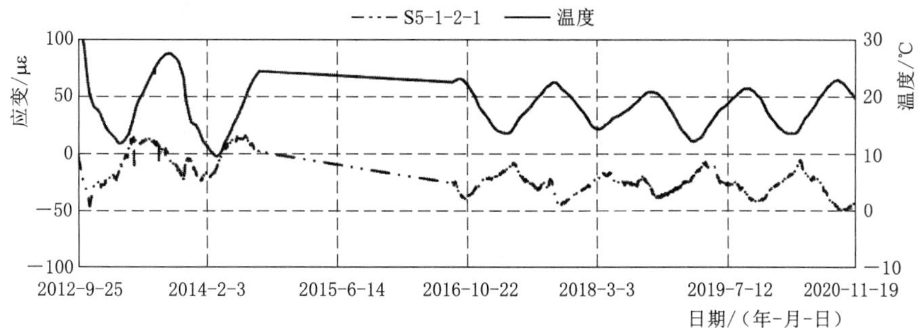


图 3-122 6# 坝段 581.00m 高程 S5-1-2-1 测点切向应变-温度过程线

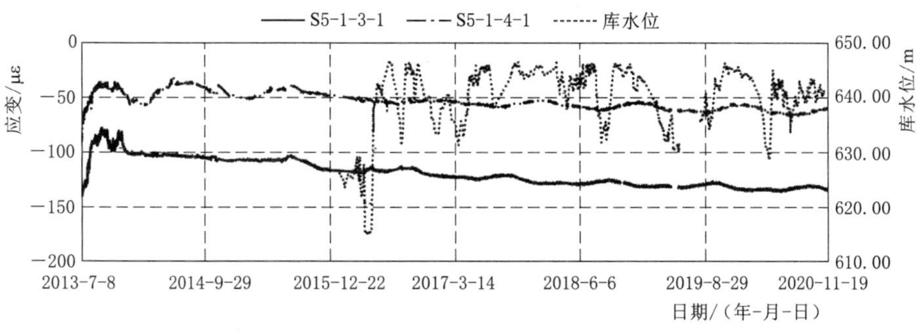


图 3-123 6# 坝段 601.00m 高程切向应变过程线

9# 坝段切向混凝土应变受库水位及温度影响明显，581.00m 高程切向混凝土应变大部分呈受拉状态，当前在−87.1～36.24με 之间；601.00m 高程切向混凝土应变大部分呈受压状态，当前在−105.23～84.82με 之间。过程线如图 3-125～图 3-128 所示。

13# 坝段切向混凝土应变受库水位及温度影响，温度升高混凝土应变呈拉应变趋势，温度降低混凝土应变呈压应变趋势，且存在滞后性；库水位升高混凝土应变呈压应变趋势，库水位降低混凝土应变呈拉应变趋势，过程线如图 3-129～图 3-131 所示。

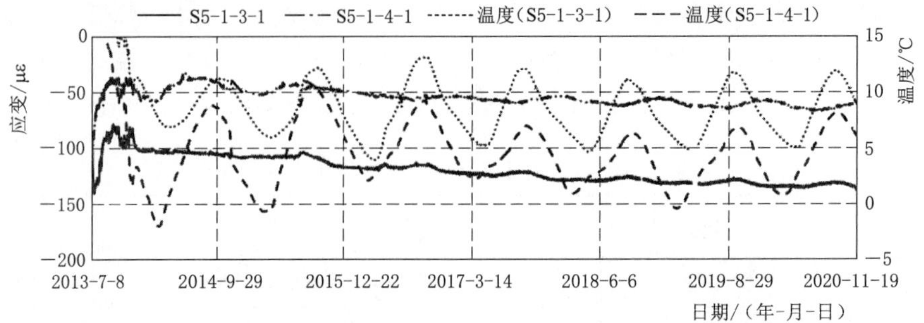


图 3-124　6# 坝段 601.00m 高程切向应变-温度过程线

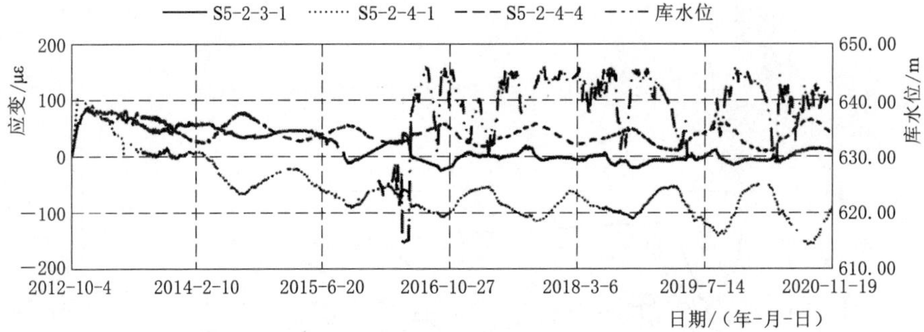


图 3-125　9# 坝段 581.00m 高程切向应变过程线

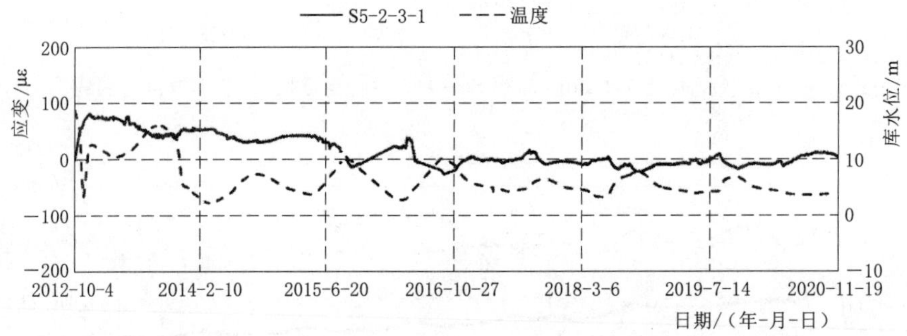


图 3-126　9# 坝段 581.00m 高程 S5-2-3-1 测点切向应变过程线

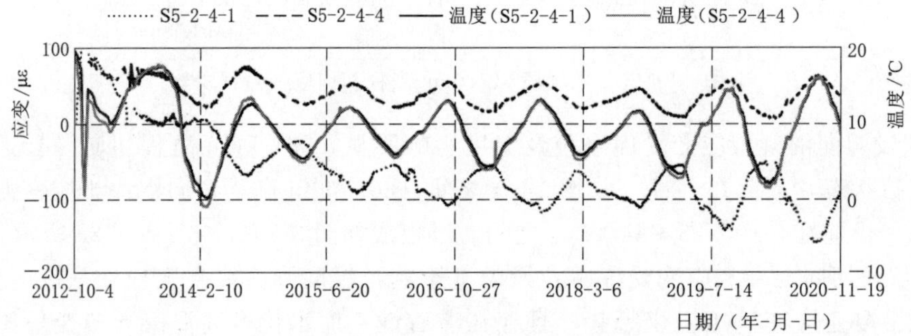


图 3-127　9# 坝段 581.00m 高程切向应变-温度过程线

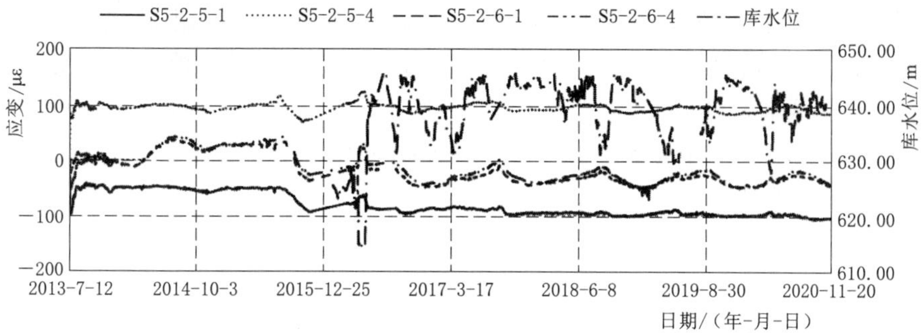


图 3-128 9# 坝段 601.00m 高程切向应变过程线

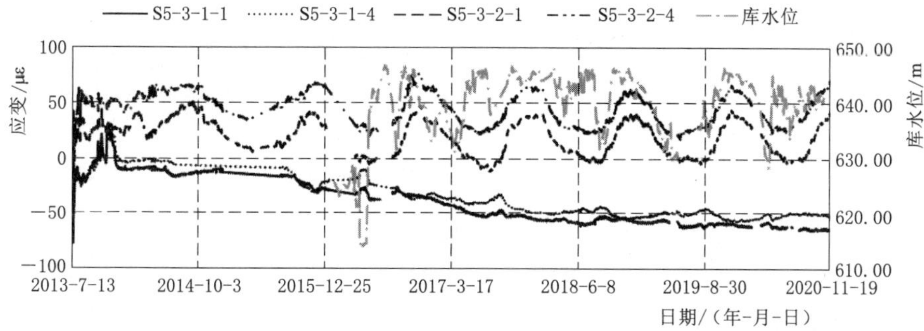


图 3-129 13# 坝段 581.00m 高程切向应变过程线

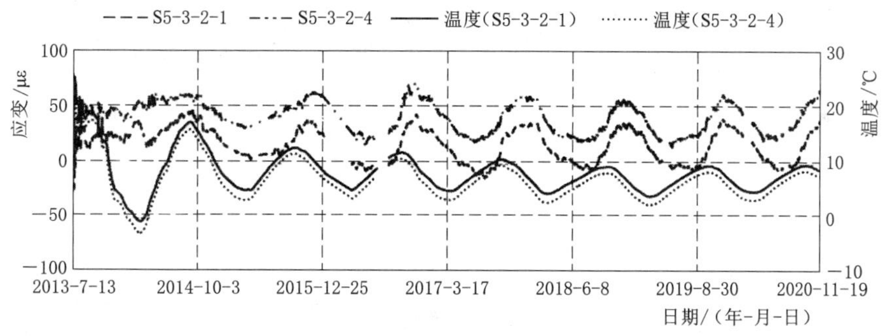


图 3-130 13# 坝段 581.00m 高程切向应变过程线

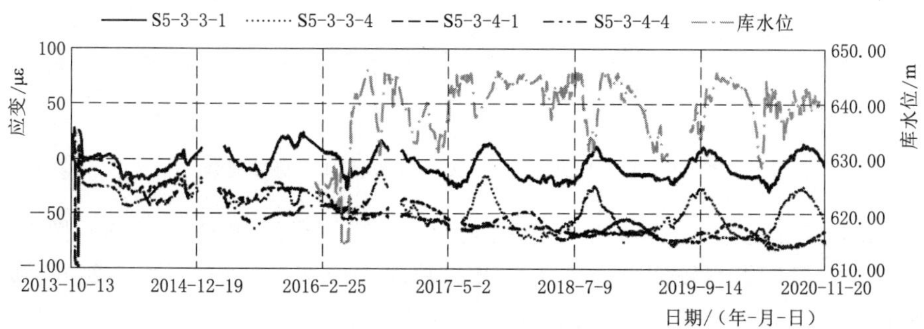


图 3-131 13# 坝段 601.00m 高程切向应变过程线

3）径向应变。各坝段径向混凝土应变受库水位及温度影响，温度升高混凝土应变呈受压趋势变化，温度降低混凝土应变呈受拉趋势变化；库水位升高混凝土应变呈受压趋势变化，库水位降低混凝土应变呈受拉趋势变化。6# 坝段典型径向应变过程线如图 3-132～图 3-133 所示，9# 坝段典型径向应变过程线如图 3-134～图 3-135 所示，13# 坝段典型径向应变过程线如图 3-136～图 3-137 所示。

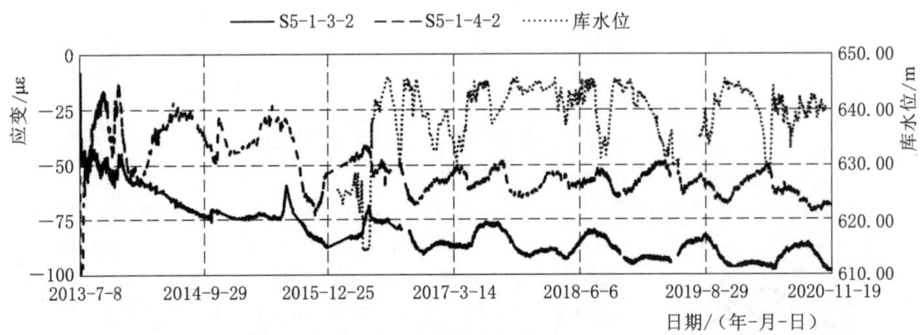


图 3-132　6# 坝段 601.00m 高程径向应变过程线

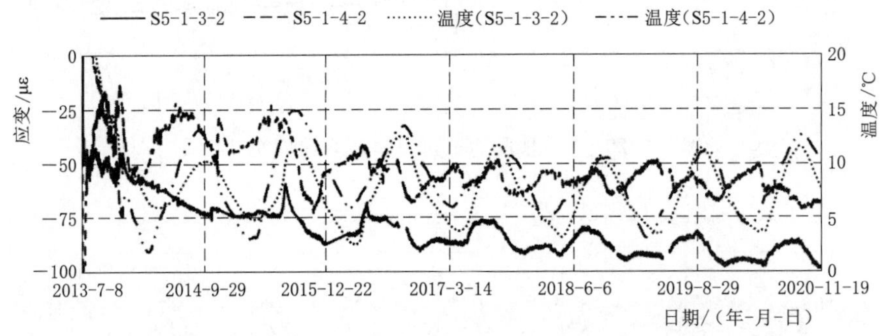


图 3-133　6# 坝段 601.00m 高程径向应变—温度过程线

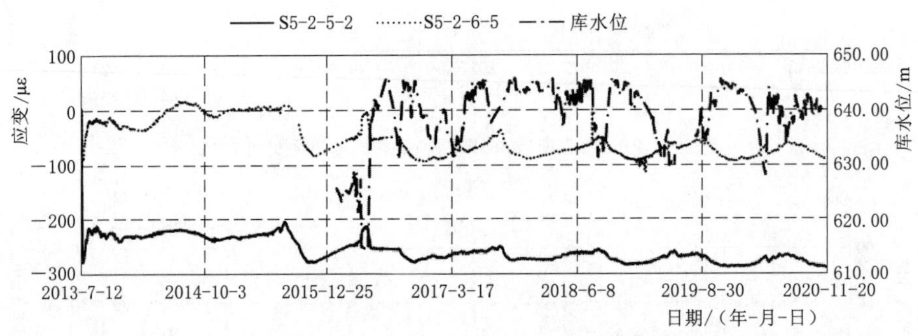


图 3-134　9# 坝段 601.00m 高程径向应变过程线

4）竖直向混凝土应变。各坝段竖直向混凝土应变过程线如图 3-138～图 3-140 所示，受库水位及温度影响较明显，库水位升高混凝土应变呈压应变增大或拉应变减小趋势，库水位降低混凝土应变呈拉应变增大或压应变减小趋势；温度升高混凝土应变呈拉应变增大或压应变减小趋势，温度降低混凝土应变呈压应变增大或拉应变减小趋势。

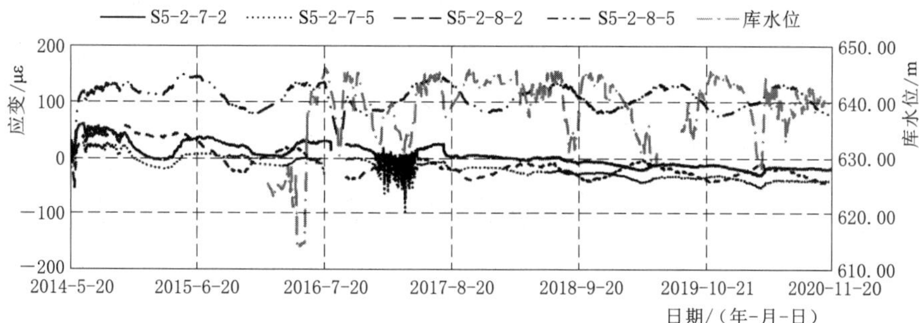


图 3-135　9# 坝段 625.00m 高程径向应变过程线

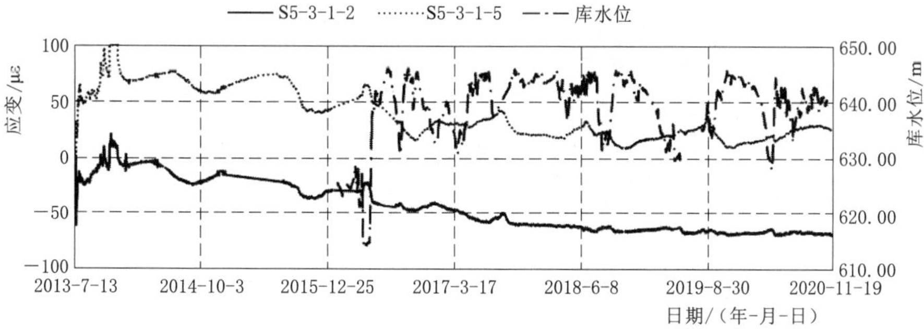


图 3-136　13# 坝段 581.00m 高程径向应变过程线

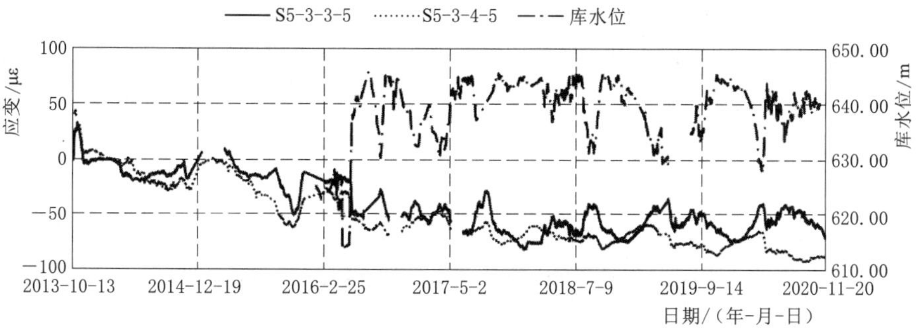


图 3-137　13# 坝段 601.00m 高程径向应变过程线

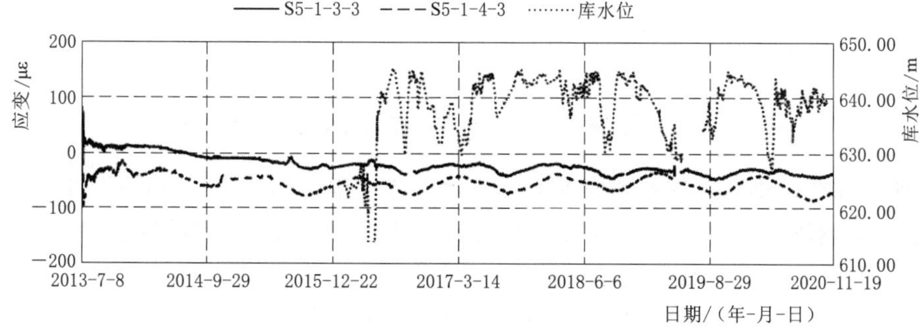


图 3-138　6# 坝段 601.00m 高程竖直向应变过程线

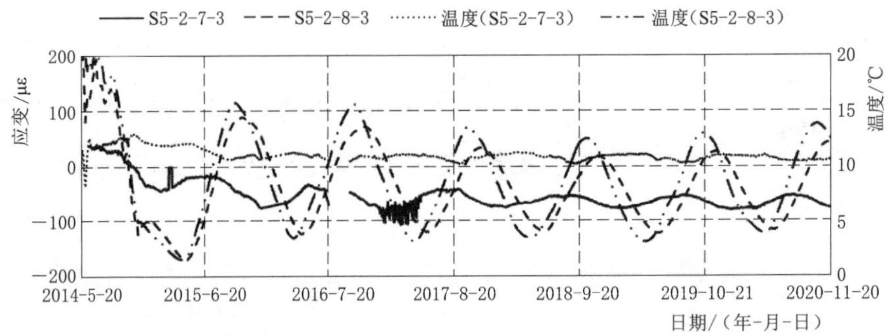


图 3-139 9# 坝段 625.00m 高程竖直向应变—温度过程线

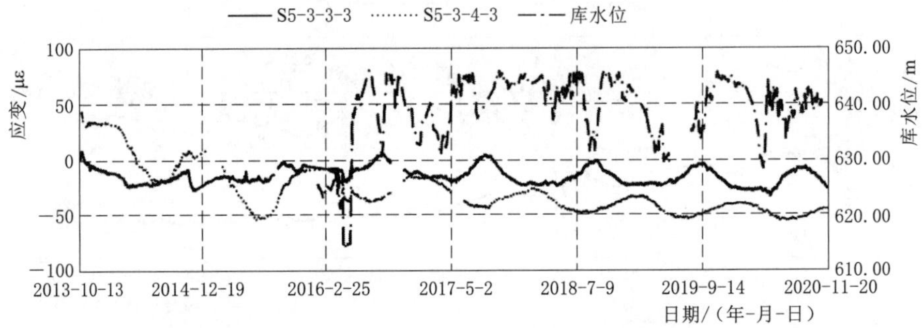


图 3-140 13# 坝段 601.00m 高程竖直向应变过程线

（2）拱圈拱端混凝土应变监测。

1）混凝土自生体积变形。拱圈各测点混凝土自生体积变形受温度影响，温度升高混凝土呈膨胀状态，温度降低混凝土呈收缩状态。典型拱圈混凝土自生体积变形过程线如图 3-141～图 3-144 所示。

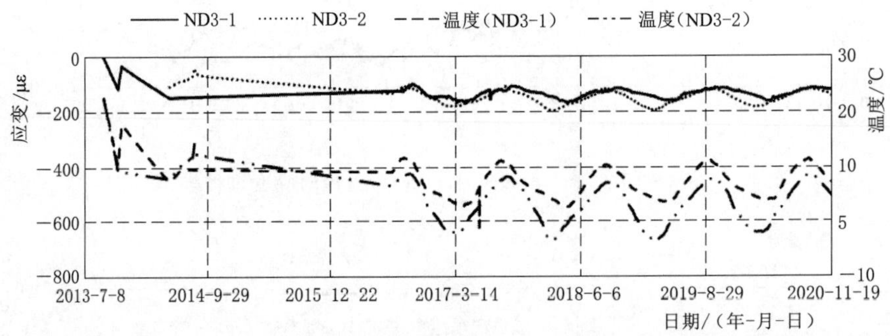


图 3-141 左拱圈 601.00m 高程混凝土自生体积变形过程线

2）切向应变。拱圈各测点切向混凝土应力应变过程线如图 3-145～图 3-146 所示，主要受温度影响较大，温度升高混凝土呈受压趋势变化，温度降低混凝土呈受拉趋势变化。各部位混凝土应变测点变化趋势基本一致。

3）径向应变。拱圈各测点径向混凝土应变过程线如图 3-147～图 3-149 所示，主要受温度及库水位影响较大，库水位升高混凝土应变呈受压趋势变化，库水位降低混凝土应

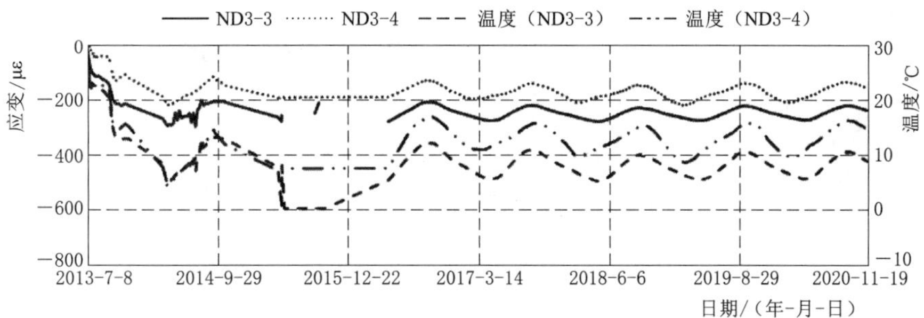


图 3-142 右拱圈 601.00m 高程混凝土自生体积变形过程线

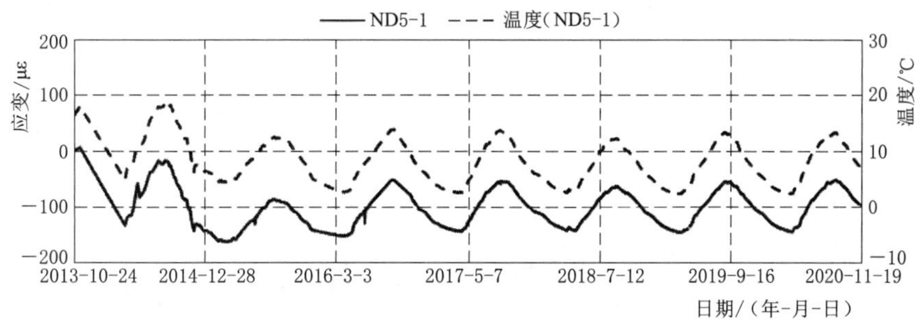


图 3-143 左拱圈 625.00m 高程混凝土自生体积变形过程线

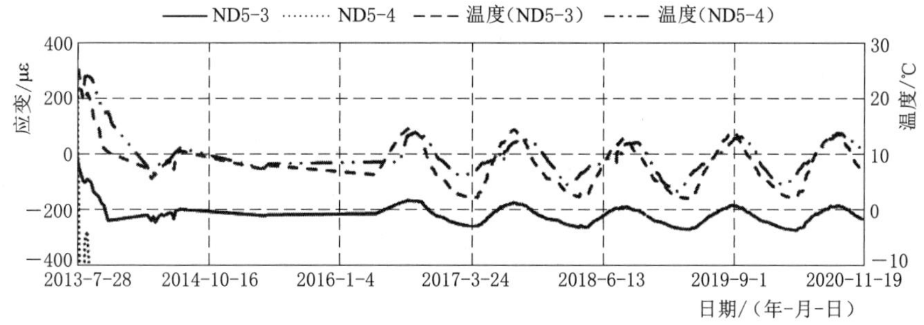


图 3-144 右拱圈 625.00m 高程混凝土自生体积变形过程线

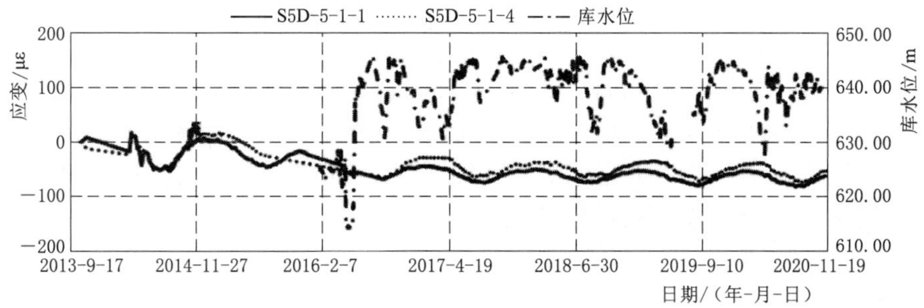


图 3-145 左拱圈 625.00m 高程切向应变过程线

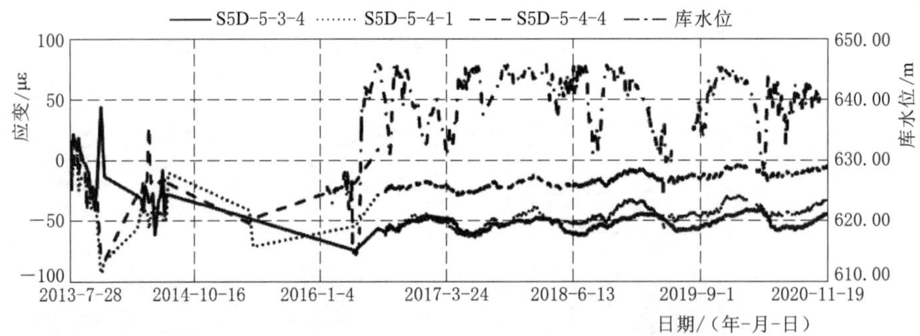


图 3-146　右拱圈 625.00m 高程切向应变过程线

变呈受拉趋势变化；温度升高混凝土呈受压趋势变化，温度降低混凝土呈受拉趋势变化。各部位混凝土应变测点变化趋势基本一致。

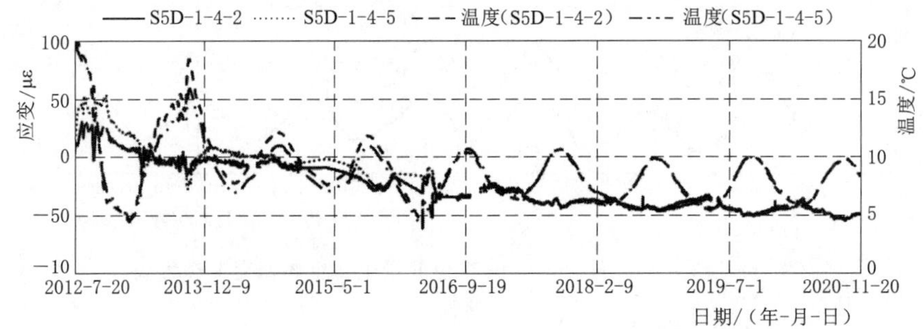


图 3-147　右拱圈 559.00m 高程径向应变过程线

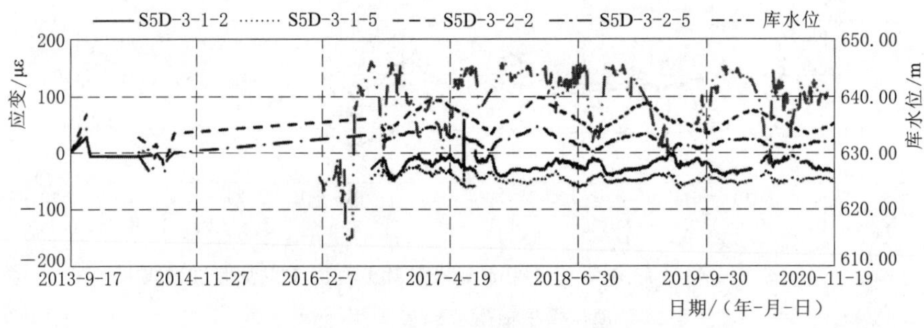


图 3-148　左拱圈 601.00m 高程径向应变过程线

4）竖直向应变。拱圈各测点竖直向混凝土应变过程线如图 3-150～图 3-151 所示，主要受温度及库水位影响较大，库水位升高混凝土应变呈受拉趋势变化，库水位降低混凝土应变呈受压趋势变化；温度升高混凝土呈受压趋势变化，温度降低混凝土呈受拉趋势变化。各部位混凝土应变测点变化趋势基本一致。

#### 3.1.3.2　大坝温度

1. 监测资料概况

根据传感器历史监测数据显示，当前可正常工作的温度计 88 支，坝体温度监测仪器信息统计见表 3-18。

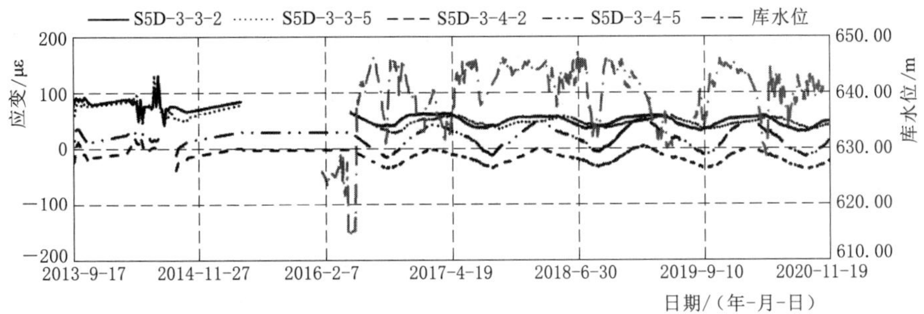


图 3-149 右拱圈 601.00m 高程径向应变过程线

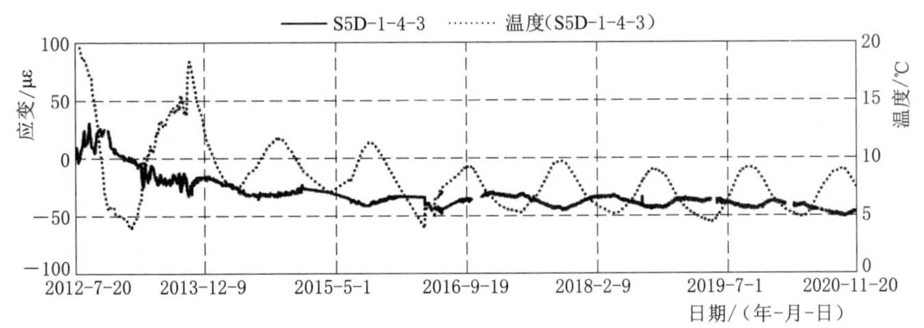


图 3-150 右拱圈 559.00m 高程竖直向应变过程线

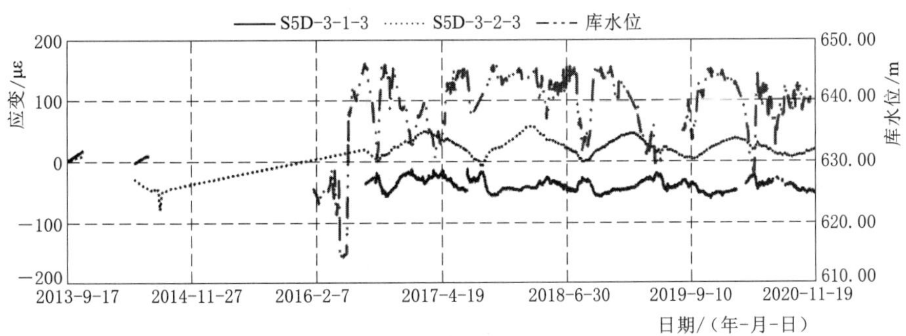


图 3-151 左拱圈 601.00m 高程竖直向应变过程线

**表 3-18　坝体温度监测仪器信息统计表**

| 序号 | 仪器类型 | 测点编号 | 埋设位置 | 状态 | 序号 | 仪器类型 | 测点编号 | 埋设位置 | 状态 |
|---|---|---|---|---|---|---|---|---|---|
| 1 | 温度计 | T1-1 | 6# 坝段 | 正常 | 9 | 温度计 | T1-9 | 6# 坝段 | 正常 |
| 2 | 温度计 | T1-2 | | 正常 | 10 | 温度计 | T1-10 | | 正常 |
| 3 | 温度计 | T1-3 | | 正常 | 11 | 温度计 | T1-11 | | 正常 |
| 4 | 温度计 | T1-4 | | 正常 | 12 | 温度计 | T1-12 | | 正常 |
| 5 | 温度计 | T1-5 | | 正常 | 13 | 温度计 | T1-13 | | 失效 |
| 6 | 温度计 | T1-6 | | 正常 | 14 | 温度计 | T1-14 | | 正常 |
| 7 | 温度计 | T1-7 | | 正常 | 15 | 温度计 | T1-15 | | 正常 |
| 8 | 温度计 | T1-8 | | 正常 | 16 | 温度计 | T1-16 | | 正常 |

续表

| 序号 | 仪器类型 | 测点编号 | 埋设位置 | 状态 | 序号 | 仪器类型 | 测点编号 | 埋设位置 | 状态 |
|---|---|---|---|---|---|---|---|---|---|
| 17 | 温度计 | T1-17 | | 正常 | 53 | 温度计 | T2-16 | | 正常 |
| 18 | 温度计 | T1-18 | | 正常 | 54 | 温度计 | T2-17 | | 正常 |
| 19 | 温度计 | T1-19 | | 正常 | 55 | 温度计 | T2-18 | | 正常 |
| 20 | 温度计 | T1-20 | | 正常 | 56 | 温度计 | T2-19 | | 正常 |
| 21 | 温度计 | T1-21 | | 正常 | 57 | 温度计 | T2-20 | | 正常 |
| 22 | 温度计 | T1-22 | | 正常 | 58 | 温度计 | T2-21 | | 失效 |
| 23 | 温度计 | T1-23 | | 正常 | 59 | 温度计 | T2-22 | | 失效 |
| 24 | 温度计 | T1-24 | | 正常 | 60 | 温度计 | T2-23 | | 失效 |
| 25 | 温度计 | T1-25 | | 正常 | 61 | 温度计 | T2-24 | | 失效 |
| 26 | 温度计 | T1-26 | | 正常 | 62 | 温度计 | T2-25 | | 正常 |
| 27 | 温度计 | T1-27 | 6# 坝段 | 正常 | 63 | 温度计 | T2-26 | | 正常 |
| 28 | 温度计 | T1-28 | | 正常 | 64 | 温度计 | T2-27 | 9# 坝段 | 正常 |
| 29 | 温度计 | T1-29 | | 正常 | 65 | 温度计 | T2-28 | | 正常 |
| 30 | 温度计 | T1-30 | | 正常 | 66 | 温度计 | T2-29 | | 正常 |
| 31 | 温度计 | T1-31 | | 正常 | 67 | 温度计 | T2-30 | | 正常 |
| 32 | 温度计 | T1-32 | | 正常 | 68 | 温度计 | T2-31 | | 正常 |
| 33 | 温度计 | T1-33 | | 正常 | 69 | 温度计 | T2-32 | | 正常 |
| 34 | 温度计 | T1-34 | | 正常 | 70 | 温度计 | T2-33 | | 正常 |
| 35 | 温度计 | T1-35 | | 正常 | 71 | 温度计 | T2-34 | | 正常 |
| 36 | 温度计 | T1-36 | | 正常 | 72 | 温度计 | T2-35 | | 正常 |
| 37 | 温度计 | T1-37 | | 正常 | 73 | 温度计 | T2-36 | | 正常 |
| 38 | 温度计 | T2-1 | | 正常 | 74 | 温度计 | T2-37 | | 正常 |
| 39 | 温度计 | T2-2 | | 正常 | 75 | 温度计 | T2-38 | | 失效 |
| 40 | 温度计 | T2-3 | | 正常 | 76 | 温度计 | T2-39 | | 正常 |
| 41 | 温度计 | T2-4 | | 失效 | 77 | 温度计 | T3-1 | | 正常 |
| 42 | 温度计 | T2-5 | | 正常 | 78 | 温度计 | T3-2 | | 失效 |
| 43 | 温度计 | T2-6 | | 正常 | 79 | 温度计 | T3-3 | | 正常 |
| 44 | 温度计 | T2-7 | | 失效 | 80 | 温度计 | T3-4 | | 失效 |
| 45 | 温度计 | T2-8 | 9# 坝段 | 正常 | 81 | 温度计 | T3-5 | | 正常 |
| 46 | 温度计 | T2-9 | | 正常 | 82 | 温度计 | T3-6 | 13# 坝段 | 失效 |
| 47 | 温度计 | T2-10 | | 失效 | 83 | 温度计 | T3-7 | | 正常 |
| 48 | 温度计 | T2-11 | | 正常 | 84 | 温度计 | T3-8 | | 正常 |
| 49 | 温度计 | T2-12 | | 正常 | 85 | 温度计 | T3-9 | | 正常 |
| 50 | 温度计 | T2-13 | | 失效 | 86 | 温度计 | T3-10 | | 正常 |
| 51 | 温度计 | T2-14 | | 正常 | 87 | 温度计 | T3-11 | | 正常 |
| 52 | 温度计 | T2-15 | | 正常 | 88 | 温度计 | T3-12 | | 正常 |

续表

| 序号 | 仪器类型 | 测点编号 | 埋设位置 | 状态 | 序号 | 仪器类型 | 测点编号 | 埋设位置 | 状态 |
|---|---|---|---|---|---|---|---|---|---|
| 89 | 温度计 | T3－13 | 13# 坝段 | 正常 | 98 | 温度计 | T3－22 | 13# 坝段 | 正常 |
| 90 | 温度计 | T3－14 | | 失效 | 99 | 温度计 | T3－23 | | 失效 |
| 91 | 温度计 | T3－15 | | 正常 | 100 | 温度计 | T3－24 | | 失效 |
| 92 | 温度计 | T3－16 | | 正常 | 101 | 温度计 | T3－25 | | 失效 |
| 93 | 温度计 | T3－17 | | 正常 | 102 | 温度计 | T3－26 | | 失效 |
| 94 | 温度计 | T3－18 | | 正常 | 103 | 温度计 | T3－27 | | 正常 |
| 95 | 温度计 | T3－19 | | 正常 | 104 | 温度计 | T3－28 | | 正常 |
| 96 | 温度计 | T3－20 | | 正常 | 105 | 温度计 | T3－29 | | 正常 |
| 97 | 温度计 | T3－21 | | 正常 | 106 | 温度计 | T3－30 | | 正常 |

2. 时空分析

坝体温度。典型测点温度过程线如图 3－152～图 3－155 所示，坝体温度呈周期性变化，夏季温度高，冬季温度低，受气温影响明显，且存在一定的滞后性，符合一般变化规律。随着测点高程的升高，测值变化的周期性趋明显，同时气温变化对坝体温度的影响有一定的滞后效应，滞后时间与温度计所处的位置有关。气温对水下测点的滞后时间随深度增加而增长。

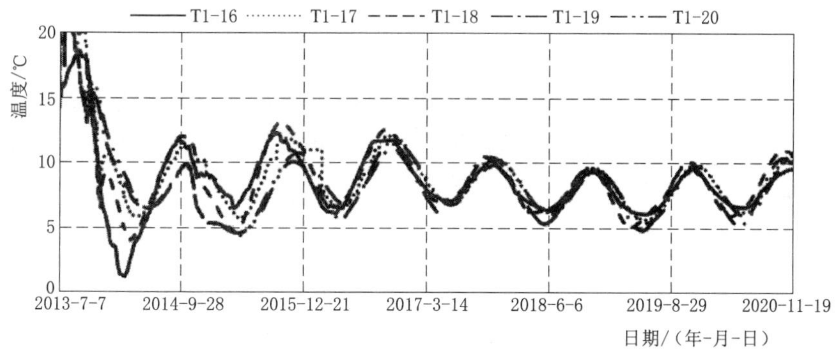


图 3－152 6# 坝段坝体温度过程线 1

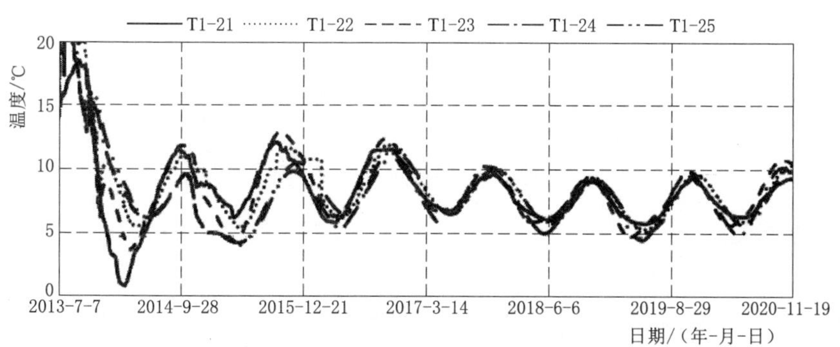


图 3－153 6# 坝段坝体温度过程线 2

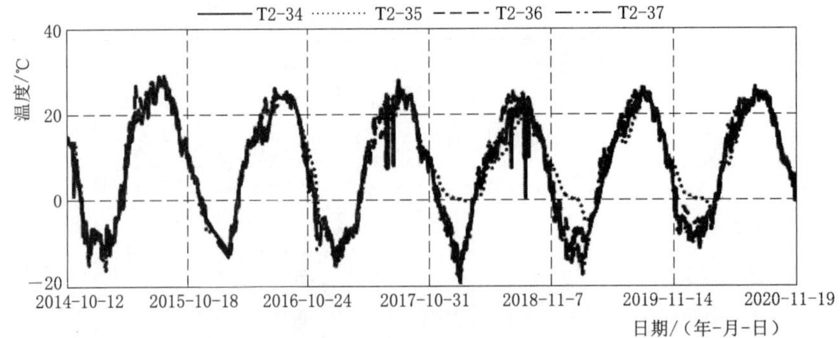


图 3-154 9# 坝段坝体温度过程线

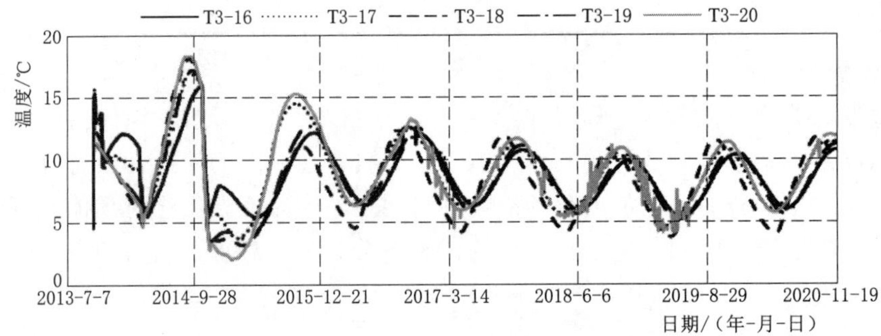


图 3-155 13# 坝段坝体温度过程线

典型基岩温度过程线如图 3-156 和图 3-157 所示，基岩温度主要受大环境气温、坝体混凝土和渗水的影响，监测数据显示各坝段基岩温度较稳定，变幅较小。测点温度值较为稳定，各测点温度呈逐年缓慢下降的趋势。

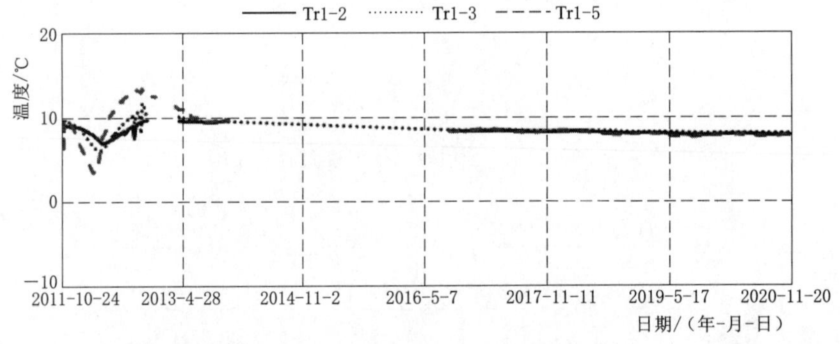


图 3-156 6# 坝段基岩温度过程线

#### 3.1.3.3 库水温度

1. 6# 坝段水温资料分析

(1) 水温度计资料概况。在 6# 坝段上游面布置了 13 支温度计监测库水温，编号为 TW1-1～TW1-13，高程自下而上由 567.00m 到 645.00m，当前能正常工作的温度计有 8 支，水温资料信息见表 3-19。

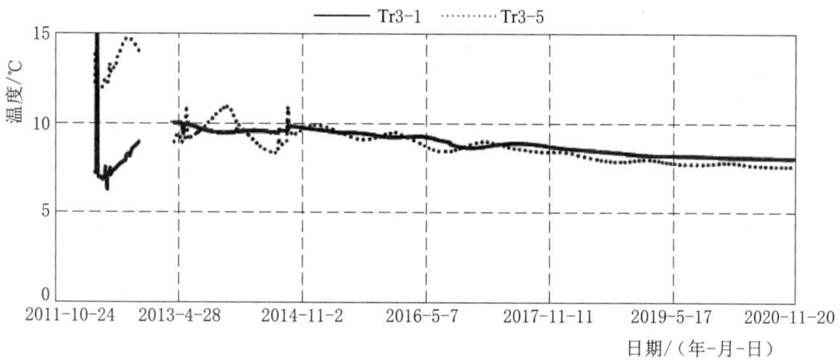


图 3-157 13# 坝段基岩温度过程线

**表 3-19** 6# 坝段水温计资料信息汇总表

| 测点编号 | 布置高程/m | 资料系列 |
|---|---|---|
| TW1-1 | 567.00 | 缺失严重 |
| TW1-2 | 573.00 | 2016年4月9日—2020年11月20日 |
| TW1-3 | 581.00 | 2016年4月9日—2020年11月20日 |
| TW1-4 | 591.00 | 2016年4月9日—2020年11月20日 |
| TW1-5 | 601.00 | 缺失严重 |
| TW1-6 | 607.00 | 2016年4月9日—2020年11月20日 |
| TW1-7 | 613.00 | 2016年4月9日—2020年11月20日 |
| TW1-8 | 619.00 | 缺失严重 |
| TW1-9 | 625.00 | 2016年4月9日—2020年11月20日 |
| TW1-10 | 630.00 | 缺失严重 |
| TW1-11 | 635.00 | 缺失严重 |
| TW1-12 | 640.00 | 2016年4月9日—2020年11月20日 |
| TW1-13 | 645.00 | 2016年4月9日—2020年11月20日 |

(2)水温过程线。根据资料系列绘制 BEJSK 拱坝典型坝段水温与环境气温过程线，如图 3-158～图 3-160 所示。

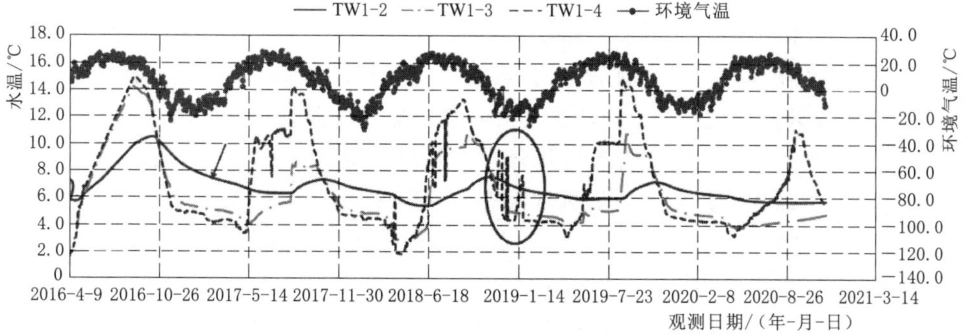


图 3-158 6# 坝段水温与环境气温过程线 1

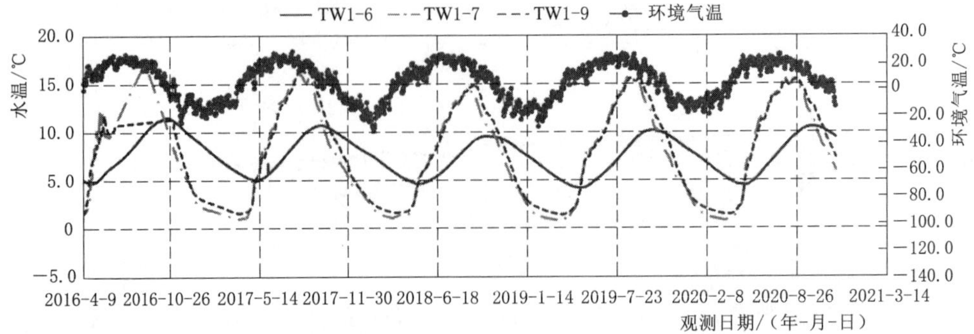


图3-159 6# 坝段水温与环境气温过程线2

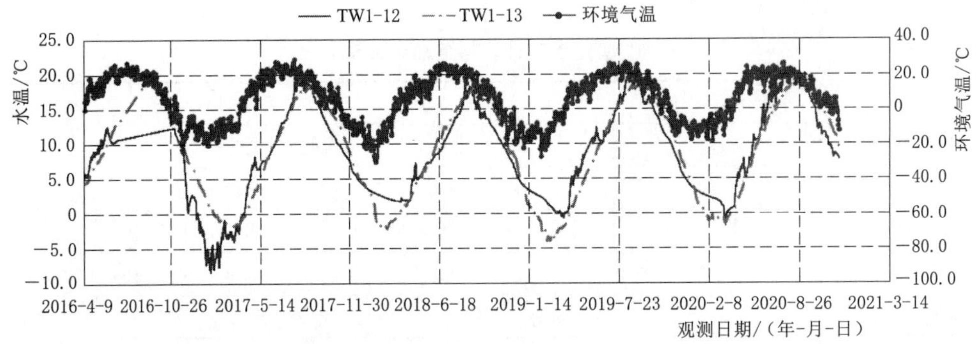


图3-160 6# 坝段水温与环境气温过程线3

1）水温随环境气温呈周期性变化，且相对于环境气温存在一定的滞后，最高温一般出现在每年7月左右，最低温一般出现在每年1月左右。

2）TW1-2测点水温过程线规律性较好，与仪器稳定性较好有关。且TW1-2测点位于深水中，水温年变化很小，2017年后表现尤为明显。TW1-3和TW1-4测点水温过程线规律性不好，特别是TW1-4测点跳动的异常值较多，可能因为仪器工作性态较差，但水温过程线总体能反映水温随环境气温的周期性变化。

3）TW1-6、TW1-7和TW1-9测点水温过程线规律性较好。其中，位置较近的TW1-7和TW1-9测点水温非常接近，且温度同步变化。TW1-6测点水温波动明显小于TW1-7和TW1-9测点，该测点处于深水区。

4）TW1-12和TW1-13测点水温过程线“刺点”较多，可能因为浅水区受环境气温影响较大，但水温过程线总体能反映水温随环境气温的周期性变化。其中，TW1-12和TW1-13有少部分测值低于0℃，这是由库水位低于仪器埋设高程所致。

（3）水温特征值分析。各支温度计历年水温特征值见表3-20，各测点历年水温最大值、最小值和年变幅分布以及冬夏季典型水温值如图3-161～图3-163所示。

由表3-20及图3-161～图3-163可知：TW1-2～TW1-13年变幅逐渐随高程增加而增大，最小值发生在TW1-2测点（0.9℃，2020年），最大值发生在TW1-12测点（27.9℃，2017年）；水温最大值随高程逐渐增大，高温时越靠近水面的测点水温最大值越大；水温最小值随高程逐渐减小，低温时越靠近水面的测点水温最小值越小。

表 3-20　　6#坝段历年水温特征值统计表

| 测点编号 | 水温特征值/℃ | | | | | | | | | | | | | | |
|---|---|---|---|---|---|---|---|---|---|---|---|---|---|---|---|
| | 2016年 | | | 2017年 | | | 2018年 | | | 2019年 | | | 2020年 | | |
| | 最大值 | 最小值 | 年变幅 | 最大值 | 最小值 | 年变幅 | 最大值 | 最小值 | 年变幅 | 最大值 | 最小值 | 年变幅 | 最大值 | 最小值 | 年变幅 |
| TW1-2 | 10.4 | 5.7 | 4.8 | 8.1 | 6.3 | 1.8 | 7.5 | 5.4 | 2.1 | 7.2 | 5.9 | 1.3 | 6.6 | 5.7 | 0.9 |
| TW1-3 | 14.2 | 2.2 | 11.9 | 8.6 | 4.1 | 4.5 | 10.8 | 2.6 | 8.1 | 11.1 | 4.0 | 7.1 | 5.0 | 3.8 | 1.2 |
| TW1-4 | 14.9 | 0.9 | 14.0 | 14.1 | 3.3 | 10.7 | 13.3 | 1.7 | 11.5 | 14.8 | 3.1 | 11.8 | 11.0 | 3.1 | 7.9 |
| TW1-6 | 11.6 | 4.9 | 6.7 | 10.8 | 5.2 | 5.6 | 9.7 | 4.8 | 4.9 | 10.3 | 4.3 | 6.0 | 10.6 | 4.6 | 6.0 |
| TW1-7 | 17.3 | 1.3 | 16.0 | 16.2 | 1.2 | 15.0 | 14.3 | 1.2 | 13.1 | 15.8 | 1.0 | 14.9 | 15.8 | 1.0 | 14.8 |
| TW1-9 | 11.9 | −2.0 | 13.9 | 17.0 | 1.7 | 15.3 | 15.1 | 1.8 | 13.3 | 15.7 | 1.5 | 14.2 | 15.5 | 1.6 | 13.9 |
| TW1-12 | 12.6 | −3.7 | 16.4 | 19.6 | −8.3 | 27.9 | 18.8 | 1.8 | 17.0 | 20.0 | −0.6 | 20.6 | 20.6 | −1.7 | 22.3 |
| TW1-13 | 19.2 | 2.4 | 16.8 | 18.2 | −1.7 | 20.0 | 17.8 | −2.1 | 20.0 | 18.8 | −3.9 | 22.7 | 19.6 | −1.3 | 20.9 |

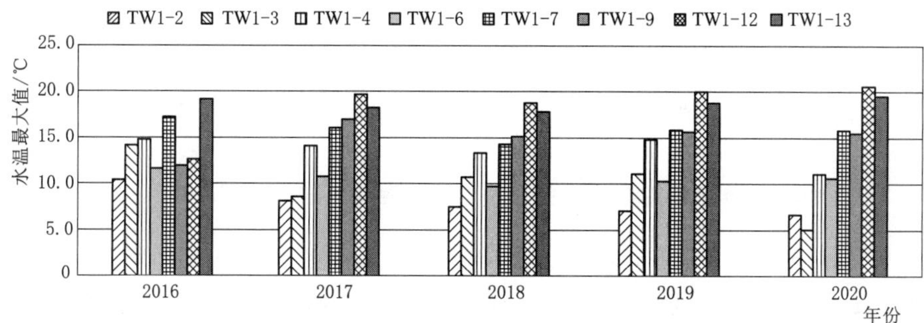


图 3-161　6#坝段历年水温最大值

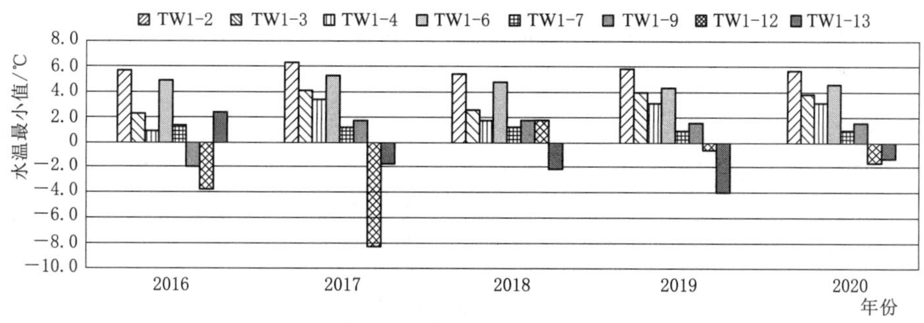


图 3-162　6#坝段历年水温最小值

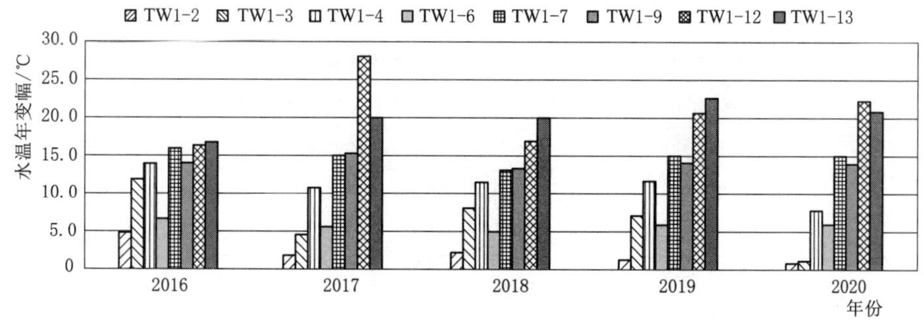


图 3-163　6#坝段历年水温年变幅

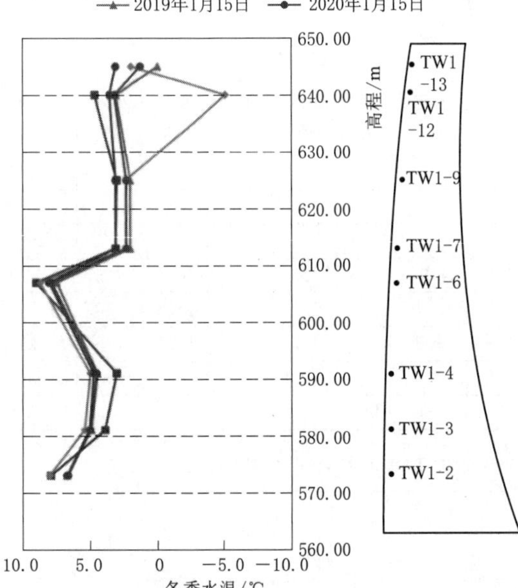

图 3-164　6# 坝段冬季水温沿高程分布图

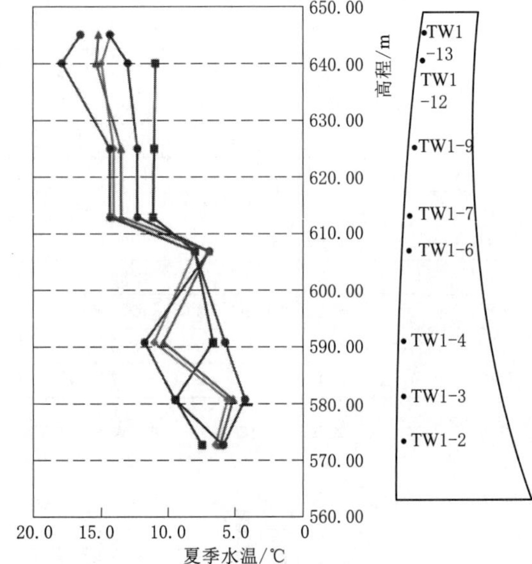


图 3-165　6# 坝段夏季水温沿高程分布图

由图 3-164 和图 3-165 可知：水温受到环境气温的影响随水深的增加而减小，符合一般规律。其中，TW1-6 测点冬季水温在 7.3～8.9℃范围内，夏季水温在 6.8～7.9℃范围内，而与 TW1-6 测点垂直距离仅 6m 的 TW1-7 测点冬季水温在 1.9～3.0℃范围内，夏季水温在 10.9～14.2℃范围内，两个测点水温范围相差过大。由于 TW1-6 测点测值不符合两图中水温沿水深的整体变化趋势，初步推测 TW1-6 测点测值有误，建议检查其工作性态是否正常。

2. 9# 坝段水温资料分析

(1) 水温度计资料概况。在 9# 坝段上游面布置了 13 支温度计监测库水温，编号为 TW2-1～TW2-13，高程自下而上由 559.00m 到 645.00m，当前能正常工作的温度计有 12 支，资料信息见表 3-21。

**表 3-21　　9# 坝段水温计资料信息汇总表**

| 测点编号 | 布置高程/m | 资料系列 |
|---|---|---|
| TW2-1 | 559.00 | 2016 年 4 月 9 日—2020 年 10 月 29 日 |
| TW2-2 | 571.00 | 2016 年 4 月 9 日—2020 年 10 月 29 日 |
| TW2-3 | 581.00 | 2016 年 4 月 9 日—2020 年 10 月 29 日 |
| TW2-4 | 591.00 | 2016 年 4 月 9 日—2020 年 10 月 29 日 |
| TW2-5 | 601.00 | 2016 年 4 月 9 日—2020 年 10 月 29 日 |
| TW2-6 | 607.00 | 2016 年 4 月 9 日—2020 年 10 月 29 日 |
| TW2-7 | 613.00 | 2016 年 4 月 9 日—2020 年 10 月 29 日 |
| TW2-8 | 619.00 | 2016 年 4 月 9 日—2020 年 10 月 29 日 |

续表

| 测点编号 | 布置高程/m | 资料系列 |
|---|---|---|
| TW2-9 | 625.00 | 2016年4月9日—2020年10月29日 |
| TW2-10 | 630.00 | 2016年4月9日—2020年10月29日 |
| TW2-11 | 635.00 | 缺失严重 |
| TW2-12 | 640.00 | 2016年4月9日—2020年10月29日 |
| TW2-13 | 645.00 | 监测仪器异常 |

(2) 水温过程线。根据资料系列绘制BEJSK拱坝典型坝段水温与环境气温过程线，如图3-166～图3-168所示。

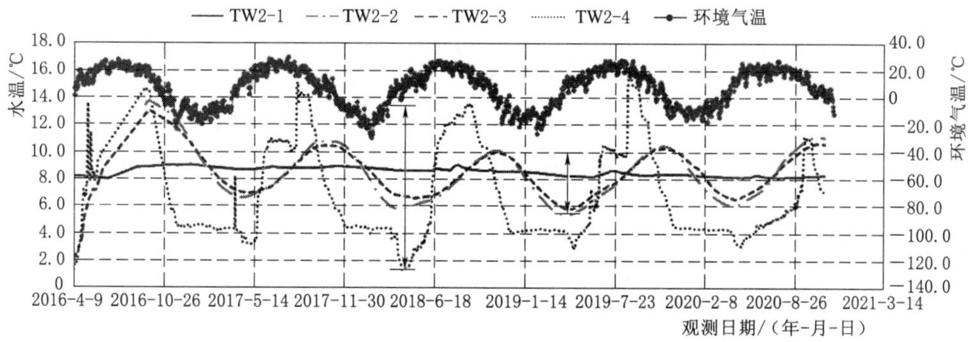


图3-166 9#坝段水温与环境气温过程线1

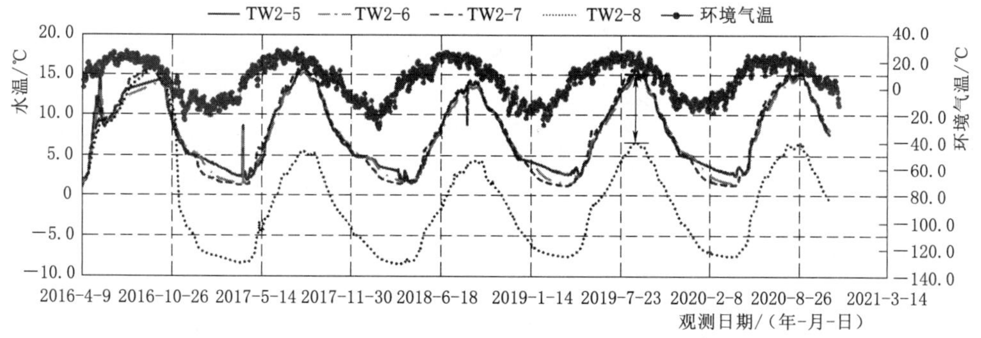


图3-167 9#坝段水温与环境气温过程线2

1) 水温随环境气温呈周期性变化，且相对于环境气温存在一定的滞后，最高温一般出现在每年7月左右，最低温一般出现在每年1月左右。

2) 坝底的TW2-1测点位于深水中，水温年变化很小，所以水温过程线比较平直。TW2-2测点和相邻的TW2-3测点水温非常接近，且水温过程线相当平滑，可能是仪器稳定性较好。TW2-4测点的水温波动较大，且水温过程线规律性不好，可能因为仪器工作性态较差。

3) TW2-5、TW2-6、TW2-7和TW2-8测点水温过程线规律性较好。其中，位置较近的TW2-5、TW2-6和TW2-7测点水温非常接近，且温度同步变化。而TW2-8

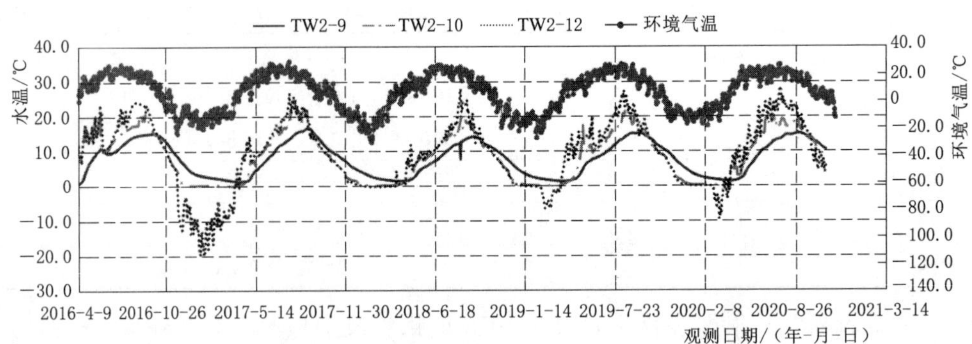


图 3-168　9# 坝段水温与环境气温过程线 3

测点与以上测点的水温相差较大，但温度变化同步。

4）TW2-9 测点水温过程线相对平滑，可能是仪器稳定性较好。TW2-10 和 TW2-12 测点水温过程线“刺点”较多，但总体能反映水温随环境气温的周期性变化。TW2-10 和 TW2-12 测点水温非常接近，且水温波动略大于 TW2-9 测点，可能因为浅水区受环境气温影响较大。

（3）水温特征值分析。各支温度计历年水温特征值见表 3-22，各测点历年水温最大值、最小值和年变幅如图 3-169～图 3-171 所示，冬夏季典型水温沿高程分布如图 3-172 和图 3-173 所示。

**表 3-22　　9# 坝段历年水温特征值统计表**　　单位：℃

| 测点编号 | 2016 年 | | | 2017 年 | | | 2018 年 | | | 2019 年 | | | 2020 年 | | |
|---|---|---|---|---|---|---|---|---|---|---|---|---|---|---|---|
| | 最大值 | 最小值 | 年变幅 | 最大值 | 最小值 | 年变幅 | 最大值 | 最小值 | 年变幅 | 最大值 | 最小值 | 年变幅 | 最大值 | 最小值 | 年变幅 |
| TW2-1 | 9.0 | 8.0 | 1.0 | 9.0 | 8.6 | 0.3 | 9.0 | 8.5 | 0.5 | 8.6 | 8.1 | 0.5 | 8.3 | 8.1 | 0.2 |
| TW2-2 | 13.7 | 10.2 | 3.5 | 10.8 | 6.6 | 4.3 | 10.1 | 5.7 | 4.3 | 10.4 | 5.3 | 5.1 | 11.1 | 6.0 | 5.1 |
| TW2-3 | 13.0 | 1.7 | 11.2 | 10.4 | 6.9 | 3.6 | 9.9 | 6.5 | 3.4 | 10.2 | 5.7 | 4.5 | 10.6 | 6.5 | 4.1 |
| TW2-4 | 14.6 | 0.3 | 14.4 | 15.1 | 3.1 | 12.0 | 13.5 | 1.3 | 12.2 | 15.8 | 2.9 | 12.9 | 11.0 | 3.0 | 8.1 |
| TW2-5 | 15.1 | 0.7 | 14.4 | 15.8 | 1.9 | 13.9 | 14.1 | 1.5 | 12.6 | 15.7 | 2.6 | 13.1 | 15.3 | 2.5 | 12.8 |
| TW2-6 | 14.1 | 1.2 | 12.9 | 15.2 | 1.5 | 13.7 | 13.5 | 1.7 | 11.8 | 15.0 | 1.5 | 13.5 | 14.8 | 1.5 | 13.3 |
| TW2-7 | 15.9 | 1.2 | 14.7 | 16.1 | 1.3 | 14.8 | 14.3 | 1.4 | 12.9 | 15.8 | 1.2 | 14.6 | 15.8 | 1.3 | 14.6 |
| TW2-8 | 15.7 | −7.0 | 22.7 | 5.6 | −8.4 | 14.0 | 16.4 | −8.5 | 24.9 | 6.7 | −7.6 | 14.3 | 6.5 | −7.5 | 14.1 |
| TW2-9 | 15.3 | −1.3 | 16.6 | 17.0 | 1.5 | 15.5 | 14.3 | 1.7 | 12.6 | 15.3 | 1.5 | 13.8 | 15.2 | 1.5 | 13.7 |
| TW2-10 | 22.8 | −13.9 | 36.8 | 23.6 | −0.1 | 23.7 | 20.1 | 0.3 | 19.8 | 21.6 | 0.2 | 21.3 | 20.3 | −0.8 | 21.2 |
| TW2-11 | | | | 8.2 | 6.8 | 1.4 | 10.3 | 5.8 | 4.5 | 4.4 | 4.4 | 0.0 | | | |
| TW2-12 | 23.9 | −14.0 | 37.9 | 26.7 | −19.6 | 46.3 | 27.8 | 0.0 | 27.9 | 27.4 | −6.3 | 33.7 | 28.4 | −9.5 | 37.9 |

TW2 1～TW2-12 年变幅逐渐随高程增加而增大，最小值发生在 TW2-2 测点（0.2℃，2020 年），最大值发生在 TW2-12 测点（46.3℃，2017 年）；水温最大值随高程逐渐增大，高温时越靠近水面的测点水温最大值越大；水温最小值随高程逐渐减小，

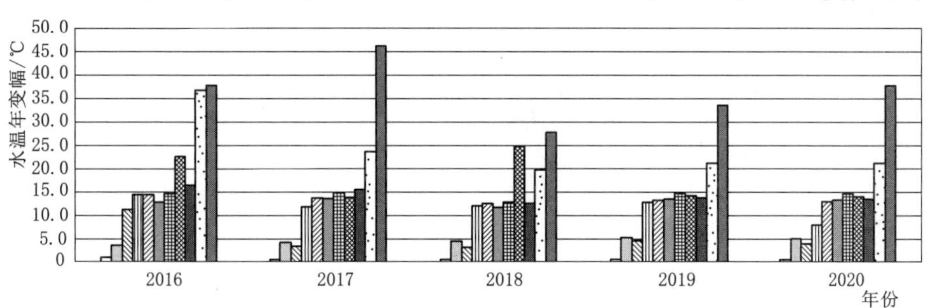


图 3-169　9# 坝段历年水温年变幅

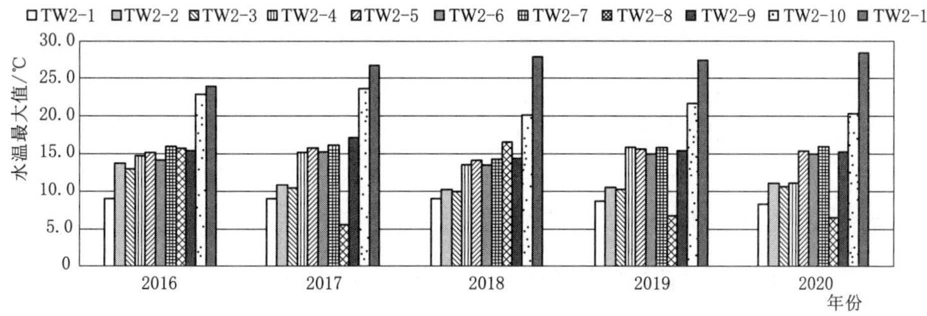


图 3-170　9# 坝段历年水温最大值

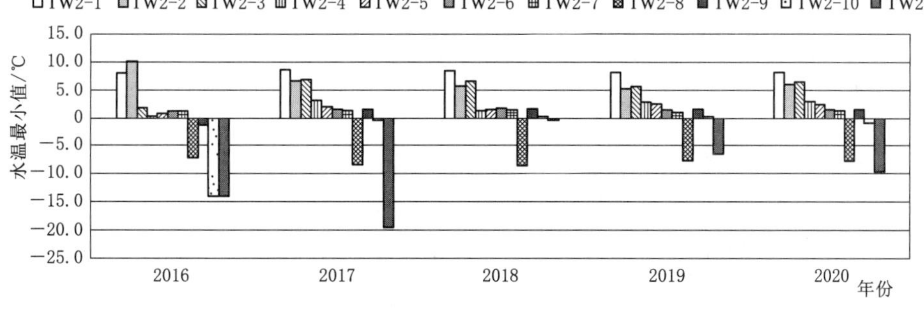


图 3-171　9# 坝段历年水温最小值

低温时越靠近水面的测点水温最小值越小。

由图 3-172 和图 3-173 可知：水温受到环境气温的影响随水深的增加而减小，符合一般规律。其中，TW2-8 测点冬季水温在−7.3～−6.42℃范围内，夏季水温在 2.68～5.02℃范围内，其高程与 TW2-7 测点和 TW2-9 测点只差 6m，但水温与 TW2-7 测点和 TW2-9 测点相差很大，而且 TW2-8 并不紧靠孔口。由于 TW2-8 测点测值明显偏离水温沿水深变化趋势曲线，初步推测 TW2-8 测点测值有误，需要检查其工作性态是否正常。

3. 13# 坝段水温资料分析

(1) 水温度计资料概况。在 13# 坝段上游面布置了 11 支温度计监测库水温，编号为

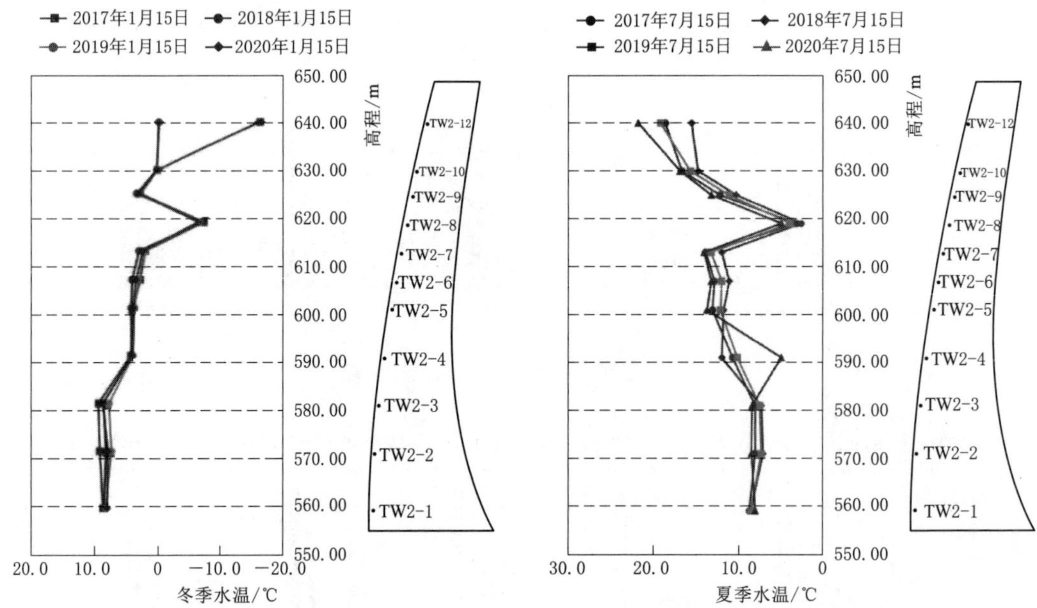


图 3－172　9# 坝段冬季水温沿高程分布图　　　　图 3－173　9# 坝段夏季水温沿高程分布图

TW3－1～TW3－11，高程自下而上由 571.00m 到 640.00m，当前能正常工作的温度计有 6 支，资料信息见表 3－23。

**表 3－23　　　　13# 坝段水温计资料信息汇总表**

| 测点编号 | 布置高程/m | 资料系列 |
|---|---|---|
| TW3－1 | 571.00 | 存在缺失 |
| TW3－2 | 581.00 | 2016 年 4 月 9 日—2020 年 11 月 20 日 |
| TW3－3 | 591.00 | 缺失严重 |
| TW3－4 | 601.00 | 2016 年 4 月 9 日—2020 年 11 月 20 日 |
| TW3－5 | 607.00 | 2016 年 4 月 9 日—2020 年 11 月 20 日 |
| TW3－6 | 613.00 | 2016 年 4 月 9 日—2020 年 11 月 20 日 |
| TW3－7 | 619.00 | 2016 年 4 月 9 日—2020 年 11 月 20 日 |
| TW3－8 | 625.00 | 缺失严重 |
| TW3－9 | 630.00 | 缺失严重 |
| TW3－10 | 635.00 | 缺失严重 |
| TW3－11 | 640.00 | 缺失严重 |

（2）水温过程线。根据资料系列绘制 BEJSK 拱坝典型坝段水温与环境气温过程线，如图 3－174 和图 3－175 所示。

1）水温随环境气温呈周期性变化，且相对于环境气温存在一定的滞后，最高温一般出现在每年 7 月左右，最低温一般出现在每年 1 月左右。

2）坝底的 TW3－2 测点位于深水中，但水温过程线变动幅度较大，且过程线很不平滑，与该测点位于深放水孔附近有关。

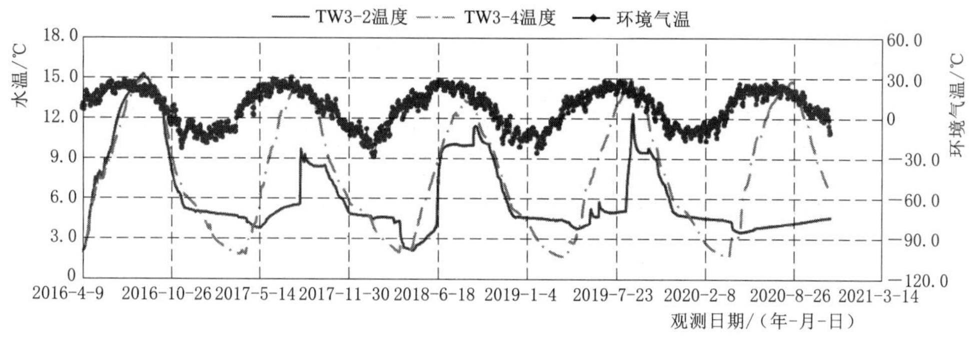


图 3-174 13# 坝段水温与环境气温过程线 1

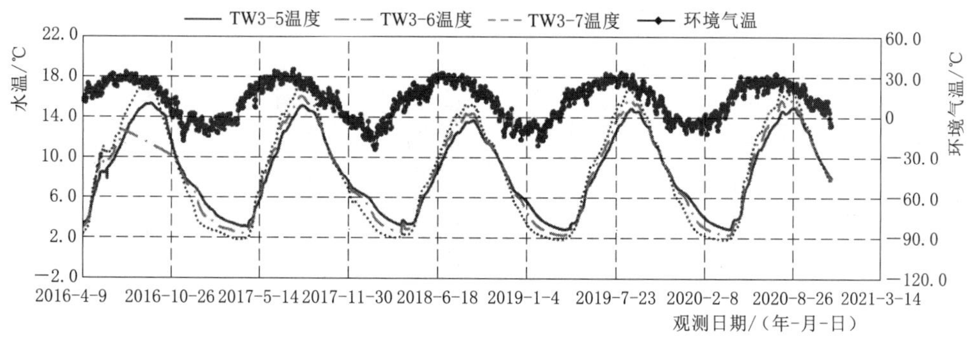


图 3-175 13# 坝段水温与环境气温过程线 2

3）TW3-5、TW3-6 和 TW3-7 测点水温过程线规律性较好，水温非常接近，且温度同步变化。

（3）水温特征值分析。各支温度计历年水温特征值见表 3-24，各测点历年温度最大值、最小值和年变幅如图 3-176～图 3-178 所示，冬夏季典型水温值沿高程分布如图 3-179～图 3-180 所示。

**表 3-24　13# 坝段历年水温特征值统计表**　单位：℃

| 测点编号 | 2016 年 | | | 2017 年 | | | 2018 年 | | | 2019 年 | | | 2020 年 | | |
|---|---|---|---|---|---|---|---|---|---|---|---|---|---|---|---|
| | 最大值 | 最小值 | 年变幅 | 最大值 | 最小值 | 年变幅 | 最大值 | 最小值 | 年变幅 | 最大值 | 最小值 | 年变幅 | 最大值 | 最小值 | 年变幅 |
| TW3-2 | 15.2 | 1.9 | 13.3 | 9.6 | 3.7 | 5.9 | 11.3 | 2.0 | 9.3 | 12.3 | 3.6 | 8.6 | 4.6 | 3.4 | 1.2 |
| TW3-4 | 15.0 | 1.7 | 13.2 | 14.9 | 1.7 | 13.2 | 13.3 | 1.9 | 11.4 | 14.7 | 1.6 | 13.2 | 14.7 | 1.6 | 13.1 |
| TW3-5 | 14.5 | 2.5 | 12.0 | 14.3 | 2.3 | 12.1 | 12.9 | 2.4 | 10.5 | 14.1 | 2.0 | 12.1 | 14.2 | 2.1 | 12.1 |
| TW3-6 | 11.9 | 2.0 | 9.9 | 15.3 | 1.6 | 13.7 | 13.6 | 1.8 | 11.8 | 15.0 | 1.5 | 13.6 | 14.9 | 1.5 | 13.4 |
| TW3-7 | 16.6 | 1.3 | 15.3 | 16.4 | 1.0 | 15.5 | 14.5 | 1.2 | 13.3 | 16.0 | 1.0 | 15.0 | 15.9 | 1.0 | 14.9 |

TW3-2～TW3-7 年变幅逐渐随高程增加而增大，最小值发生在 TW3-2 测点（1.2℃，2020 年），最大值发生在 TW3-7 测点（15.3℃，2016 年）；水温最大值随高程逐渐增大，高温时越靠近水面的测点水温最大值越大；水温最小值随高程逐渐减小，低

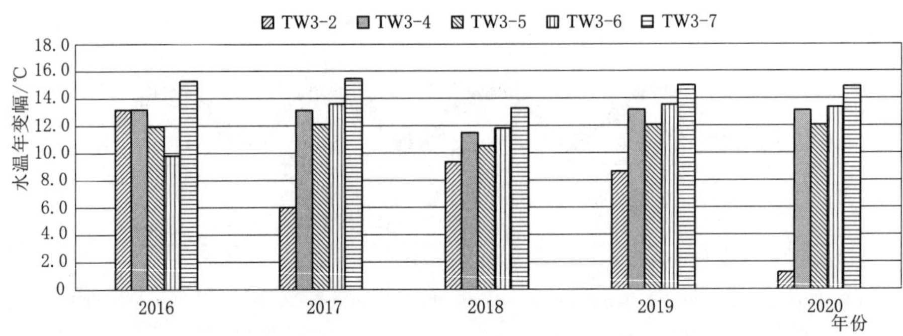


图 3-176　13# 坝段历年水温年变幅

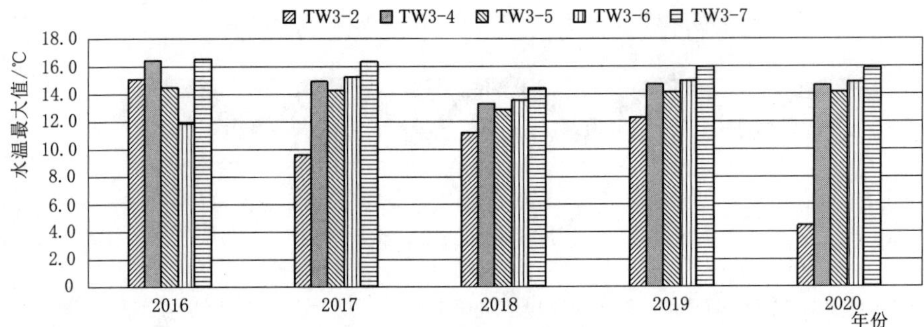


图 3-177　13# 坝段历年水温最大值

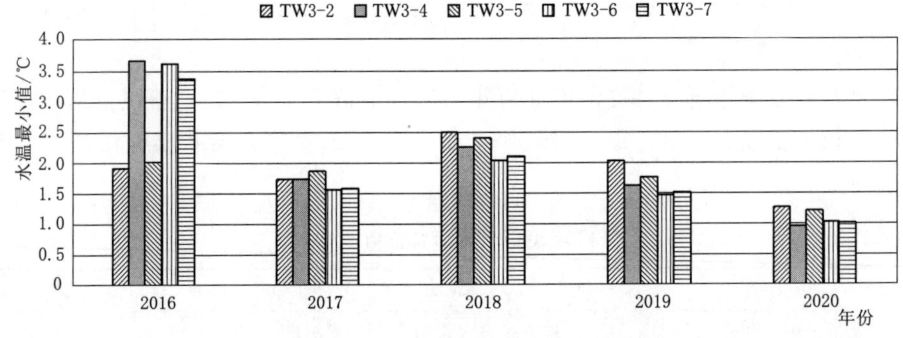


图 3-178　13# 坝段历年水温最小值

温时越靠近水面的测点水温最小值越小。

由图 3-179 和图 3-180 可知：水温受到环境气温的影响会随水深的增加而减小，符合一般规律。其中，TW3-2 测点冬季水温在 2.4～4.9℃范围内，夏季水温在 3.9～12.9℃范围内。由于 TW3-2 测点测值明显偏离水温沿水深变化趋势曲线，主要与该测点位于深放水孔附近有关，受放水影响较大。

### 3.1.4　越冬面监测资料分析

由于本水利枢纽位于严寒地区，冬季时停止施工，及时掌握越冬面混凝土工作状况是

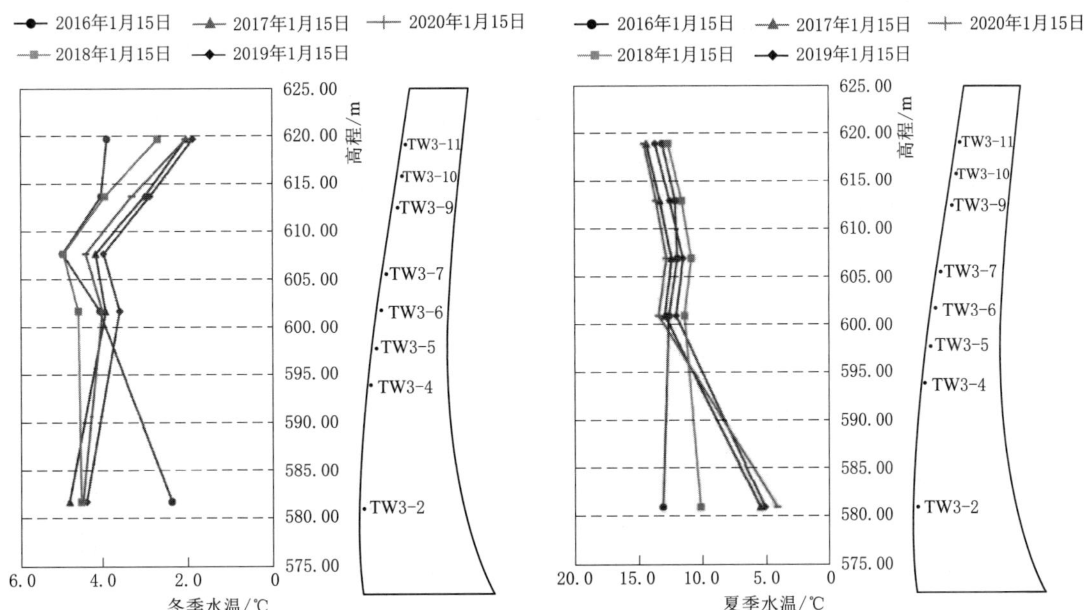


图 3-179　13# 坝段冬季水温沿高程分布图

图 3-180　13# 坝段夏季水温沿高程分布图

十分重要的。在部分坝段越冬面布置了温度计和测缝计，用来观测越冬面混凝土的温度情况以及新老混凝土接合情况。

#### 3.1.4.1 监测资料概况

当前可正常工作的温度计 36 支、测缝计 26 支，越冬面监测仪器信息统计见表 3-25。

**表 3-25　越冬面监测仪器信息统计表**

| 序号 | 仪器类型 | 测点编号 | 状态 | 序号 | 仪器类型 | 测点编号 | 状态 |
|---|---|---|---|---|---|---|---|
| 1 | 温度计 | TB1-1 | 正常 | 16 | 温度计 | TB2-7 | 失效 |
| 2 | 温度计 | TB1-2 | 正常 | 17 | 温度计 | TB2-8 | 正常 |
| 3 | 温度计 | TB1-3 | 正常 | 18 | 温度计 | TB2-9 | 正常 |
| 4 | 温度计 | TB1-4 | 正常 | 19 | 温度计 | TB3-1 | 正常 |
| 5 | 温度计 | TB1-5 | 失效 | 20 | 温度计 | TB3-2 | 失效 |
| 6 | 温度计 | TB1-6 | 正常 | 21 | 温度计 | TB3-3 | 正常 |
| 7 | 温度计 | TB1-7 | 失效 | 22 | 温度计 | TB3-4 | 正常 |
| 8 | 温度计 | TB1-8 | 正常 | 23 | 温度计 | TB3-5 | 正常 |
| 9 | 温度计 | TB1-9 | 正常 | 24 | 温度计 | TB3-6 | 正常 |
| 10 | 温度计 | TB2-1 | 正常 | 25 | 温度计 | TB3-7 | 失效 |
| 11 | 温度计 | TB2-2 | 正常 | 26 | 温度计 | TB3-8 | 正常 |
| 12 | 温度计 | TB2-3 | 正常 | 27 | 温度计 | TB3-9 | 正常 |
| 13 | 温度计 | TB2-4 | 失效 | 28 | 温度计 | TB4-1 | 正常 |
| 14 | 温度计 | TB2-5 | 正常 | 29 | 温度计 | TB4-2 | 正常 |
| 15 | 温度计 | TB2-6 | 正常 | 30 | 温度计 | TB4-3 | 失效 |

续表

| 序号 | 仪器类型 | 测点编号 | 状态 | 序号 | 仪器类型 | 测点编号 | 状态 |
|---|---|---|---|---|---|---|---|
| 31 | 温度计 | TB4-4 | 正常 | 64 | 测缝计 | KB1-4 | 正常 |
| 32 | 温度计 | TB4-5 | 正常 | 65 | 测缝计 | KB1-5 | 正常 |
| 33 | 温度计 | TB4-6 | 失效 | 66 | 测缝计 | KB1-6 | 正常 |
| 34 | 温度计 | TB4-7 | 正常 | 67 | 测缝计 | KB1-7 | 正常 |
| 35 | 温度计 | TB4-8 | 正常 | 68 | 测缝计 | KB1-8 | 正常 |
| 36 | 温度计 | TB4-9 | 正常 | 69 | 测缝计 | KB1-9 | 正常 |
| 37 | 温度计 | TB5-1 | 正常 | 70 | 测缝计 | KB2-1 | 正常 |
| 38 | 温度计 | TB5-2 | 正常 | 71 | 测缝计 | KB2-2 | 正常 |
| 39 | 温度计 | TB5-3 | 正常 | 72 | 测缝计 | KB2-3 | 正常 |
| 40 | 温度计 | TB5-4 | 正常 | 73 | 测缝计 | KB2-4 | 失效 |
| 41 | 温度计 | TB5-5 | 正常 | 74 | 测缝计 | KB2-5 | 失效 |
| 42 | 温度计 | TB5-6 | 正常 | 75 | 测缝计 | KB2-6 | 失效 |
| 43 | 温度计 | TB5-7 | 失效 | 76 | 测缝计 | KB2-7 | 失效 |
| 44 | 温度计 | TB5-8 | 正常 | 77 | 测缝计 | KB2-8 | 正常 |
| 45 | 温度计 | TB5-9 | 正常 | 78 | 测缝计 | KB2-9 | 正常 |
| 46 | 温度计 | TB6-1 | 失效 | 79 | 测缝计 | KB3-1 | 正常 |
| 47 | 温度计 | TB6-2 | 失效 | 80 | 测缝计 | KB3-2 | 失效 |
| 48 | 温度计 | TB6-3 | 失效 | 81 | 测缝计 | KB3-3 | 正常 |
| 49 | 温度计 | TB6-4 | 失效 | 82 | 测缝计 | KB3-4 | 失效 |
| 50 | 温度计 | TB6-5 | 失效 | 83 | 测缝计 | KB3-5 | 失效 |
| 51 | 温度计 | TB6-6 | 失效 | 84 | 测缝计 | KB3-6 | 失效 |
| 52 | 温度计 | TB6-7 | 失效 | 85 | 测缝计 | KB3-7 | 失效 |
| 53 | 温度计 | TB6-8 | 失效 | 86 | 测缝计 | KB3-8 | 正常 |
| 54 | 温度计 | TB6-9 | 失效 | 87 | 测缝计 | KB3-9 | 失效 |
| 55 | 测缝计 | KB-1 | 正常 | 88 | 测缝计 | KB4-1 | 正常 |
| 56 | 测缝计 | KB-2 | 正常 | 89 | 测缝计 | KB4-2 | 正常 |
| 57 | 测缝计 | KB-3 | 失效 | 90 | 测缝计 | KB4-3 | 正常 |
| 58 | 测缝计 | KB-4 | 正常 | 91 | 测缝计 | KB5-1 | 正常 |
| 59 | 测缝计 | KB-5 | 正常 | 92 | 测缝计 | KB5-2 | 正常 |
| 60 | 测缝计 | KB-6 | 正常 | 93 | 测缝计 | KB5-3 | 正常 |
| 61 | 测缝计 | KB1-1 | 失效 | 94 | 测缝计 | KB6-1 | 失效 |
| 62 | 测缝计 | KB1-2 | 失效 | 95 | 测缝计 | KB6-2 | 失效 |
| 63 | 测缝计 | KB1-3 | 正常 | 96 | 测缝计 | KB6-3 | 失效 |

#### 3.1.4.2 时空分析

1. 温度监测

典型越冬面温度监测如图 3-181～图 3-184 所示，各坝段越冬面温度基本在 5～15℃之间，且变化规律基本一致。

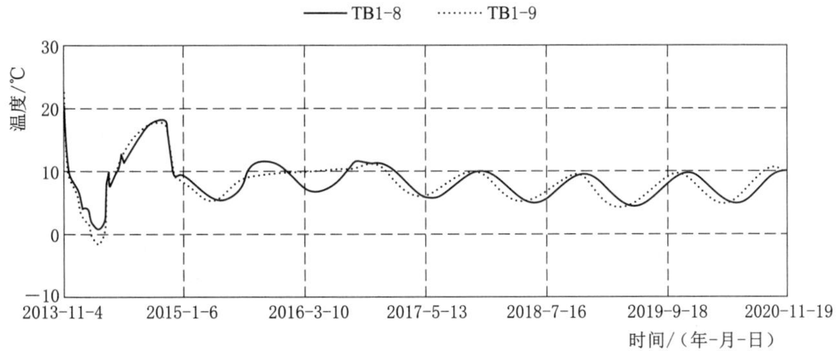


图 3-181 越冬面温度监测过程线 1

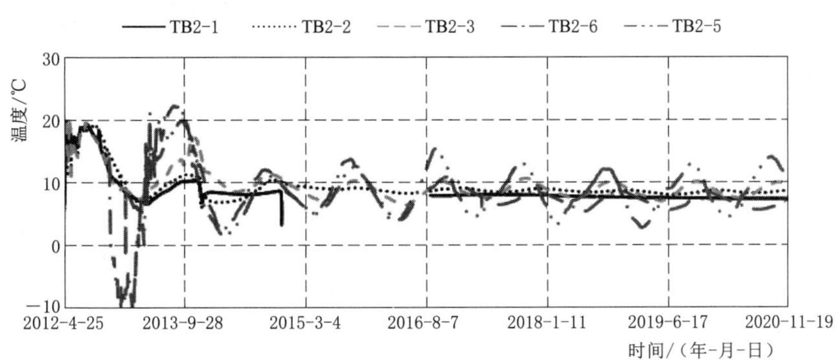


图 3-182 越冬面温度监测过程线 2

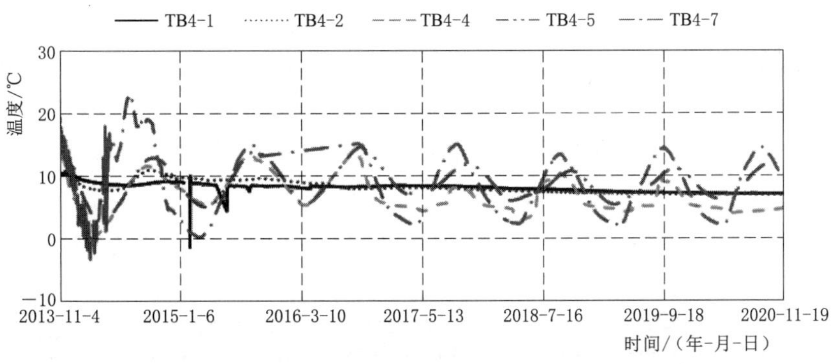


图 3-183 越冬面温度监测过程线 3

2. 开合度监测

越冬面开合度监测过程线如图 3-185～图 3-188 所示，测缝计当前测值较小，且变化较稳定，个别测点受温度影响，随温度升高开合度减小，温度降低开合度增大。

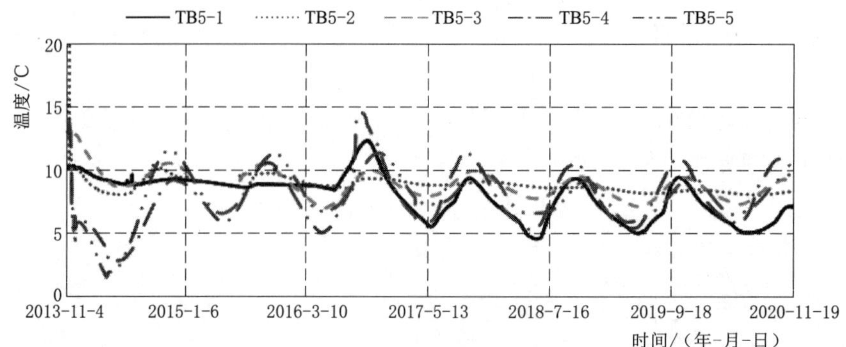


图 3-184　越冬面温度监测过程线 4

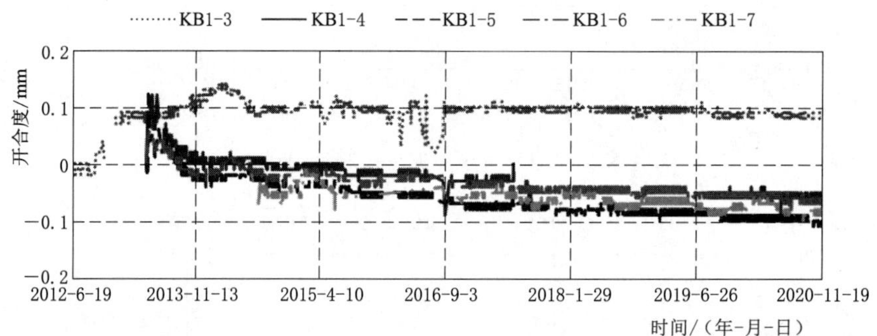


图 3-185　越冬面开合度监测过程线 1

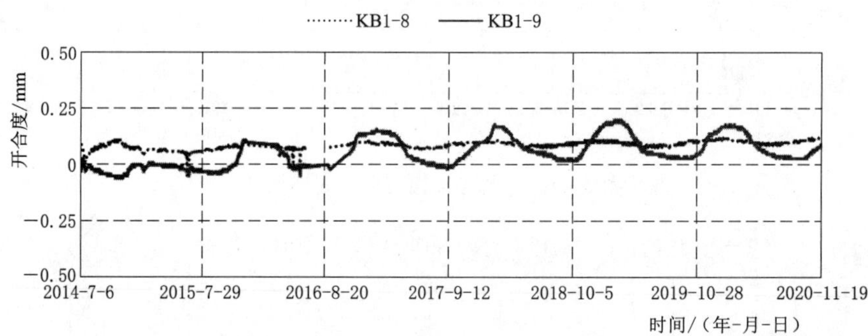


图 3-186　越冬面开合度监测过程线 2

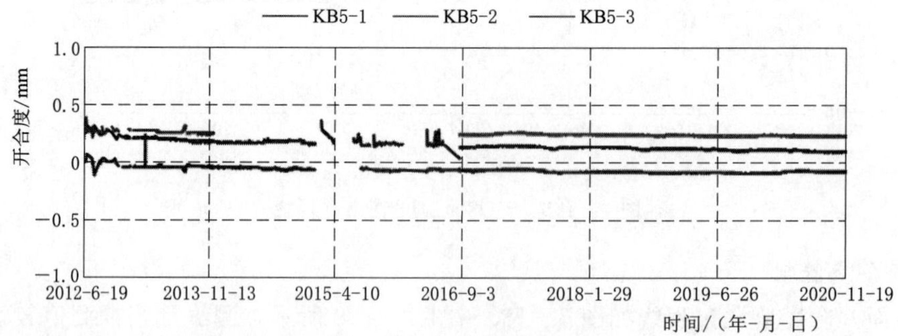


图 3-187　越冬面开合度监测过程线 3

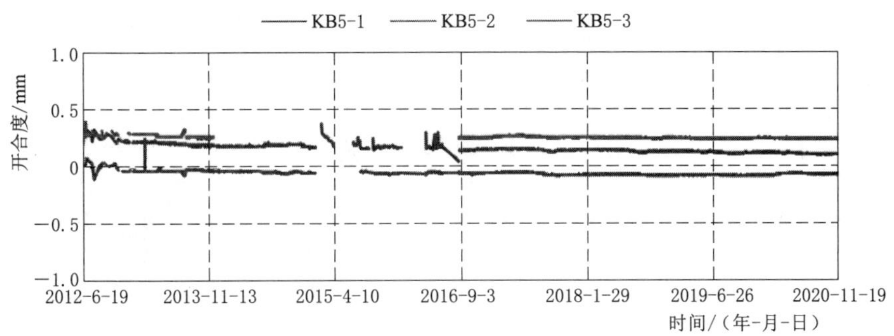


图 3-188 越冬面开合度监测过程线 4

# 3.2 发电引水系统监测资料分析

## 3.2.1 变形监测资料分析

### 3.2.1.1 监测资料概况

根据传感器历史监测数据显示，有两支测缝计失效。发电引水系统变形监测仪器信息统计见表 3-26。

**表 3-26　　发电引水系统变形监测仪器统计表**

| 序号 | 仪器类型 | 测点编号 | 埋设位置 | 状态 | 备注 |
|---|---|---|---|---|---|
| 1 | 多点位移计 | M4F1-1 | 进水口闸井 | 正常 | |
| 2 | 多点位移计 | M4F1-2 | 进水口闸井 | 正常 | |
| 3 | 多点位移计 | M4F1-3 | 进水口闸井 | 正常 | |
| 4 | 多点位移计 | M4F1-4 | 进水口闸井 | 正常 | |
| 5 | 多点位移计 | M4F2-1 | 进水口闸井 | 正常 | |
| 6 | 多点位移计 | M4F2-2 | 进水口闸井 | 正常 | |
| 7 | 多点位移计 | M4F2-3 | 进水口闸井 | 正常 | |
| 8 | 多点位移计 | M4F2-4 | 进水口闸井 | 正常 | |
| 9 | 测缝计 | JF1 | | 失效 | 无测值 |
| 10 | 测缝计 | JF2 | | 正常 | |
| 11 | 测缝计 | JF3 | | 失效 | 测值异常 |
| 12 | 测缝计 | JF4 | | 正常 | |

### 3.2.1.2 时空分析

1. 深部位移

多点位移计测值稳定性较差，但总体变化较小，典型测点过程线如图 3-189 所示。

2. 开合度监测

当前仅剩 JF2 测点正常工作，监测成果表明，该测点开合度当前基本无变化，过程线如图 3-190 所示。

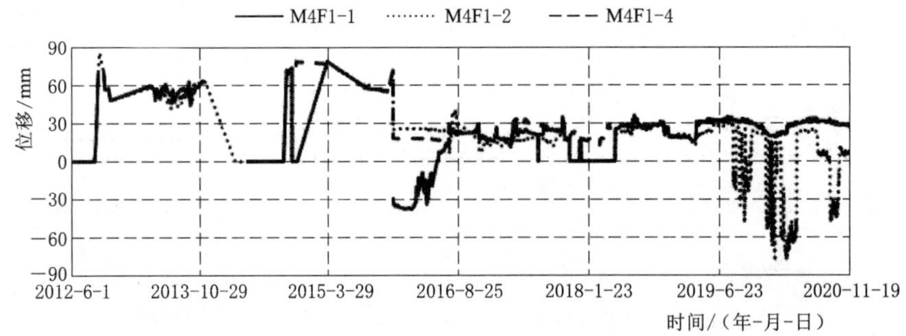


图3-189 多点位移计过程线图

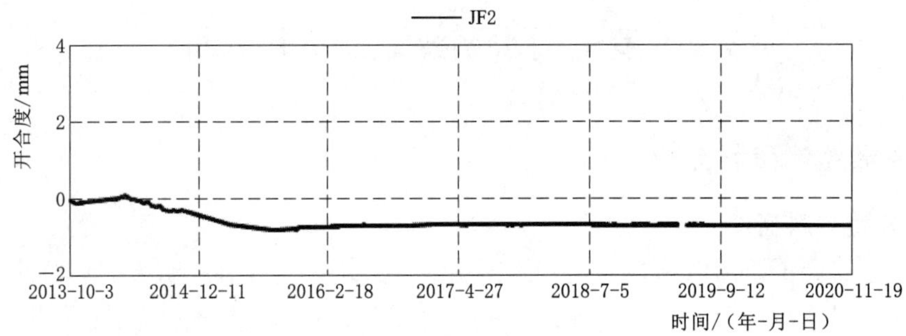


图3-190 测缝计过程线图

### 3.2.2 渗透压力监测资料分析

在从进水口闸井至压力钢管主管段的发电洞底部岩石钻孔中布置了12支渗压计来监测所处断面的渗透压力变化情况。

#### 3.2.2.1 监测资料概况

根据传感器历史监测数据显示，目前渗压计均完好。发电引水系统渗透压力监测仪器信息统计见表3-27。

表3-27 发电引水系统渗透压力监测仪器信息统计表

| 序号 | 仪器类型 | 测点编号 | 状态 | 备注 | 序号 | 仪器类型 | 测点编号 | 状态 | 备注 |
|---|---|---|---|---|---|---|---|---|---|
| 1 | 渗压计 | PF1 | 正常 | | 7 | 渗压计 | PF7 | 正常 | |
| 2 | 渗压计 | PF2 | 正常 | | 8 | 渗压计 | PF8 | 正常 | 无压 |
| 3 | 渗压计 | PF3 | 正常 | | 9 | 渗压计 | PF9 | 正常 | |
| 4 | 渗压计 | PF4 | 正常 | | 10 | 渗压计 | PF10 | 正常 | 测值跳动 |
| 5 | 渗压计 | PF5 | 正常 | | 11 | 渗压计 | PF11 | 正常 | 测值异常 |
| 6 | 渗压计 | PF6 | 正常 | | 12 | 渗压计 | PF12 | 正常 | |

#### 3.2.2.2 时空分析

渗透压力主要受库水位变化影响较为明显，典型测点过程线如图3-191所示。

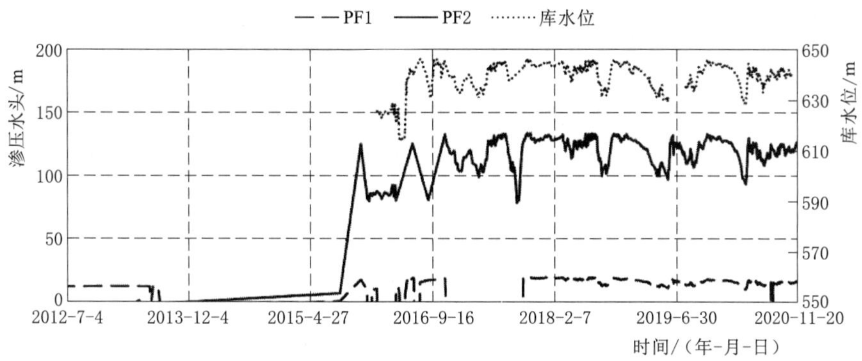


图 3-191　发电引水系统渗透压力过程线

### 3.2.3　应力应变监测资料分析

在进水口闸井底板中心线上沿水流方向布置了两支锚杆应力计，用来监测基岩系统锚杆的受力变化情况。

为监测进水口闸井、隧洞衬砌钢筋混凝土、调压井等部位受力钢筋的应力变化情况，在相应部位共布置了 37 支钢筋计。

为监测压力钢管主管段、岔管段钢板的受力变形情况，在相应部位布置了 46 支钢板计。

#### 3.2.3.1　监测资料概况

根据传感器历史监测数据显示，当前 1 支锚杆应力计正常，正常工作的钢筋计 25 支、钢板计 21 支。应力应变监测仪器信息统计见表 3-28。

**表 3-28　应力应变监测仪器统计表**

| 序号 | 仪器类型 | 测点编号 | 状态 | 备注 | 序号 | 仪器类型 | 测点编号 | 状态 | 备注 |
|---|---|---|---|---|---|---|---|---|---|
| 1 | 锚杆应力计 | ASF1 | 正常 | | 15 | 钢筋计 | RF13 | 失效 | 测值不合理 |
| 2 | 锚杆应力计 | ASF2 | 失效 | | 16 | 钢筋计 | RF14 | 正常 | |
| 3 | 钢筋计 | RF1 | 失效 | 测值不合理 | 17 | 钢筋计 | RF15 | 正常 | 测值跳动 |
| 4 | 钢筋计 | RF2 | 正常 | | 18 | 钢筋计 | RF16 | 失效 | 无测值 |
| 5 | 钢筋计 | RF3 | 正常 | | 19 | 钢筋计 | RF17 | 失效 | 无测值 |
| 6 | 钢筋计 | RF4 | 正常 | | 20 | 钢筋计 | RF18 | 失效 | 无测值 |
| 7 | 钢筋计 | RF5 | 正常 | | 21 | 钢筋计 | RF19 | 正常 | |
| 8 | 钢筋计 | RF6 | 正常 | | 22 | 钢筋计 | RF20 | 失效 | 无测值 |
| 9 | 钢筋计 | RF7 | 失效 | 测值不合理 | 23 | 钢筋计 | RF21 | 正常 | 测值不合理 |
| 10 | 钢筋计 | RF8 | 失效 | 无测值 | 24 | 钢筋计 | RF22 | 正常 | 测值不合理 |
| 11 | 钢筋计 | RF9 | 正常 | | 25 | 钢筋计 | RF23 | 失效 | |
| 12 | 钢筋计 | RF10 | 正常 | | 26 | 钢筋计 | RF24 | 正常 | |
| 13 | 钢筋计 | RF11 | 正常 | | 27 | 钢筋计 | RF25 | 正常 | |
| 14 | 钢筋计 | RF12 | 失效 | | 28 | 钢筋计 | RF26 | 正常 | |

续表

| 序号 | 仪器类型 | 测点编号 | 状态 | 备注 | 序号 | 仪器类型 | 测点编号 | 状态 | 备注 |
|---|---|---|---|---|---|---|---|---|---|
| 29 | 钢筋计 | RF27 | 失效 | 无测值 | 58 | 钢板计 | GBF19 | 失效 | 无测值 |
| 30 | 钢筋计 | RF28 | 失效 | 无测值 | 59 | 钢板计 | GBF20 | 正常 | |
| 31 | 钢筋计 | RF29 | 正常 | | 60 | 钢板计 | GBF21 | 失效 | 无测值 |
| 32 | 钢筋计 | RF30 | 正常 | | 61 | 钢板计 | GBF22 | 失效 | 无测值 |
| 33 | 钢筋计 | RF31 | 正常 | | 62 | 钢板计 | GBF23 | 正常 | |
| 34 | 钢筋计 | RF32 | 正常 | | 63 | 钢板计 | GBF24 | 失效 | |
| 35 | 钢筋计 | RF33 | 正常 | | 64 | 钢板计 | GBF25 | 正常 | |
| 36 | 钢筋计 | RF34 | 正常 | | 65 | 钢板计 | GBF26 | 正常 | |
| 37 | 钢筋计 | RF35 | 正常 | | 66 | 钢板计 | GBF27 | 失效 | 无测值 |
| 38 | 钢筋计 | RF36 | 正常 | | 67 | 钢板计 | GBF28 | 正常 | |
| 39 | 钢筋计 | RF37 | 正常 | | 68 | 钢板计 | GBF29 | 失效 | 无测值 |
| 40 | 钢板计 | GBF1 | 失效 | 无测值 | 69 | 钢板计 | GBF30 | 正常 | |
| 41 | 钢板计 | GBF2 | 失效 | 无测值 | 70 | 钢板计 | GBF31 | 正常 | |
| 42 | 钢板计 | GBF3 | 失效 | 无测值 | 71 | 钢板计 | GBF32 | 失效 | |
| 43 | 钢板计 | GBF4 | 失效 | 无测值 | 72 | 钢板计 | GBF33 | 正常 | |
| 44 | 钢板计 | GBF5 | 失效 | 无测值 | 73 | 钢板计 | GBF34 | 正常 | |
| 45 | 钢板计 | GBF6 | 失效 | 无测值 | 74 | 钢板计 | GBF35 | 正常 | |
| 46 | 钢板计 | GBF7 | 失效 | 无测值 | 75 | 钢板计 | GBF36 | 正常 | |
| 47 | 钢板计 | GBF8 | 失效 | 无测值 | 76 | 钢板计 | GBF37 | 正常 | |
| 48 | 钢板计 | GBF9 | 正常 | | 77 | 钢板计 | GBF38 | 失效 | 无测值 |
| 49 | 钢板计 | GBF10 | 正常 | | 78 | 钢板计 | GBF39 | 失效 | 无测值 |
| 50 | 钢板计 | GBF11 | 正常 | | 79 | 钢板计 | GBF40 | 失效 | |
| 51 | 钢板计 | GBF12 | 失效 | 无测值 | 80 | 钢板计 | GBF41 | 失效 | |
| 52 | 钢板计 | GBF13 | 失效 | 无测值 | 81 | 钢板计 | GBF42 | 失效 | |
| 53 | 钢板计 | GBF14 | 正常 | | 82 | 钢板计 | GBF43 | 正常 | |
| 54 | 钢板计 | GBF15 | 失效 | 无测值 | 83 | 钢板计 | GBF44 | 正常 | |
| 55 | 钢板计 | GBF16 | 正常 | | 84 | 钢板计 | GBF45 | 正常 | |
| 56 | 钢板计 | GBF17 | 正常 | | 85 | 钢板计 | GBF46 | 失效 | 无测值 |
| 57 | 钢板计 | GBF18 | 失效 | 无测值 | | | | | |

#### 3.2.3.2 钢筋应力监测资料分析

钢筋应力计测值和温度有一定的相关性，温度升高，钢筋应力呈压应力，温度降低，钢筋应力呈拉应力，钢筋应力当前值在－158.79～108.02MPa 之间，典型测点过程线如图 3－192～图 3－196 所示。

#### 3.2.3.3 钢板应力监测资料分析

目前大部分钢板应力测点表现为拉应力，历史最大拉应力为 288.19MPa，出现在 GBF36

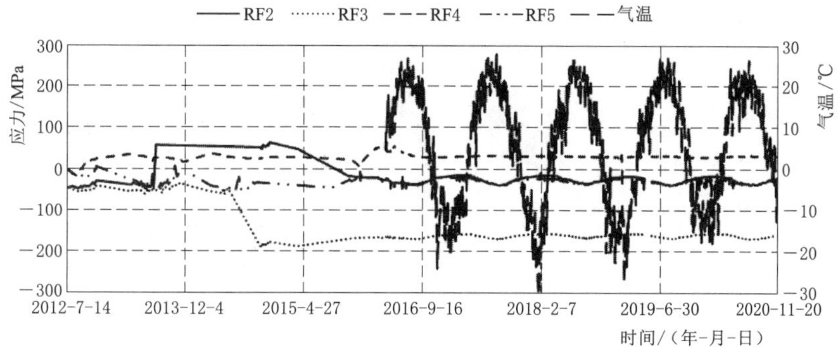


图 3-192 发电引水系统钢筋应力过程线图（RF2～RF5）

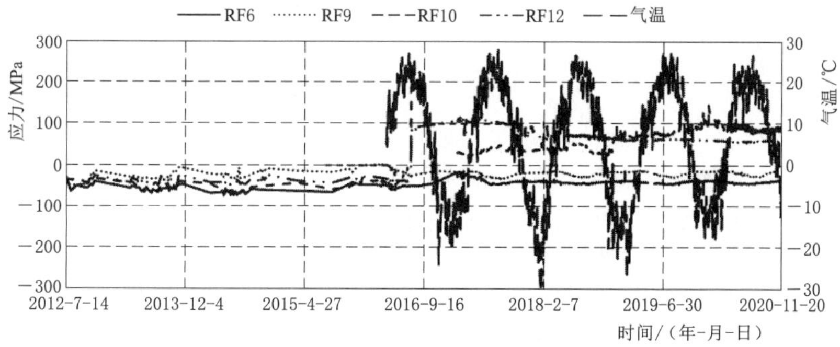


图 3-193 发电引水系统钢筋应力过程线图（RF6～RF12）

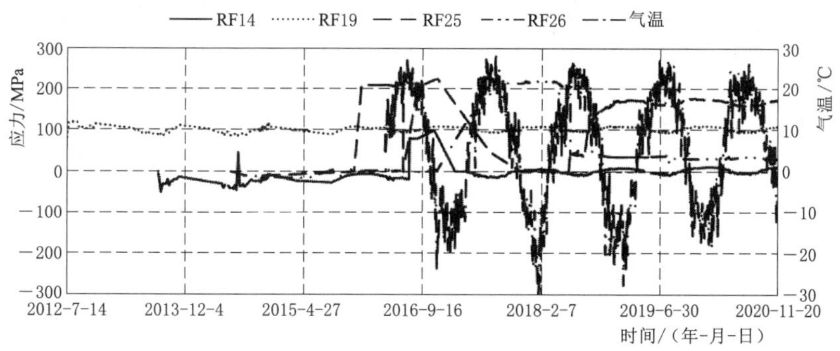


图 3-194 发电引水系统钢筋应力过程线图（RF14～RF26）

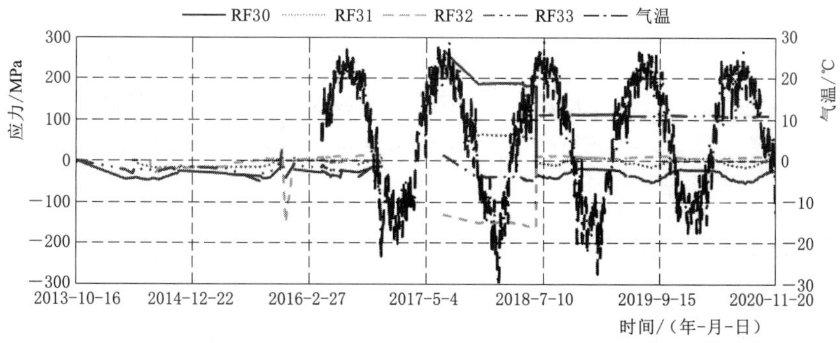


图 3-195 发电引水系统钢筋应力过程线图（RF30～RF33）

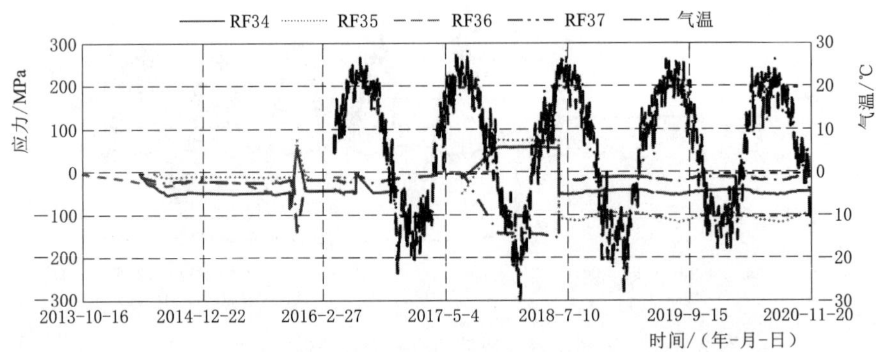


图 3-196 发电引水系统钢筋应力过程线图（RF34～RF37）

测点，日期为 2020 年 2 月 23 日；历史最大压应力为 220.57MPa，出现在 GBF20 测点，日期为 2020 年 3 月 30 日。

总体来看，压力钢管钢板应力各测点测值稳定性较差，但未见趋势性增大情况，整体较平稳，典型测点过程线如图 3-197～图 3-199 所示。

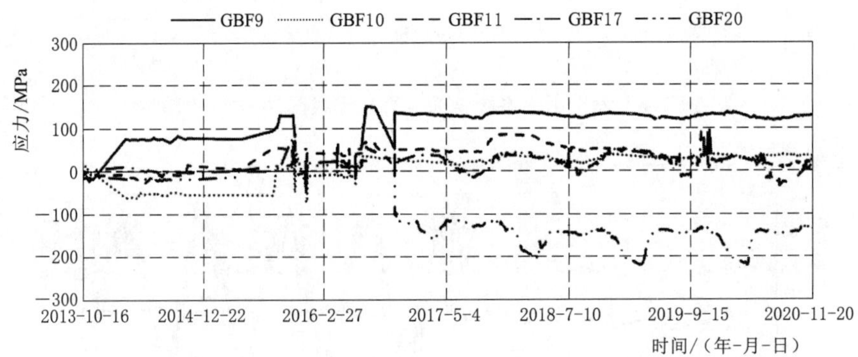


图 3-197 发电引水系统钢板应力过程线图（GBF9～GBF20）

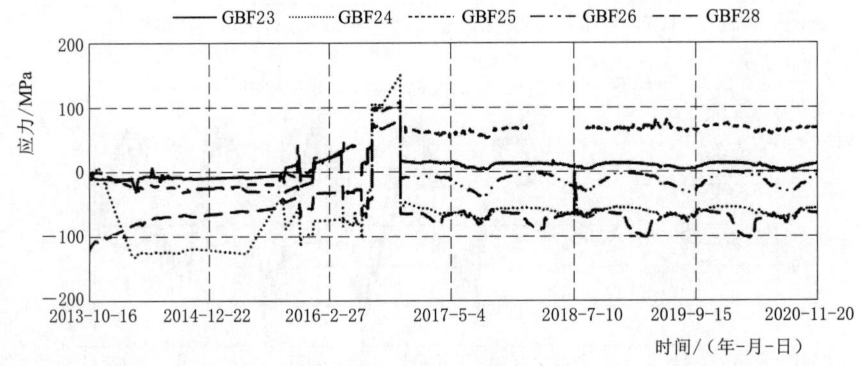


图 3-198 发电引水系统钢板应力过程线图（GBF23～GBF28）

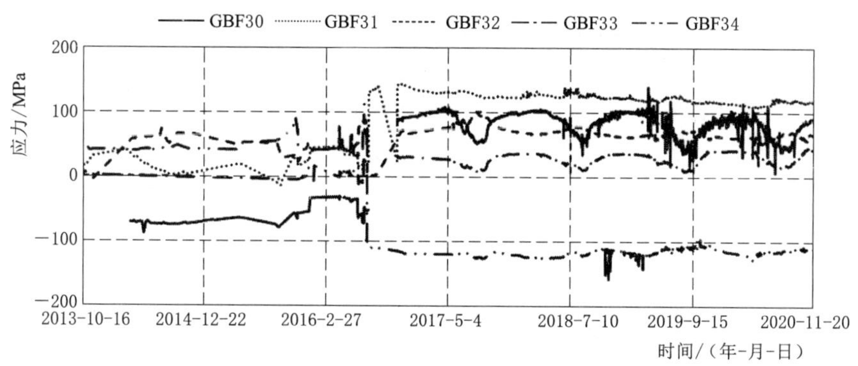


图 3-199　发电引水系统钢板应力过程线图（GBF30～GBF33）

# 3.3　边坡监测资料分析

## 3.3.1　大坝左岸高边坡

### 3.3.1.1　监测资料概况

在大坝左岸 649.00m 平台高边坡 C-C 断面和 E-E 断面的 670.00m、700.00m、720.00m、740.00m 高程共布置了 8 组四点式多点位移计，用来长期监测边坡岩体的深层变形。

1. 数据可靠性分析

根据传感器历史监测数据显示，当前 29 支多点位移计正常工作，监测仪器信息统计见表 3-29。

表 3-29　大坝左岸高边坡多点位移计统计表

| 测孔编号 | 位　置 | 测点编号 | 测点深度 | 状态 | 备注 |
|---|---|---|---|---|---|
| M4B-1-1 | C-C 断面 S670.00 | 1# | 孔口 | 正常 | |
| | | 2# | 1m | 正常 | |
| | | 3# | 13.2m | 正常 | |
| | | 4# | 32m | 正常 | |
| M4B-1-2 | C-C 断面 S700.00 | 1# | 孔口 | 测值跳动 | |
| | | 2# | 6.6m | 测值跳动 | |
| | | 3# | 21.8m | 正常 | |
| | | 4# | 36m | 测值跳动 | |
| M4B-1-3 | C-C 断面 S720.00 | 1# | 孔口 | 正常 | |
| | | 2# | 2.5m | 正常 | |
| | | 3# | 24.3m | 正常 | |
| | | 4# | 36.8m | 正常 | |

续表

| 测孔编号 | 位　置 | 测点编号 | 测点深度 | 状态 | 备注 |
|---|---|---|---|---|---|
| M4B-1-4 | C-C 断面 S740.00 | 1# | 孔口 | 正常 | |
| | | 2# | 1.5m | 正常 | |
| | | 3# | 17.5m | 正常 | |
| | | 4# | 34.6m | 正常 | |
| M4B-2-1 | E-E 断面 S670.00 | 1# | 孔口 | 失效 | |
| | | 2# | 4.2m | 正常 | |
| | | 3# | 17.8m | 正常 | |
| | | 4# | 28.8m | 正常 | |
| M4B-2-2 | E-E 断面 S700.00 | 1# | 孔口 | 正常 | |
| | | 2# | 7.5m | 正常 | |
| | | 3# | 12m | 正常 | |
| | | 4# | 21.5m | 正常 | |
| M4B-2-3 | E-E 断面 S720.00 | 1# | 孔口 | 失效 | |
| | | 2# | 6m | 正常 | |
| | | 3# | 17.5m | 正常 | |
| | | 4# | 25m | 正常 | |
| M4B-2-4 | E-E 断面 S730.00 | 1# | 孔口 | 正常 | |
| | | 2# | 6.5m | 正常 | |
| | | 3# | 19m | 正常 | |
| | | 4# | 28.8m | 失效 | |

2. 时空分析

监测成果表明，左岸边坡位移基本不大，除 M4B-1-1 外，左岸边坡位移在 -0.52～1.91mm 之间。M4B-1-1-4 测点于 2018 年 11 月突变，变化量较大，突变后测值稳定。左岸边坡位移个别测点随着时间有缓慢增大的趋势，但增长值很小。过程线如图 3-200～图 3-202 所示。

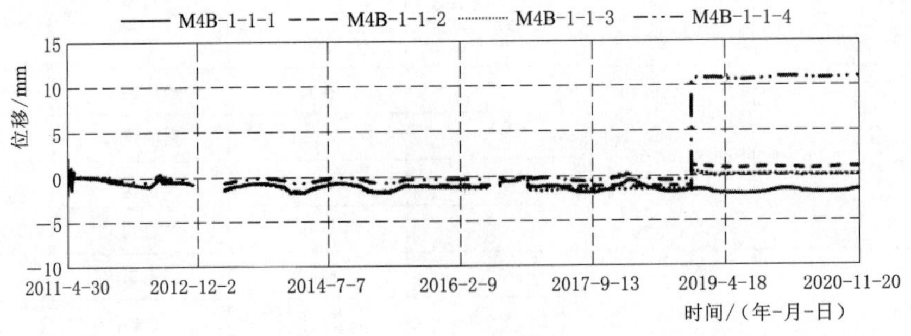


图 3-200　M4B-1-1 位移过程线图

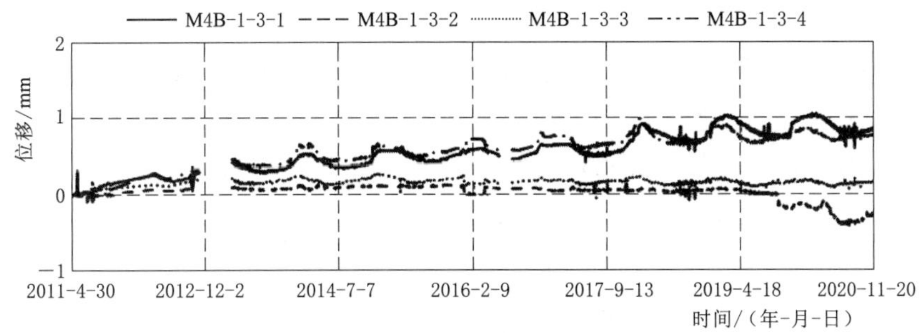


图 3-201　M4B-1-3 位移过程线图

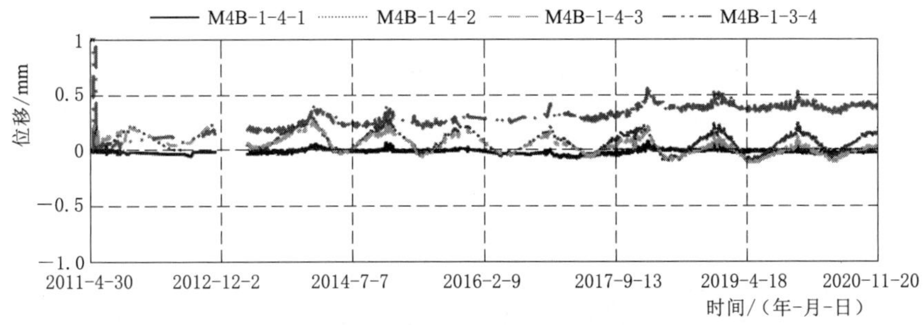


图 3-202　M4B-1-4 位移过程线图

#### 3.3.1.2　应力和荷载

在 680.00m、716.00m 高程 100t 预应力锚索上沿水流方向各布置了 3 台 100t 锚索测力计，用以监测预应力锚索的张力变化情况。

在 698.00m、734.00m 高程 200t 预应力锚索上沿水流方向各布置了 3 台 200t 锚索测力计，用以监测预应力锚索的张力变化情况。

在 746.00m 高程 200t 预应力锚索上沿水流方向各布置了 2 台 200t 锚索测力计，用以监测边坡顶部预应力锚索的张力变化情况。

锚索测力计已全部失效。

在边坡 C-C 断面和 E-E 断面的 5 个不同高程部位布置了 10 支锚杆应力计用以监测边坡系统锚杆的受力情况。

1. 数据可靠性分析

根据传感器历史监测数据显示，当前正常工作的锚杆应力计共 7 支，其余全部失效。监测仪器信息统计见表 3-30。

表 3-30　　锚杆应力计监测仪器信息统计表

| 序号 | 测点编号 | 状态 | 序号 | 测点编号 | 状态 |
|---|---|---|---|---|---|
| 1 | ASB1 | 失效 | 6 | ASB6 | 正常 |
| 2 | ASB2 | 正常 | 7 | ASB7 | 失效 |
| 3 | ASB3 | 正常 | 8 | ASB8 | 正常 |
| 4 | ASB4 | 正常 | 9 | ASB9 | 失效 |
| 5 | ASB5 | 正常 | 10 | ASB10 | 正常 |

2. 时空分析

锚杆应力较小且和温度存在一定相关性，温度升高，锚杆应力向压应力变化；温度降低，锚杆应力向拉应力变化，且存在滞后性。总体来看，左岸边坡锚杆应力不大，测值变化规律性强，无趋势性变化，过程线如图 3－203 和图 3－204 所示。

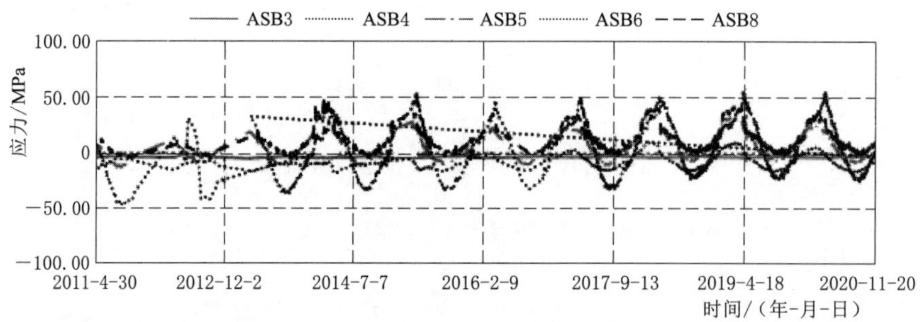


图 3－203　锚杆应力计过程线图

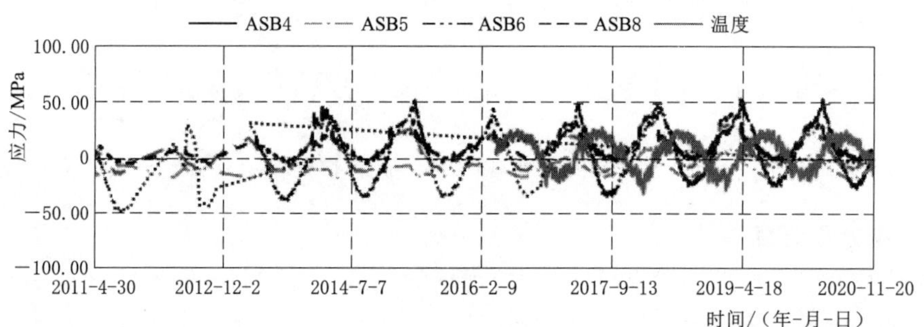


图 3－204　锚杆应力计-温度过程线图

## 3.3.2　厂房边坡位移

在厂房边坡 7－7 断面、8－8 断面、9－9 断面的 585.00m、595.00m、605.00m 高程共布置了 9 组四点式多点位移计，来监测厂房边坡岩体的深层位移变化情况。

1. 监测资料概况

根据传感器历史监测数据显示，当前正常工作的多点位移计共 29 支。监测仪器信息统计见表 3－31。

表 3－31　　厂房边坡多点位移测点信息统计表

| 测孔编号 | 位　置 | 测点编号 | 状态 | 测孔编号 | 位　置 | 测点编号 | 状态 |
|---|---|---|---|---|---|---|---|
| M4C1－1 | 7－7 断面 585.00m | 1# | 正常 | M4C1－2 | 7－7 断面 595.00m | 3# | 正常 |
| | | 2# | 正常 | | | 4# | 正常 |
| | | 3# | 正常 | M4C1－3 | 7－7 断面 605.00m | 1# | 失效 |
| | | 4# | 正常 | | | 2# | 正常 |
| M4C1－2 | 7－7 断面 595.00m | 1# | 正常 | | | 3# | 正常 |
| | | 2# | 正常 | | | 4# | 正常 |

续表

| 测孔编号 | 位　置 | 测点编号 | 状态 | 测孔编号 | 位　置 | 测点编号 | 状态 |
|---|---|---|---|---|---|---|---|
| M4C2-1 | 8-8 断面 585m | 1# | 正常 | M4C2-3 | 8-8 断面 605.00m | 3# | 失效 |
| | | 2# | 正常 | | | 4# | 正常 |
| | | 3# | 正常 | M4C3-2 | 9-9 断面 595.00m | 1# | 正常 |
| | | 4# | 正常 | | | 2# | 正常 |
| M4C2-2 | 8-8 断面 595.00m | 1# | 正常 | | | 3# | 正常 |
| | | 2# | 失效 | | | 4# | 正常 |
| | | 3# | 正常 | M4C3-3 | 9-9 断面 605m | 1# | 正常 |
| | | 4# | 正常 | | | 2# | 正常 |
| M4C2-3 | 8-8 断面 605.00m | 1# | 正常 | | | 3# | 正常 |
| | | 2# | 正常 | | | 4# | 正常 |

2. 时空分析

多点位移测值变化较平稳，M4C-1-2、M4C-2-2、M4C-3-2、M4C-3-3 此四组多点位移计于 2016 年 6 月产生增大的变化趋势，持续增大至 2017 年 6 月后，趋于稳定状态。过程线如图 3-205～图 3-208 所示。

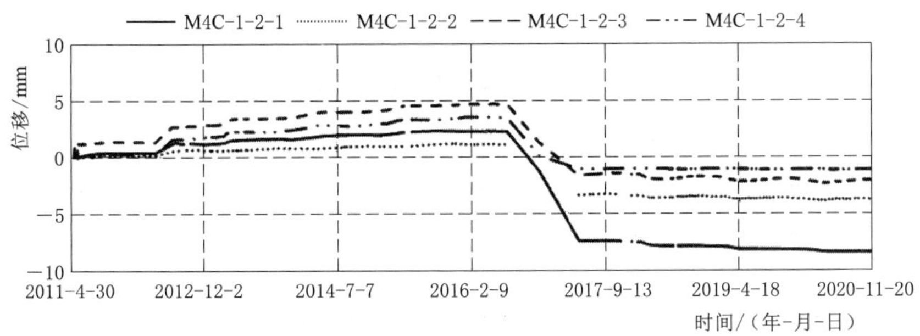


图 3-205　厂房边坡 M4C1-2 测点多点位移过程线图

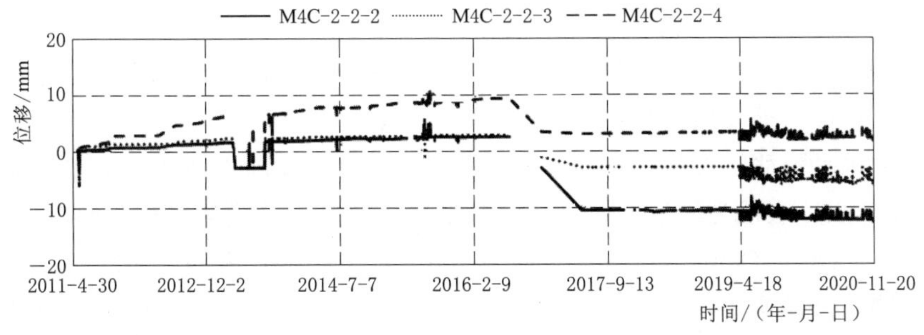


图 3-206　厂房边坡 M4C2-2 测点多点位移过程线图

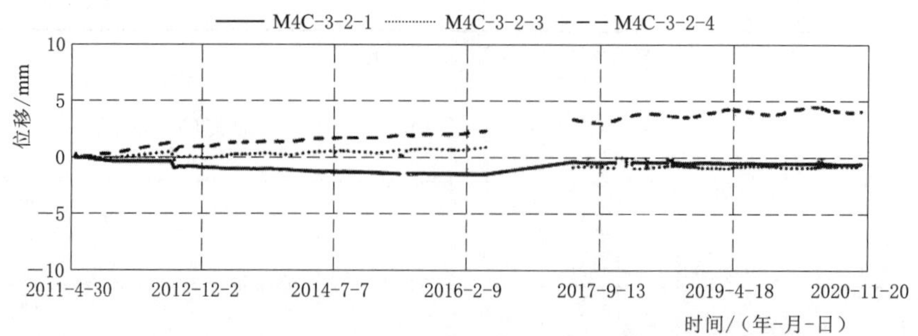


图 3-207　厂房边坡 M4C3-2 测点多点位移过程线图

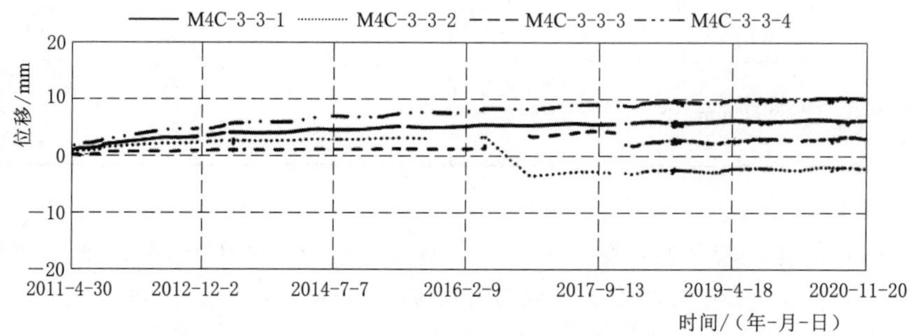


图 3-208　厂房边坡 M4C3-3 测点多点位移过程线图

## 3.4　综合分析评价

截至目前，BEJSK 水利枢纽的监测仪器完好率为 82.8%，本章主要对安全监测资料进行了定性分析，得出的主要结论如下。

1. 变形

(1) 径向水平位移。大部分测点径向水平位移测值均表现为年变幅随高程增加而增大；坝基径向水平位移 2017 年之后表现为靠近大坝中心线处测点（9#）位移变幅较小，两端（6#、13#）较大；坝基以上大部分测点均表现为靠近大坝中心线的测点位移变幅较大，两端较小。

6# 坝段坝基径向位移测值较稳定，当前位移为－1.58mm；9# 坝段坝基径向位移测值当前为 1.63mm；13# 坝段坝基径向位移当前呈现向上游位移变化趋势，变化较稳定，无趋势性变化。坝体当前径向位移在－1.1～21.21mm 之间。

(2) 切向水平位移。大部分测点测值均表现为年变幅随高程增加而增大；坝基径向水平位移 2017 年之后表现为靠近大坝中心线处测点（9#）位移变幅较小，两端（6#、13#）较大；对于 575.00m (560.00m) 高程测点的切向水平位移，大部分测点均表现为靠近大坝中心线的测点位移变幅较小，两端测点的位移较大；对于 594.00m 高程测点的切向水平位移，大部分测点均表现为靠近大坝中心线的测点位移变幅较大，两端测点的位移较小；620.00m 高程测点的切向水平位移年变幅规律性并不明确。

（3）垂直位移。双金属标测点均存在一定问题，测值不能反映真实状况，需要对设备进行检查维护。静力水准系统所有测点均表现为抬升变形，可能管路存在漏液现象，应进行维护。

（4）横缝开合度。当前所有横缝开合度在－1.30～4.53mm之间，灌浆后大部分测点缝开合度变化较平稳，无异常趋势性变化，个别测点受温度影响，横缝开合度周期性变化，变幅较小。

（5）坝基裂缝。各坝段坝基裂缝开合度总体受温度影响呈周期性变化，温度升高闭合、温度降低张开。当前裂缝开合度在－0.84～1.37mm之间，基本保持稳定。

（6）基岩变形。基岩变形大部分测点测值跳动幅度较大，无法分析，当前值在－10.25～20.25mm之间。

2. 渗流渗压

（1）坝基扬压力。大部分测点纵向扬压力与库水位相关性较小，扬压力测值较稳定，纵向扬压水位当前值在559.28～613.09m之间。9#坝段各测点横向扬压力与温度相关性较小，受库水位波动影响较大，库水位升高，扬压水位升高；13#坝段横向扬压力与库水位及温度相关性较小。

1）纵向坝基扬压力。UP16－14和UP18－16测孔水位基本不变；UP14－12和UP15－13测孔水位与库水位成正相关；2016年至今，UP11－9测孔水位有趋势性降低，UP12－10和UP17－15测孔水位有趋势性升高。历史最高库水位和当前水位工况下，各坝段扬压力折减系数均小于设计警戒值，符合规范要求。

2）横向坝基扬压力。各坝段横向坝基扬压力总体符合一般规律。但9#坝段的Pj2－1、Pj2－3和Pj2－4测点的扬压力孔水位都表现出升高的规律，推测该部位可能有与外界连通的微细裂隙。6#坝段排水孔后的Pj1－3扬压力折减系数为0.48，超出规范要求，需要加强观测。

（2）坝体渗压。各坝段坝体渗压总体变化较平稳，6#坝段坝体渗压当前值在580.90～642.80m之间；9#坝段坝体渗压当前在552.39～642.03m之间，13#坝段坝体渗压当前在577.13～611.91m之间。

（3）绕坝渗流。绕坝渗压水位较低，但大部分渗压计测值不稳定。

（4）渗流量。大坝总体渗流量在2018年达到峰值，约38L/s，之后逐年递减，当前渗流量未超过20L/s。每年5—9月大坝渗流量会出现较大增长，且库水位对渗流量的影响不明显，降雨影响较为显著。

3. 混凝土应力应变

（1）自生体积变形。各测点混凝土自生体积变形受温度影响，温度升高，混凝土呈膨胀状态，温度降低，混凝土呈收缩状态，符合一般变化规律。

（2）径向应变。各坝段径向混凝土应变受库水位及温度影响，温度升高混凝土应变呈压应变；温度降低，混凝土应变呈拉应变。库水位升高，混凝土应变呈压应变；库水位降低，混凝土应变呈拉应变。

（3）切向应变。切向混凝土应变受库水位及温度影响，温度升高混凝土应变呈压应变增大趋势或拉应变减小趋势，温度降低，混凝土应变呈压应变减小趋势或拉应变增大趋势；库水位升高，混凝土应变呈压应变趋势，库水位降低，混凝土应变呈拉应变趋势。

（4）竖直向应变。各坝段竖直向混凝土应变受库水位及温度影响较明显，库水位升高，混凝土应变呈压应变增大或拉应变减小趋势，库水位降低，混凝土应变呈拉应变增大或压应变减小趋势，温度升高，混凝土应变呈拉应变增大或压应变减小趋势，温度降低，混凝土应变呈压应变增大或拉应变减小趋势。

4. 大坝温度监测

（1）基岩温度：监测数据显示各坝段基岩温度较稳定，变幅较小。测点温度值较为稳定，各测点温度呈逐年缓慢下降的趋势，当前温度在 6.54～8.01℃之间。

（2）坝体温度：坝体温度呈周期性变化，夏季温度高，冬季温度低，受气温影响明显，且存在一定的滞后性，符合一般变化规律，当前温度在 5.65～19.55℃之间。

（3）水温资料分析：各坝段水温随环境气温呈周期性变化，且相对于环境气温存在一定的滞后。水温受到环境气温的影响会随水深的增加而减小，表现为靠近水面的测点水温年变幅相对较大，靠近水底的测点水温年变幅相对较小。最高库水温一般出现在每年 7 月左右，最低库水温一般出现在每年 1 月左右。

5. 越冬面监测

各坝段越冬面温度基本在 5～15℃之间，且变化规律基本一致。测缝计当前测值较小，且变化较稳定，个别测点受温度影响，随温度升高开合度减小，温度降低开合度增大，当前开合度在－0.55～0.37mm 之间。

6. 引水发电系统监测

（1）变形监测：多点位移计变化量较小，当前值在－1.86～28.31mm 之间。

（2）缝开合度监测：测缝计变化平稳无异常，当前值为－0.69mm。

（3）钢筋应力：钢筋应力计测值和温度有一定的相关性，温度升高，钢筋应力呈压应力，温度降低，钢筋应力呈拉应力，钢筋应力当前值在－158.79～108.02MPa 之间。

（4）钢板应力：压力钢管钢板应力各测点测值稳定性较差，但未见趋势性增大情况，整体较平稳，当前值在－138.46～128.24MPa 之间。

7. 边坡监测

（1）边坡位移：左岸边坡位移当前在－0.52～1.91mm 之间。M4B－1－1－4 测点于 2018 年 11 月突变，变化量较大，突变后测值稳定。

（2）锚杆应力：锚索测力计测值较小且和温度存在一定相关性，温度升高，锚杆应力向压应力变化，温度降低，锚杆应力向拉应力变化，锚杆应力当前测值在－7.21～8.26MPa 之间。

# 第4章　拱坝监测资料正分析

对大坝安全监测资料进行分析处理包括观测资料的正分析、反演分析、反馈分析与大坝安全综合评判与决策四个部分。其中，正分析的主要任务是由实测资料建立数学模型，应用这些模型对大坝的运行进行实时监控，同时对模型中的各个分量进行物理解释，并由此分析大坝的工作性态。本章在安全监测资料时空分析的基础上，通过建立大坝安全监测资料统计模型，进而定量分析评价大坝工作性态。

## 4.1　安全监测资料正分析原理

大坝变形、渗流和应力应变是重要的安全监测项目。为此，以下分别介绍变形、渗流和应力应变监测资料统计模型建模原理。

### 4.1.1　变形监测资料统计模型建模原理

由前述对垂线监测资料的定性分析可知，正倒垂线观测的径向水平位移和切向水平位移主要受水位、温度和时效等因素变化的影响，因此水平位移 $\delta(t)$ 的统计模型主要由水压分量 $\delta(H)$、温度分量 $\delta(T)$ 和时效分量 $\delta(\theta)$ 组成，即

$$\delta(t)=\delta(H)+\delta(T)+\delta(\theta) \tag{4-1}$$

1. 水压分量

由坝工知识和监测资料分析，BEJSK 拱坝任一点在水压作用下产生的位移水压分量 $\delta(H)$ 与大坝上游水深的1～4次方有关。因此，水压分量的表达式为

$$\delta(H)=\sum_{i=1}^{4}a_i(H^i-H_0^i) \tag{4-2}$$

式中　$H^i$——观测日当天上游水深的 $i$ 次方；

$H_0^i$——建模资料序列第一个观测日当天上游水深的 $i$ 次方；

$a_i$——上游水深分量的回归系数（$i=1\sim4$）。

2. 温度分量

经坝体温度观测资料分析，坝体温度基本上呈准稳定温度场变化。因此，温度分量可采用下列周期项形式，即

$$\delta(T)=b_1\left(\sin\frac{2\pi t}{365}-\sin\frac{2\pi t_0}{365}\right)+b_2\left(\cos\frac{2\pi t}{365}-\cos\frac{2\pi t_0}{365}\right)+b_3\left(\sin\frac{2\pi t}{365}\cos\frac{2\pi t}{365}-\sin\frac{2\pi t_0}{365}\cos\frac{2\pi t_0}{365}\right)+b_4\left(\sin^2\frac{2\pi t}{365}-\sin^2\frac{2\pi t_0}{365}\right) \tag{4-3}$$

式中 $t$——观测日至始测日的累计天数；

$t_0$——建模资料序列第一个观测日至始测日的累计天数；

$b_i$——温度分量的回归系数（$i=1\sim4$）。

3. 时效分量

BEJSK 拱坝产生时效变形的原因极为复杂，它综合反映坝体混凝土与基岩的徐变、蠕变以及岩体地质构造的压缩变形等。参照吴中如等的研究，本书采用线性函数、对数函数和指数函数组合来描述时效分量，即

$$\delta(\theta)=c_1(\theta-\theta_0)+c_2(\ln\theta-\ln\theta_0)+c_3(\mathrm{e}^{-0.01\theta}-\mathrm{e}^{-0.01\theta_0}) \tag{4-4}$$

式中 $\theta$——观测日至始测日的累计天数 $t$ 除以 100；

$\theta_0$——建模资料序列第一个观测日至始测日的累计天数 $t_0$ 除以 100；

$c_i$——时效分量的回归系数（$i=1\sim3$）。

4. 统计模型表达式

综上所述，根据 BEJSK 拱坝的运行特性并考虑初始测值的影响，得到正倒垂线观测资料的统计模型为

$$\begin{aligned}\delta(t)=&a_0+\sum_{i=1}^{4}a_i(H^i-H_0^i)+b_1\left(\sin\frac{2\pi t}{365}-\sin\frac{2\pi t_0}{365}\right)+b_2\left(\cos\frac{2\pi t}{365}-\cos\frac{2\pi t_0}{365}\right)\\&+b_3\left(\sin\frac{2\pi t}{365}\cos\frac{2\pi t}{365}-\sin\frac{2\pi t_0}{365}\cos\frac{2\pi t_0}{365}\right)+b_4\left(\sin^2\frac{2\pi t}{365}-\sin^2\frac{2\pi t_0}{365}\right)\\&+c_1(\theta-\theta_0)+c_2(\ln\theta-\ln\theta_0)+c_3(\mathrm{e}^{-0.01\theta}-\mathrm{e}^{-0.01\theta_0})\end{aligned} \tag{4-5}$$

式中 $a_0$——常数项。

5. 含突变的统计模型

针对 PL2-1 测点切向水平位移在 2019 年的突变，在时效分量公式中引用单位阶跃函数，即

$$\begin{aligned}\delta(\theta)=&c_1(\theta-\theta_0)+c_2(\ln\theta-\ln\theta_0)+c_3(\mathrm{e}^{-0.01\theta}-\mathrm{e}^{-0.01\theta_0})\\&+d_1f(\theta-\theta_1)+d_2f(\theta-\theta_2)\end{aligned} \tag{4-6}$$

其中

$$f(x)=\begin{cases}0 & x<0\\1 & x\geqslant0\end{cases}$$

式中 $f(x)$——单位阶跃函数；

$\theta_1$——第一次突变发生的时间至起测日的累计天数乘以 0.01；

$\theta_2$——第二次突变发生的时间至起测日的累计天数乘以 0.01。

含阶跃函数的统计模型为

$$\begin{aligned}\delta(t)=&a_0+\sum_{i=1}^{4}a_i(H^i-H_0^i)+b_1\left(\sin\frac{2\pi t}{365}-\sin\frac{2\pi t_0}{365}\right)+b_2\left(\cos\frac{2\pi t}{365}-\cos\frac{2\pi t_0}{365}\right)\\&+b_3\left(\sin\frac{2\pi t}{365}\cos\frac{2\pi t}{365}-\sin\frac{2\pi t_0}{365}\cos\frac{2\pi t_0}{365}\right)+b_4\left(\sin^2\frac{2\pi t}{365}-\sin^2\frac{2\pi t_0}{365}\right)\end{aligned}$$

$$+c_1(\theta-\theta_0)+c_2(\ln\theta-\ln\theta_0)+c_3(e^{-0.01\theta}-e^{-0.01\theta_0})+d_1f(\theta-\theta_1)+d_2f(\theta-\theta_2) \tag{4-7}$$

### 4.1.2 渗流监测资料统计模型建模原理

#### 4.1.2.1 坝基扬压力水头监测资料统计模型建模原理

通过对 BEJSK 拱坝渗压计测值进行时空分析可知，拱坝各断面的扬压力主要受水位、温度、降雨和时效等因素的影响。因此，拱坝渗压水头 $P$ 由水位分量 $P_H$、温度分量 $P_T$、降雨分量 $P_U$ 和时效分量 $P_\theta$ 等组成。即

$$P=P_H+P_T+P_U+P_\theta \tag{4-8}$$

1. 水位分量

由前文分析可知，上游水位变化对拱坝渗压水头有影响，且有一定滞后效应，故考虑选择观测日前 15 日内的上游水位的影响，即

$$P_H=\sum_{i=1}^{5}a_i(H_{ui}-H_{ui}^0) \tag{4-9}$$

式中 $H_{ui}$——观测日前 1 天、前 2 天、前 5 天、前 10 天、前 15 天的平均上游水位；

$H_{ui}^0$——建模资料序列第一个观测日前 1 天、前 2 天、前 5 天、前 10 天、前 15 天的平均上游水位；

$a_i$——上游水位因子回归系数（$i=1\sim5$）。

2. 温度分量

考虑到拱坝渗压水头随温度呈现不规则周期性变化，选取如下形式的周期项温度因子，即：

$$P_T=b_1\left(\sin\frac{2\pi t}{365}-\sin\frac{2\pi t_0}{365}\right)+b_2\left(\cos\frac{2\pi t}{365}-\cos\frac{2\pi t_0}{365}\right)+b_3\left(\sin\frac{2\pi t}{365}\cos\frac{2\pi t}{365}-\sin\frac{2\pi t_0}{365}\cos\frac{2\pi t_0}{365}\right)+b_4\left(\sin^2\frac{2\pi t}{365}-\sin^2\frac{2\pi t_0}{365}\right) \tag{4-10}$$

式中 $t$——从观测日至始测日的累计天数；

$t_0$——建模资料序列第一个观测日至始测日的累计天数；

$b_1$、$b_2$、$b_3$、$b_4$——温度因子回归系数。

3. 降雨分量

拱坝渗压水头受到地下水位的影响，而地下水位除受到上游、下游水位的影响外，降雨也是主要因素，降雨量与地下水位的关系复杂，它与降雨量和雨型、入渗条件、地形和地质条件有关，且有一定的滞后效应。对于降雨分量采用如下方法处理，即

$$P_U=\sum_{i=1}^{6}c_i(U_i-U_i^0) \tag{4-11}$$

式中 $U_i$——观测日当天、前 1 天、前 2 天降雨量、前 3～4 天、前 5～15 天、前 16～30 天的降雨量平均值；

$U_i^0$——建模资料序列第一个观测日当天、前 1 天、前 2 天降雨量、前 3～4 天、前 5～15 天、前 16～30 天的降雨量平均值；

$c_i$——降雨因子回归系数（$i=1\sim6$）。

4. 时效分量

参照吴中如等的研究，选择时效分量表达式为

$$P_\theta=d_1(\theta-\theta_0)+d_2[\ln(1+\theta)-\ln(1+\theta_0)]+d_3(e^{-0.01\theta}-e^{-0.01\theta_0}) \tag{4-12}$$

式中 $\theta$——观测日至始测日的累计天数 $t$ 除以 100；

$\theta_0$——建模资料序列第一个观测日至始测日的累计天数 $t$ 除以 100；

$d_1$、$d_2$、$d_3$——时效因子回归系数。

5. 统计模型表达式

综上所述，根据 BEJSK 拱坝运行特性，并考虑初始值影响，由式（4-8）～式（4-12）得到拱坝渗压水头的统计模型为

$$\begin{aligned}P=&\sum_{i=1}^{5}a_i(H_{ui}-H_{ui}^0)+b_1\left(\sin\frac{2\pi t}{365}-\sin\frac{2\pi t_0}{365}\right)+b_2\left(\cos\frac{2\pi t}{365}-\cos\frac{2\pi t_0}{365}\right)\\&+b_3\left(\sin\frac{2\pi t}{365}\cos\frac{2\pi t}{365}-\sin\frac{2\pi t_0}{365}\cos\frac{2\pi t_0}{365}\right)+b_4\left(\sin^2\frac{2\pi t}{365}-\sin^2\frac{2\pi t_0}{365}\right)\\&+\sum_{i=1}^{6}c_i(U_i-U_i^0)+d_1(\theta-\theta_0)+d_2[\ln(1+\theta)-\ln(1+\theta_0)]+d_3(e^{-0.01\theta}-e^{-0.01\theta_0})\end{aligned} \tag{4-13}$$

#### 4.1.2.2 坝基总扬压力统计模型建模原理

为了掌握坝基总扬压力，在 6#、9# 和 13# 坝段横向各布置了 4 个测压孔。由扬压力的性质，结合上游和下游水深，容易得到坝基总扬压力的计算公式为

$$U=\sum_{i=1}^{m+1}\frac{H_i+H_{i+1}}{2}\Delta b_i \tag{4-14}$$

式中 $H_i$——第 $i$ 个测压孔水位。其中，在坝踵和坝址处分别用上游和下游水位，即 $H_0=H_u$，$H_{m+1}=H_d$；

$\Delta b_i$——测压孔间距；

$m$——测压孔个数。

沿拱坝横河向取单位宽度，由上下游水位（或基岩高程）和扬压力孔的水位测值，应用式（4-14）求出 $U$，然后用式（4-13）建立坝基面上总扬压力的统计模型。

#### 4.1.2.3 渗流量监测资料统计模型建模原理

由坝工知识和监测资料分析可知，混凝土坝渗流量主要受上游、下游水深影响，温度对其也有一定的影响，温度变化引起坝体混凝土裂缝（或缺陷）的开合度变化以及坝基节理裂隙的宽度变化，从而引起渗流量的变化；坝前淤积和防渗帷幕随时间的变化，引起渗流量的变化。

一般来说，混凝土坝渗流量不考虑降雨的影响，由前述章节分析可知，BEJSK 拱坝渗流量受降雨影响比较明显，故本次分析时考虑降雨因素。因此，渗流量 $P$ 由水压分量 $P_H$、温度分量 $P_T$、降雨分量 $P_U$ 和时效分量 $P_\theta$ 等组成，即：

$$P=P_H+P_T+P_U+P_\theta \tag{4-15}$$

1. 水压分量

参照吴中如等的研究，坝基渗流量与上游水深的一次方、二次方及下游水深的一次方

有关。与此同时，库水位对渗流量影响有滞后效应。由于下游水位资料序列的缺失，本次分析时不考虑下游水深的影响。因此，水压分量的表达式为

$$P_H = a_{11}(H_u - H_{0u}) + a_{12}(H_u^2 - H_{0u}^2) + \sum_{i=1}^{5} a_{2i}(H_{ui} - H_{0ui}) \tag{4-16}$$

式中 $H_u$——观测日当天的上游水深；

$H_{0u}$——建模资料序列第一个观测日当天的上游水深；

$H_{ui}$——观测日前 1 天、前 2 天、前 3～4 天、前 5～15 天、前 16～30 天的平均上游水深；

$H_{0ui}$——建模资料序列第一个观测日前 1 天、前 2 天、前 3～4 天、前 5～15 天、前 16～30 天的平均上游水深；

$a_{11}$、$a_{12}$、$a_{2i}$——上游水压分量各因子的回归系数（$i=1\sim5$）。

2. 温度分量

考虑到拱坝渗压水头随温度呈现不规则周期性变化，选取如下形式的周期项温度因子：

$$P_T = b_1\left(\sin\frac{2\pi t}{365} - \sin\frac{2\pi t_0}{365}\right) + b_2\left(\cos\frac{2\pi t}{365} - \cos\frac{2\pi t_0}{365}\right) + b_3\left(\sin\frac{2\pi t}{365}\cos\frac{2\pi t}{365} - \sin\frac{2\pi t_0}{365}\cos\frac{2\pi t_0}{365}\right) + b_4\left(\sin^2\frac{2\pi t}{365} - \sin^2\frac{2\pi t_0}{365}\right) \tag{4-17}$$

式中 $t$——从观测日至始测日的累计天数；

$t_0$——建模资料序列第一个观测日至始测日的累计天数；

$b_1$、$b_2$、$b_3$、$b_4$——温度因子回归系数。

3. 降雨分量

拱坝渗压水头受到地下水位的影响，而地下水位除受到上游、下游水位的影响外，降雨也是主要因素，降雨量与地下水位的关系复杂，其与降雨量和雨型、入渗条件、地形和地质条件有关，且有一定的滞后。对于降雨分量采用如下方法处理：

$$P_U = \sum_{i=1}^{6} c_i(U_i - U_i^0) \tag{4-18}$$

式中 $U_i$——观测日当天、前 1 天、前 2 天降雨量、前 3～4 天、前 5～15 天、前 16～30 天的降雨量平均值；

$U_i^0$——建模资料序列第一个观测日当天、前 1 天、前 2 天降雨量、前 3～4 天、前 5～15 天、前 16～30 天的降雨量平均值；

$c_i$——降雨因子回归系数（$i=1\sim6$）。

4. 时效分量

参照吴中如等的研究，选择时效分量表达式为

$$P_\theta = d_1(\theta - \theta_0) + d_2[\ln(1+\theta) - \ln(1+\theta_0)] + d_3(\mathrm{e}^{-0.01\theta} - \mathrm{e}^{-0.01\theta_0}) \tag{4-19}$$

式中 $\theta$——观测日至始测日的累计天数 $t$ 除以 100；

$\theta_0$——建模资料序列第一个观测日至始测日的累计天数 $t$ 除以 100；

$d_1$、$d_2$、$d_3$——时效因子回归系数。

5. 统计模型表达式

综上所述，根据 BEJSK 拱坝运行特性，并考虑初始值影响，由式（4-16）～式（4-19）得到拱坝渗流量的统计模型为

$$
\begin{aligned}
P = & a_{11}(H_u - H_{0u}) + a_{12}(H_u^2 - H_{0u}^2) + \sum_{i=1}^{5} a_{2i}(H_{ui} - H_{0ui}) + b_1\left(\sin\frac{2\pi t}{365}\right. \\
& \left. - \sin\frac{2\pi t_0}{365}\right) + b_2\left(\cos\frac{2\pi t}{365} - \cos\frac{2\pi t_0}{365}\right) + b_3\left(\sin\frac{2\pi t}{365}\cos\frac{2\pi t}{365}\right. \\
& \left. - \sin\frac{2\pi t_0}{365}\cos\frac{2\pi t_0}{365}\right) + b_4\left(\sin^2\frac{2\pi t}{365} - \sin^2\frac{2\pi t_0}{365}\right) + \sum_{i=1}^{6} c_i(U_i - U_i^0) \\
& + d_1(\theta - \theta_0) + d_2[\ln(1+\theta) - \ln(1+\theta_0)] + d_3(e^{-0.01\theta} - e^{-0.01\theta_0})
\end{aligned}
\tag{4-20}
$$

### 4.1.3 应力应变监测资料统计模型建模原理

坝体在水压力、扬压力、泥沙压力和温度等荷载作用下产生的应力应变 $\delta$，坝体应力应变统计模型主要由水压分量 $\delta_H$、温度分量 $\delta_T$ 和时效分量 $\delta_\theta$ 组成，即

$$\delta = \delta_H + \delta_T + \delta_\theta \tag{4-21}$$

1. 水压分量

混凝土重力坝坝体任一点在水压作用下产生的应力应变水压分量与大坝上游水深的 1～3 次方有关。根据 BEJSK 拱坝的实际情况，不考虑下游水位对水平位移变化的影响。因此，水压分量的表达式为

$$\delta_H = \sum_{i=1}^{3}[a_{1i}(H_u^i - H_{u0}^i)] \tag{4-22}$$

式中 $H_u$、$H_{u0}$——监测日、始测日所对应的上游水位；

$a_{1i}$——水压因子回归系数。

2. 温度分量

由时空分析可知，BEJSK 拱坝坝体应力应变波动受温度变化影响呈较显著的年周期变化。考虑到大坝已经运行数年，坝体温度场虽呈逐年下降趋势，但目前降幅很小，已基本稳定，可选用周期项因子模拟温度场对大坝应力应变的影响，即坝体混凝土内任一点的温度变化可用周期函数表示，即

$$\delta_T = \sum_{i=1}^{2}\left[b_{1i}\left(\sin\frac{2\pi it}{365} - \sin\frac{2\pi it_0}{365}\right) + b_{2i}\left(\cos\frac{2\pi it}{365} - \cos\frac{2\pi it_0}{365}\right)\right] \tag{4-23}$$

式中 $t$——从监测日至始测日的累计天数；

$t_0$——建模所取资料序列的第一个测值日至始测日的累计天数；

$b_{1i}$、$b_{2i}$——温度因子回归系数（$i=1$，2）。

3. 时效分量

时效变形的原因极为复杂，其综合反映坝体混凝土与基岩的徐变、蠕变以及岩体地质构造的压缩变形等，采用下式来表示应力应变的时效分量，即

$$\delta_\theta = c_1(\theta - \theta_0) + c_2(\ln\theta - \ln\theta_0) \tag{4-24}$$

式中 $c_1$、$c_2$——时效分量回归系数；

$\theta$——监测日至始测日的累计天数 $t$ 除以 100；

$\theta_0$——建模资料序列第一个监测日至始测日的累计天数 $t_0$ 除以 100。

4. 统计模型表达式

综上所述，根据 BEJSK 拱坝的运行特性并考虑初始测值的影响，得到坝体应力应变的统计模型为

$$\begin{aligned}\delta = &\sum_{i=1}^{3}[a_{1i}(H_u^i - H_{u0}^i)] \\ &+ \sum_{i=1}^{2}\left[b_{1i}\left(\sin\frac{2\pi it}{365} - \sin\frac{2\pi it_0}{365}\right) + b_{2i}\left(\cos\frac{2\pi it}{365} - \cos\frac{2\pi it_0}{365}\right)\right] \\ &+ c_1(\theta - \theta_0) + c_2(\ln\theta - \ln\theta_0) + a_0\end{aligned} \tag{4-25}$$

式中　$a_0$——常数项。

5. 含突变的统计模型

针对部分测点测值的突变，在时效分量公式中引进单位阶跃函数，即

$$H_\theta = d_1(\theta-\theta_0)+d_2(\ln\theta-\ln\theta_0)+e_1 f(\theta-\theta_1)+e_2 f(\theta-\theta_2) \tag{4-26}$$

其中

$$f(x)=\begin{cases}0 & x<0\\ 1 & x\geqslant 0\end{cases}$$

式中　$f(x)$——单位阶跃函数；

$\theta_1$——第一次突变发生的时间至起测日的累计天数乘以 0.01；

$\theta_2$——第二次突变发生的时间至起测日的累计天数乘以 0.01。

含阶跃函数的统计模型为

$$\begin{aligned}H &= H_h + H_T + H_\theta \\ &= a_0 + \sum_{i=1}^{5}[a_{1i}(H_{ui} - H_{u0i})] + \sum_{i=1}^{2}[a_{2i}(\mathrm{H}_{di} - \mathrm{H}_{d0i})] \\ &\quad + \sum_{i=1}^{2}\left[b_{1i}\left(\sin\frac{2\pi it}{365} - \sin\frac{2\pi it_0}{365}\right) + b_{2i}\left(\cos\frac{2\pi it}{365} - \cos\frac{2\pi it_0}{365}\right)\right] \\ &\quad + c_1(\theta - \theta_0) + c_2(\ln\theta - \ln\theta_0) + d_1 f(\theta - \theta_1) + d_2 f(\theta - \theta_2)\end{aligned} \tag{4-27}$$

# 4.2 拱坝变形监测资料统计模型建模分析

## 4.2.1 变形监测资料统计模型逐步回归成果

### 4.2.1.1 统计模型建模资料系列

根据前述 BEJSK 拱坝垂线监测资料的时空分析，选取 6#、9# 和 13# 坝段的典型测点监测数据进行建模分析，测点编号与建模时间序列见表 4-1。

### 4.2.1.2 径向水平位移逐步回归模型

采用逐步回归方法，对 6#、9# 和 13# 坝段共 12 个测点的径向水平位移建立了统计模型。对于规律性较差或有尖刺型突变的测值，为不影响统计模型精度，已根据粗差剔除方法将该类噪值剔除。

**表 4-1　　　　正倒垂线建模资料系列汇总**

| 坝段 | 读盘高程/m | 正垂线编号 | 建模资料系列 | 备　注 |
|---|---|---|---|---|
| 6# | 575.00 | IP2 | 2016 年 10 月 2 日—2020 年 10 月 29 日 | 2019 年 3—8 月整体缺失 |
| | 575.00 | PL1-1 | | 2019 年 2—8 月整体缺失 |
| | 594.00 | PL1-2 | | 2019 年 2—8 月整体缺失 |
| | 620.00 | PL1-3 | | 2019 年 2—8 月整体缺失 |
| 9# | 560.00 | IP3 | | |
| | 560.00 | PL2-1 | | |
| | 594.00 | PL2-2 | | 多段缺失 |
| | 620.00 | PL2-3 | | 多段缺失 |
| 13# | 575.00 | IP4 | | |
| | 575.00 | PL3-1 | | |
| | 594.00 | PL3-2 | | |
| | 620.00 | PL3-3 | | 多段缺失 |

各测点径向水平位移统计模型回归系数、复相关系数（$R$）以及均方根误差（$RMSE$）见表 4-2，典型测点统计模型实测值和拟合值过程线如图 4-1～图 4-6 所示，典型测点统计模型各分量过程线如图 4-7～图 4-11 所示。

**表 4-2　　　　各测点径向水平位移统计模型回归成果**

| 参数 | 测　点 | | | | | | | |
|---|---|---|---|---|---|---|---|---|
| | IP2 | PL1-1 | PL1-2 | PL1-3 | IP3 | PL2-1 | PL2-2 | PL2-3 |
| $a_0$ | −0.972 | 0.574 | 3.990 | 7.129 | 1.305 | 8.624 | 11.073 | 15.180 |
| $a_1$ | −2.371 | 0.000 | 0.000 | 0.000 | −0.050 | 864.818 | 0.000 | 0.000 |
| $a_2$ | 0.000 | 0.000 | 0.000 | 0.000 | 0.000 | −15.796 | 0.000 | 0.000 |
| $a_3$ | $4.528\times10^{-4}$ | $8.120\times10^{-5}$ | $6.571\times10^{-5}$ | $1.251\times10^{-4}$ | 0.000 | 0.128 | 0.000 | 0.000 |
| $a_4$ | 0.000 | $-7.489\times10^{-7}$ | $-5.154\times10^{-7}$ | $-1.033\times10^{-6}$ | $2.338\times10^{-8}$ | $-3.883\times10^{-4}$ | $1.407\times10^{-7}$ | $2.201\times10^{-7}$ |
| $b_1$ | −0.048 | −0.492 | −1.329 | −0.674 | 0.016 | −0.520 | 0.000 | 1.136 |
| $b_2$ | 0.185 | 1.040 | 2.920 | 4.343 | −0.060 | 2.540 | 2.936 | 4.917 |
| $b_3$ | 0.085 | 0.445 | 0.470 | 0.530 | −0.019 | 0.569 | 0.000 | 0.000 |
| $b_4$ | 0.000 | −0.336 | −0.505 | −0.353 | −0.064 | 0.289 | 0.781 | 0.953 |
| $c_1$ | −0.348 | −12.006 | −20.128 | −37.484 | 0.000 | −11.702 | 9.639 | −1.904 |
| $c_2$ | 1.820 | −1.779 | −5.557 | −12.749 | 0.381 | −4.316 | 12.479 | 15.967 |
| $c_3$ | 0.000 | −1341.479 | −2287.816 | −4301.132 | 4.039 | −1359.807 | 1178.399 | 0.000 |
| $R$ | 0.877 | 0.866 | 0.947 | 0.935 | 0.800 | 0.974 | 0.956 | 0.878 |
| $RMSE$ | 0.349 | 0.703 | 0.873 | 1.296 | 0.072 | 0.475 | 1.140 | 2.575 |

续表

| 参数 | 测点 | | | |
|---|---|---|---|---|
| | IP4 | PL3-1 | PL3-2 | PL3-3 |
| $a_0$ | −6.273 | −1.159 | 2.258 | 8.926 |
| $a_1$ | −190.697 | 269.274 | 981.892 | 0.000 |
| $a_2$ | 4.113 | −5.673 | −20.819 | 0.000 |
| $a_3$ | −0.039 | 0.053 | 0.196 | 0.000 |
| $a_4$ | $1.404\times10^{-4}$ | $-1.857\times10^{-4}$ | −0.001 | $3.793\times10^{-7}$ |
| $b_1$ | 0.453 | −0.321 | −1.525 | −0.917 |
| $b_2$ | −0.198 | 1.357 | 3.498 | 5.555 |
| $b_3$ | −0.114 | 0.248 | 0.565 | −0.781 |
| $b_4$ | −0.237 | 0.489 | 1.279 | 1.585 |
| $c_1$ | −2.709 | −10.162 | 0.000 | −43.035 |
| $c_2$ | −3.046 | −5.912 | 1.619 | −17.085 |
| $c_3$ | −350.112 | −1213.659 | 0.000 | −4990.434 |
| $R$ | 0.850 | 0.870 | 0.936 | 0.967 |
| $RMSE$ | 0.402 | 0.669 | 1.149 | 1.268 |

**注** 0.000 表示系数实际为零。

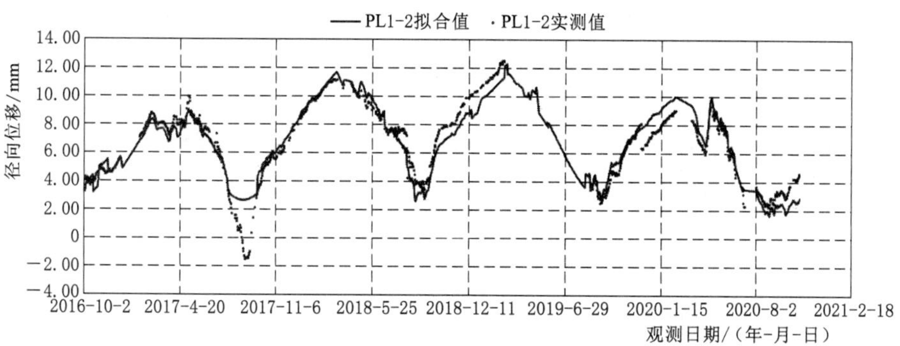


图 4-1 6# 坝段 PL1-2 测点径向水平位移实测值及拟合值过程线

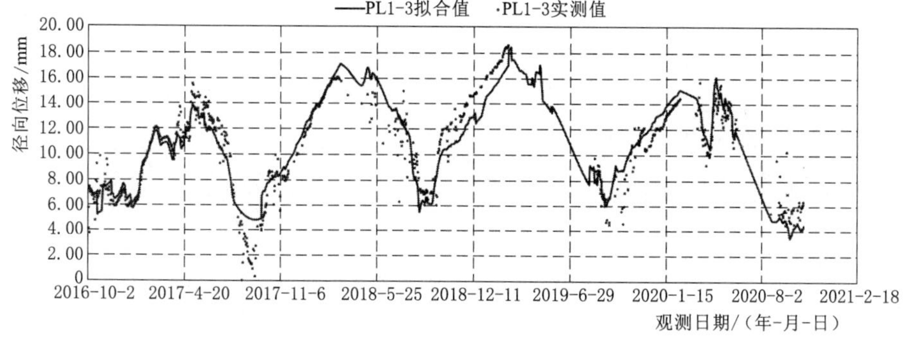


图 4-2 6# 坝段 PL1-3 测点径向水平位移实测值及拟合值过程线

图4-3 9# 坝段IP3测点径向水平位移实测值及拟合值过程线

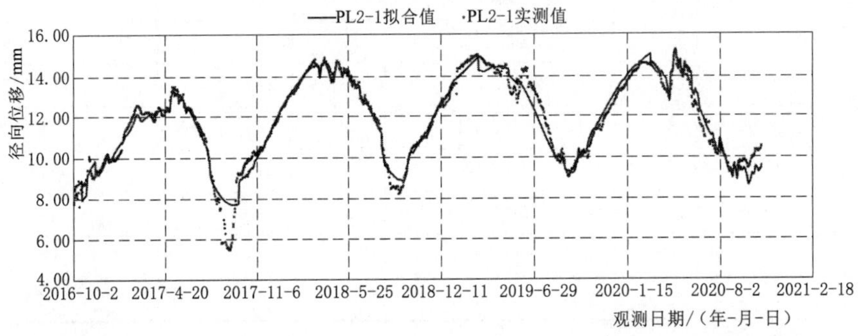


图4-4 9# 坝段PL2-1测点径向水平位移实测值及拟合值过程线

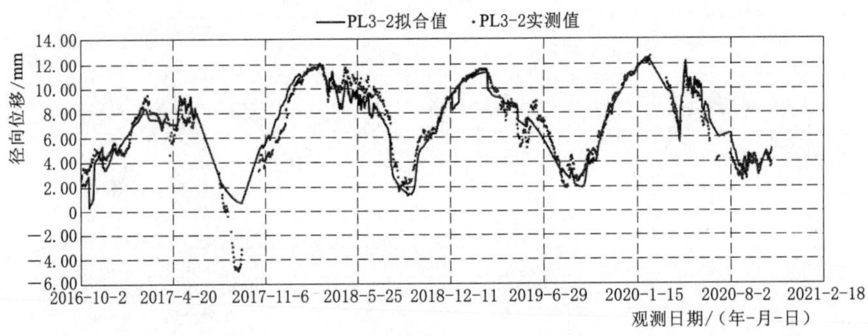


图4-5 13# 坝段PL3-2测点径向水平位移实测值及拟合值过程线

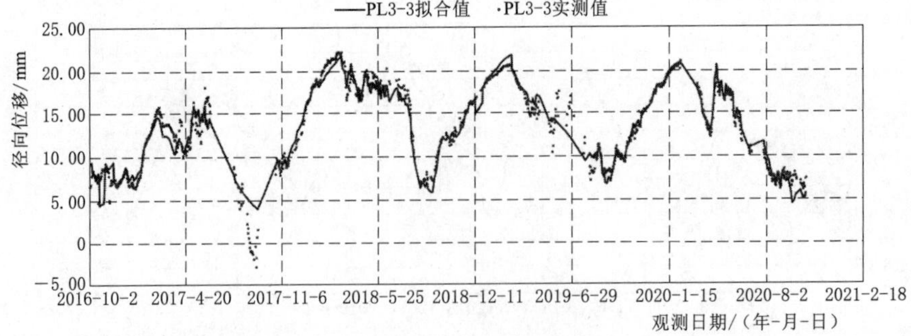


图4-6 13# 坝段PL3-3测点径向水平位移实测值及拟合值过程线

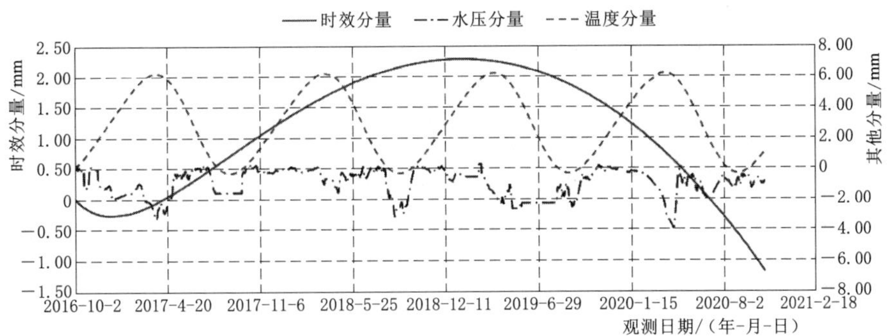


图 4-7 6# 坝段 PL1-2 测点径向水平位移统计模型各分量过程线

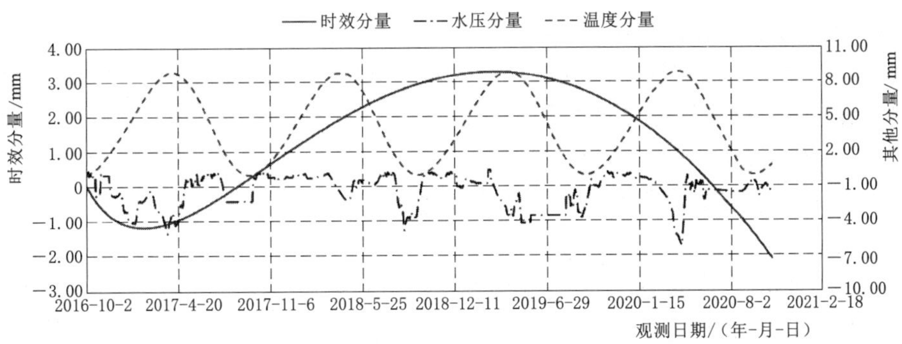


图 4-8 6# 坝段 PL1-3 测点径向水平位移统计模型各分量过程线

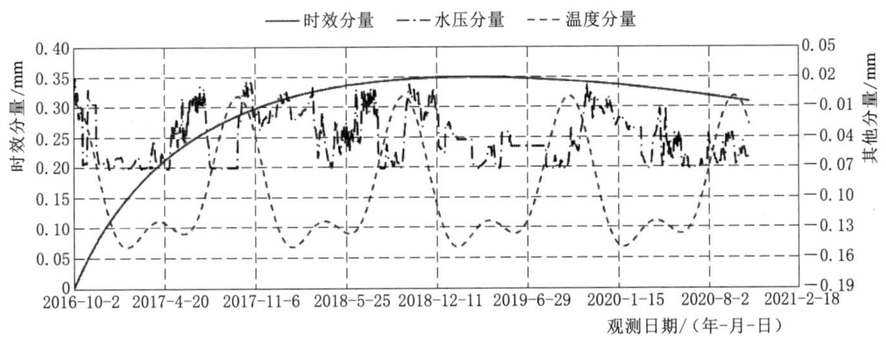


图 4-9 9# 坝段 IP3 测点径向水平位移统计模型各分量过程线

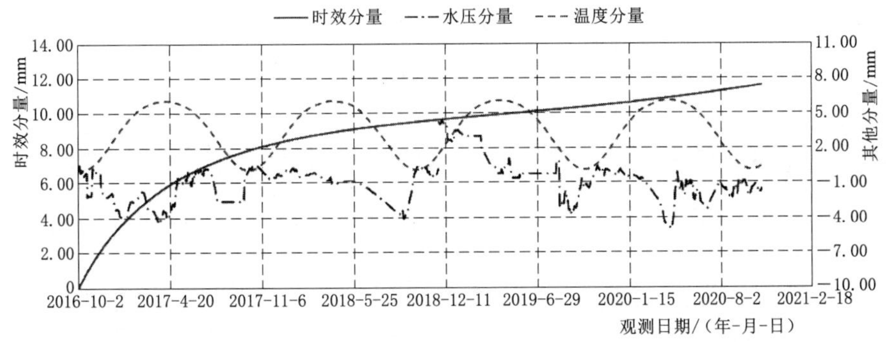


图 4-10 9# 坝段 PL2-2 测点径向水平位移统计模型各分量过程线

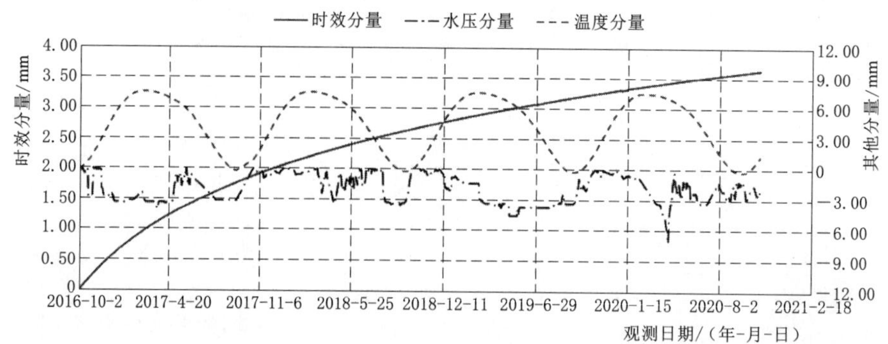


图 4-11　13# 坝段 PL3-1 测点径向水平位移统计模型各分量过程线

在绘制各测点径向水平位移各分量过程线时，为了便于对比各分量间的变幅，图形左侧纵坐标轴为时效分量，右侧纵坐标轴为其他分量，其他分量包括上游水压分量和温度分量。

#### 4.2.1.3　切向水平位移逐步回归模型

采用逐步回归方法，对6#、9#和13#坝段共12个测点的切向水平位移建立了统计模型。对于规律性较差或有尖刺型突变的测值，为不影响统计模型精度，已利用粗差剔除方法将该类噪值剔除。

各测点切向水平位移统计模型回归系数、复相关系数（*R*）以及均方根误差（*RMSE*）见表4-3和表4-4，典型测点统计模型实测值和拟合值过程线如图4-12～图4-15所示，典型测点统计模型各分量过程线如图4-16～图4-19所示。

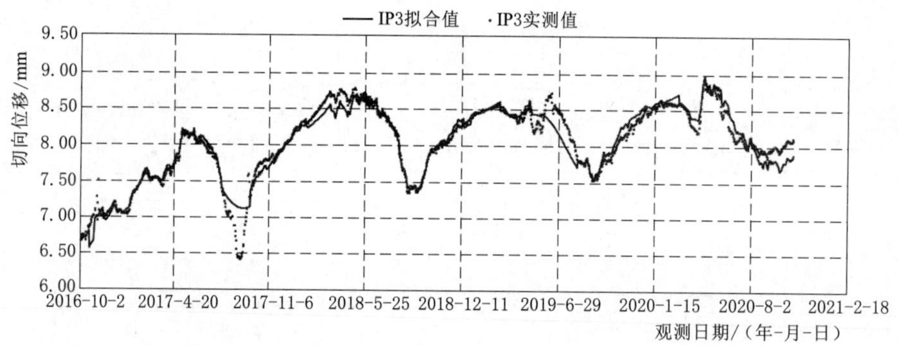


图 4-12　9# 坝段 IP3 测点切向水平位移实测值及拟合值过程线

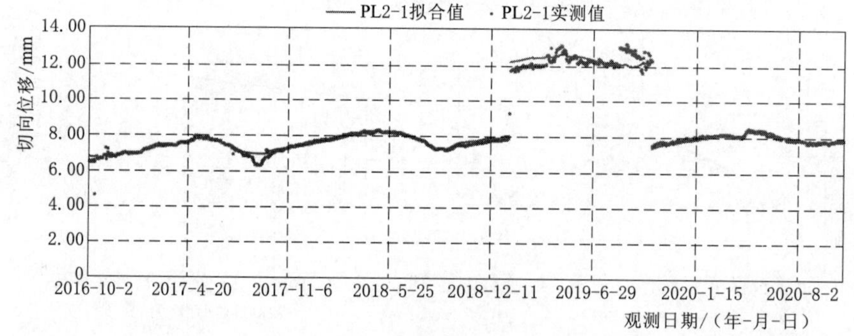


图 4-13　9# 坝段 PL2-1 测点切向水平位移实测值及拟合值过程线

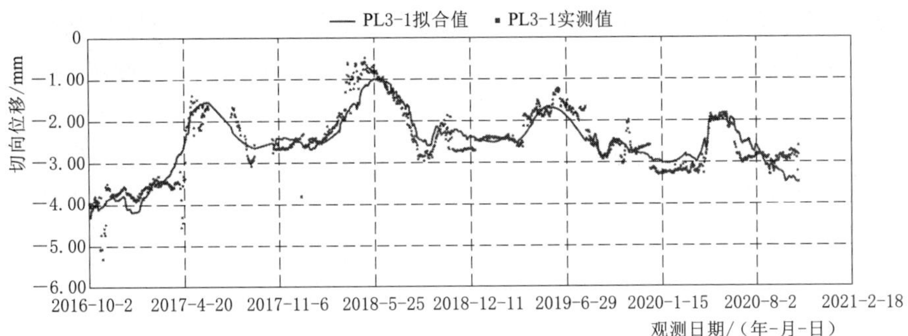


图 4-14　13# 坝段 PL3-1 测点切向水平位移实测值及拟合值过程线

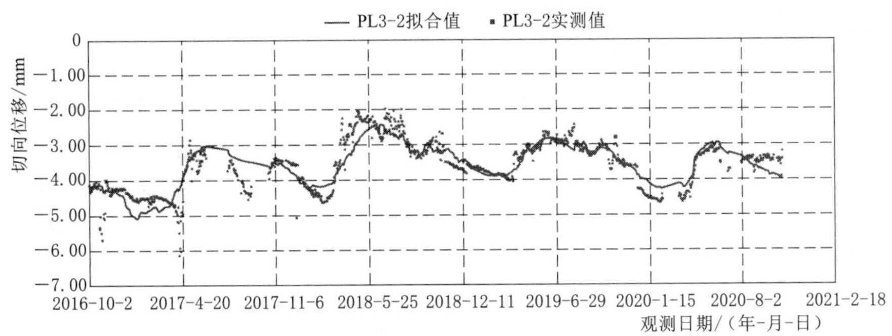


图 4-15　13# 坝段 PL3-2 测点切向水平位移实测值及拟合值过程线

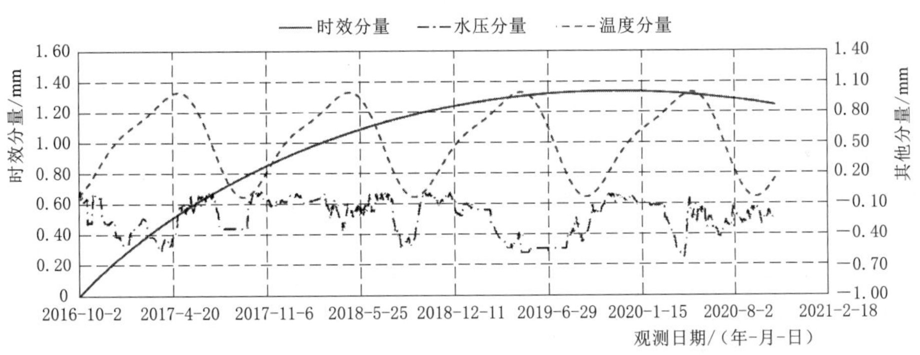


图 4-16　9# 坝段 IP3 测点切向水平位移统计模型各分量过程线

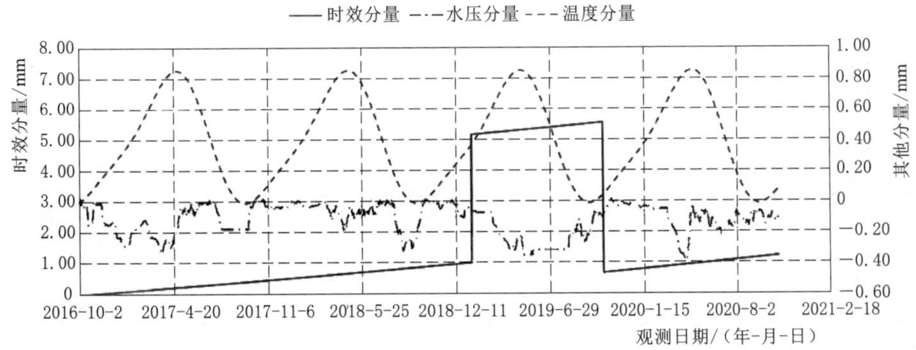


图 4-17　9# 坝段 PL2-1 测点切向水平位移统计模型各分量过程线

在绘制各测点切向水平位移各分量过程线时，为了便于对比各分量间的变幅，图形左侧纵坐标轴为时效分量，右侧纵坐标轴为其他分量，其他分量包括上游水压分量和温度分量。

**表4-3　　各测点切向水平位移统计模型回归成果**

| 参数 | 测点 | | | | | | |
|---|---|---|---|---|---|---|---|
| | IP2 | PL1-1 | PL1-2 | PL1-3 | IP3 | PL2-2 | PL2-3 |
| $a_0$ | -0.183 | -1.294 | -0.241 | -1.438 | 6.686 | 5.940 | 9.879 |
| $a_1$ | -9.937 | 0.000 | 0.000 | 0.000 | 0.000 | -0.043 | 0.000 |
| $a_2$ | 0.102 | 0.000 | 0.000 | 0.000 | 0.000 | 0.000 | 0.000 |
| $a_3$ | 0.000 | 0.000 | 0.000 | 0.000 | 0.000 | 0.000 | $-8.827\times10^{-6}$ |
| $a_4$ | $-3.100\times10^{-6}$ | $3.220\times10^{-8}$ | $5.235\times10^{-8}$ | 0.000 | $1.677\times10^{-8}$ | 0.000 | 0.000 |
| $b_1$ | 0.000 | 0.069 | -0.180 | 0.596 | -0.025 | -0.983 | -2.371 |
| $b_2$ | 0.322 | 0.876 | 1.444 | 0.000 | 0.465 | 1.442 | 3.447 |
| $b_3$ | 0.000 | 0.000 | 0.176 | 1.759 | 0.237 | 0.000 | 0.000 |
| $b_4$ | 0.000 | 0.088 | 0.246 | 0.000 | 0.087 | 0.000 | 0.000 |
| $c_1$ | -2.533 | -7.459 | -13.066 | -0.561 | -1.432 | 0.000 | -32.277 |
| $c_2$ | 1.581 | -1.071 | -3.854 | 4.583 | 0.337 | -1.309 | -38.300 |
| $c_3$ | -242.674 | -826.798 | -1481.251 | 0.000 | -160.465 | 0.000 | -4076.014 |
| $R$ | 0.850 | 0.894 | 0.924 | 0.464 | 0.960 | 0.666 | 0.941 |
| $RMSE$ | 0.464 | 0.443 | 0.540 | 2.049 | 0.146 | 1.952 | 1.752 |

| 参数 | 测点 | | | |
|---|---|---|---|---|
| | IP4 | PL3-1 | PL3-2 | PL3-3 |
| $a_0$ | -3.228 | -4.205 | -4.171 | -3.069 |
| $a_1$ | 252.345 | 0.000 | 0.000 | 260.834 |
| $a_2$ | -5.440 | -0.101 | -0.061 | -5.680 |
| $a_3$ | 0.052 | 0.002 | 0.001 | 0.055 |
| $a_4$ | $-1.861\times10^{-4}$ | $-1.033\times10^{-5}$ | $-6.515\times10^{-6}$ | $-1.987\times10^{-4}$ |
| $b_1$ | 0.142 | 0.571 | 0.634 | 0.443 |
| $b_2$ | 0.645 | 0.299 | -0.111 | -0.067 |
| $b_3$ | 0.477 | 0.478 | 0.493 | 0.734 |
| $b_4$ | 0.130 | 0.000 | 0.000 | -0.279 |
| $c_1$ | -6.135 | -2.359 | -4.970 | -0.243 |
| $c_2$ | -0.629 | 1.866 | -0.744 | 1.875 |
| $c_3$ | -682.234 | -232.870 | -557.729 | 0.000 |
| $R$ | 0.938 | 0.907 | 0.862 | 0.684 |
| $RMSE$ | 0.270 | 0.322 | 0.351 | 0.623 |

表 4-4　　含突变的 PL2-1 测点切向水平位移统计模型回归成果

| 参数 | $a_0$ | $a_1$ | $a_2$ | $a_3$ | $a_4$ | $b_1$ | $b_2$ | $b_3$ | $b_4$ | $c_1$ |
|---|---|---|---|---|---|---|---|---|---|---|
| 数值 | 6.776 | 0.023 | 0.000 | 0.000 | 0.000 | 0.032 | 0.401 | 0.166 | −0.042 | 0.449 |
| 参数 | $c_2$ | $c_3$ | $V_1$ | $V_2$ | $R$ | $RMSE$ | | | | |
| 数值 | 0.000 | 34.712 | 4.155 | −4.877 | 0.993 | 0.230 | | | | |

## 4.2.2 径向水平位移统计模型成果分析

### 4.2.2.1 径向水平位移统计模型精度分析

由表 4-2 可知，所建统计模型复相关系数（$R$）均在 0.85～0.97 之间，最高为 PL2-1（0.98），最低为 IP4（0.85）；均方根误差（$RMSE$）在 0.07～2.58 之间，最大值为 PL2-3（2.575），最小值为 IP3（0.072）。建模资料系列相对较为完整，可见模型的优劣与资料系列的完整性有一定关系。总体上可认为所建模型精度比较高，可进行下一步分析。

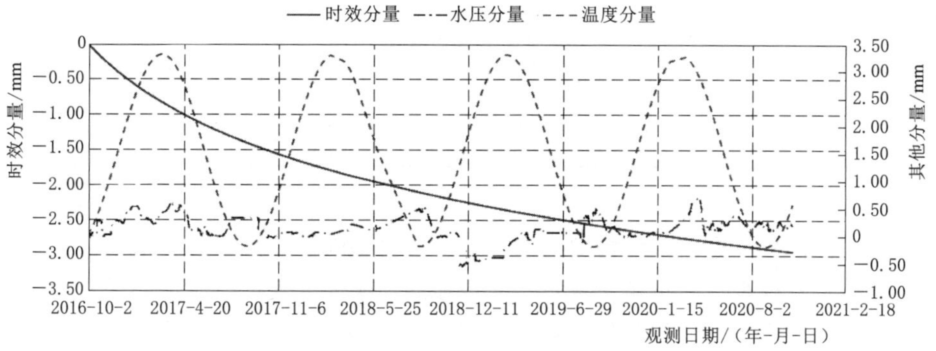


图 4-18　9# 坝段 PL2-2 测点切向水平位移统计模型各分量过程线

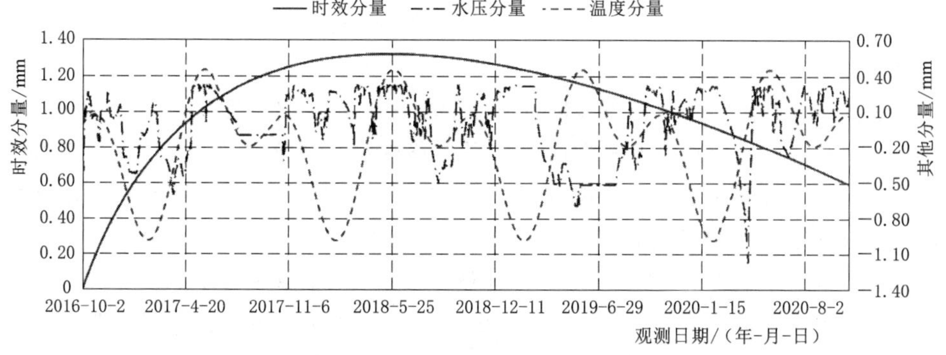


图 4-19　13# 坝段 PL3-3 测点切向水平位移统计模型各分量过程线

### 4.2.2.2 径向水平位移影响效应分析

为了定量分析和评价水压、温度和时效等分量对 BEJSK 拱坝切向水平位移的影响，用统计模型分离出水压分量、温度分量和时效分量这三部分，各分量过程线如图 4-7～图 4-11 所示，并以 2019 年为例，计算出了各测点径向水平位移总变幅及各分量变幅，见表4-5。其中，影响占比=(分量变幅/总变幅)×100%，总变幅为各分量变幅之和。

表4-5　　各测点径向水平位移统计模型各个分量贡献值

| 测点 | 总变幅/mm | 水压分量 | | 温度分量 | | 时效分量 | |
|---|---|---|---|---|---|---|---|
| | | 变幅/mm | 占比/% | 变幅/mm | 占比/% | 变幅/mm | 占比/% |
| IP2 | 1.65 | 0.54 | 32.73 | 0.41 | 24.86 | 0.70 | 42.42 |
| PL1-1 | 4.92 | 1.55 | 31.45 | 2.52 | 51.18 | 0.85 | 17.38 |
| PL1-2 | 10.46 | 2.93 | 27.97 | 6.56 | 62.67 | 0.98 | 9.36 |
| PL1-3 | 14.79 | 4.61 | 31.19 | 8.87 | 59.98 | 1.31 | 8.83 |
| IP3 | 0.25 | 0.08 | 34.21 | 0.15 | 60.67 | 0.01 | 5.12 |
| PL2-1 | 7.03 | 1.60 | 22.70 | 5.26 | 74.78 | 0.18 | 2.52 |
| PL2-2 | 13.88 | 7.16 | 51.62 | 5.87 | 42.30 | 0.84 | 6.08 |
| PL2-3 | 23.30 | 11.21 | 48.10 | 10.13 | 43.48 | 1.96 | 8.42 |
| IP4 | 1.99 | 0.38 | 18.96 | 1.09 | 55.00 | 0.52 | 26.04 |
| PL3-1 | 5.58 | 2.36 | 42.22 | 2.79 | 49.99 | 0.43 | 7.79 |
| PL3-2 | 12.80 | 4.54 | 35.48 | 7.75 | 60.58 | 0.50 | 3.94 |
| PL3-3 | 20.84 | 8.47 | 40.63 | 11.56 | 55.49 | 0.81 | 3.88 |

1. 水压分量

所有测点径向水平位移统计模型均选择了上游水深因子，说明上游水深对径向水平位移有一定影响。一般来说，上游水深对径向位移的影响表现为：上游水位升高时，径向位移增大；上游水位降低时，径向位移减小。由表4-1可见，以2019年为例，6#坝段径向水平位移温度分量占总变幅比例为8.77%～48.80%，9#坝段径向水平位移温度分量占总变幅比例为14.86%～45.93%，13#坝段径向水平位移温度分量占总变幅比例为8.98%～57.23%。整体来看，水压分量对坝基扬压力水头影响较大。

2. 温度分量

所有测点径向水平位移统计模型都选中了温度因子，说明温度变化对径向水平位移有一定影响。一般温度升高时向下游方向的水平位移减小，反之增大。以2019年为例，6#坝段径向水平位移温度分量占总变幅比例为24.86%～62.67%，9#坝段径向水平位移温度分量占总变幅比例为42.30%～74.78%，13#坝段径向水平位移温度分量占总变幅比例为49.99%～60.58%。整体来看，温度分量对径向水平位移影响较大。

此外，温度分量对正垂线的影响要大于倒垂线。倒垂线温度分量占总变幅比例为24.86%～60.67%，正垂线温度分量占总变幅比例为42.30%～74.78%。原因为倒垂线所测位移是坝基相对基岩的位移，受到温度扰动时的变形小于坝基以上结构的变形（由正垂线测得）。

3. 时效分量

所有测点径向水平位移统计模型都选中了时效因子，说明时效对径向水平位移测值有一定影响。以2019年为例，6#坝段径向水平位移时效分量占总变幅比例为8.83%～

42.42%，9#坝段径向水平位移时效分量占总变幅比例为2.52%～8.42%，13#坝段径向水平位移时效分量占总变幅比例为3.88%～26.04%。整体来看，时效分量对径向水平位移影响较大。

此外，时效分量对倒垂线的影响要大于正垂线。倒垂线时效分量占总变幅比例为5.12%～42.42%，正垂线温度分量占总变幅比例为2.52%～17.38%。原因为倒垂线所测径向位移是坝基相对基岩的位移，主要受到时效的影响，受到时效扰动时的变形大于坝基以上结构的变形（由正垂线测得）。

根据图4-7～图4-11统计时效分量变化趋势以及收敛情况，见表4-6。除IP4、PL2-2和PL3-2测点径向水平位移时效分量表现为向下游变化外，其余测点均表现为向上游变化；除IP3、PL2-2测点径向水平位移时效分量已收敛外，其余测点还未收敛。

**表4-6　径向水平位移时效分量变化情况汇总**

| 测点 | 时效分量变化趋势 | 时效分量收敛情况 | 测点 | 时效分量变化趋势 | 时效分量收敛情况 |
|---|---|---|---|---|---|
| IP2 | 向上游 | 未收敛 | PL2-2 | 向下游 | 收敛 |
| PL1-1 | 向上游 | 未收敛 | PL2-3 | 向上游 | 未收敛 |
| PL1-2 | 向上游 | 未收敛 | IP4 | 向下游 | 未收敛 |
| PL1-3 | 向上游 | 未收敛 | PL3-1 | 向上游 | 未收敛 |
| IP3 | 向上游 | 收敛 | PL3-2 | 向下游 | 未收敛 |
| PL2-1 | 向上游 | 未收敛 | | | |

## 4.2.3 切向水平位移统计模型成果分析

### 4.2.3.1 切向水平位移统计模型精度分析

由表4-3和表4-4可知，所建统计模型复相关系数（*R*）在0.464～0.993之间，均方根误差（*RMSE*）在0.146～2.049之间，精度较低的测点有PL1-3（0.464）、PL2-2（0.666）、PL3-3（0.684），可能与资料系列不完整有关。其余测点总体上可认为所建模型精度比较高，对精度较高测点进行下一步分析。

### 4.2.3.2 切向水平位移影响效应分析

为了定量分析和评价水压分量、温度分量和时效等分量对BEJSK拱坝切向水平位移的影响，用统计模型分离出水压分量、温度分量和时效分量这三部分，各分量过程线如图4-16～图4-19所示，并以2019年为例，计算出了各测点切向水平位移总变幅及各分量变幅，见表4-7。其中，影响占比=(分量变幅/总变幅)×100%，总变幅为各分量变幅之和。

1. 水压分量

所有测点切向水平位移统计模型均选择了上游水深因子，说明上游水深对切向水平位移有一定影响。以2019年为例，6#坝段切向水平位移水压分量占总变幅比例为21.86%～30.59%，9#坝段切向水平位移水压分量占总变幅比例为5.97%～34.92%，13#坝段切向水平位移水压分量占总变幅比例为20.05%～26.43%。整体来看，水压分量对切向水平位移影响较大。

表 4-7　　各测点切向水平位移统计模型各个分量贡献值

| 测点 | 总变幅/mm | 水压分量 | | 温度分量 | | 时效分量 | |
|---|---|---|---|---|---|---|---|
| | | 变幅/mm | 占比/% | 变幅/mm | 占比/% | 变幅/mm | 占比/% |
| IP2 | 2.19 | 0.67 | 30.59 | 0.64 | 29.40 | 0.88 | 40.01 |
| PL1-1 | 3.19 | 0.70 | 21.86 | 1.76 | 55.10 | 0.73 | 23.04 |
| PL1-2 | 4.89 | 1.13 | 23.19 | 2.92 | 59.75 | 0.83 | 17.05 |
| IP3 | 1.71 | 0.60 | 34.92 | 1.03 | 60.08 | 0.09 | 5.00 |
| PL2-1 | 6.10 | 0.36 | 5.97 | 0.86 | 14.11 | 4.88 | 79.92 |
| PL2-3 | 14.85 | 4.02 | 27.08 | 8.37 | 56.33 | 2.46 | 16.59 |
| IP4 | 2.76 | 0.73 | 26.42 | 1.57 | 57.07 | 0.46 | 16.51 |
| PL3-1 | 2.47 | 0.54 | 21.93 | 1.46 | 58.98 | 0.47 | 19.09 |
| PL3-2 | 2.27 | 0.46 | 20.05 | 1.54 | 67.66 | 0.28 | 12.29 |

2. 温度分量

所有测点切向水平位移统计模型都选中了温度因子，说明温度变化对切向水平位移有一定影响。以2019年为例，6#坝段切向水平位移温度分量占总变幅比例为29.40%～59.75%，9#坝段切向水平位移温度分量占总变幅比例为14.11%～60.08%，13#坝段切向水平位移温度分量占总变幅比例为57.07%～67.66%。整体来看，温度分量对切向水平位移影响较大。

此外，温度分量对正垂线的影响要大于倒垂线。倒垂线温度分量占总变幅比例为29.40%～60.08%，正垂线温度分量占总变幅比例为14.11%～67.66%。原因为倒垂线所测位移是坝基相对基岩的位移，受到温度扰动时的变形小于坝基以上结构的变形（由正垂线测得）。

3. 时效分量

所有测点切向水平位移统计模型都选中了时效因子，说明时效对切向水平位移测值有一定影响。以2019年为例，6#坝段切向水平位移时效分量占总变幅比例为17.05%～40.01%，9#坝段切向水平位移时效分量占总变幅比例为5.00%～79.92%，13#坝段切向水平位移时效分量占总变幅比例为12.29%～19.09%。整体来看，时效分量对切向水平位移影响较大。此外，时效分量对正垂线的影响要大于倒垂线。倒垂线时效分量占总变幅比例为5.00%～40.01%，正垂线时效分量占总变幅比例为12.29%～79.92%。

根据图4-16～图4-19统计时效分量变化趋势以及收敛情况，见表4-8。除IP3和PL2-1测点径向水平位移时效分量表现为向左岸变化外，其余测点均表现为向右岸变化；除IP3、PL2-3测点径向水平位移时效分量已收敛外，其余测点还未收敛。

### 4.2.4　水平位移预报模型

通过以上对径向水平位移和切向水平位移监测资料的定量分析，采用式（4-5）和式（4-7）建立的统计模型，根据回归系数表4-2～表4-4，可得到相应的水平位移预报模型为

表 4-8 切向水平位移时效分量变化情况汇总

| 测点 | 时效分量变化趋势 | 时效分量收敛情况 | 测点 | 时效分量变化趋势 | 时效分量收敛情况 |
|---|---|---|---|---|---|
| IP2 | 向右岸 | 未收敛 | PL2-3 | 向右岸 | 收敛 |
| PL1-1 | 向右岸 | 未收敛 | IP4 | 向右岸 | 未收敛 |
| PL1-2 | 向右岸 | 未收敛 | PL3-1 | 向右岸 | 未收敛 |
| IP3 | 向左岸 | 收敛 | PL3-2 | 向右岸 | 未收敛 |
| PL2-1 | 向左岸 | 未收敛 | PL3-3 | 向右岸 | 未收敛 |

$$\begin{cases} |\delta-\hat{\delta}(t)|\leqslant 2S\text{，水平位移性态正常；} \\ 2S<|\delta-\hat{\delta}(t)|\leqslant 3S\text{，跟踪监测，无趋势性变化为正常；否则异常，需进行成因分析；} \\ |\delta-\hat{\delta}(t)|>3S\text{，水平位移位移性态异常，应进行成因分析。} \end{cases} \tag{4-28}$$

式中 $\delta$——水平位移监测值；

$\hat{\delta}(t)$——水平位移统计模型计算值；

$S$——水平位移统计模型标准差，见表 4-9 和表 4-10。

表 4-9 径向水平位移标准差

| 测点 | IP2 | PL1-1 | PL1-2 | PL1-3 | IP3 | PL2-1 |
|---|---|---|---|---|---|---|
| 标准差 | 0.496 | 1.274 | 3.309 | 5.722 | 0.072 | 0.475 |
| 测点 | PL2-2 | PL2-3 | IP4 | PL3-1 | PL3-2 | PL3-3 |
| 标准差 | 12.883 | 18.277 | 0.402 | 0.669 | 1.150 | 1.269 |

表 4-10 切向水平位移标准差

| 测点 | IP2 | PL1-1 | PL1-2 | PL1-3 | IP3 | PL2-1 |
|---|---|---|---|---|---|---|
| 标准差 | 0.450 | 0.455 | 0.821 | 2.053 | 0.146 | 0.230 |
| 测点 | PL2-2 | PL2-3 | IP4 | PL3-1 | PL3-2 | PL3-3 |
| 标准差 | 3.208 | 1.940 | 0.270 | 0.323 | 0.351 | 0.624 |

## 4.3 渗流监测资料统计模型分析

### 4.3.1 渗流监测资料统计模型逐步回归成果

#### 4.3.1.1 坝基扬压力水头逐步回归模型

采用逐步回归方法，对 6#、9# 和 13# 坝段的坝基扬压力水头建立了统计模型。针对 3 个坝段的测点，选取完整、连续的监测资料序列（2017 年 11 月 1 日—2019 年 12 月 26 日）进行建模。对于规律性较差或有尖刺型突变的测值，为不影响统计模型精度，已根据粗差剔除方法将该类噪值剔除。其中，Pj1-1 和 Pj3-1 仪器测值异常，Pj1-3 和 Pj2-2 测点资料序列严重缺失，这里不再进行分析。

各测点统计模型回归系数、复相关系数（$R$）以及均方根误差（$RMSE$）见表4-11，坝基扬压力水头统计模型实测值和拟合值过程线如图4-20～图4-27所示，统计模型各分量过程线如图4-28～图4-35所示。

**表4-11　坝基扬压力水头统计模型回归成果**

| 参数 | 测点 | | | | | | | |
|---|---|---|---|---|---|---|---|---|
| | Pj1-2 | Pj1-4 | Pj2-1 | Pj2-3 | Pj2-4 | Pj3-2 | Pj3-3 | Pj3-4 |
| $a_0$ | 59.062 | 8.100 | 47.393 | 20.187 | 19.586 | 1.386 | 10.371 | 9.011 |
| $a_1$ | 0.000 | 0.256 | 1.000 | 0.198 | 0.382 | 0.003 | 0.000 | 0.031 |
| $a_2$ | 0.000 | 0.000 | 0.000 | 0.000 | 0.000 | 0.000 | 0.000 | 0.000 |
| $a_3$ | 0.000 | 0.000 | 0.000 | 0.000 | 0.000 | 0.000 | 0.000 | 0.000 |
| $a_4$ | 0.000 | 0.000 | 0.000 | 0.261 | 0.000 | 0.000 | 0.008 | 0.096 |
| $a_5$ | 0.000 | −0.159 | −0.388 | −0.408 | −0.216 | 0.006 | −0.009 | −0.118 |
| $b_1$ | −0.345 | 1.542 | 0.000 | 1.110 | 1.251 | 0.061 | 0.003 | 0.450 |
| $b_2$ | 0.000 | 0.376 | 3.471 | 1.123 | 1.053 | 0.033 | 0.009 | 0.190 |
| $b_3$ | 0.183 | −0.242 | 0.718 | 1.133 | −0.371 | −0.009 | −0.023 | 0.000 |
| $b_4$ | −0.383 | 1.496 | 5.620 | 1.308 | 2.158 | 0.031 | 0.000 | 0.449 |
| $c_1$ | −0.003 | 0.000 | 0.000 | 0.000 | 0.000 | 0.000 | 0.000 | 0.000 |
| $c_2$ | 0.000 | 0.000 | 0.000 | 0.000 | 0.000 | 0.000 | 0.000 | 0.000 |
| $c_3$ | 0.000 | 0.012 | 0.000 | 0.000 | 0.013 | 0.000 | 0.000 | 0.000 |
| $c_4$ | 0.000 | 0.000 | 0.000 | 0.000 | 0.000 | 0.000 | 0.000 | 0.000 |
| $c_5$ | −0.010 | 0.014 | 0.000 | −0.046 | 0.017 | 0.000 | $-2.846\times10^{-4}$ | 0.000 |
| $c_6$ | 0.000 | 0.000 | −0.107 | −0.046 | 0.000 | 0.002 | −0.001 | −0.009 |
| $d_1$ | −19.366 | 0.000 | 90.495 | 171.391 | 0.000 | 19.844 | 12.117 | 94.171 |
| $d_2$ | −47.219 | 0.964 | 290.995 | 323.124 | −0.778 | 37.601 | 25.322 | 66.073 |
| $d_3$ | −2642.610 | 0.000 | 12695.237 | 22430.008 | 0.000 | 2609.917 | 1604.702 | 11121.041 |
| $R$ | 0.781 | 0.806 | 0.901 | 0.795 | 0.816 | 0.993 | 0.907 | 0.997 |
| $RMSE$ | 0.409 | 0.895 | 2.059 | 1.066 | 1.038 | 0.038 | 0.019 | 0.373 |

在绘制各测点坝基扬压力水头分量过程线时，为了便于对比各分量间的变幅，图形左侧纵坐标轴为时效分量，右侧纵坐标轴为其他分量，其他分量包括上游水位分量、温度分量和降雨分量。

#### 4.3.1.2 坝基总扬压力逐步回归模型

先根据式（4-14）求出坝基总扬压力。由于6#和9#坝段各有一支渗压计严重缺失数据，本次分析只计算13#坝段的坝基总扬压力。计算坝基总扬压力时，缺少完整的下游水位资料序列，而Pj3-4距下游坝趾只有1.55m，因此将Pj3-4的渗压水头作为下游水头计算出坝基总扬压力。

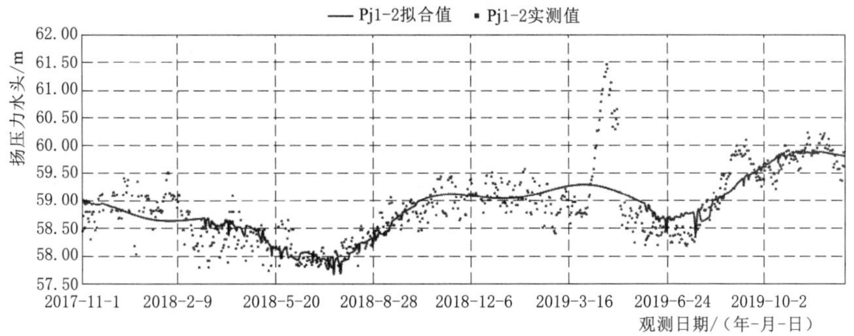


图 4-20 6# 坝段 Pj1-2 测点坝基扬压力水头实测值与拟合值过程线

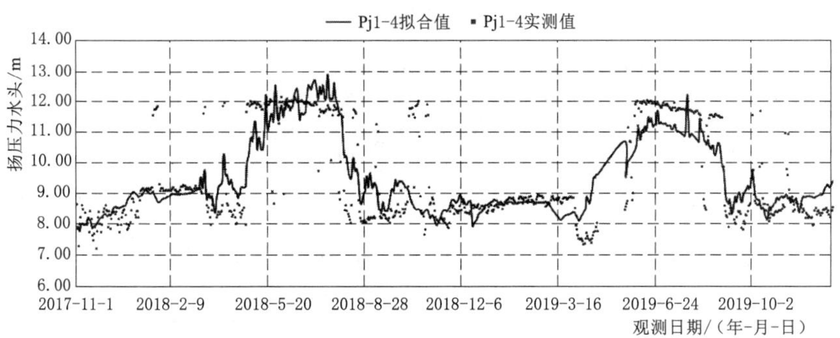


图 4-21 6# 坝段 Pj1-4 测点坝基扬压力水头实测值与拟合值过程线

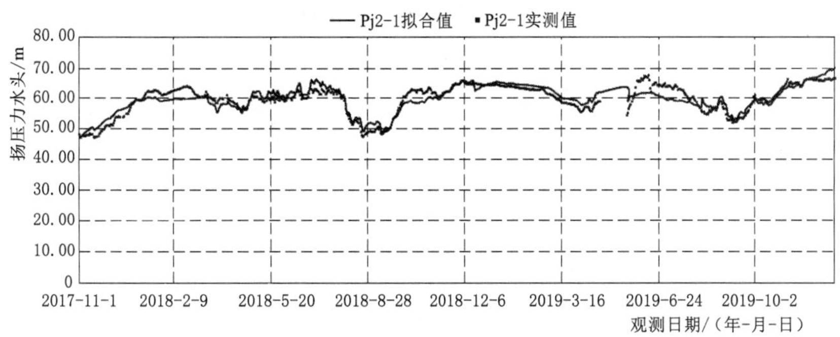


图 4-22 9# 坝段 Pj2-1 测点坝基扬压力水头实测值与拟合值过程线

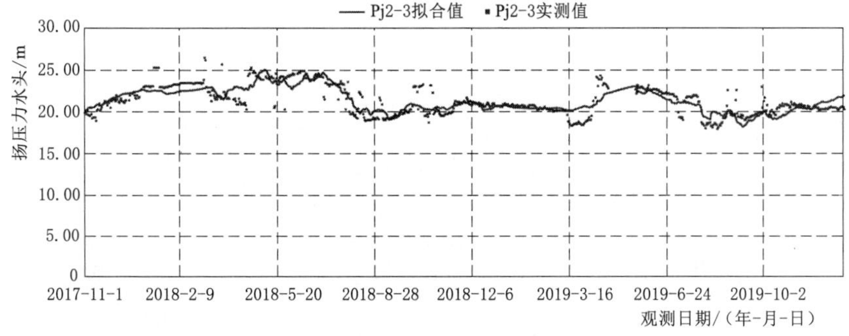


图 4-23 9# 坝段 Pj2-3 测点坝基扬压力水头实测值与拟合值过程线

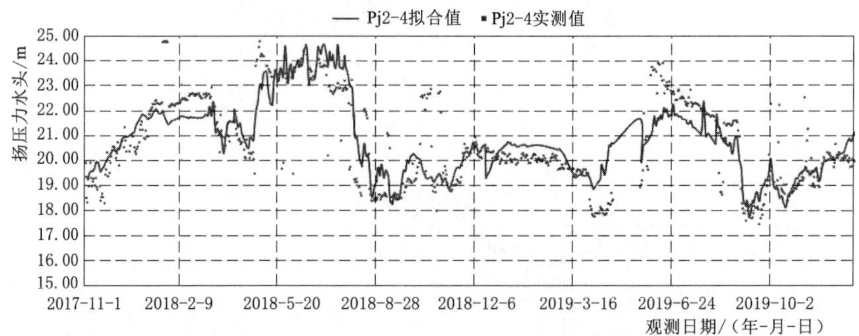


图 4 - 24　9# 坝段 Pj2 - 4 测点坝基扬压力水头实测值与拟合值过程线

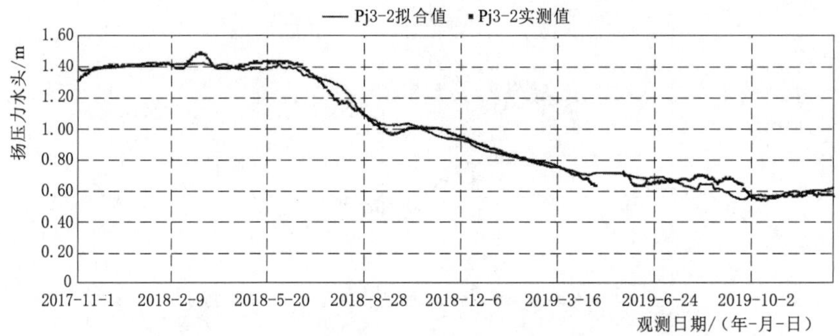


图 4 - 25　13# 坝段 Pj3 - 2 测点坝基扬压力水头实测值与拟合值过程线

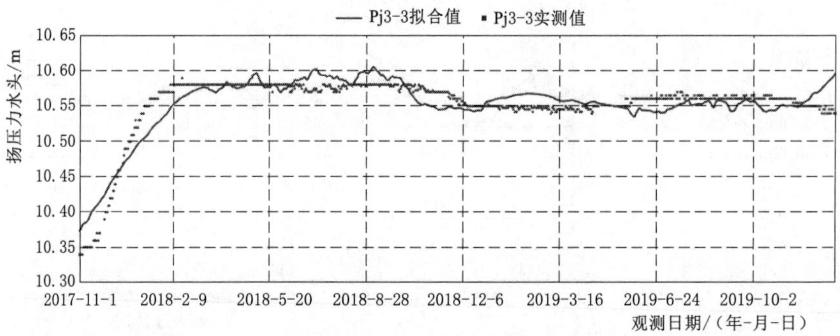


图 4 - 26　13# 坝段 Pj3 - 3 测点坝基扬压力水头实测值与拟合值过程线

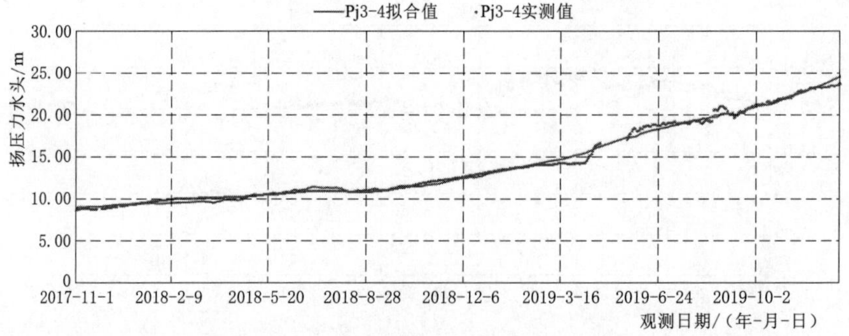


图 4 - 27　13# 坝段 Pj3 - 4 测点坝基扬压力水头实测值与拟合值过程线

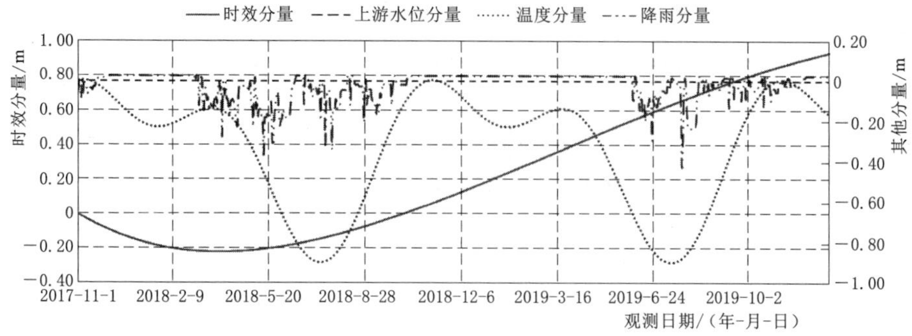


图 4-28 6# 坝段 Pj1-2 测点坝基扬压力水头各分量过程线

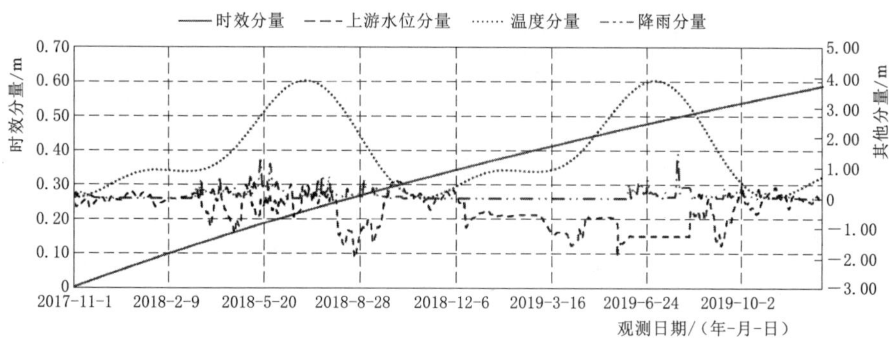


图 4-29 6# 坝段 Pj1-4 测点坝基扬压力水头各分量过程线

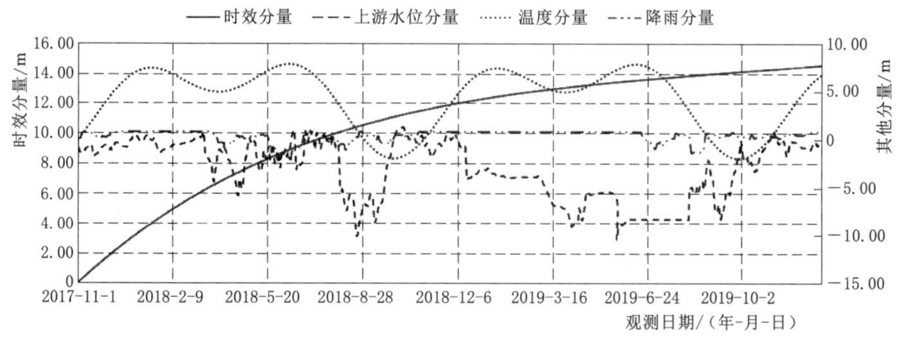


图 4-30 9# 坝段 Pj2-1 测点坝基扬压力水头各分量过程线

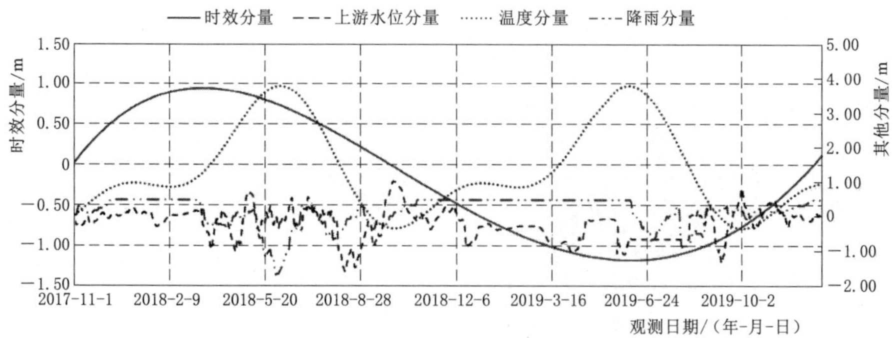


图 4-31 9# 坝段 Pj2-3 测点坝基扬压力水头各分量过程线

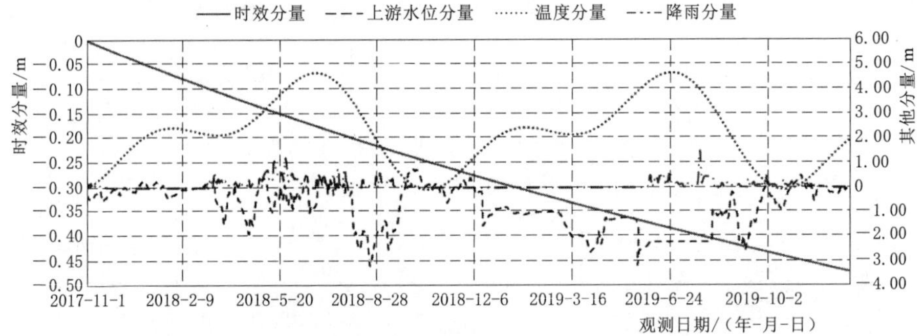


图4-32　9#坝段Pj2-4测点坝基扬压力水头各分量过程线

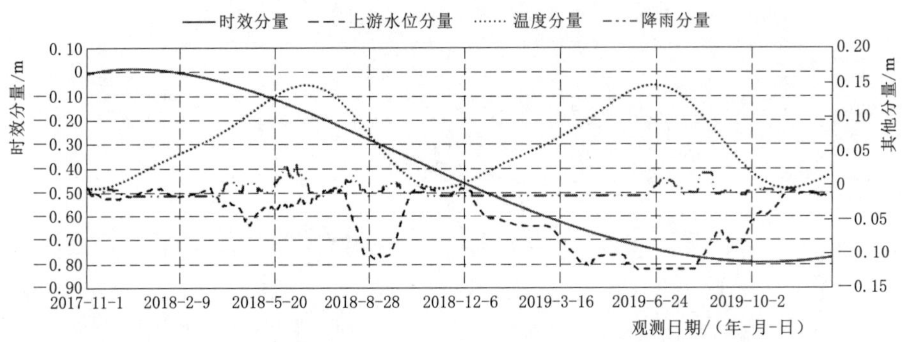


图4-33　13#坝段Pj3-2测点坝基扬压力水头各分量过程线

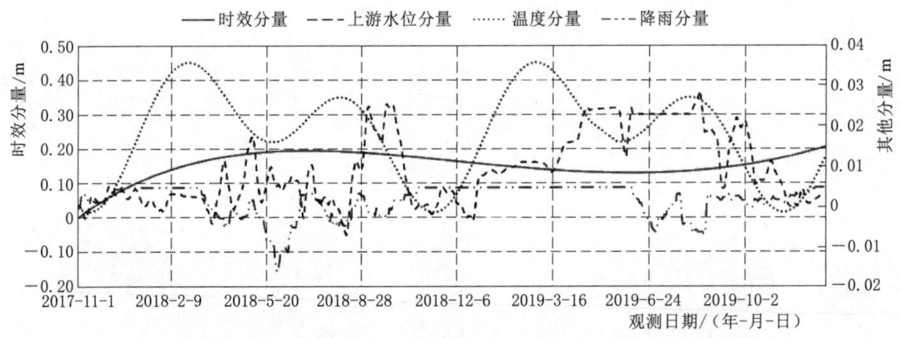


图4-34　13#坝段Pj3-3测点坝基扬压力水头各分量过程线

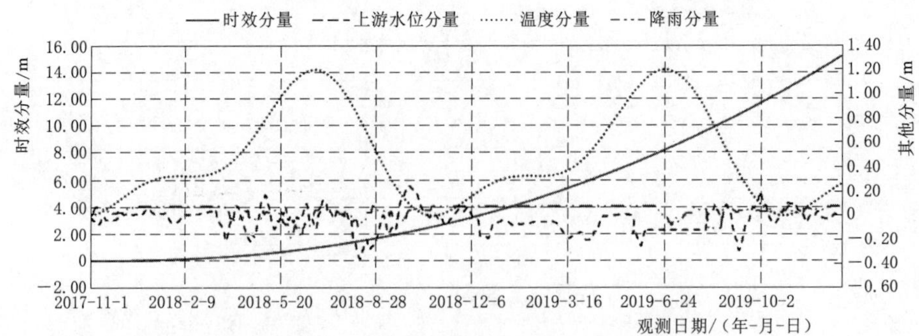


图4-35　13#坝段Pj3-4测点坝基扬压力水头各分量过程线

再根据式（4－13），采用逐步回归方法，对 13#坝段的坝基总扬压力建立了统计模型，建模资料序列为 2017 年 11 月 1 日—2019 年 12 月 26 日。对于规律性较差或有尖刺型突变的测值，为不影响统计模型精度，已利用粗差剔除方法将该类噪值剔除。

13#坝段坝基总扬压力统计模型回归系数、复相关系数（$R$）以及均方根误差（$RMSE$）见表 4－12，坝基总扬压力统计模型实测值和拟合值过程线如图 4－36 所示，统计模型各分量过程线如图 4－37 所示。

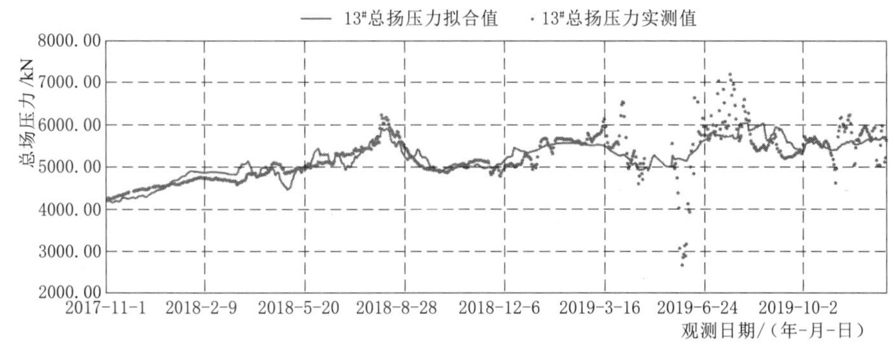


图 4－36　13#坝段坝基总扬压力实测值与拟合值过程线

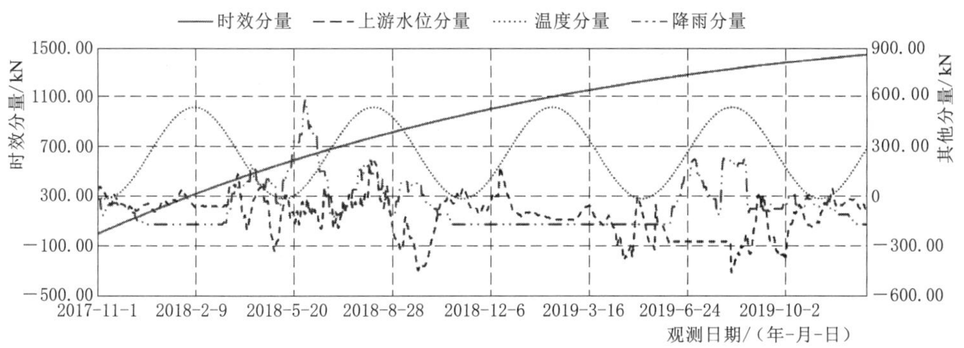


图 4－37　13#坝段坝基总扬压力各分量过程线

在绘制 13#坝段坝基总扬压力各分量过程线时，为了便于对比各分量间的变幅，图形左侧纵坐标轴为时效分量，右侧纵坐标轴为其他分量，其他分量包括上游水压分量、温度分量和降雨分量。

**表 4－12　　13#坝段坝基总扬压力统计模型回归成果**

| 参数 | $a_0$ | $a_1$ | $a_2$ | $a_3$ | $a_4$ | $a_5$ | $b_1$ | $b_2$ | $b_3$ | $b_4$ | $c_1$ |
|---|---|---|---|---|---|---|---|---|---|---|---|
| 数值 | 4251.0717 | −57.4066 | 0.0000 | 0.0000 | 0.0000 | 75.4328 | 0.0000 | 0.0000 | −519.7053 | 175.3506 | 0.0000 |
| 参数 | $c_2$ | $c_3$ | $c_4$ | $c_5$ | $c_6$ | $d_1$ | $d_2$ | $d_3$ | $R$ | $RMSE$ | |
| 数值 | 0.0000 | 0.0000 | 0.0000 | 12.8347 | 17.8739 | −274.6972 | 5931.3369 | 0.0000 | 0.7600 | 367.1200 | |

#### 4.3.1.3　渗流量逐步回归模型

根据式（4－20），采用逐步回归方法，对 WE1 和 WE2 量水堰渗流量建立统计模型，建模资料序列为 2017 年 11 月 2 日—2020 年 10 月 29 日。对于规律性较差或有尖刺型突变的测值，为不影响统计模型精度，已利用粗差剔除方法将该类噪值剔除。其中，WE3～WE8 量水堰渗流量没有数据，这里不再进行分析。

WE1 和 WE2 测点渗流量统计模型回归系数、复相关系数（$R$）以及均方根误差（$RMSE$）见表 4-13，渗流量统计模型实测值和拟合值过程线如图 4-38 和图 4-39 所示，统计模型各分量过程线如图 4-40 和图 4-41 所示。

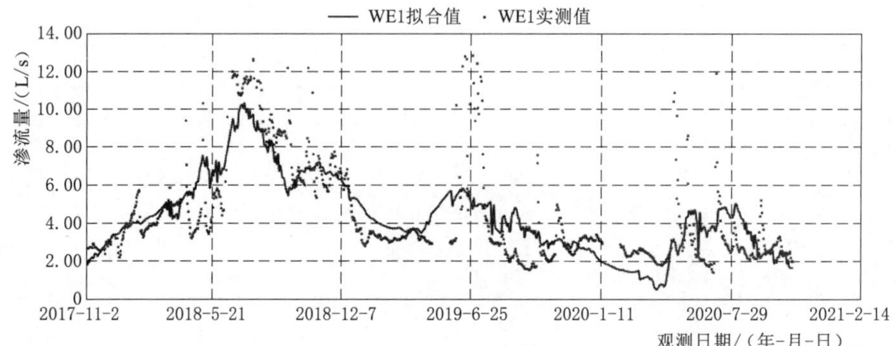


图 4-38　WE1 量水堰渗流量实测值与拟合值过程线

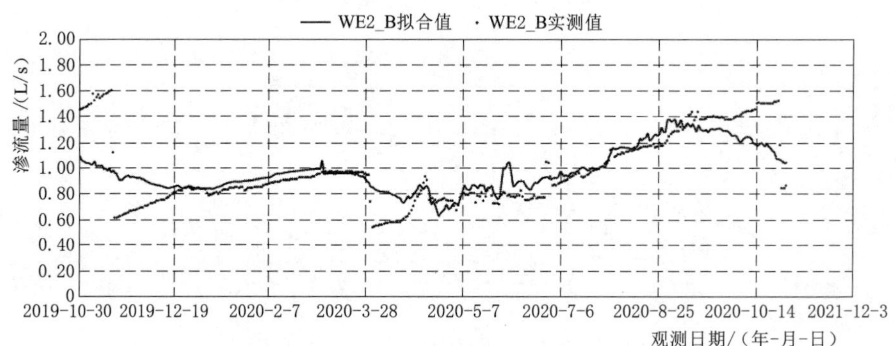


图 4-39　WE2 量水堰渗流量实测值与拟合值过程线

图 4-40　WE1 量水堰渗流量各分量过程线

在绘制各测点渗流量各分量过程线时，为了便于对比各分量间的变幅，图形左侧纵坐标轴为时效分量，右侧纵坐标轴为其他分量，其他分量包括上游水压分量、温度分量和降雨分量。

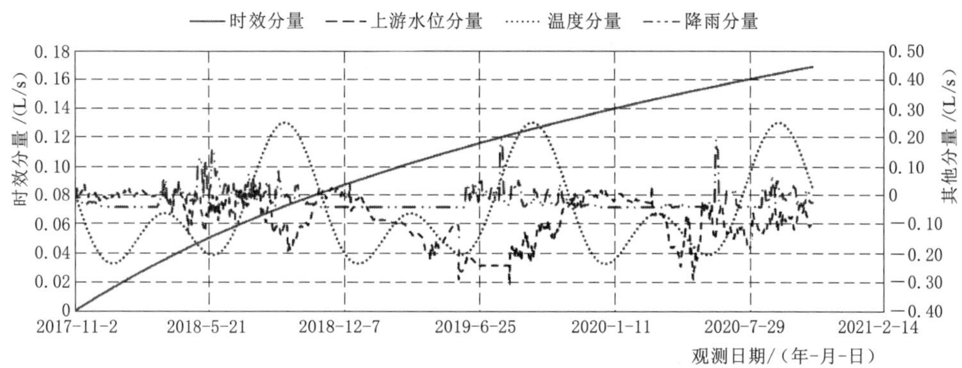


图 4-41 WE2 量水堰渗流量各分量过程线

表 4-13 **WE1 和 WE2 量水堰渗流量统计模型回归成果**

| 参　数 | WE1 | WE2 | 参　数 | WE1 | WE2 |
|---|---|---|---|---|---|
| $a_0$ | 1.978 | 0.995 | $c_1$ | 0.000 | 0.001 |
| $a_{11}$ | 0.000 | 0.000 | $c_2$ | 0.000 | 0.000 |
| $a_{12}$ | 0.000 | $-1.213\times10^{-4}$ | $c_3$ | −0.014 | 0.002 |
| $a_{21}$ | 0.000 | 0.036 | $c_4$ | 0.000 | 0.002 |
| $a_{22}$ | 0.000 | 0.000 | $c_5$ | −0.056 | 0.000 |
| $a_{23}$ | 0.175 | 0.000 | $c_6$ | −0.054 | 0.003 |
| $a_{24}$ | −0.098 | −0.013 | $d_1$ | 75.441 | 0.000 |
| $a_{25}$ | 0.091 | 0.017 | $d_2$ | 86.537 | 0.137 |
| $b_1$ | −0.740 | 0.071 | $d_3$ | 9400.734 | 0.000 |
| $b_2$ | 2.082 | 0.140 | $R$ | 0.78 | 0.72 |
| $b_3$ | −1.003 | 0.265 | *RMSE* | 1.62 | 0.16 |
| $b_4$ | 0.000 | −0.122 | | | |

## 4.3.2 坝基扬压力水头监测资料统计模型成果分析

### 4.3.2.1 坝基扬压力水头统计模型精度分析

由表 4-11 可知，坝基扬压力水头统计模型复相关系数（$R$）在 0.781～0.997 之间，最高在 Pj3-4 测点（0.997），最低在 Pj1-2 测点（0.781）；均方根误差（*RMSE*）在 0.019～2.059 之间，最大值在 Pj2-1 测点（2.059），最小值在 Pj3-3 测点（0.019）。所选 8 个测点的坝基扬压力水头，统计模型复相关系数大于 0.8 的有 6 个，总体上认为所建模型精度比较高，可进行下一步分析。

### 4.3.2.2 坝基扬压力水头影响效应分析

为了定量分析和评价水位、温度、降雨和时效等分量对 BEJSK 拱坝坝基扬压力水头的影响，用统计模型分离出上游水位分量、温度分量、降雨分量和时效分量这四部分，各分量过程线如图 4-28～图 4-35 所示，并以 2019 年为例，计算出了各测点坝基扬压力水头总变幅及各分量变幅，见表 4-14。其中，影响占比=(分量变幅/总变幅)×100%，总变幅为各分量变幅之和。

**表 4-14　坝基扬压力水头统计模型各分量贡献值**

| 测点 | 总变幅 | 上游水位分量 | | 温度分量 | | 降雨分量 | | 时效分量 | | 备注 |
|---|---|---|---|---|---|---|---|---|---|---|
| | | 变幅/m | 占比/% | 变幅/m | 占比/% | 变幅/m | 占比/% | 变幅/m | 占比/% | |
| Pj1-2 | 2.10 | 0.00 | 0.00 | 0.90 | 42.98 | 0.45 | 21.44 | 0.75 | 35.58 | 6# 坝段 |
| Pj1-4 | 7.93 | 2.37 | 29.84 | 3.87 | 48.80 | 1.47 | 18.52 | 0.22 | 2.84 | |
| Pj2-1 | 25.55 | 11.28 | 44.13 | 9.87 | 38.63 | 2.15 | 8.41 | 2.25 | 8.82 | 9# 坝段 |
| Pj2-3 | 8.97 | 2.18 | 24.26 | 4.12 | 45.93 | 1.37 | 15.27 | 1.30 | 14.54 | |
| Pj2-4 | 10.05 | 3.64 | 36.17 | 1.49 | 14.86 | 0.18 | 1.80 | 4.74 | 47.17 | |
| Pj3-2 | 0.59 | 0.12 | 19.69 | 0.15 | 25.65 | 0.29 | 48.95 | 0.03 | 5.71 | 13# 坝段 |
| Pj3-3 | 0.15 | 0.03 | 18.80 | 0.04 | 24.39 | 0.01 | 7.72 | 0.07 | 49.09 | |
| Pj3-4 | 13.31 | 0.48 | 3.58 | 1.20 | 8.98 | 0.19 | 1.41 | 11.45 | 86.03 | |

1. 上游水位分量

除 Pj1-2 测点外，所有坝基扬压力水头统计模型均选择了上游水位因子，说明上游水位对坝基渗压有一定影响。在 8 个测点模型中，有 6 个测点选中了观测日前 1 天的水位因子，有 4 个测点选中了观测日前 10 天的水位平均值因子，有 6 个测点选中了观测日前 15 天的水位平均值因子。

由以上分析可知，观测日前 15 天的平均水位对坝基渗压的影响较大。一般库水位升高，坝基渗压升高；库水位下降，坝基渗压降低，而且渗压值变化滞后于库水位的变化。统计模型在上游水位因子的选取上，一般越靠近上游，受上游水位影响越明显；测点越靠近下游，坝基渗流路径越长，渗压值滞后时间越长，上游水位的特征削弱的越多，前期水位影响加大；上游水位因子的选择在一定程度上反映了该测点渗流路径上基岩的完整性，上游水位因子回归系数越大，上游水位影响越明显，渗流通道越畅通，渗流路径上的基岩完整性相对越差，反之亦然。各测点在上游水位因子的选取上并未完全遵循以上规律，存在较大的差异，主要因为基岩结构复杂，并受水垫塘下游水位影响。

由表 4-14 的对 2019 年变幅分离结果看，上游水位分量对坝基扬压力水头有一定影响，大部分水位分量在 18.8%～44.13%之间；个别测点如 Pj1-2 和 Pj3-4，水压分量分别占 0%和 3.58%；整体来看，上游水位分量对坝基扬压力水头影响不大。

2. 温度分量

所有测点都选中了温度因子，说明温度变化对坝基扬压力水头测值有一定影响。一般低温时坝基扬压力水头测值增大；高温时坝基扬压力水头测值减小。这是由于坝基岩体裂缝及坝体微裂缝随温度的升高（降低），而呈现出闭合（张开）的不同变化，因而坝基与坝体的渗流也相应减小（增大），从而导致坝基扬压力水头的降低与升高。以 2019 年为例，6# 坝段坝基扬压力水头温度分量占总变幅比例为 42.98%～48.80%，9# 坝段坝基扬压力水头温度分量占总变幅比例为 14.86%～45.93%，13# 坝段坝基扬压力水头温度分量占总变幅比例为 8.98%～25.65%。整体来看，温度分量对坝基扬压力水头影响较大。

3. 降雨分量

所有测点都选中了降雨因子，说明降雨变化对坝基扬压力水头测值有一定影响。以

2019 年为例，6# 坝段坝基扬压力水头降雨分量占总变幅比例为 18.52%～21.44%，9# 坝段坝基扬压力水头降雨分量占总变幅比例为 1.8%～15.27%，13# 坝段坝基扬压力水头降雨分量占总变幅比例为 1.41%～48.95%。13# 坝段坝基扬压力水头受降雨影响最大，9# 坝段次之，6# 坝段受降雨影响影响最小。

4. 时效分量

所有测点都选中了时效因子，说明时效对坝基扬压力水头测值有一定影响。以 2019 年为例，6# 坝段坝基扬压力水头时效分量占总变幅比例为 2.84%～35.58%，9# 坝段坝基扬压力水头时效分量占总变幅比例为 8.82%～47.17%，13# 坝段坝基扬压力水头时效分量占总变幅比例为 5.71%～86.03%。整体来看，时效分量是坝基扬压力水头最主要的影响因素。根据图 4-28～图 4-35 统计时效分量变化趋势以及收敛情况，见表 4-15。

**表 4-15　坝基扬压力水头时效分量变化情况汇总**

| 测　点 | 时效分量变化趋势 | 时效分量收敛情况 | 备　注 |
|---|---|---|---|
| Pj1-2 | 正向增大 | 未收敛 | 6# 坝段 |
| Pj1-4 | 正向增大 | 未收敛 | |
| Pj2-1 | 正向增大 | 未收敛 | 9# 坝段 |
| Pj2-3 | 负向增大 | 未收敛 | |
| Pj2-4 | 负向增大 | 未收敛 | |
| Pj3-2 | 负向增大 | 收敛 | 13# 坝段 |
| Pj3-3 | 负向增大 | 收敛 | |
| Pj3-4 | 正向增大 | 未收敛 | |

6#、9# 和 13# 坝段的 8 支渗压计中，有一半测点时效分量呈现增大的变化趋势，另一半测点呈现减小的变化趋势；除 13# 坝段 Pj3-2 和 Pj3-3 测点时效分量收敛以外，其余均未收敛。Pj2-3、Pj2-4、Pj3-2 和 Pj3-3 测点坝基扬压力水头时效分量逐渐减小，可能是由于泥沙沉淀后，减小了地基的渗透系数；Pj1-2、Pj1-4、Pj2-1 和 Pj3-4 测点坝基扬压力水头时效分量逐渐增大，结合上游水位和温度分量变化规律，这些位置的坝基岩体可能存在微裂缝。

## 4.3.3　坝基总扬压力统计模型成果分析

### 4.3.3.1　坝基总扬压力统计模型精度分析

由表 4-12 可知，13# 坝段坝基总扬压力统计模型复相关系数（$R$）为 0.76，所建模型精度可供下一步分析。

### 4.3.3.2　坝基总扬压力影响效应分析

为了定量分析和评价水位、温度、降雨和时效等分量对 13# 坝段坝基总扬压力的影响，用统计模型分离出上游水位分量、温度分量、降雨分量和时效分量这四部分，各分量过程线如图 4-37 所示，并以 2019 年为例，计算出了坝基总扬压力的总变幅及各分量变幅，见表 4-16。其中，影响占比=(分量变幅/总变幅)×100%，总变幅为各分量变幅之和。

表 4-16　　13# 坝段坝基总扬压力统计模型各分量贡献值

| 坝段 | 总变幅/kN | 上游水位分量 | | 温度分量 | | 降雨分量 | | 时效分量 | |
|---|---|---|---|---|---|---|---|---|---|
| | | 变幅/kN | 占比/% | 变幅/kN | 占比/% | 变幅/kN | 占比/% | 变幅/kN | 占比/% |
| 13# | 1845.65 | 503.17 | 27.26 | 548.48 | 29.72 | 397.95 | 21.56 | 396.05 | 21.46 |

1. 上游水位分量

坝基总扬压力统计模型选择了上游水位因子，选中的观测日前 15 天平均上游水位因子的回归系数远大于前 1 天上游水位因子。说明上游水位对坝基总扬压力有一定影响，且坝基总扬压力的变化滞后于库水位的变化。由表 4-16 对 2019 年变幅分离结果看，上游水位分量是坝基总扬压力的一个主要影响因素，上游水位分量占比为 27.26%。

2. 温度分量

坝基总扬压力统计模型选择了温度因子，说明温度变化对坝基总扬压力有一定影响。由表 4-16 对 2019 年变幅分离结果看，温度分量是坝基总扬压力的一个主要影响因素，温度分量占比为 29.72%，略大于上游水位分量的变幅占比。

3. 降雨分量

坝基总扬压力统计模型选择了降雨因子，说明降雨对坝基总扬压力有一定影响。由表 4-16 的对 2019 年变幅分离结果看，降雨分量是坝基总扬压力的一个主要影响因素，降雨分量占比为 21.56%，小于上游水位分量与温度分量的变幅占比。

4. 时效分量

坝基总扬压力统计模型选择了时效因子，说明时效对坝基总扬压力有一定影响。由表 4-16 的对 2019 年变幅分离结果看，时效分量是坝基总扬压力的一个主要影响因素，时效分量占比为 21.46%，小于其他分量的变幅占比。由图 4-37 可知：13# 坝段坝基总扬压力的时效分量呈现增大的趋势，尚未收敛。

### 4.3.4　渗流量监测资料统计模型成果分析

#### 4.3.4.1　渗流量统计模型精度分析

由表 4-13 可知，WE1、WE2 所建统计模型复相关系数（$R$）均分别为 0.78 和 0.72，均方根误差（$RMSE$）分别为 1.62 和 0.16。总体上可认为所建模型比较好，可进行下一步分析。

#### 4.3.4.2　渗流量影响效应分析

为了定量分析和评价水位、温度、降雨和时效等分量对渗流量的影响，用统计模型分离出上游水位分量、温度分量、降雨分量和时效分量这四部分，各分量过程线如图 4-40 和图 4-41 所示，并以 2019 年为例，计算出了渗流量的总变幅及各分量变幅，见表 4-17。其中，影响占比=(分量变幅/总变幅)×100%，总变幅为各分量变幅之和。

表 4-17　　渗流量统计模型各个分量贡献值

| 测点 | 总变幅/(L/s) | 上游水位分量 | | 温度分量 | | 降雨分量 | | 时效分量 | |
|---|---|---|---|---|---|---|---|---|---|
| | | 变幅/(L/s) | 占比/% | 变幅/(L/s) | 占比/% | 变幅/(L/s) | 占比/% | 变幅/(L/s) | 占比/% |
| WE1 | 12.62 | 2.64 | 20.91 | 4.71 | 37.31 | 2.10 | 16.65 | 3.17 | 25.14 |
| WE2 | 1.09 | 0.33 | 29.94 | 0.48 | 44.43 | 0.23 | 21.27 | 0.05 | 4.36 |

1. 上游水压分量

WE1 和 WE2 量水堰渗流量统计模型都选择了上游水压因子，且都选择了观测日前 3～4 天平均上游水深因子和前 5～15 天平均上游水深因子，说明上游水深对渗流量有一定影响，且渗流量的变化滞后于上游水深的变化。一般来说，库水位升高，上游水深增大，渗流量增大；库水位降低，上游水深减小，渗流量减小。由表 4-17 的对 2019 年变幅分离结果看，WE1 和 WE2 量水堰渗流量上游水压分量占比分别为 20.91%和 29.94%，是渗流量的一个主要影响因素。

2. 温度分量

WE1 和 WE2 量水堰渗流量统计模型都选择了温度因子，说明温度变化对渗流量有一定影响。由表 4-17 的对 2019 年变幅分离结果看，WE1 和 WE2 量水堰渗流量温度分量占比分别为 37.31%和 44.43%，大于上游水压分量的变幅占比，是渗流量的一个主要影响因素。

3. 降雨分量

WE1 和 WE2 量水堰渗流量统计模型都选择了降雨因子，说明降雨对渗流量有一定影响。由表 4-17 的对 2019 年变幅分离结果看，WE1 和 WE2 量水堰渗流量降雨分量占比分别为 16.65%和 21.27%，小于上游水压分量和温度分量的变幅占比。

4. 时效分量

WE1 和 WE2 量水堰渗流量统计模型都选择了时效因子，且 WE1 量水堰渗流量时效因子的系数远大于 WE2，说明时效对渗流量有一定影响，且 WE1 受时效影响更大。由表 4-17 的对 2019 年变幅分离结果看，WE1 和 WE2 量水堰渗流量时效分量占比分别为 25.14%和 4.36%，是渗流量的一个次要影响因素。由图 4-40 和图 4-41 可知：WE1 量水堰渗流量时效分量呈现减小的趋势，WE2 量水堰渗流量时效分量呈现增大的趋势，2 个测点渗流量的时效分量都接近收敛。

### 4.3.5 渗流预报模型

通过以上对坝基扬压力水头、坝基总扬压力和渗流量监测资料的定量分析，采用式（4-13)、式（4-14)、式（4-20）建立的统计模型，根据回归系数表 4-11～表 4-13，可得到相应的渗流预报模型为

$$
\begin{cases}
|P-\hat{P}|\leqslant 2S\text{，渗流性态正常；} \\
2S<|P-\hat{P}|\leqslant 3S\text{，跟踪监测，无趋势性变化为正常；否则异常，需进行成因分析；} \\
|P-\hat{P}|>3S\text{，渗流测值异常，应进行成因分析。}
\end{cases}
\tag{4-29}
$$

式中 $P$——渗流监测值；

$\hat{P}$——渗流统计模型计算值；

$S$——渗流统计模型标准差，见表 4-18 和表 4-19。

表 4-18　横向坝基扬压力标准差

| 测点 | Pj1-1 | Pj1-2 | Pj1-4 | Pj2-1 | Pj2-3 | Pj2-4 | Pj3-1 | Pj3-2 | Pj3-3 | Pj3-4 |
|---|---|---|---|---|---|---|---|---|---|---|
| 标准差 | 0.019 | 0.410 | 0.896 | 2.063 | 1.069 | 1.040 | 7.782 | 0.038 | 0.019 | 0.373 |

表 4-19　13# 坝段总扬压力和渗流量标准差

| 测　点 | 13# 总扬压力/kN | WE1/(L/s) | WE2/(L/s) |
|---|---|---|---|
| 标准差 | 1005.785 | 1.619 | 0.158 |

## 4.4　应力应变监测资料统计模型分析

### 4.4.1　锚杆应力计回归模型及其成果分析

#### 4.4.1.1　统计模型建模资料系列

根据始测时间不同，锚杆应力计各测点的建模资料时间区间见表 4-20。对于规律性较差或有尖刺型突变的测值，为不影响统计模型精度，已利用粗差剔除方法将该类噪值剔除。

表 4-20　锚杆应力计测点统计模型建模时间序列

| 测点编号 | 建　模　时　间 | 测点编号 | 建　模　时　间 |
|---|---|---|---|
| ASB3 | 2016 年 10 月 27 日—2020 年 11 月 20 日 | ASB6 | 2016 年 10 月 27 日—2020 年 11 月 20 日 |
| ASB5 | 2016 年 10 月 27 日—2020 年 11 月 20 日 | ASB8 | 2016 年 10 月 27 日—2020 年 11 月 20 日 |

#### 4.4.1.2　回归模型及成果分析

采用逐步加权回归分析法，由式（4-27）对锚杆应力计测点对应的资料系列建立统计模型。各测点的回归系数及相应的模型复相关系数 $R$、标准差 $S$ 见表 4-21，各测点的实测值、拟合值及残差过程线如图 4-42～图 4-45 所示。

表 4-21　锚杆应力计统计模型系数、复相关系数以及标准差统计表

| 系数 | 测　点 | | | |
|---|---|---|---|---|
| | ASB3-B | ASB5-B | ASB6-B | ASB8-B |
| $a_0$ | $-2.928$ | $-3.260$ | $-1.203\times10$ | 2.140 |
| $a_1$ | 0.000 | 0.000 | $-1.385$ | $-2.087\times10^{2}$ |
| $a_2$ | 0.000 | 0.000 | 0.000 | 1.130 |
| $a_3$ | 0.000 | 0.000 | $1.147\times10^{-5}$ | 0.000 |
| $a_4$ | 0.000 | 0.000 | 0.000 | $-4.466\times10^{-6}$ |
| $a_5$ | 0.000 | 0.000 | $-2.028\times10^{-11}$ | $4.236\times10^{-9}$ |
| $a_6$ | $2.200\times10^{-15}$ | $-5.433\times10^{-14}$ | $1.955\times10^{-14}$ | $1.697\times10^{-14}$ |
| $b_1$ | $-2.483\times10^{-1}$ | $1.665\times10$ | $1.013\times10$ | $1.386\times10$ |
| $b_2$ | $2.974\times10^{-1}$ | $-6.241$ | $-3.253$ | $-9.439$ |

续表

| 系数 | 测点 | | | |
|---|---|---|---|---|
| | ASB3 - B | ASB5 - B | ASB6 - B | ASB8 - B |
| $b_3$ | $-6.490\times10^{-2}$ | $-9.068\times10^{-1}$ | $-1.098$ | $-2.818$ |
| $b_4$ | $-6.985\times10^{-3}$ | $-6.613\times10^{-1}$ | $-6.908\times10^{-1}$ | $-2.874$ |
| $c_1$ | 0.000 | $-2.135\times10$ | $-1.259\times10$ | 0.000 |
| $c_2$ | 1.140 | $2.123\times10^{3}$ | $1.234\times10^{3}$ | 0.000 |
| $R$ | $8.917\times10^{-1}$ | $9.833\times10^{-1}$ | $9.806\times10^{-1}$ | $9.598\times10^{-1}$ |
| $S$ | 0.148 | 2.378 | 1.565 | 3.578 |

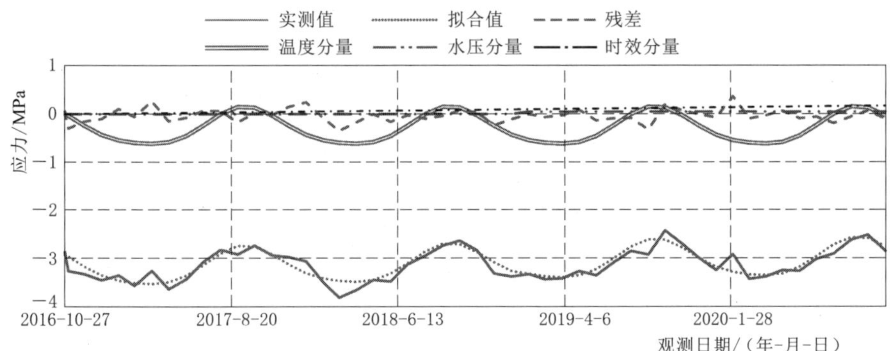


图 4-42 锚杆应力计测点 ASB3 统计模型过程线

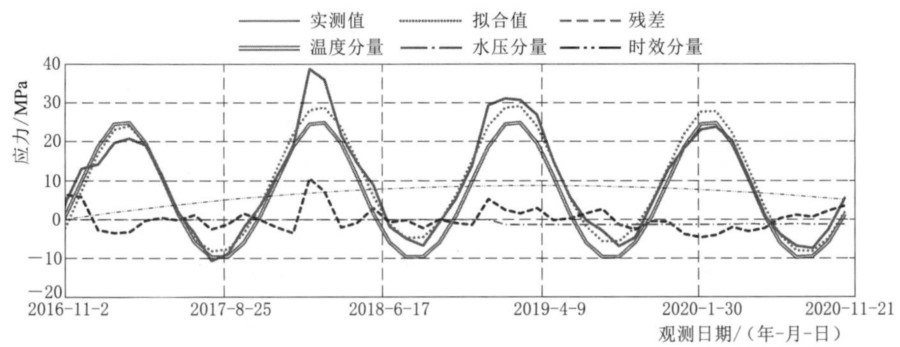


图 4-43 锚杆应力计测点 ASB5 统计模型过程线

1. 精度分析

从表 4-21 中可以看出，在 4 个锚杆应力计测点中，复相关系数在 0.9 以上的测点数为 3 个，在 0.8～0.9 之间的有 1 个。

从标准差统计情况来看，4 个锚杆应力计测点标准差在 0.148～3.578MPa 之间，最大值为 ASB8（3.578），最小为 ASB3（0.148）。

建模资料系列相对较为完整，可见模型的优劣与资料系列的完整性有一定关系。总体上可认为所建模型精度比较高，可进行下一步分析。

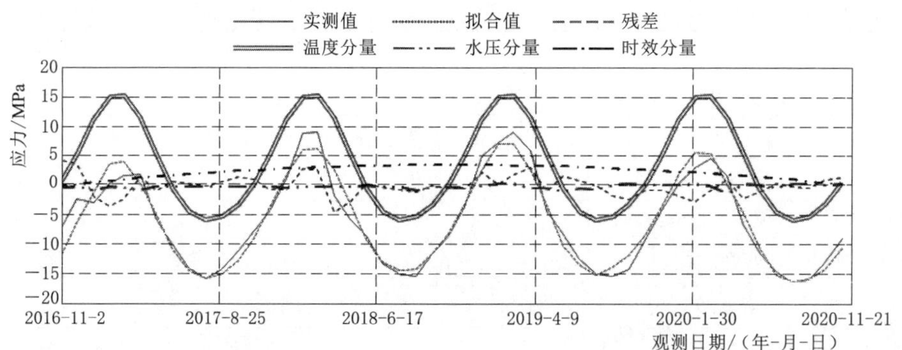


图4-44　锚杆应力计测点ASB6统计模型过程线

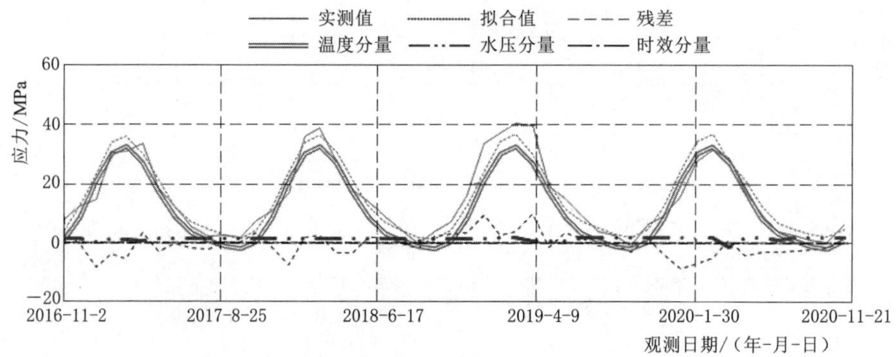


图4-45　锚杆应力计测点ASB8统计模型过程线

2. 影响因素分析

为了定量分析和评价水压、温度和时效等分量对锚杆应力的影响，用统计模型分离出水压分量、温度分量和时效分量这三部分，各分量过程线如图4-42～图4-45所示，并以2019年为例，计算出了各测点应力分量变幅，见表4-22。其中，影响占比=(分量变幅/总变幅)×100%，总变幅为各分量变幅之和。

**表4-22　　锚杆典型应力计测点2019年实测变幅、拟合值及各分量变幅**

| 测点 | 实测值/MPa | 拟合值/MPa | 水压分量/MPa | 温度分量/MPa | 时效分量/MPa | 水压分量变幅/% | 温度分量变幅/% | 时效分量变幅/% |
|---|---|---|---|---|---|---|---|---|
| ASB3 | 1.3600 | 0.8012 | 0.0511 | 0.7804 | 0.0413 | 6.30 | 89.41 | 4.74 |
| ASB5 | 39.1900 | 35.8501 | 1.2615 | 35.5788 | 0.8550 | 3.35 | 94.39 | 2.27 |
| ASB6 | 25.7200 | 23.3180 | 1.5737 | 21.3800 | 1.0922 | 6.54 | 88.91 | 4.54 |
| ASB8 | 43.2600 | 35.1539 | 3.6600 | 34.7313 | 0.0000 | 9.53 | 90.47 | 0.00 |

(1) 水压分量。以2019年为例，锚杆应力水压分量占拟合值变幅比例为3.35%～9.53%。

(2) 温度分量。以2019年为例，锚杆应力温度分量占拟合值变幅比例为88.91%～94.39%，温度分量对锚杆应力影响较大。

(3) 时效分量。以 2019 年为例，锚杆应力时效分量占拟合值变幅比例为 0.00%～4.74%。

## 4.4.2 钢板应力计回归模型及其成果分析

### 4.4.2.1 统计模型建模资料系列

根据始测时间不同，钢板应力计各测点的建模资料时间序列见表 4-23。对于规律性较差或有尖刺型突变的测值，为不影响统计模型精度，已根据粗差剔除方法将该类噪值剔除。

表 4-23 钢板应力计各测点统计模型建模资料时间序列

| 测点编号 | 建模时间 | 测点编号 | 建模时间 |
|---|---|---|---|
| GBF9 | 2016 年 11 月 2 日—2020 年 11 月 20 日 | GBF31 | 2016 年 11 月 1 日—2020 年 11 月 20 日 |
| GBF10 | 2016 年 11 月 2 日—2020 年 11 月 20 日 | GBF32 | 2016 年 11 月 5 日—2020 年 11 月 20 日 |
| GBF11 | 2016 年 11 月 2 日—2020 年 11 月 19 日 | GBF33 | 2016 年 11 月 5 日—2020 年 11 月 20 日 |
| GBF14 | 2016 年 11 月 2 日—2020 年 11 月 20 日 | GBF34 | 2016 年 11 月 5 日—2020 年 11 月 20 日 |
| GBF16 | 2016 年 11 月 2 日—2020 年 11 月 20 日 | GBF35 | 2016 年 11 月 5 日—2020 年 11 月 20 日 |
| GBF17 | 2016 年 11 月 19 日—2020 年 11 月 20 日 | GBF37 | 2016 年 11 月 6 日—2020 年 11 月 20 日 |
| GBF20 | 2016 年 11 月 1 日—2020 年 11 月 20 日 | GBF40 | 2016 年 11 月 5 日—2020 年 11 月 20 日 |
| GBF23 | 2016 年 11 月 2 日—2020 年 11 月 20 日 | GBF42 | 2016 年 11 月 5 日—2020 年 11 月 20 日 |
| GBF26 | 2016 年 11 月 1 日—2020 年 11 月 20 日 | GBF44 | 2016 年 11 月 3 日—2020 年 11 月 20 日 |
| GBF28 | 2016 年 11 月 2 日—2020 年 11 月 20 日 | GBF45 | 2016 年 11 月 3 日—2020 年 11 月 20 日 |
| GBF30 | 2016 年 11 月 1 日—2020 年 11 月 20 日 | | |

### 4.4.2.2 回归模型及成果分析

采用逐步加权回归分析法，由式 (4-27) 对钢板应力计测点对应的资料系列建立统计模型。各测点的回归系数及相应的模型复相关系数 $R$、标准差 $S$ 见表 4-24，各测点的实测值、拟合值及残差过程线如图 4-46～图 4-51 所示。

表 4-24 钢板应力计统计模型系数、复相关系数以及标准差统计表

| 系数 | 测点 | | | | | | |
|---|---|---|---|---|---|---|---|
| | GBF9 | GBF10 | GBF11 | GBF14 | GBF16 | GBF17 | GBF20 |
| $a_0$ | $1.332\times10^2$ | $2.259\times10$ | $5.929\times10$ | $4.095\times10$ | $-2.421\times10$ | $1.788\times10$ | $-6.955\times10$ |
| $a_1$ | 4.982 | −4.360 | 8.803 | 3.275 | −3.602 | 0.000 | $1.785\times10^2$ |
| $a_2$ | $-1.636\times10^{-2}$ | $1.395\times10^{-2}$ | $-2.903\times10^{-2}$ | $-1.068\times10^{-2}$ | $1.144\times10^{-2}$ | 0.000 | 0.000 |
| $a_3$ | 0.000 | 0.000 | 0.000 | 0.000 | 0.000 | 0.000 | $-4.528\times10^{-3}$ |
| $a_4$ | 0.000 | 0.000 | 0.000 | 0.000 | 0.000 | 0.000 | $1.153\times10^{-5}$ |
| $a_5$ | $3.082\times10^{-11}$ | $-2.475\times10^{-11}$ | $5.509\times10^{-11}$ | $1.983\times10^{-11}$ | $-1.998\times10^{-11}$ | 0.000 | $-8.182\times10^{-9}$ |
| $a_6$ | $-4.135\times10^{-14}$ | $-5.601\times10^{-14}$ | $-2.866\times10^{-13}$ | $-1.276\times10^{-13}$ | $1.556\times10^{-13}$ | 0.000 | $3.768\times10^{-13}$ |
| $b_1$ | 4.656 | 4.865 | 3.776 | 2.889 | $-3.122\times10$ | $2.275\times10$ | $-2.477\times10$ |

续表

| 系数 | 测点 | | | | | | |
|---|---|---|---|---|---|---|---|
| | GBF9 | GBF10 | GBF11 | GBF14 | GBF16 | GBF17 | GBF20 |
| $b_2$ | 1.452 | 1.685 | 1.259 | 1.417 | 6.502 | 4.443 | $1.209\times10$ |
| $b_3$ | $-4.357\times10^{-1}$ | 1.704 | $-2.198$ | $-1.044$ | $9.522\times10^{-1}$ | $-2.090$ | $1.406\times10$ |
| $b_4$ | $-1.927\times10^{-1}$ | $8.087\times10^{-1}$ | $-3.448\times10^{-1}$ | 0.000 | $-3.438$ | 7.362 | $1.478\times10$ |
| $c_1$ | $-2.180$ | 0.000 | $-5.506\times10$ | 7.257 | 9.847 | $-9.200\times10$ | $9.362\times10$ |
| $c_2$ | $1.874\times10^{2}$ | $1.156\times10^{2}$ | $5.150\times10^{3}$ | $-6.685\times10^{2}$ | $-9.591\times10^{2}$ | $8.980\times10^{3}$ | $-9.558\times10^{3}$ |
| $R$ | $9.388\times10^{-1}$ | $8.757\times10^{-1}$ | $9.057\times10^{-1}$ | $7.503\times10^{-1}$ | $9.890\times10^{-1}$ | $9.040\times10^{-1}$ | $9.549\times10^{-1}$ |
| $S$ | 1.612 | 2.956 | 7.127 | 2.263 | 3.534 | 8.914 | 8.300 |

| 系数 | 测点 | | | | | | |
|---|---|---|---|---|---|---|---|
| | GBF23 | GBF26 | GBF28 | GBF30 | GBF31 | GBF32 | GBF33 |
| $a_0$ | $1.559\times10$ | $-1.308\times10$ | $-4.793\times10$ | $9.039\times10$ | $1.284\times10^{2}$ | $8.757\times10$ | $3.362\times10$ |
| $a_1$ | $-2.059$ | 0.000 | 0.000 | $-3.191$ | $3.239\times10^{-3}$ | $7.036\times10^{-2}$ | 5.381 |
| $a_2$ | $1.072\times10^{-2}$ | 0.000 | 0.000 | 0.000 | 0.000 | $-1.550\times10^{-4}$ | $-1.767\times10^{-2}$ |
| $a_3$ | $-1.074\times10^{-5}$ | 0.000 | 0.000 | 0.000 | 0.000 | 0.000 | 0.000 |
| $a_4$ | 0.000 | 0.000 | 0.000 | $9.816\times10^{-8}$ | 0.000 | 0.000 | 0.000 |
| $a_5$ | 0.000 | 0.000 | $-1.321\times10^{-13}$ | $-1.371\times10^{-10}$ | 0.000 | 0.000 | $3.329\times10^{-11}$ |
| $a_6$ | 0.000 | $-8.282\times10^{-14}$ | $1.273\times10^{-13}$ | $-6.350\times10^{-13}$ | $-1.328\times10^{-13}$ | $8.897\times10^{-14}$ | $-6.856\times10^{-14}$ |
| $b_1$ | 4.005 | $1.318\times10$ | $-8.872$ | $1.818\times10$ | $-2.375$ | $-4.374$ | $1.128\times10$ |
| $b_2$ | $6.675\times10^{-1}$ | $2.469\times10^{-1}$ | 8.213 | $-4.260$ | 0.000 | 1.180 | 1.350 |
| $b_3$ | $1.118\times10^{-1}$ | 1.356 | 5.213 | $4.864\times10^{-1}$ | $9.571\times10^{-1}$ | $-1.063$ | $-4.143\times10^{-1}$ |
| $b_4$ | 1.362 | 2.950 | 5.386 | 7.439 | $-1.213$ | $-1.799$ | 2.847 |
| $c_1$ | 1.473 | $-2.626$ | 9.337 | $2.452\times10^{-1}$ | 1.642 | $2.234\times10$ | $1.945\times10$ |
| $c_2$ | $-1.693\times10^{2}$ | $2.974\times10^{2}$ | $-1.026\times10^{3}$ | 0.000 | $-2.630\times10^{2}$ | $-2.391\times10^{3}$ | $-1.828\times10^{3}$ |
| $R$ | $9.615\times10^{-1}$ | $9.798\times10^{-1}$ | $9.116\times10^{-1}$ | $9.511\times10^{-1}$ | $7.956\times10^{-1}$ | $8.812\times10^{-1}$ | $9.675\times10^{-1}$ |
| $S$ | $9.572\times10^{-1}$ | 2.002 | 4.903 | 4.928 | 3.986 | $8.812\times10^{-1}$ | 2.365 |

| 系数 | 测点 | | | | | | |
|---|---|---|---|---|---|---|---|
| | GBF34 | GBF35 | GBF37 | GBF40 | GBF42 | GBF44 | GBF45 |
| $a_0$ | $-1.248\times10^{2}$ | $5.471\times10$ | $7.490\times10$ | $-1.157\times10^{2}$ | $1.170\times10^{2}$ | $-1.307\times10^{2}$ | $9.207\times10$ |
| $a_1$ | 0.000 | 1.630 | $1.828\times10^{2}$ | $-1.499$ | $-4.249$ | 1.917 | 5.839 |
| $a_2$ | 0.000 | $-5.418\times10^{-3}$ | 0.000 | 0.000 | $1.357\times10^{-2}$ | $-6.290\times10^{-3}$ | $-1.900\times10^{-2}$ |
| $a_3$ | 0.000 | 0.000 | $-4.813\times10^{-3}$ | 0.000 | 0.000 | 0.000 | 0.000 |
| $a_4$ | 0.000 | 0.000 | $1.247\times10^{-5}$ | $4.613\times10^{-8}$ | 0.000 | 0.000 | 0.000 |
| $a_5$ | $3.495\times10^{-14}$ | $1.046\times10^{-11}$ | $-9.003\times10^{-9}$ | $-6.447\times10^{-11}$ | $-2.400\times10^{-11}$ | $1.177\times10^{-11}$ | $3.506\times10^{-11}$ |
| $a_6$ | $7.743\times10^{-14}$ | $-1.259\times10^{-13}$ | $-1.417\times10^{-13}$ | 0.000 | $4.971\times10^{-14}$ | $-3.800\times10^{-14}$ | $-1.068\times10^{-13}$ |
| $b_1$ | $-2.163$ | 4.856 | $1.553\times10$ | 0.000 | $-2.025\times10$ | $2.722\times10$ | $3.734\times10$ |

续表

| 系数 | 测点 | | | | | | |
|---|---|---|---|---|---|---|---|
| | GBF34 | GBF35 | GBF37 | GBF40 | GBF42 | GBF44 | GBF45 |
| $b_2$ | 4.021 | 1.657 | 1.857 | 2.249 | 3.046 | −3.887 | −2.688 |
| $b_3$ | 1.843 | −1.135 | $7.581\times10^{-1}$ | $4.767\times10^{-1}$ | $2.789\times10^{-1}$ | −1.557 | −2.935 |
| $b_4$ | 1.581 | 1.371 | −1.818 | $-5.255\times10^{-1}$ | −2.133 | 3.199 | 5.054 |
| $c_1$ | $-2.144\times10$ | $1.023\times10$ | $1.809\times10$ | $-5.646\times10$ | 0.000 | 0.000 | −8.969 |
| $c_2$ | $2.185\times10^3$ | $-9.600\times10^2$ | $-1.832\times10^3$ | $5.626\times10^3$ | $1.551\times10$ | 0.000 | $8.905\times10^2$ |
| $R$ | $8.534\times10^{-1}$ | $7.704\times10^{-1}$ | $7.734\times10^{-1}$ | $7.385\times10^{-1}$ | $9.881\times10^{-1}$ | $9.711\times10^{-1}$ | $9.874\times10^{-1}$ |
| $S$ | 2.684 | 3.554 | 9.370 | 3.811 | 2.294 | 4.855 | 4.340 |

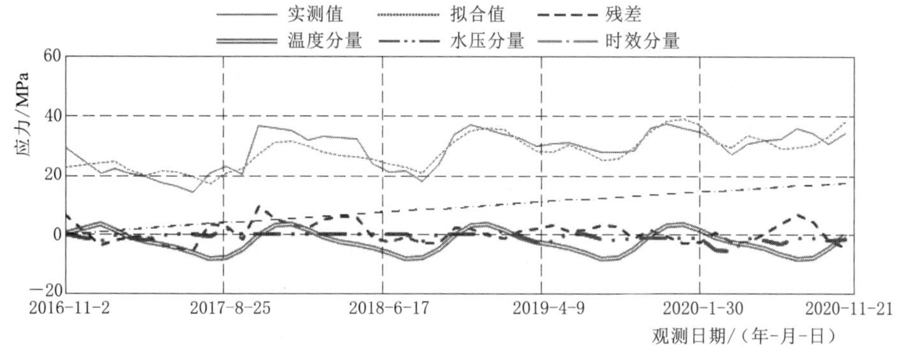


图 4-46　钢板应力计测点 GBF10 统计模型过程线

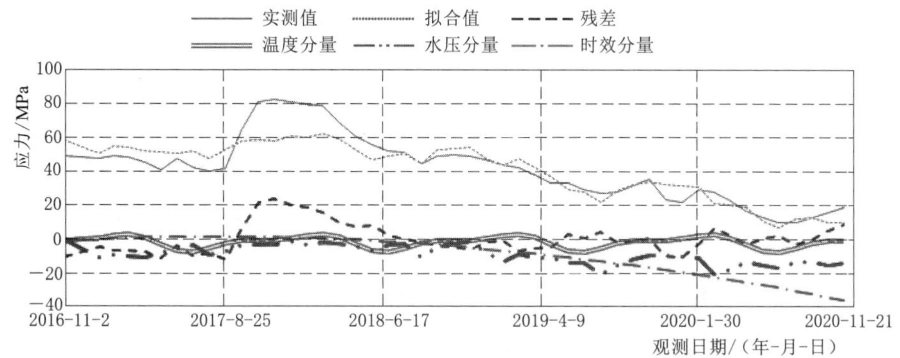


图 4-47　钢板应力计测点 GBF11 统计模型过程线

1. 精度分析

根据表 4-24，在发电引水建筑物系统 21 个钢板应力计测点中，复相关系数在 0.9 以上的测点数有 13 个，在 0.8～0.9 之间的有 3 个，低于 0.8 的测点有 5 个，出现这种现象的原因是该测点测值部分时段规律性不强，有突变现象。

从标准差统计情况来看，21 个钢板应力计测点标准差在 0.88～9.37MPa 之间，最大为 GBF37（9.37），最小为 GBF32（0.88）。

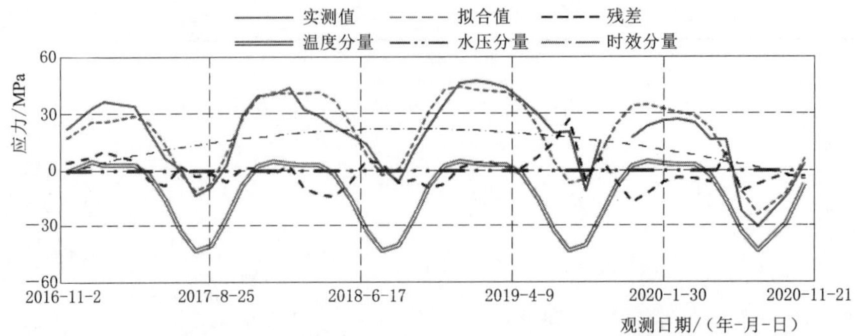


图 4-48　钢板应力计测点 GBF17 统计模型过程线

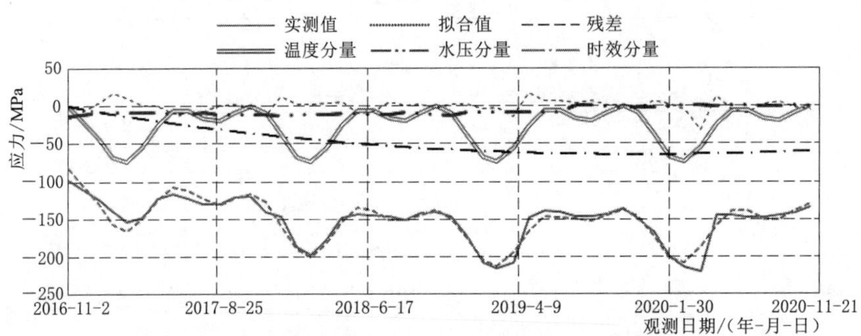


图 4-49　钢板应力计测点 GBF20 统计模型过程线

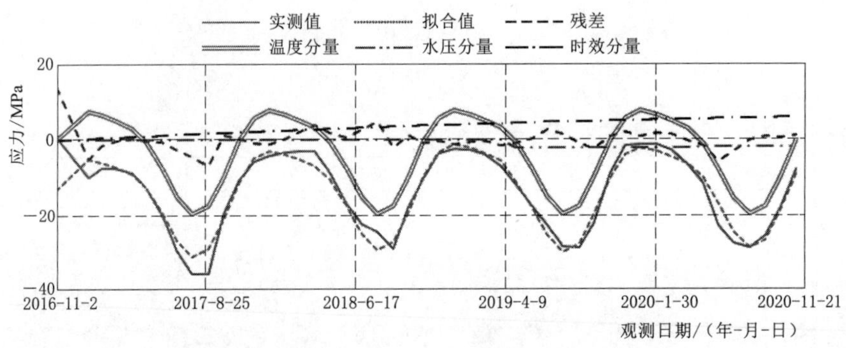


图 4-50　钢板应力计测点 GBF26 统计模型过程线

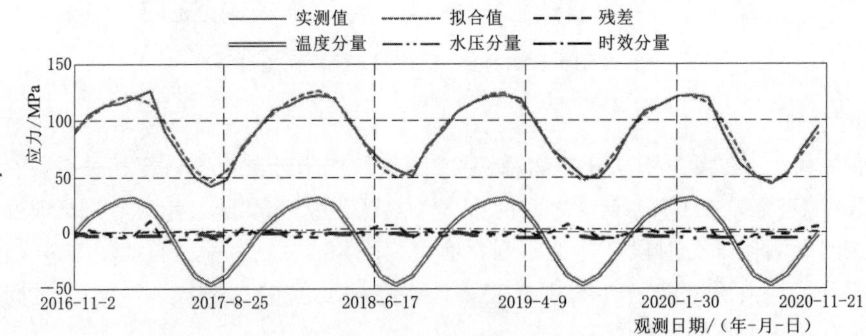


图 4-51　钢板应力计测点 GBF45 统计模型过程线

2. 影响因素分析

为了定量分析和评价水压、温度和时效等分量对监测所处断面钢衬的钢板应力的影响，用统计模型分离出水压分量、温度分量和时效分量这三部分，各分量过程线如图 4-46～图 4-51 所示，并以 2019 年为例，计算出了各测点应力分量变幅，见表 4-25。其中，影响占比=(分量变幅/总变幅)×100%，总变幅为各分量变幅之和。

**表 4-25　　钢板计典型测点 2019 年实测变幅、拟合值及各分量变幅**

| 测点 | 实测值/MPa | 拟合值/MPa | 水压分量/MPa | 温度分量/MPa | 时效分量/MPa | 水压变量分幅/% | 温度变量分幅/% | 时效变量分幅/% |
|---|---|---|---|---|---|---|---|---|
| GBF9 | 14.4400 | 13.0448 | 5.0509 | 9.9279 | 1.1416 | 31.33% | 61.59 | 7.08 |
| GBF10 | 11.7000 | 15.5250 | 6.0665 | 12.1950 | 4.1892 | 27.02 | 54.32 | 18.66 |
| GBF11 | 48.1500 | 26.9862 | 13.6665 | 10.6109 | 13.7564 | 35.93 | 27.90 | 36.17 |
| GBF14 | 12.0600 | 9.4803 | 3.9351 | 7.1205 | 2.1842 | 29.72 | 53.78 | 16.50 |
| GBF16 | 69.5200 | 69.9991 | 8.8795 | 64.4615 | 1.0820 | 11.93 | 86.62 | 1.45 |
| GBF17 | 107.5400 | 52.3594 | 0.0000 | 48.0742 | 9.3950 | 0.00 | 83.65 | 16.35 |
| GBF20 | 87.6400 | 77.1469 | 14.3732 | 74.8458 | 5.6691 | 15.15 | 78.88 | 5.97 |
| GBF23 | 11.9800 | 10.1489 | 2.3732 | 8.8107 | 0.7743 | 19.85 | 73.68 | 6.47 |
| GBF26 | 31.6000 | 28.6200 | 1.9233 | 27.4809 | 1.2223 | 6.28 | 89.73 | 3.99 |
| GBF28 | 42.6800 | 39.4021 | 9.8645 | 32.6598 | 3.1830 | 21.58 | 71.45 | 6.96 |
| GBF30 | 50.2700 | 38.7379 | 14.5608 | 37.6159 | 0.8927 | 27.44 | 70.88 | 1.68 |
| GBF31 | 14.6400 | 6.7441 | 5.1558 | 6.5088 | 3.5539 | 33.88 | 42.77 | 23.35 |
| GBF32 | 15.9000 | 12.5954 | 3.7214 | 9.9497 | 5.3615 | 19.55 | 52.28 | 28.17 |
| GBF33 | 52.5800 | 14.5560 | 5.3678 | 10.5985 | 2.4543 | 29.14 | 57.54 | 13.32 |
| GBF34 | 41.8700 | 14.6897 | 3.6991 | 12.0643 | 1.1635 | 21.85 | 71.27 | 6.87 |
| GBF35 | 52.5800 | 14.5560 | 5.3678 | 10.5985 | 2.4543 | 29.14 | 57.54 | 13.32 |
| GBF37 | 83.8800 | 37.7687 | 13.3290 | 31.3115 | 0.6355 | 29.44 | 69.16 | 1.40 |
| GBF40 | 24.0300 | 8.4351 | 4.7606 | 4.9848 | 1.8958 | 40.89 | 42.82 | 16.29 |
| GBF42 | 45.1000 | 44.9347 | 6.2303 | 41.1432 | 0.5623 | 13.00 | 85.83 | 1.17 |
| GBF44 | 58.6100 | 56.9307 | 3.3684 | 55.8930 | 0.0000 | 5.68 | 94.32 | 0.00 |
| GBF45 | 79.8200 | 78.9238 | 4.0645 | 76.5157 | 0.3906 | 5.02 | 94.50 | 0.48 |

(1) 水压分量。以 2019 年为例，发电引水建筑物钢板应力水压分量占拟合值变幅比例为 0.00%～40.89% (GBF40)。

(2) 温度分量。以 2019 年为例，发电引水建筑物钢板应力温度分量占拟合值变幅比例为 27.90%～94.50% (GBF45)，温度分量对钢板应力影响较大。

(3) 时效分量。以 2019 年为例，发电引水建筑物钢板应力时效分量占拟合值变幅比例为 0.00%～36.17%。

## 4.4.3 横缝测缝计回归模型及其成果分析

### 4.4.3.1 统计模型建模资料系列

根据始测时间不同，横缝测缝计各测点的建模资料时间序列见表4-26。对于规律性较差或有尖刺型突变的测值，为不影响统计模型精度，已利用粗差剔除方法将该类噪值剔除。

表4-26　横缝测缝计应力计各测点统计模型建模资料时间序列

| 测点编号 | 部　位 | 建模时间 |
|---|---|---|
| J7 | 4号与5号坝段坝体4#横缝 | 2016年8月28日—2020年11月20日 |
| J10 | 4号与5号坝段坝体4#横缝 | 2016年9月6日—2020年11月20日 |
| J14 | 4号与5号坝段坝体4#横缝 | 2016年12月1日—2020年11月20日 |
| J16 | 6号与7号坝段坝体6#横缝 | 2016年12月1日—2020年11月19日 |
| J18 | 6号与7号坝段坝体6#横缝 | 2016年9月6日—2020年11月19日 |
| J19 | 6号与7号坝段坝体6#横缝 | 2016年10月1日—2020年11月19日 |
| J21 | 6号与7号坝段坝体6#横缝 | 2016年10月1日—2020年11月20日 |
| J22 | 6号与7号坝段坝体6#横缝 | 2016年10月1日—2020年11月20日 |
| J23 | 6号与7号坝段坝体6#横缝 | 2016年10月30日—2020年11月19日 |
| J26 | 6号与7号坝段坝体6#横缝 | 2016年10月30日—2020年11月19日 |
| J28 | 6号与7号坝段坝体6#横缝 | 2016年10月30日—2020年11月20日 |
| J29 | 6号与7号坝段坝体6#横缝 | 2016年10月30日—2020年11月20日 |
| J31 | 8号与9号坝段坝体8#横缝 | 2016年10月2日—2020年11月20日 |
| J32 | 8号与9号坝段坝体8#横缝 | 2016年10月1日—2020年11月20日 |
| J33 | 8号与9号坝段坝体8#横缝 | 2016年10月2日—2020年11月20日 |
| J34 | 8号与9号坝段坝体8#横缝 | 2016年10月1日—2020年11月19日 |
| J35 | 8号与9号坝段坝体8#横缝 | 2016年11月2日—2020年11月20日 |
| J36 | 8号与9号坝段坝体8#横缝 | 2016年10月1日—2020年11月19日 |
| J38 | 8号与9号坝段坝体8#横缝 | 2016年10月1日—2020年11月19日 |
| J39 | 8号与9号坝段坝体8#横缝 | 2016年10月1日—2020年11月19日 |
| J40 | 8号与9号坝段坝体8#横缝 | 2016年10月1日—2020年11月19日 |
| J42 | 8号与9号坝段坝体8#横缝 | 2016年10月1日—2020年11月20日 |
| J44 | 8号与9号坝段坝体8#横缝 | 2016年10月1日—2020年11月20日 |
| J45 | 8号与9号坝段坝体8#横缝 | 2016年10月1日—2020年11月20日 |
| J48 | 10号与11号坝段坝体10#横缝 | 2016年10月1日—2020年11月20日 |
| J49 | 10号与11号坝段坝体10#横缝 | 2016年10月1日—2020年11月20日 |
| J50 | 10号与11号坝段坝体10#横缝 | 2016年10月1日—2020年11月20日 |
| J54 | 10号与11号坝段坝体10#横缝 | 2016年10月1日—2020年11月20日 |
| J55 | 10号与11号坝段坝体10#横缝 | 2016年10月1日—2020年11月20日 |

续表

| 测点编号 | 部　　位 | 建　模　时　间 |
|---|---|---|
| J58 | 10 号与 11 号坝段坝体 10# 横缝 | 2016 年 10 月 1 日—2020 年 11 月 20 日 |
| J60 | 10 号与 11 号坝段坝体 10# 横缝 | 2016 年 10 月 1 日—2020 年 11 月 20 日 |
| J62 | 10 号与 11 号坝段坝体 10# 横缝 | 2016 年 10 月 1 日—2020 年 11 月 20 日 |
| J65 | 13 号与 14 号坝段坝体 13# 横缝 | 2016 年 10 月 1 日—2020 年 11 月 20 日 |
| J66 | 13 号与 14 号坝段坝体 13# 横缝 | 2016 年 10 月 1 日—2020 年 11 月 20 日 |
| J67 | 13 号与 14 号坝段坝体 13# 横缝 | 2016 年 10 月 1 日—2020 年 11 月 20 日 |
| J68 | 13 号与 14 号坝段坝体 13# 横缝 | 2016 年 10 月 1 日—2020 年 11 月 20 日 |
| J69 | 13 号与 14 号坝段坝体 13# 横缝 | 2016 年 10 月 1 日—2020 年 11 月 19 日 |
| J70 | 13 号与 14 号坝段坝体 13# 横缝 | 2016 年 10 月 1 日—2020 年 11 月 19 日 |
| J71 | 13 号与 14 号坝段坝体 13# 横缝 | 2016 年 11 月 21 日—2020 年 11 月 19 日 |
| J72 | 13 号与 14 号坝段坝体 13# 横缝 | 2016 年 11 月 2 日—2020 年 11 月 19 日 |
| J81 | 15 号与 16 号坝段坝体 15# 横缝 | 2016 年 11 月 1 日—2020 年 11 月 19 日 |
| J82 | 15 号与 16 号坝段坝体 15# 横缝 | 2016 年 11 月 4 日—2020 年 11 月 19 日 |
| J83 | 15 号与 16 号坝段坝体 15# 横缝 | 2016 年 11 月 1 日—2020 年 11 月 19 日 |
| J84 | 15 号与 16 号坝段坝体 15# 横缝 | 2016 年 11 月 1 日—2020 年 11 月 19 日 |
| J85 | 15 号与 16 号坝段坝体 15# 横缝 | 2016 年 11 月 1 日—2020 年 11 月 19 日 |

#### 4.4.3.2　回归模型及成果分析

采用逐步加权回归分析法，由式（4－27）对测缝计测点对应的资料系列建立统计模型。典型测点的回归系数及相应的模型复相关系数 $R$、标准差 $S$ 见表 4－27，各测点的实测值、拟合值及残差过程线如图 4－52～图 4－56 所示。

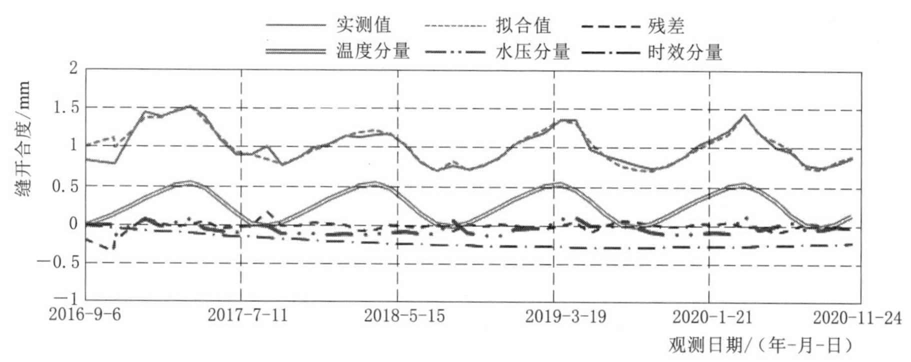


图 4－52　测缝计测点 J10 统计模型过程线

1. 精度分析

在 45 个横缝测缝计测点中，复相关系数在 0.9 以上的测点数为 20 个，在 0.8～0.9 之间的有 19 个，低于 0.8 的测点有 6 个，出现这种现象的原因是该测点测值部分时段规律性不强，有突变现象。

从标准差统计情况来看，45 个横缝测缝计测点标准差在 0.003722～0.1286mm 之间，最大为 J66（0.1286），最小为 J69（0.003722）。

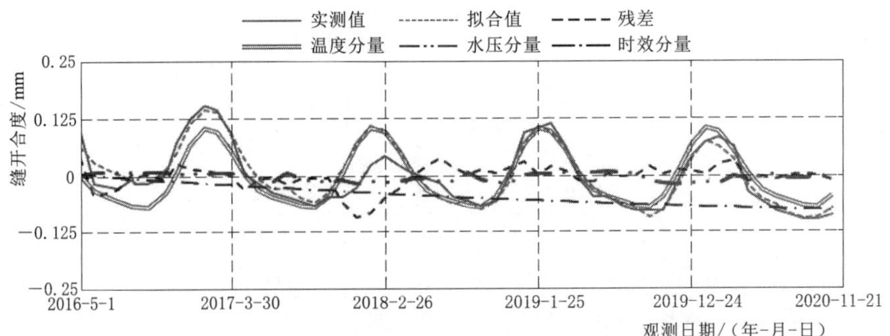


图4-53 测缝计测点J16统计模型过程线

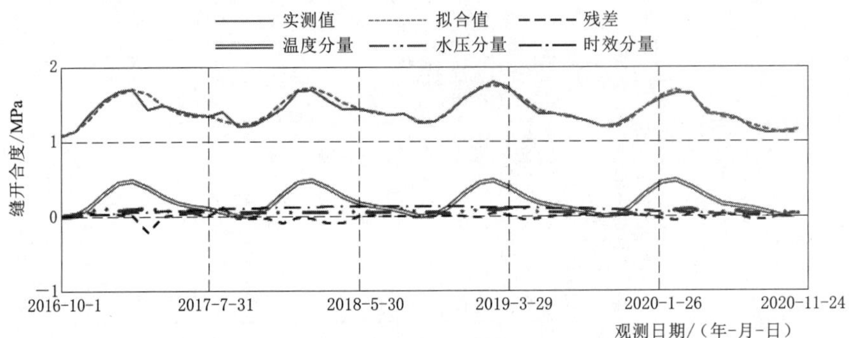


图4-54 测缝计测点J54统计模型过程线

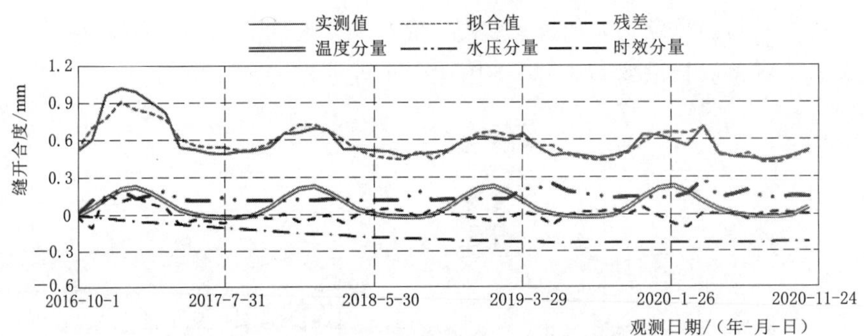


图4-55 测缝计测点J62统计模型过程线

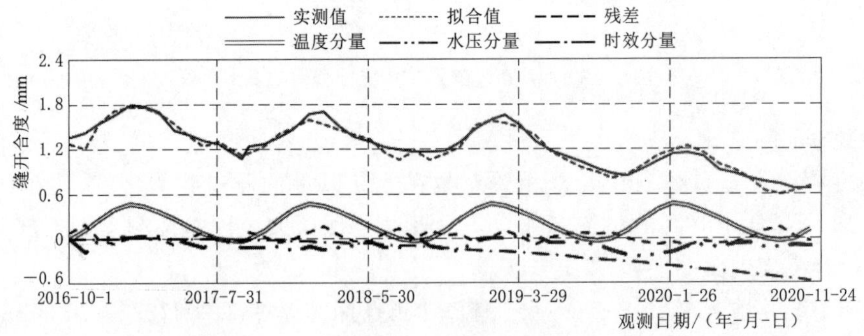


图4-56 测缝计测点J66统计模型过程线

表 4-27　　测缝计统计模型系数、复相关系数以及标准差统计表

| 系数 | 测点 | | | | | | | | |
|---|---|---|---|---|---|---|---|---|---|
| | J7 | J10 | J14 | J16 | J18 | J19 | J21 | J22 | J23 |
| $a_0$ | 1.930 | 1.013 | $5.503\times10^{-1}$ | $6.070\times10^{-2}$ | $-9.105\times10^{-3}$ | $4.083\times10^{-1}$ | 1.313 | 1.390 | 3.716 |
| $a_1$ | $2.378\times10^{-2}$ | $2.511\times10^{-2}$ | $5.232\times10^{-2}$ | $-1.204\times10^{-2}$ | $-2.251\times10^{-2}$ | $-4.523\times10^{-3}$ | 1.997 | $1.337\times10^{-1}$ | $1.557\times10^{-3}$ |
| $a_2$ | 0.000 | 0.000 | $-1.667\times10^{-4}$ | 0.000 | $7.504\times10^{-5}$ | 0.000 | $-1.645\times10^{-2}$ | $-4.301\times10^{-4}$ | 0.000 |
| $a_3$ | 0.000 | 0.000 | 0.000 | 0.000 | 0.000 | 0.000 | $2.580\times10^{-5}$ | 0.000 | 0.000 |
| $a_4$ | $-7.311\times10^{-10}$ | $-6.855\times10^{-10}$ | 0.000 | $3.928\times10^{-10}$ | 0.000 | $1.494\times10^{-10}$ | 0.000 | 0.000 | $-4.585\times10^{-11}$ |
| $a_5$ | $1.020\times10^{-12}$ | $9.169\times10^{-13}$ | $2.927\times10^{-13}$ | $-5.586\times10^{-13}$ | $-1.457\times10^{-13}$ | $-2.125\times10^{-13}$ | $-1.602\times10^{-11}$ | $7.751\times10^{-13}$ | $6.319\times10^{-14}$ |
| $a_6$ | 0.000 | $4.063\times10^{-16}$ | 0.000 | $-2.383\times10^{-16}$ | $-4.451\times10^{-15}$ | $-9.606\times10^{-16}$ | $6.738\times10^{-16}$ | $-3.114\times10^{-15}$ | 0.000 |
| $b_1$ | $-1.365\times10^{-3}$ | $-2.034\times10^{-2}$ | $1.021\times10^{-2}$ | $-7.887\times10^{-2}$ | $6.528\times10^{-2}$ | $-6.497\times10^{-3}$ | $-1.043\times10^{-2}$ | $1.093\times10^{-2}$ | $1.483\times10^{-3}$ |
| $b_2$ | $-3.958\times10^{-2}$ | $-2.624\times10^{-1}$ | $-3.544\times10^{-2}$ | $2.651\times10^{-2}$ | $-3.590\times10^{-1}$ | $-6.721\times10^{-3}$ | $-5.712\times10^{-2}$ | $-8.425\times10^{-2}$ | $2.021\times10^{-4}$ |
| $b_3$ | $1.121\times10^{-2}$ | $3.438\times10^{-2}$ | $-1.559\times10^{-2}$ | $-3.353\times10^{-3}$ | $-8.389\times10^{-2}$ | 0.000 | $1.285\times10^{-2}$ | $-6.355\times10^{-2}$ | $-1.095\times10^{-3}$ |
| $b_4$ | $-4.233\times10^{-3}$ | $-6.481\times10^{-3}$ | $5.772\times10^{-3}$ | $-2.221\times10^{-2}$ | $9.567\times10^{-2}$ | $-5.386\times10^{-3}$ | $2.522\times10^{-3}$ | $2.081\times10^{-3}$ | $1.503\times10^{-3}$ |
| $c_1$ | $1.264\times10^{-1}$ | $4.701\times10^{-1}$ | $9.821\times10^{-2}$ | $2.424\times10^{-2}$ | $2.210\times10^{-1}$ | $2.165\times10^{-1}$ | $1.326\times10^{-2}$ | 0.000 | $2.026\times10^{-2}$ |
| $c_2$ | $-1.279\times10$ | $-4.729\times10$ | $-1.004\times10$ | −2.815 | $-2.094\times10$ | $-2.108\times10$ | −2.078 | 0.000 | −1.905 |
| $R$ | $9.543\times10^{-1}$ | $9.794\times10^{-1}$ | $8.744\times10^{-1}$ | $9.569\times10^{-1}$ | $9.669\times10^{-1}$ | $7.592\times10^{-1}$ | $8.829\times10^{-1}$ | $9.134\times10^{-1}$ | $7.803\times10^{-1}$ |
| $S$ | $1.263\times10^{-2}$ | $4.762\times10^{-2}$ | $2.370\times10^{-2}$ | $1.994\times10^{-2}$ | $7.379\times10^{-2}$ | $1.486\times10^{-2}$ | $3.054\times10^{-2}$ | $4.210\times10^{-2}$ | $4.151\times10^{-3}$ |

续表

| 系数 | 测点 | | | | | | | | |
|---|---|---|---|---|---|---|---|---|---|
| | J26 | J28 | J29 | J31 | J32 | J33 | J34 | J35 | J36 |
| $a_0$ | 3.008 | $4.307\times10^{-2}$ | 3.044 | 1.505 | 1.806 | $3.325\times10^{-1}$ | 2.838 | 2.517 | 3.158 |
| $a_1$ | $1.669\times10^{-4}$ | $4.497\times10^{-3}$ | $1.444\times10^{-1}$ | $-3.602\times10^{-5}$ | $-6.880\times10^{-4}$ | $-2.821\times10^{-4}$ | $-3.730\times10^{-2}$ | $-8.420\times10^{-3}$ | $1.791\times10^{-2}$ |
| $a_2$ | $-3.611\times10^{-7}$ | 0.000 | $-4.599\times10^{-4}$ | 0.000 | 0.000 | $6.295\times10^{-7}$ | 0.000 | 0.000 | 0.000 |
| $a_3$ | 0.000 | 0.000 | 0.000 | 0.000 | 0.000 | 0.000 | 0.000 | 0.000 | 0.000 |
| $a_4$ | 0.000 | $-1.378\times10^{-10}$ | 0.000 | 0.000 | $2.344\times10^{-11}$ | 0.000 | $1.194\times10^{-9}$ | $2.702\times10^{-10}$ | $-5.589\times10^{-10}$ |
| $a_5$ | 0.000 | $1.922\times10^{-13}$ | $8.116\times10^{-13}$ | $4.672\times10^{-16}$ | $-3.386\times10^{-14}$ | 0.000 | $-1.688\times10^{-12}$ | $-3.819\times10^{-13}$ | $7.833\times10^{-13}$ |
| $a_6$ | 0.000 | 0.000 | $1.732\times10^{-15}$ | 0.000 | 0.000 | $-8.280\times10^{-17}$ | $-4.479\times10^{-16}$ | $-6.604\times10^{-16}$ | $-1.080\times10^{-15}$ |
| $b_1$ | $-2.542\times10^{-3}$ | $-1.047\times10^{-2}$ | $4.093\times10^{-2}$ | $2.908\times10^{-4}$ | $-1.555\times10^{-3}$ | $-3.245\times10^{-3}$ | $1.895\times10^{-1}$ | $5.562\times10^{-3}$ | $2.071\times10^{-2}$ |
| $b_2$ | $2.132\times10^{-4}$ | $3.857\times10^{-3}$ | $-1.309\times10^{-2}$ | $-2.214\times10^{-3}$ | $-1.192\times10^{-2}$ | $-5.341\times10^{-4}$ | $-1.306\times10^{-1}$ | $-7.090\times10^{-3}$ | $-5.074\times10^{-2}$ |
| $b_3$ | $-1.442\times10^{-3}$ | $-4.190\times10^{-3}$ | $-1.794\times10^{-2}$ | $-1.533\times10^{-3}$ | $1.926\times10^{-3}$ | $-3.169\times10^{-3}$ | $-6.450\times10^{-2}$ | $6.023\times10^{-3}$ | $-2.701\times10^{-2}$ |
| $b_4$ | 0.000 | $-3.052\times10^{-3}$ | 0.000 | $-7.302\times10^{-4}$ | $-6.749\times10^{-4}$ | $-9.767\times10^{-4}$ | $-5.029\times10^{-2}$ | $-3.336\times10^{-3}$ | $1.344\times10^{-2}$ |
| $c_1$ | 0.000 | $-1.179\times10^{-3}$ | $4.777\times10^{-1}$ | $-1.563\times10^{-2}$ | $-2.126\times10^{-2}$ | $-9.915\times10^{-3}$ | $-2.821\times10^{-2}$ | $2.758\times10^{-1}$ | $-8.039\times10^{-2}$ |
| $c_2$ | $2.053\times10^{-1}$ | 0.000 | $-4.792\times10$ | 1.731 | 2.308 | $7.191\times10^{-1}$ | 2.962 | $-2.680\times10$ | 7.786 |
| $R$ | $9.035\times10^{-1}$ | $7.219\times10^{-1}$ | $8.246\times10^{-1}$ | $8.762\times10^{-1}$ | $9.468\times10^{-1}$ | $9.158\times10^{-1}$ | $9.270\times10^{-1}$ | $8.024\times10^{-1}$ | $8.801\times10^{-1}$ |
| $S$ | $4.293\times10^{-3}$ | $9.337\times10^{-3}$ | $5.228\times10^{-2}$ | $4.645\times10^{-3}$ | $4.507\times10^{-3}$ | $4.902\times10^{-3}$ | $7.076\times10^{-2}$ | $1.718\times10^{-2}$ | $2.897\times10^{-2}$ |

建模资料系列相对较为完整，可见模型的优劣与资料系列的完整性有一定关系。总体上可认为所建模型精度比较高，可进行下一步分析。

2. 影响因素分析

为了定量分析和评价水压、温度和时效等分量对横缝测缝计的影响，用统计模型分离出水压分量、温度分量和时效分量这三部分，各分量过程线见图 4－52～图 4－56 所示，并以 2019 年为例，计算出了各测点应力分量变幅，见表 4－28。其中，影响占比＝(分量变幅/总变幅)×100％，总变幅为各分量变幅之和。

**表 4－28　测缝计典型测点 2019 年实测变幅、拟合值及各分量变幅**

| 测点 | 实测值/mm | 拟合值/mm | 水压分量/mm | 温度分量/mm | 时效分量/mm | 水压/％ | 温度/％ | 时效/％ | 备注 |
|---|---|---|---|---|---|---|---|---|---|
| J7 | 0.1300 | 0.1339 | 0.065 | 0.0898 | 0.0042 | 41.15 | 56.21 | 2.64 | 4# 坝段横缝 |
| J10 | 0.6900 | 0.6979 | 0.2659 | 0.5436 | 0.0091 | 32.48 | 66.40 | 1.11 | |
| J14 | 0.1800 | 0.1606 | 0.0697 | 0.0884 | 0.0065 | 42.34 | 53.72 | 3.95 | |
| J16 | 0.2100 | 0.1986 | 0.0308 | 0.1759 | 0.0138 | 13.96 | 79.78 | 6.26 | 6# 坝段横缝 |
| J18 | 0.9000 | 0.8665 | 0.1449 | 0.7919 | 0.0454 | 14.75 | 80.63 | 4.62 | |
| J19 | 0.0800 | 0.0428 | 0.0337 | 0.0255 | 0.0241 | 40.43 | 30.66 | 28.90 | |
| J21 | 0.2700 | 0.1856 | 0.1457 | 0.1244 | 0.0270 | 49.04 | 41.86 | 9.10 | |
| J22 | 0.3400 | 0.4102 | 0.1668 | 0.2576 | 0.0000 | 39.31 | 60.69 | 0.00 | |
| J23 | 0.0200 | 0.0109 | 0.0082 | 0.0056 | 0.0047 | 44.45 | 30.23 | 25.33 | |
| J26 | 0.0300 | 0.0134 | 0.0034 | 0.0069 | 0.0074 | 19.21 | 38.90 | 41.89 | |
| J28 | 0.0400 | 0.0330 | 0.0127 | 0.0256 | 0.0043 | 29.83 | 60.08 | 10.09 | |
| J29 | 0.1700 | 0.2226 | 0.1656 | 0.1034 | 0.0089 | 59.58 | 37.22 | 3.21 | |
| J31 | 0.0300 | 0.0066 | 0.0025 | 0.0068 | 0.0059 | 16.20 | 45.11 | 38.70 | 8# 坝段横缝 |
| J32 | 0.0400 | 0.0253 | 0.0041 | 0.0253 | 0.0063 | 11.62 | 70.83 | 17.56 | |
| J33 | 0.0300 | 0.0143 | 0.0079 | 0.0116 | 0.0116 | 26.80 | 39.31 | 33.89 | |
| J34 | 0.5100 | 0.5308 | 0.0674 | 0.4972 | 0.0047 | 11.85 | 87.33 | 0.82 | |
| J35 | 0.0700 | 0.0397 | 0.0325 | 0.0253 | 0.0326 | 35.93 | 27.98 | 36.09 | |
| J36 | 0.2400 | 0.2132 | 0.0821 | 0.1349 | 0.0104 | 36.10 | 59.32 | 4.58 | |
| J38 | 0.0900 | 0.0793 | 0.0154 | 0.0750 | 0.0041 | 16.27 | 79.41 | 4.32 | |
| J39 | 0.0300 | 0.0100 | 0.0011 | 0.0081 | 0.0053 | 7.89 | 55.96 | 36.15 | |
| J40 | 0.0400 | 0.0268 | 0.0095 | 0.0191 | 0.0068 | 26.81 | 54.06 | 19.13 | |
| J42 | 0.0800 | 0.0635 | 0.0356 | 0.0422 | 0.0170 | 37.50 | 44.53 | 17.98 | |
| J44 | 0.1500 | 0.1199 | 0.0401 | 0.0917 | 0.0034 | 29.64 | 67.81 | 2.55 | |
| J45 | 0.0900 | 0.0644 | 0.0416 | 0.0344 | 0.0060 | 50.78 | 41.90 | 7.32 | |
| J48 | 0.0100 | 0.0037 | 0.0000 | 0.0019 | 0.0037 | 0.00 | 34.47 | 65.53 | 10# 坝段横缝 |
| J49 | 0.0300 | 0.0199 | 0.0159 | 0.0106 | 0.0086 | 45.29 | 30.21 | 24.50 | |
| J50 | 0.2400 | 0.2120 | 0.0291 | 0.2131 | 0.0265 | 10.84 | 79.29 | 9.87 | |

续表

| 测点 | 实测值/mm | 拟合值/mm | 水压分量/mm | 温度分量/mm | 时效分量/mm | 水压/% | 温度/% | 时效/% | 备注 |
|---|---|---|---|---|---|---|---|---|---|
| J54 | 0.6000 | 0.5767 | 0.1127 | 0.4817 | 0.0548 | 17.36 | 74.20 | 8.44 | 10# 坝段横缝 |
| J55 | 0.0500 | 0.0285 | 0.0066 | 0.0246 | 0.0021 | 19.80 | 73.99 | 6.21 | |
| J58 | 0.0200 | 0.0074 | 0.0044 | 0.0053 | 0.0028 | 35.01 | 42.47 | 22.51 | |
| J60 | 0.0500 | 0.0370 | 0.0073 | 0.0317 | 0.0071 | 15.89 | 68.78 | 15.32 | |
| J62 | 0.2500 | 0.2638 | 0.1742 | 0.2549 | 0.0210 | 38.70 | 56.62 | 4.67 | |
| J65 | 0.0200 | 0.0134 | 0.0076 | 0.0066 | 0.0008 | 50.57 | 44.02 | 5.41 | 13# 坝段横缝 |
| J66 | 0.8300 | 0.7905 | 0.3083 | 0.5059 | 0.1980 | 30.46 | 49.98 | 19.56 | |
| J67 | 0.0200 | 0.0184 | 0.0067 | 0.0173 | 0.0022 | 25.63 | 65.90 | 8.47 | |
| J68 | 0.2300 | 0.1820 | 0.0491 | 0.1310 | 0.0062 | 26.35 | 70.33 | 3.32 | |
| J69 | 0.0200 | 0.0088 | 0.0064 | 0.0078 | 0.0039 | 35.27 | 43.40 | 21.33 | |
| J70 | 0.0700 | 0.0512 | 0.0165 | 0.0402 | 0.0081 | 25.49 | 61.99 | 12.53 | |
| J71 | 0.0500 | 0.0303 | 0.0068 | 0.0229 | 0.0088 | 17.57 | 59.48 | 22.95 | |
| J72 | 0.0600 | 0.0512 | 0.0000 | 0.0481 | 0.0053 | 0.00 | 90.07 | 9.93 | |
| J81 | 0.0700 | 0.0543 | 0.0297 | 0.0423 | 0.0085 | 36.85 | 52.56 | 10.59 | 15# 坝段横缝 |
| J82 | 0.0300 | 0.0105 | 0.0097 | 0.0084 | 0.0078 | 37.44 | 32.38 | 30.17 | |
| J83 | 0.0900 | 0.0622 | 0.0361 | 0.0313 | 0.0343 | 35.52 | 30.77 | 33.72 | |
| J84 | 0.1700 | 0.1344 | 0.1300 | 0.1300 | 0.0297 | 44.88 | 44.86 | 10.26 | |
| J85 | 0.0600 | 0.0508 | 0.0286 | 0.0320 | 0.0057 | 43.13 | 48.31 | 8.56 | |

（1）水压分量。以2019年为例，4#坝段横缝开合度水压分量占拟合值变幅比例为32.48%～42.34%，6#坝段横缝开合度水压分量占拟合值变幅比例为13.96%～59.58%，8#坝段横缝开合度水压分量占拟合值变幅比例为7.89%～50.78%，10#坝段横缝开合度水压分量占拟合值变幅比例为0.00%～45.29%，13#坝段横缝开合度水压分量占拟合值变幅比例为0.00%～50.57%，15#坝段横缝开合度水压分量占拟合值变幅比例为35.52%～44.88%。整体来看，水压分量对横缝开合度影响较大。

（2）温度分量。以2019年为例，4#坝段横缝开合度温度分量占拟合值变幅比例为53.72%～66.40%，6#坝段横缝开合度温度分量占拟合值变幅比例为30.23%～80.63%，8#坝段横缝开合度温度分量占拟合值变幅比例为27.98%～87.33%，10#坝段横缝开合度温度分量占拟合值变幅比例为30.21%～79.29%，13#坝段横缝开合度温度分量占拟合值变幅比例为43.40%～90.07%，15#坝段横缝开合度温度分量占拟合值变幅比例为30.77%～52.56%。整体来看，温度分量对横缝开合度影响较大。

（3）时效分量。以2019年为例，4#坝段横缝开合度时效分量占拟合值变幅比例为1.11%～3.95%，6#坝段横缝开合度时效分量占拟合值变幅比例为0.00%～41.89%，8#坝段横缝开合度时效分量占拟合值变幅比例为0.82%～38.70%，10#坝段横缝开合度时效分量占拟合值变幅比例为4.67%～65.53%，13#坝段横缝开合度时效分量占拟合值变幅比例为3.32%～22.95%，15#坝段横缝开合度时效分量占拟合值变幅比例为8.56%～

33.72%。整体来看，时效分量对横缝开合度影响较大。

## 4.4.4 裂缝计回归模型及其成果分析

### 4.4.4.1 统计模型建模资料系列

根据始测时间不同，裂缝计各测点的建模资料时间序列见表4-29。对于规律性较差或有尖刺型突变的测值，为不影响统计模型精度，已利用粗差剔除方法将该类噪值剔除。

表4-29　　裂缝计各测点统计模型建模资料时间序列

| 测点编号 | 部　位 | 建 模 时 间 |
| --- | --- | --- |
| K1-2 | 主监测断面Ⅰ | 2016年10月1日—2020年11月20日 |
| K1-4 | 主监测断面Ⅰ | 2016年10月1日—2020年11月20日 |
| K1-5 | 主监测断面Ⅰ | 2016年10月1日—2020年11月20日 |
| K1-6 | 主监测断面Ⅰ | 2016年10月30日—2020年11月20日 |
| K2-1 | 主监测断面Ⅱ | 2016年10月1日—2020年11月19日 |
| K2-4 | 主监测断面Ⅱ | 2016年11月2日—2020年11月20日 |
| K2-5 | 主监测断面Ⅱ | 2016年10月1日—2020年11月20日 |
| K2-7 | 主监测断面Ⅱ | 2016年10月1日—2020年11月20日 |
| K2-8 | 主监测断面Ⅱ | 2016年10月1日—2020年11月20日 |
| K2-9 | 主监测断面Ⅱ | 2016年10月1日—2020年11月20日 |
| K3-3 | 主监测断面Ⅲ | 2016年10月1日—2020年11月19日 |
| K3-4 | 主监测断面Ⅲ | 2016年10月1日—2020年11月20日 |
| K3-5 | 主监测断面Ⅲ | 2016年10月1日—2020年11月20日 |
| KB1-3 | 7#坝段 | 2016年10月1日—2020年11月19日 |
| KB1-5 | 7#坝段 | 2016年10月1日—2020年11月19日 |
| KB1-6 | 7#坝段 | 2016年11月14日—2020年11月19日 |
| KB1-8 | 7#坝段 | 2016年11月2日—2020年11月20日 |
| KB2-1 | 8#坝段 | 2016年10月1日—2020年11月20日 |
| KB2-2 | 8#坝段 | 2016年10月1日—2020年11月20日 |
| KB2-3 | 8#坝段 | 2016年10月1日—2020年11月20日 |
| KB2-8 | 8#坝段 | 2016年11月2日—2020年11月19日 |
| KB2-9 | 8#坝段 | 2016年11月2日—2020年11月19日 |
| KB3-1 | 9#坝段 | 2016年10月1日—2020年11月19日 |
| KB3-3 | 9#坝段 | 2016年10月1日—2020年11月20日 |
| KB3-8 | 9#坝段 | 2016年11月2日—2020年11月20日 |
| KB-4 | 10#坝段 | 2016年10月1日—2020年11月19日 |
| KB4-2 | 10#坝段 | 2016年10月1日—2020年11月20日 |
| KB4-3 | 10#坝段 | 2016年10月1日—2020年11月20日 |
| KB-5 | 11#坝段 | 2016年11月14日—2020年11月19日 |

续表

| 测点编号 | 部　　位 | 建　模　时　间 |
|---|---|---|
| KB5-1 | 11#坝段 | 2016年10月1日—2020年11月20日 |
| KB5-2 | 11#坝段 | 2016年10月1日—2020年11月20日 |
| KB5-3 | 11#坝段 | 2016年10月1日—2020年11月20日 |
| KB-6 | 13#坝段 | 2016年10月1日—2020年11月20日 |
| KJ1 | 主河床坝段坝基裂缝 | 2016年10月1日—2020年11月19日 |
| KJ4 | 主河床坝段坝基裂缝 | 2016年10月1日—2020年11月20日 |
| KJ6 | 主河床坝段坝基裂缝 | 2016年11月1日—2020年11月20日 |
| KJ8 | 主河床坝段坝基裂缝 | 2016年10月1日—2020年11月19日 |
| KJ9 | 主河床坝段坝基裂缝 | 2016年10月1日—2020年11月19日 |
| KJ11 | 主河床坝段坝基裂缝 | 2016年10月1日—2020年11月20日 |
| KJ13 | 左岸岸坡坝段坝基裂缝 | 2016年10月1日—2020年11月19日 |
| KJ14 | 左岸岸坡坝段坝基裂缝 | 2016年10月1日—2020年11月20日 |

#### 4.4.4.2　回归模型及成果分析

采用逐步加权回归分析法，由式（4-27）对裂缝计测点对应的资料系列建立统计模型。各测点的回归系数及相应的模型复相关系数 $R$、标准差 $S$ 见表4-30，各测点的实测值、拟合值及残差过程线如图4-57～图4-62所示。

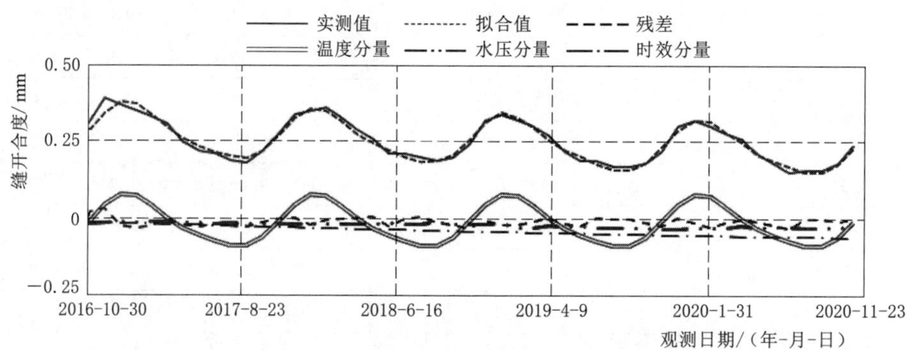


图4-57　裂缝计测点K1-6统计模型过程线

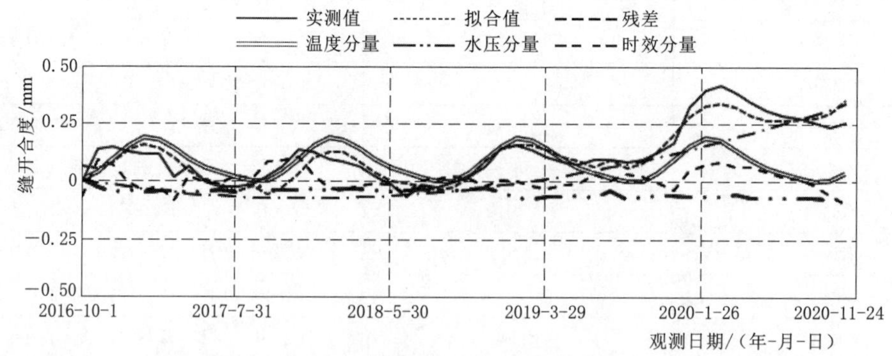


图4-58　裂缝计测点K2-7统计模型过程线

表 4-30 裂缝计统计模型系数、复相关系数以及标准差统计表

| 系数 | 测点 | | | | | | | | |
|---|---|---|---|---|---|---|---|---|---|
| | K1-2 | K1-4 | K1-5 | K1-6 | K2-1 | K2-4 | K2-5 | K2-7 | K2-8 |
| $a_0$ | $-4.106\times10^{-1}$ | $-8.275\times10^{-1}$ | $-4.894\times10^{-1}$ | $3.009\times10^{-1}$ | 1.400 | $-4.652\times10^{-1}$ | $-2.489\times10^{-1}$ | $5.822\times10^{-2}$ | $-3.481\times10^{-1}$ |
| $a_1$ | $-1.638\times10^{-2}$ | $3.728\times10^{-6}$ | $2.281\times10^{-3}$ | $1.589\times10^{-3}$ | 0.000 | $-4.343\times10^{-3}$ | 0.000 | $4.978\times10^{-2}$ | 0.000 |
| $a_2$ | $5.254\times10^{-5}$ | 0.000 | $-7.263\times10^{-6}$ | 0.000 | 0.000 | $1.399\times10^{-5}$ | 0.000 | $-1.616\times10^{-4}$ | 0.000 |
| $a_3$ | 0.000 | 0.000 | 0.000 | 0.000 | 0.000 | 0.000 | 0.000 | 0.000 | 0.000 |
| $a_4$ | 0.000 | 0.000 | 0.000 | $-4.598\times10^{-11}$ | $-4.117\times10^{-12}$ | 0.000 | 0.000 | 0.000 | 0.000 |
| $a_5$ | $-9.399\times10^{-14}$ | 0.000 | $1.285\times10^{-14}$ | $6.283\times10^{-14}$ | $7.581\times10^{-15}$ | $-2.512\times10^{-14}$ | 0.000 | $2.962\times10^{-13}$ | 0.000 |
| $a_6$ | $-1.957\times10^{-16}$ | 0.000 | $-7.727\times10^{-17}$ | $-6.264\times10^{-16}$ | 0.000 | $-1.298\times10^{-16}$ | $-1.242\times10^{-16}$ | $-1.112\times10^{-15}$ | $-3.667\times10^{-17}$ |
| $b_1$ | $1.254\times10^{-2}$ | $2.090\times10^{-2}$ | $2.481\times10^{-2}$ | $8.144\times10^{-2}$ | $-1.519\times10^{-3}$ | $1.794\times10^{-2}$ | $5.546\times10^{-3}$ | $5.856\times10^{-2}$ | $-3.931\times10^{-3}$ |
| $b_2$ | $-2.013\times10^{-2}$ | $-2.121\times10^{-2}$ | $-2.401\times10^{-2}$ | $8.629\times10^{-3}$ | $-6.926\times10^{-3}$ | $-1.112\times10^{-2}$ | $-1.635\times10^{-2}$ | $-6.755\times10^{-2}$ | $-1.981\times10^{-2}$ |
| $b_3$ | $5.946\times10^{-3}$ | $4.210\times10^{-3}$ | $4.692\times10^{-3}$ | $1.487\times10^{-2}$ | $8.283\times10^{-4}$ | $7.076\times10^{-3}$ | $3.903\times10^{-3}$ | $-1.541\times10^{-2}$ | $-1.843\times10^{-3}$ |
| $b_4$ | $-4.057\times10^{-3}$ | $4.588\times10^{-3}$ | $4.739\times10^{-3}$ | $-8.487\times10^{-3}$ | $-1.156\times10^{-3}$ | $4.550\times10^{-3}$ | $-4.913\times10^{-3}$ | $-1.134\times10^{-2}$ | $-3.126\times10^{-3}$ |
| $c_1$ | $5.101\times10^{-2}$ | $-1.372\times10^{-2}$ | $-5.634\times10^{-3}$ | $1.457\times10^{-2}$ | $-7.512\times10^{-3}$ | $6.347\times10^{-2}$ | $3.795\times10^{-2}$ | $7.480\times10^{-1}$ | $-5.816\times10^{-3}$ |
| $c_2$ | $-5.267$ | 1.083 | $2.040\times10^{-1}$ | $-1.753$ | $5.066\times10^{-1}$ | $-6.439$ | $-4.132$ | $-7.089\times10$ | 0.000 |
| $R$ | $9.253\times10^{-1}$ | $9.670\times10^{-1}$ | $9.765\times10^{-1}$ | $9.849\times10^{-1}$ | $8.922\times10^{-1}$ | $8.971\times10^{-1}$ | $9.420\times10^{-1}$ | $9.469\times10^{-1}$ | $9.845\times10^{-1}$ |
| $S$ | $9.451\times10^{-3}$ | $6.589\times10^{-3}$ | $6.682\times10^{-3}$ | $1.103\times10^{-2}$ | $5.684\times10^{-3}$ | $1.007\times10^{-2}$ | $8.278\times10^{-3}$ | $3.797\times10^{-2}$ | $5.097\times10^{-3}$ |

续表

| 系数 | 测点 | | | | | | | | |
|---|---|---|---|---|---|---|---|---|---|
| | K2-9 | K3-3 | K3-4 | K3-5 | KB1-3 | KB1-5 | KB1-6 | KB1-8 | KB2-1 |
| $a_0$ | $-1.501\times10^{-1}$ | $2.413\times10^{-1}$ | $-1.797\times10^{-1}$ | $-1.380\times10^{-1}$ | $9.975\times10^{-2}$ | $-6.695\times10^{-2}$ | $-3.976\times10^{-2}$ | $9.554\times10^{-2}$ | $1.487\times10^{-1}$ |
| $a_1$ | $-2.031\times10^{-3}$ | 0.000 | 0.000 | $1.412\times10^{-5}$ | 0.000 | 0.000 | 0.000 | 0.000 | $-1.297\times10^{-3}$ |
| $a_2$ | $6.672\times10^{-6}$ | 0.000 | 0.000 | 0.000 | 0.000 | 0.000 | 0.000 | 0.000 | 0.000 |
| $a_3$ | 0.000 | $-1.360\times10^{-7}$ | 0.000 | 0.000 | 0.000 | 0.000 | 0.000 | 0.000 | 0.000 |
| $a_4$ | 0.000 | $5.172\times10^{-10}$ | $8.825\times10^{-14}$ | 0.000 | 0.000 | 0.000 | 0.000 | 0.000 | $3.844\times10^{-11}$ |
| $a_5$ | $-1.256\times10^{-14}$ | $-4.865\times10^{-13}$ | 0.000 | 0.000 | $-6.811\times10^{-17}$ | 0.000 | $-7.429\times10^{-17}$ | 0.000 | $-5.301\times10^{-14}$ |
| $a_6$ | $-1.522\times10^{-16}$ | $-1.598\times10^{-16}$ | $-1.589\times10^{-16}$ | $-1.518\times10^{-16}$ | $-6.203\times10^{-17}$ | 0.000 | $2.531\times10^{-17}$ | $-5.910\times10^{-17}$ | $-1.860\times10^{-16}$ |
| $b_1$ | $-3.304\times10^{-3}$ | $-6.737\times10^{-4}$ | $3.508\times10^{-2}$ | $2.908\times10^{-2}$ | $-5.332\times10^{-4}$ | $-2.962\times10^{-3}$ | $2.771\times10^{-3}$ | $9.634\times10^{-3}$ | $-1.048\times10^{-3}$ |
| $b_2$ | $-2.169\times10^{-2}$ | $-1.512\times10^{-2}$ | $-2.743\times10^{-2}$ | $-2.875\times10^{-2}$ | $-2.438\times10^{-3}$ | $6.164\times10^{-4}$ | $-1.525\times10^{-3}$ | $6.734\times10^{-3}$ | $-5.910\times10^{-3}$ |
| $b_3$ | $-1.703\times10^{-3}$ | 0.000 | $4.077\times10^{-3}$ | $4.324\times10^{-3}$ | $-5.832\times10^{-4}$ | $-1.908\times10^{-4}$ | 0.000 | $-1.949\times10^{-4}$ | $1.047\times10^{-3}$ |
| $b_4$ | $-3.793\times10^{-3}$ | $-6.401\times10^{-3}$ | $5.127\times10^{-3}$ | $3.481\times10^{-3}$ | $1.896\times10^{-4}$ | $1.527\times10^{-4}$ | $-1.305\times10^{-3}$ | $-2.133\times10^{-4}$ | $-1.463\times10^{-3}$ |
| $c_1$ | $-1.635\times10^{-2}$ | $3.261\times10^{-2}$ | 0.000 | $-6.075\times10^{-3}$ | $-9.648\times10^{-3}$ | 0.000 | $-1.367\times10^{-2}$ | $1.808\times10^{-2}$ | $-3.012\times10^{-2}$ |
| $c_2$ | 1.241 | −3.400 | $-5.586\times10^{-1}$ | 0.000 | $8.512\times10^{-1}$ | $-2.126\times10^{-1}$ | 1.197 | −1.620 | 3.068 |
| $R$ | $9.768\times10^{-1}$ | $8.826\times10^{-1}$ | $9.841\times10^{-1}$ | $9.855\times10^{-1}$ | $7.859\times10^{-1}$ | $9.145\times10^{-1}$ | $8.373\times10^{-1}$ | $9.276\times10^{-1}$ | $7.292\times10^{-1}$ |
| $S$ | $5.084\times10^{-3}$ | $8.815\times10^{-3}$ | $7.439\times10^{-3}$ | $6.901\times10^{-3}$ | $3.809\times10^{-3}$ | $3.771\times10^{-3}$ | $4.192\times10^{-3}$ | $3.830\times10^{-3}$ | $5.916\times10^{-3}$ |

续表

| 系数 | 测点 | | | | | | | | |
|---|---|---|---|---|---|---|---|---|---|
| | KB2-2 | KB2-3 | KB2-8 | KB2-9 | KB3-1 | KB3-3 | KB3-8 | KB-4 | KB4-2 |
| $a_0$ | $-2.972\times10^{-1}$ | $4.447\times10^{-2}$ | $-3.870\times10^{-1}$ | $8.143\times10^{-2}$ | $3.529\times10^{-1}$ | $2.500\times10^{-1}$ | $2.517\times10^{-1}$ | $2.639\times10^{-2}$ | $1.169\times10^{-1}$ |
| $a_1$ | $6.225\times10^{-4}$ | $4.723\times10^{-4}$ | $-1.228\times10^{-3}$ | 0.000 | $-3.614\times10^{-3}$ | 0.000 | 0.000 | $6.870\times10^{-4}$ | $3.452\times10^{-3}$ |
| $a_2$ | 0.000 | 0.000 | 0.000 | 0.000 | $1.159\times10^{-5}$ | 0.000 | 0.000 | 0.000 | $-1.126\times10^{-5}$ |
| $a_3$ | 0.000 | 0.000 | 0.000 | 0.000 | 0.000 | $2.421\times10^{-8}$ | 0.000 | 0.000 | 0.000 |
| $a_4$ | $-2.198\times10^{-11}$ | $-1.358\times10^{-11}$ | $3.773\times10^{-11}$ | 0.000 | 0.000 | $-9.322\times10^{-11}$ | 0.000 | $-2.257\times10^{-11}$ | 0.000 |
| $a_5$ | $3.195\times10^{-14}$ | $1.853\times10^{-14}$ | $-5.264\times10^{-14}$ | 0.000 | $-2.071\times10^{-14}$ | $8.881\times10^{-14}$ | 0.000 | $3.211\times10^{-14}$ | $2.083\times10^{-14}$ |
| $a_6$ | $-3.565\times10^{-16}$ | $-2.640\times10^{-17}$ | $1.259\times10^{-16}$ | $7.927\times10^{-16}$ | $4.810\times10^{-17}$ | $7.332\times10^{-17}$ | $1.370\times10^{-16}$ | $4.324\times10^{-17}$ | $1.232\times10^{-16}$ |
| $b_1$ | $3.478\times10^{-4}$ | $3.033\times10^{-3}$ | $-7.824\times10^{-3}$ | $3.012\times10^{-2}$ | $-9.028\times10^{-4}$ | $-6.353\times10^{-4}$ | $-2.853\times10^{-3}$ | $3.520\times10^{-3}$ | $-1.350\times10^{-3}$ |
| $b_2$ | $-2.618\times10^{-3}$ | $-5.397\times10^{-3}$ | $3.956\times10^{-3}$ | $-4.494\times10^{-2}$ | $-1.372\times10^{-3}$ | $8.191\times10^{-3}$ | $-3.060\times10^{-3}$ | $3.030\times10^{-3}$ | $2.734\times10^{-4}$ |
| $b_3$ | 0.000 | $6.782\times10^{-4}$ | $1.729\times10^{-4}$ | $3.449\times10^{-2}$ | $9.248\times10^{-4}$ | $-4.072\times10^{-4}$ | $2.095\times10^{-4}$ | $2.100\times10^{-4}$ | $5.451\times10^{-4}$ |
| $b_4$ | $2.686\times10^{-4}$ | $-5.347\times10^{-4}$ | $-5.232\times10^{-4}$ | $-1.835\times10^{-2}$ | 0.000 | $1.532\times10^{-3}$ | $6.617\times10^{-4}$ | $5.166\times10^{-4}$ | $-6.697\times10^{-4}$ |
| $c_1$ | $3.720\times10^{-2}$ | $1.248\times10^{-2}$ | $2.177\times10^{-2}$ | $-3.866\times10^{-1}$ | $-2.809\times10^{-2}$ | $1.232\times10^{-3}$ | $-9.084\times10^{-3}$ | $4.653\times10^{-3}$ | $-2.363\times10^{-2}$ |
| $c_2$ | −3.691 | −1.569 | −2.352 | $3.889\times10$ | 2.479 | $1.524\times10^{-1}$ | $5.136\times10^{-1}$ | $-5.857\times10^{-1}$ | 2.101 |
| $R$ | $8.217\times10^{-1}$ | $9.750\times10^{-1}$ | $9.196\times10^{-1}$ | $8.801\times10^{-1}$ | $9.404\times10^{-1}$ | $9.657\times10^{-1}$ | $9.613\times10^{-1}$ | $8.125\times10^{-1}$ | $7.945\times10^{-1}$ |
| $S$ | $4.775\times10^{-3}$ | $3.597\times10^{-3}$ | $4.012\times10^{-3}$ | $3.794\times10^{-2}$ | $3.899\times10^{-3}$ | $3.665\times10^{-3}$ | $4.037\times10^{-3}$ | $4.231\times10^{-3}$ | $6.008\times10^{-3}$ |

续表

| 系数 | 测点 | | | | | | | | |
|---|---|---|---|---|---|---|---|---|---|
| | KB4-3 | KB-5 | KB5-1 | KB5-2 | KB5-3 | KB-6 | KJ1 | KJ4 | KJ6 |
| $a_0$ | $3.090\times10^{-1}$ | $-4.596\times10^{-1}$ | $1.467\times10^{-1}$ | $2.608\times10^{-1}$ | $-5.524\times10^{-2}$ | $4.545\times10^{-2}$ | $9.326\times10^{-1}$ | 8.826 | $2.317\times10^{-1}$ |
| $a_1$ | $-2.971\times10^{-5}$ | 0.000 | $-2.202\times10^{-3}$ | $7.651\times10^{-4}$ | $-2.322\times10^{-3}$ | $-3.918\times10^{-3}$ | 0.000 | $-1.340\times10^{-3}$ | 0.000 |
| $a_2$ | 0.000 | 0.000 | 0.000 | 0.000 | 0.000 | 0.000 | 0.000 | 0.000 | 0.000 |
| $a_3$ | 0.000 | 0.000 | 0.000 | 0.000 | 0.000 | 0.000 | 0.000 | 0.000 | 0.000 |
| $a_4$ | 0.000 | 0.000 | $6.759\times10^{-11}$ | $-2.581\times10^{-11}$ | $7.549\times10^{-11}$ | $1.253\times10^{-10}$ | $-1.311\times10^{-11}$ | $4.632\times10^{-11}$ | 0.000 |
| $a_5$ | $4.209\times10^{-16}$ | 0.000 | $-9.424\times10^{-14}$ | $3.707\times10^{-14}$ | $-1.071\times10^{-13}$ | $-1.769\times10^{-13}$ | $2.425\times10^{-14}$ | $-6.685\times10^{-14}$ | 0.000 |
| $a_6$ | $-7.152\times10^{-17}$ | $4.612\times10^{-17}$ | $-7.158\times10^{-17}$ | $-9.229\times10^{-17}$ | $-3.299\times10^{-16}$ | $6.367\times10^{-17}$ | $-5.691\times10^{-16}$ | $-3.232\times10^{-16}$ | $-7.948\times10^{-17}$ |
| $b_1$ | $1.336\times10^{-3}$ | $6.853\times10^{-4}$ | $6.388\times10^{-4}$ | $3.180\times10^{-4}$ | $-2.753\times10^{-3}$ | $7.459\times10^{-3}$ | $-2.092\times10^{-2}$ | $-4.114\times10^{-4}$ | $-7.199\times10^{-4}$ |
| $b_2$ | $6.046\times10^{-3}$ | $-7.282\times10^{-4}$ | $-6.732\times10^{-3}$ | $-4.060\times10^{-3}$ | $-4.538\times10^{-3}$ | 0.000 | $-1.271\times10^{-2}$ | $-2.614\times10^{-3}$ | $-1.218\times10^{-3}$ |
| $b_3$ | $-5.642\times10^{-4}$ | $8.052\times10^{-4}$ | $7.044\times10^{-4}$ | $-1.094\times10^{-3}$ | $3.152\times10^{-4}$ | $-4.248\times10^{-4}$ | 0.000 | $-1.486\times10^{-3}$ | $-5.107\times10^{-4}$ |
| $b_4$ | $7.423\times10^{-4}$ | $2.182\times10^{-4}$ | $-7.564\times10^{-4}$ | $3.512\times10^{-4}$ | $-1.062\times10^{-3}$ | $-5.612\times10^{-3}$ | $-4.860\times10^{-3}$ | $-8.564\times10^{-4}$ | $-2.534\times10^{-4}$ |
| $c_1$ | $-6.751\times10^{-3}$ | $9.589\times10^{-3}$ | $-4.827\times10^{-3}$ | $1.076\times10^{-2}$ | $6.660\times10^{-2}$ | $2.781\times10^{-2}$ | 0.000 | $1.064\times10^{-1}$ | $-5.636\times10^{-2}$ |
| $c_2$ | 1.065 | −1.564 | $1.853\times10^{-1}$ | −1.166 | −6.546 | −2.766 | $1.609\times10^{-1}$ | $-1.047\times10$ | 5.661 |
| $R$ | $9.723\times10^{-1}$ | $9.880\times10^{-1}$ | $9.579\times10^{-1}$ | $8.218\times10^{-1}$ | $8.679\times10^{-1}$ | $8.476\times10^{-1}$ | $7.390\times10^{-1}$ | $8.219\times10^{-1}$ | $7.250\times10^{-1}$ |
| $S$ | $3.994\times10^{-3}$ | $3.806\times10^{-3}$ | $4.096\times10^{-3}$ | $4.387\times10^{-3}$ | $4.570\times10^{-3}$ | $4.557\times10^{-3}$ | $1.594\times10^{-2}$ | $7.772\times10^{-3}$ | $6.406\times10^{-3}$ |

续表

| 系数 | 测点 | | | | | | | | |
|---|---|---|---|---|---|---|---|---|---|
| | KJ8 | KJ9 | KJ11 | KJ13 | KJ14 | | | | |
| $a_0$ | 1.734 | $-4.675\times10^{-1}$ | $-5.300\times10^{-1}$ | $-1.548\times10^{-1}$ | $5.271\times10^{-2}$ | | | | |
| $a_1$ | $2.533\times10^{-3}$ | $5.400\times10^{-3}$ | $8.244\times10^{-1}$ | $2.769\times10^{-1}$ | $6.094\times10^{-5}$ | | | | |
| $a_2$ | 0.000 | 0.000 | $-4.524\times10^{-3}$ | $-1.520\times10^{-3}$ | 0.000 | | | | |
| $a_3$ | 0.000 | 0.000 | 0.000 | 0.000 | 0.000 | | | | |
| $a_4$ | $-8.805\times10^{-11}$ | $-1.787\times10^{-10}$ | $1.820\times10^{-8}$ | $6.120\times10^{-9}$ | 0.000 | | | | |
| $a_5$ | $1.274\times10^{-13}$ | $2.550\times10^{-13}$ | $-1.741\times10^{-11}$ | $-5.857\times10^{-12}$ | $-7.441\times10^{-16}$ | | | | |
| $a_6$ | $-2.430\times10^{-16}$ | $1.689\times10^{-16}$ | $-3.070\times10^{-16}$ | $-1.149\times10^{-16}$ | $1.258\times10^{-16}$ | | | | |
| $b_1$ | $-7.232\times10^{-3}$ | $-4.048\times10^{-3}$ | $-3.095\times10^{-3}$ | $-2.531\times10^{-3}$ | $-7.156\times10^{-3}$ | | | | |
| $b_2$ | $-3.525\times10^{-3}$ | $-4.760\times10^{-3}$ | $-1.516\times10^{-2}$ | $-7.171\times10^{-3}$ | $-5.554\times10^{-3}$ | | | | |
| $b_3$ | $-1.146\times10^{-3}$ | $7.363\times10^{-4}$ | $4.835\times10^{-4}$ | $4.536\times10^{-4}$ | $-1.758\times10^{-3}$ | | | | |
| $b_4$ | $4.983\times10^{-3}$ | $1.251\times10^{-3}$ | $-4.226\times10^{-3}$ | $-1.630\times10^{-3}$ | $9.606\times10^{-4}$ | | | | |
| $c_1$ | $-1.325\times10^{-1}$ | $-8.319\times10^{-2}$ | $-3.977\times10^{-2}$ | $7.799\times10^{-3}$ | $-9.857\times10^{-3}$ | | | | |
| $c_2$ | $1.435\times10$ | 7.845 | 3.585 | $-9.489\times10^{-1}$ | $5.433\times10^{-1}$ | | | | |
| $R$ | $9.830\times10^{-1}$ | $8.670\times10^{-1}$ | $9.387\times10^{-1}$ | $8.966\times10^{-1}$ | $9.558\times10^{-1}$ | | | | |
| $S$ | $1.095\times10^{-2}$ | $8.493\times10^{-3}$ | $7.213\times10^{-3}$ | $5.161\times10^{-3}$ | $5.453\times10^{-3}$ | | | | |

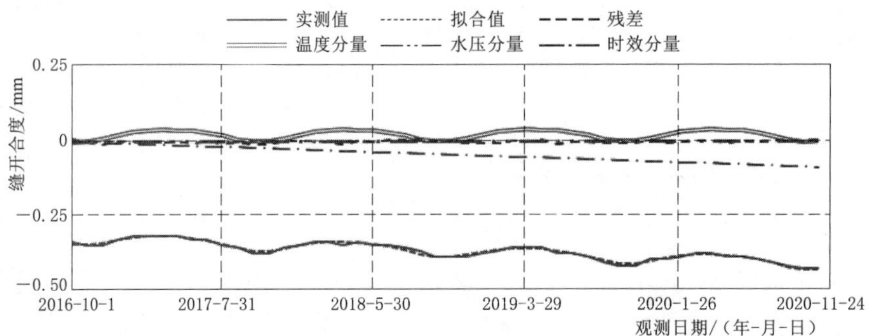


图 4-59　裂缝计测点 K2-8 统计模型过程线

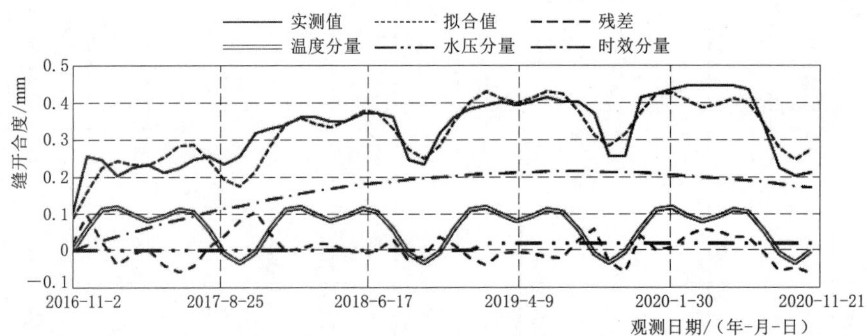


图 4-60　裂缝计测点 KB2-9 统计模型过程线

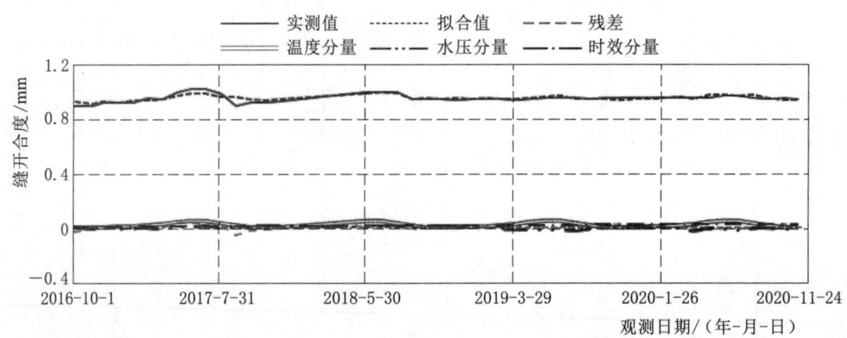


图 4-61　裂缝计测点 KJ1 统计模型过程线

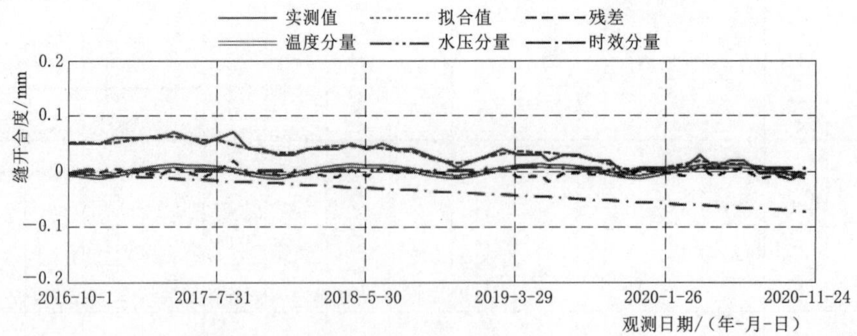


图 4-62　裂缝计测点 KJ14 统计模型过程线

1. 精度分析

在 41 个裂缝计测点中，复相关系数在 0.9 以上的测点数为 23 个，在 0.8～0.9 之间的有 13 个，低于 0.8 的测点有 5 个，出现这种现象的原因是该测点测值部分时段规律性不强，有突变现象。

从标准差统计情况来看，41 个裂缝计测点标准差在 0.003597～0.03797mm 之间，最大为 K2-7（0.03797），最小为 KB2-3（0.003597）。

建模资料系列相对较为完整，可见模型的优劣与资料系列的完整性有一定关系。总体上可认为所建模型精度比较高，可进行下一步分析。

2. 影响因素分析

为了定量分析和评价水压、温度和时效等分量对裂缝计的影响，用统计模型分离出水压分量、温度分量和时效分量这三部分，各分量过程线如图 4-57～图 4-62 所示，并以 2019 年为例，计算出了各测点应力分量变幅，见表 4-31。其中，影响占比＝(分量变幅/总变幅)×100％，总变幅为各分量变幅之和。

**表 4-31　　裂缝计典型测点 2019 年实测变幅、拟合值及各分量变幅**

| 测点 | 实测值/mm | 拟合值/mm | 水压分量/mm | 温度分量/mm | 时效分量/mm | 水压分量变幅/% | 温度分量变幅/% | 时效分量变幅/% |
|---|---|---|---|---|---|---|---|---|
| K1-2 | 0.1100 | 0.0630 | 0.0176 | 0.0488 | 0.0052 | 24.53 | 68.18 | 7.29 |
| K1-4 | 0.1000 | 0.0670 | 0.0025 | 0.0627 | 0.0107 | 3.24 | 82.67 | 14.10 |
| K1-5 | 0.1000 | 0.0784 | 0.0069 | 0.0718 | 0.0131 | 7.51 | 78.21 | 14.28 |
| K1-6 | 0.2000 | 0.1929 | 0.0178 | 0.1724 | 0.0105 | 8.87 | 85.89 | 5.25 |
| K2-1 | 0.0400 | 0.0208 | 0.0103 | 0.0150 | 0.0090 | 29.99 | 43.80 | 26.21 |
| K2-4 | 0.1100 | 0.0548 | 0.0111 | 0.0454 | 0.0026 | 18.74 | 76.93 | 4.33 |
| K2-5 | 0.0900 | 0.0437 | 0.0002 | 0.0359 | 0.0116 | 0.38 | 75.21 | 24.41 |
| K2-7 | 0.2500 | 0.2222 | 0.0508 | 0.1880 | 0.1535 | 12.94 | 47.92 | 39.13 |
| K2-8 | 0.0700 | 0.0526 | 0.0001 | 0.0405 | 0.0212 | 0.09 | 65.61 | 34.30 |
| K2-9 | 0.0700 | 0.0529 | 0.0020 | 0.0440 | 0.0145 | 3.33 | 72.66 | 24.01 |
| K3-3 | 0.0700 | 0.0359 | 0.0240 | 0.0329 | 0.0045 | 39.04 | 53.61 | 7.35 |
| K3-4 | 0.1200 | 0.1003 | 0.0042 | 0.0907 | 0.0202 | 3.68 | 78.78 | 17.54 |
| K3-5 | 0.1200 | 0.0934 | 0.0037 | 0.0831 | 0.0221 | 3.37 | 76.36 | 20.27 |
| KB1-3 | 0.0300 | 0.0085 | 0.0005 | 0.0055 | 0.0043 | 5.00 | 53.40 | 41.61 |
| KB1-5 | 0.0200 | 0.0098 | 0.0000 | 0.0061 | 0.0077 | 0.00 | 44.28 | 55.72 |
| KB1-6 | 0.0200 | 0.0121 | 0.0011 | 0.0076 | 0.0064 | 7.07 | 50.52 | 42.41 |
| KB1-8 | 0.0400 | 0.0275 | 0.0014 | 0.0235 | 0.0071 | 4.29 | 73.58 | 22.13 |
| KB2-1 | 0.0400 | 0.0124 | 0.0076 | 0.0133 | 0.0016 | 33.89 | 59.06 | 7.05 |
| KB2-2 | 0.0200 | 0.0077 | 0.0062 | 0.0053 | 0.0017 | 46.87 | 40.29 | 12.83 |
| KB2-3 | 0.0300 | 0.0211 | 0.0037 | 0.0124 | 0.0115 | 13.57 | 44.88 | 41.54 |
| KB2-8 | 0.0300 | 0.0166 | 0.0040 | 0.0177 | 0.0060 | 14.52 | 63.79 | 21.69 |

续表

| 测点 | 实测值/mm | 拟合值/mm | 水压分量/mm | 温度分量/mm | 时效分量/mm | 水压分量变幅/% | 温度分量变幅/% | 时效分量变幅/% |
|---|---|---|---|---|---|---|---|---|
| KB2 - 9 | 0.1700 | 0.1409 | 0.0184 | 0.1441 | 0.0077 | 10.82 | 84.67 | 4.51 |
| KB3 - 1 | 0.0300 | 0.0123 | 0.0033 | 0.0041 | 0.0124 | 16.85 | 20.74 | 62.41 |
| KB3 - 3 | 0.0400 | 0.0235 | 0.0035 | 0.0165 | 0.0100 | 11.58 | 55.00 | 33.43 |
| KB3 - 8 | 0.0200 | 0.0176 | 0.0032 | 0.0087 | 0.0145 | 12.06 | 33.15 | 54.80 |
| KB - 4 | 0.0200 | 0.0095 | 0.0024 | 0.0095 | 0.0043 | 14.63 | 58.86 | 26.51 |
| KB4 - 2 | 0.0200 | 0.0092 | 0.0052 | 0.0038 | 0.0099 | 27.56 | 20.30 | 52.14 |
| KB4 - 3 | 0.0300 | 0.0222 | 0.0042 | 0.0128 | 0.0140 | 13.56 | 41.28 | 45.16 |
| KB - 5 | 0.0300 | 0.0207 | 0.0011 | 0.0030 | 0.0218 | 4.15 | 11.47 | 84.38 |
| KB5 - 1 | 0.0300 | 0.0212 | 0.0084 | 0.0137 | 0.0109 | 25.45 | 41.66 | 32.89 |
| KB5 - 2 | 0.0200 | 0.0106 | 0.0052 | 0.0091 | 0.0031 | 29.97 | 52.16 | 17.87 |
| KB5 - 3 | 0.0100 | 0.0121 | 0.0041 | 0.0114 | 0.0051 | 19.69 | 55.33 | 24.98 |
| KB - 6 | 0.0400 | 0.0225 | 0.0054 | 0.0202 | 0.0011 | 20.29 | 75.67 | 4.04 |
| KJ1 | 0.0300 | 0.0400 | 0.0384 | 0.0518 | 0.0058 | 39.98 | 53.95 | 6.07 |
| KJ4 | 0.0400 | 0.0110 | 0.0114 | 0.0073 | 0.0077 | 43.10 | 27.66 | 29.23 |
| KJ6 | 0.0400 | 0.0038 | 0.0018 | 0.0030 | 0.0009 | 31.82 | 52.03 | 16.15 |
| KJ8 | 0.0900 | 0.0447 | 0.0170 | 0.0219 | 0.0377 | 22.18 | 28.55 | 49.26 |
| KJ9 | 0.0400 | 0.0184 | 0.0148 | 0.0133 | 0.0185 | 31.78 | 28.60 | 39.62 |
| KJ11 | 0.0600 | 0.0423 | 0.0130 | 0.0329 | 0.0148 | 21.39 | 54.15 | 24.46 |
| KJ13 | 0.0300 | 0.0173 | 0.0058 | 0.0162 | 0.0060 | 20.63 | 57.91 | 21.46 |
| KJ14 | 0.0500 | 0.0317 | 0.0065 | 0.0183 | 0.0162 | 15.86 | 44.70 | 39.45 |

（1）水压分量。以 2019 年为例，对各监测部位缝开合度水压分量影响分析如下：

主监测断面Ⅰ坝体层面及基础缝的开合度水压分量占拟合值变幅比例为 3.24%～24.53%，主监测断面Ⅱ坝体层面及基础缝的开合度水压分量占拟合值变幅比例为 0.09%～29.99%，主监测断面Ⅲ坝体层面及基础缝的开合度水压分量占拟合值变幅比例为 3.37%～39.04%。整体来看，水压分量对坝体层面及基础缝的开合度影响较大。

施工越冬面缝开合度水压分量占拟合值变幅比例为 0%～46.87%，整体来看，水压分量对施工越冬面缝开合度影响较大。

混凝土拱坝主河床坝段坝基裂缝开合度水压分量占拟合值变幅比例为 21.39%～43.10%，混凝土拱坝左岸岸坡坝段坝基裂缝开合度水压分量占拟合值变幅比例为 15.86%～20.63%。整体来看，水压分量对混凝土拱坝的缝开合度影响较大。

（2）温度分量。以 2019 年为例，对各监测部位缝开合度温度分量影响分析如下：

主监测断面Ⅰ坝体层面及基础缝的开合度温度分量占拟合值变幅比例为 68.18%～85.89%，主监测断面Ⅱ坝体层面及基础缝的开合度温度分量占拟合值变幅比例为 43.80%～76.93%，主监测断面Ⅲ坝体层面及基础缝的开合度温度分量占拟合值变幅比例为 53.61%～78.78%。整体来看，温度分量对坝体层面及基础缝的开合度影响较大。

施工越冬面开合度温度分量占拟合值变幅比例为11.47%～84.67%，整体来看，温度分量对施工越冬面缝开合度影响较大。

混凝土拱坝主河床坝段坝基裂缝开合度温度分量占拟合值变幅比例为27.66%～54.15%，混凝土拱坝左岸岸坡坝段坝基裂缝开合度温度分量占拟合值变幅比例为44.70%～57.91%。整体来看，温度分量对混凝土拱坝的缝开合度影响较大。

(3) 时效分量。以2019年为例，对各监测部位缝开合度时效分量影响分析如下：

主监测断面Ⅰ坝体层面及基础缝的开合度时效分量占拟合值变幅比例为5.25%～14.28%，主监测断面Ⅱ坝体层面及基础缝的开合度时效分量占拟合值变幅比例为4.33%～39.13%，主监测断面Ⅲ坝体层面及基础缝的开合度时效分量占拟合值变幅比例为7.35%～20.27%。整体来看，时效分量对坝体层面及基础缝的开合度影响较大。

施工越冬面缝开合度时效分量占拟合值变幅比例为4.04%～84.38%，整体来看，时效分量对施工越冬面缝开合度影响较大。

混凝土拱坝主河床坝段坝基裂缝开合度时效分量占拟合值变幅比例为6.07%～49.26%，混凝土拱坝左岸岸坡坝段坝基裂缝开合度时效分量占拟合值变幅比例为21.46%～39.45%。整体来看，时效分量对混凝土拱坝的缝开合度影响较大。

### 4.4.5 五向应变计组回归模型及其成果分析

#### 4.4.5.1 统计模型建模资料系列

根据始测时间不同，五向应变计各测点的建模资料时间区间见表4-32。对于规律性较差或有尖刺型突变的测值，为不影响统计模型精度，已利用粗差剔除方法将该类噪值剔除。

表4-32 五向应变计测点统计模型建模时间序列

| 测点编号 | 部位 | 建模时间 |
|---|---|---|
| S5-1-1-2 | 主监测断面Ⅰ | 2016年10月1日—2020年11月19日 |
| S5-1-1-4 | 主监测断面Ⅰ | 2016年10月1日—2020年11月19日 |
| S5-1-2-1 | 主监测断面Ⅰ | 2016年10月1日—2020年11月20日 |
| S5-1-2-2 | 主监测断面Ⅰ | 2016年10月1日—2020年11月20日 |
| S5-1-2-5 | 主监测断面Ⅰ | 2016年10月1日—2020年11月20日 |
| S5-1-3-2 | 主监测断面Ⅰ | 2016年10月8日—2020年11月20日 |
| S5-1-3-3 | 主监测断面Ⅰ | 2016年10月8日—2020年11月20日 |
| S5-1-4-1 | 主监测断面Ⅰ | 2016年10月1日—2020年11月20日 |
| S5-1-4-2 | 主监测断面Ⅰ | 2016年10月1日—2020年11月20日 |
| S5-1-4-3 | 主监测断面Ⅰ | 2016年10月1日—2020年11月20日 |
| S5-1-5-1 | 主监测断面Ⅰ | 2017年7月24日—2020年11月19日 |
| S5-1-5-2 | 主监测断面Ⅰ | 2017年7月24日—2020年11月19日 |
| S5-1-5-3 | 主监测断面Ⅰ | 2017年7月25日—2020年11月19日 |
| S5-1-5-4 | 主监测断面Ⅰ | 2017年7月25日—2020年11月19日 |

续表

| 测点编号 | 部　位 | 建 模 时 间 |
| --- | --- | --- |
| S5-1-5-5 | 主监测断面Ⅰ | 2017年7月25日—2020年11月19日 |
| S5-2-1-2 | 主监测断面Ⅱ | 2016年11月1日—2020年11月20日 |
| S5-2-1-4 | 主监测断面Ⅱ | 2016年11月1日—2020年11月20日 |
| S5-2-1-5 | 主监测断面Ⅱ | 2016年11月1日—2020年11月20日 |
| S5-2-3-1 | 主监测断面Ⅱ | 2016年11月2日—2020年11月20日 |
| S5-2-3-3 | 主监测断面Ⅱ | 2016年11月2日—2020年11月20日 |
| S5-2-3-5 | 主监测断面Ⅱ | 2016年11月2日—2020年11月20日 |
| S5-2-5-3 | 主监测断面Ⅱ | 2016年10月1日—2020年11月19日 |
| S5-2-5-4 | 主监测断面Ⅱ | 2016年10月1日—2020年11月19日 |
| S5-2-5-5 | 主监测断面Ⅱ | 2016年10月1日—2020年11月19日 |
| S5-2-6-3 | 主监测断面Ⅱ | 2016年10月1日—2020年11月19日 |
| S5-2-6-4 | 主监测断面Ⅱ | 2016年10月1日—2020年11月19日 |
| S5-2-6-5 | 主监测断面Ⅱ | 2016年10月1日—2020年11月19日 |
| S5-2-7-1 | 主监测断面Ⅱ | 2016年10月8日—2020年11月19日 |
| S5-2-7-2 | 主监测断面Ⅱ | 2016年10月8日—2020年11月19日 |
| S5-2-7-3 | 主监测断面Ⅱ | 2016年10月9日—2020年11月19日 |
| S5-2-7-4 | 主监测断面Ⅱ | 2016年10月8日—2020年11月19日 |
| S5-2-8-1 | 主监测断面Ⅱ | 2016年10月2日—2020年11月19日 |
| S5-2-8-2 | 主监测断面Ⅱ | 2016年10月2日—2020年11月19日 |
| S5-2-8-3 | 主监测断面Ⅱ | 2016年10月2日—2020年11月19日 |
| S5-2-8-4 | 主监测断面Ⅱ | 2016年10月2日—2020年11月19日 |
| S5-2-8-5 | 主监测断面Ⅱ | 2016年10月9日—2020年11月19日 |
| S5-3-1-1 | 主监测断面Ⅲ | 2016年10月12日—2020年11月19日 |
| S5-3-1-3 | 主监测断面Ⅲ | 2016年10月1日—2020年11月19日 |
| S5-3-1-4 | 主监测断面Ⅲ | 2016年10月1日—2020年11月19日 |
| S5-3-1-5 | 主监测断面Ⅲ | 2016年10月1日—2020年11月19日 |
| S5-3-3-1 | 主监测断面Ⅲ | 2016年10月1日—2020年11月19日 |
| S5-3-3-3 | 主监测断面Ⅲ | 2016年11月21日—2020年11月19日 |
| S5-3-3-4 | 主监测断面Ⅲ | 2016年10月1日—2020年11月19日 |
| S5-3-3-5 | 主监测断面Ⅲ | 2016年10月1日—2020年11月19日 |
| S5D-1-4-1 | 右拱端EL559m高程拱圈 | 2016年10月1日—2020年11月19日 |
| S5D-1-4-2 | 右拱端EL559m高程拱圈 | 2016年10月1日—2020年11月19日 |
| S5D-1-4-3 | 右拱端EL559m高程拱圈 | 2016年10月1日—2020年11月19日 |
| S5D-1-4-4 | 右拱端EL559m高程拱圈 | 2016年11月20日—2020年11月19日 |
| S5D-1-4-5 | 右拱端EL559m高程拱圈 | 2016年10月1日—2020年11月19日 |

续表

| 测点编号 | 部　位 | 建 模 时 间 |
|---|---|---|
| S5D-3-2-2 | 左拱端 EL601m 高程拱圈 | 2016 年 10 月 1 日—2020 年 11 月 18 日 |
| S5D-3-2-3 | 左拱端 EL601m 高程拱圈 | 2016 年 10 月 1 日—2020 年 11 月 18 日 |
| S5D-3-2-4 | 左拱端 EL601m 高程拱圈 | 2016 年 10 月 1 日—2020 年 11 月 18 日 |
| S5D-3-2-5 | 左拱端 EL601m 高程拱圈 | 2016 年 10 月 1 日—2020 年 11 月 18 日 |
| S5D-3-3-1 | 右拱端 EL601m 高程拱圈 | 2016 年 10 月 1 日—2020 年 11 月 20 日 |
| S5D-3-3-2 | 右拱端 EL601m 高程拱圈 | 2016 年 10 月 1 日—2020 年 11 月 20 日 |
| S5D-3-3-3 | 右拱端 EL601m 高程拱圈 | 2016 年 10 月 1 日—2020 年 11 月 20 日 |
| S5D-3-3-4 | 右拱端 EL601m 高程拱圈 | 2016 年 10 月 1 日—2020 年 11 月 14 日 |
| S5D-3-3-5 | 右拱端 EL601m 高程拱圈 | 2016 年 10 月 1 日—2020 年 11 月 20 日 |

#### 4.4.5.2 回归模型及成果分析

采用逐步加权回归分析法，由式（4-27）对五向应变计测点对应的资料系列建立统计模型。混凝土拱坝五向应变计各测点的回归系数及相应的模型复相关系数 $R$、标准差 $S$ 见表 4-33，混凝土拱坝五向应变计测点的实测值、拟合值及残差过程线如图 4-63～图 4-78 所示。

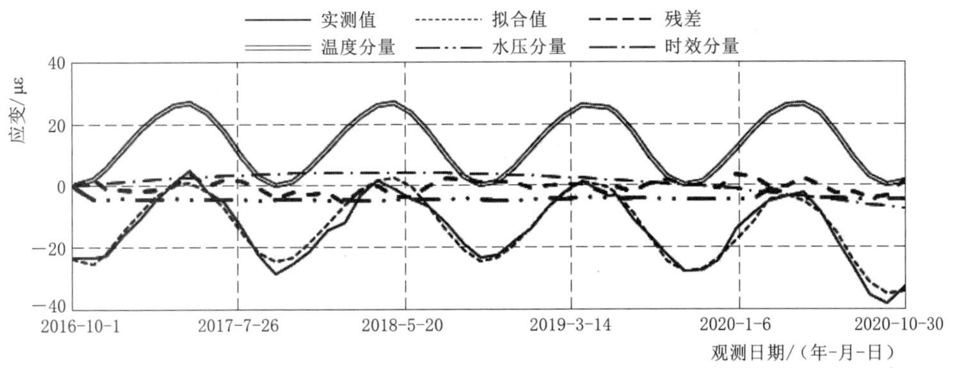


图 4-63　应变计测点 S5-1-2-2 统计模型过程线

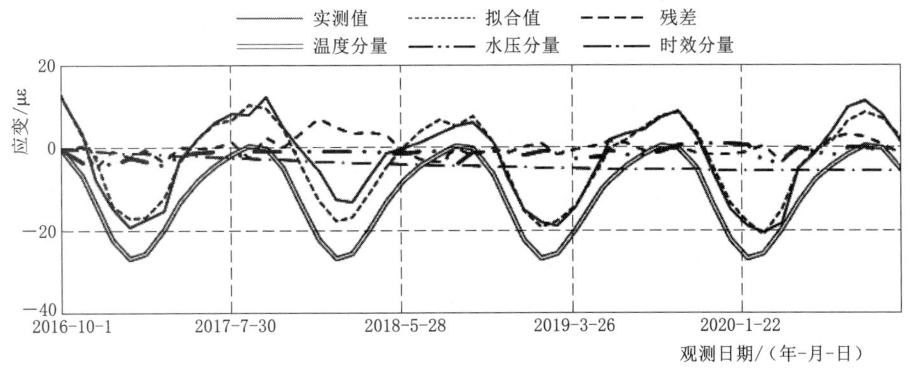


图 4-64　应变计测点 S5-1-2-5 统计模型过程线

表 4-33 混凝土拱坝五向应变计统计模型系数、复相关系数以及标准差统计表

| 系数 | 测点 | | | | | | | | |
|---|---|---|---|---|---|---|---|---|---|
| | S5-1-1-2 | S5-1-1-4 | S5-1-2-1 | S5-1-2-2 | S5-1-2-5 | S5-1-3-2 | S5-1-3-3 | S5-1-4-1 | S5-1-4-2 |
| $a_0$ | $-8.071\times10$ | $-1.056\times10^{2}$ | $-3.838\times10$ | $-2.355\times10$ | $1.301\times10$ | $-8.029\times10$ | $-2.425\times10$ | $-5.663\times10$ | $-6.151\times10$ |
| $a_1$ | $-2.618\times10^{-1}$ | $1.433\times10^{-1}$ | 7.579 | $9.431\times10$ | $1.210\times10^{2}$ | 0.000 | $-7.292\times10^{-2}$ | $1.044\times10^{2}$ | $1.586\times10^{2}$ |
| $a_2$ | 0.000 | $-3.050\times10^{-4}$ | $-2.402\times10^{-2}$ | $-5.111\times10^{-1}$ | $-6.657\times10^{-1}$ | 0.000 | 0.000 | $-5.719\times10^{-1}$ | $-8.576\times10^{-1}$ |
| $a_3$ | 0.000 | 0.000 | 0.000 | 0.000 | 0.000 | $1.042\times10^{-5}$ | 0.000 | 0.000 | 0.000 |
| $a_4$ | $9.531\times10^{-9}$ | 0.000 | 0.000 | $2.021\times10^{-6}$ | $2.688\times10^{-6}$ | $-4.015\times10^{-8}$ | 0.000 | $2.294\times10^{-6}$ | $3.380\times10^{-6}$ |
| $a_5$ | $-1.399\times10^{-11}$ | 0.000 | $4.165\times10^{-11}$ | $-1.917\times10^{-9}$ | $-2.575\times10^{-9}$ | $3.825\times10^{-11}$ | $9.912\times10^{-13}$ | $-2.191\times10^{-9}$ | $-3.202\times10^{-9}$ |
| $a_6$ | $2.828\times10^{-14}$ | $4.161\times10^{-14}$ | $-2.471\times10^{-14}$ | $1.429\times10^{-14}$ | $7.564\times10^{-14}$ | $3.294\times10^{-14}$ | $-5.429\times10^{-14}$ | $-5.510\times10^{-15}$ | $2.369\times10^{-14}$ |
| $b_1$ | 2.061 | $3.021\times10^{-1}$ | $-2.340$ | $-2.870$ | $-8.795$ | $-5.166$ | 2.426 | 2.933 | $-4.754\times10^{-1}$ |
| $b_2$ | $4.991\times10^{-1}$ | $-1.391$ | $-9.670$ | $-1.292\times10$ | 9.783 | 1.745 | $-7.456$ | $-5.943\times10^{-1}$ | $-3.366$ |
| $b_3$ | 1.110 | 0.000 | $-4.858\times10^{-1}$ | $5.997\times10^{-1}$ | 2.067 | $-2.313$ | 1.090 | $4.895\times10^{-2}$ | $-2.885$ |
| $b_4$ | $1.825\times10^{-1}$ | $-4.419\times10^{-1}$ | 0.000 | $-6.903\times10^{-1}$ | 1.588 | $-1.339$ | $-2.417$ | $-4.519\times10^{-1}$ | $4.442\times10^{-1}$ |
| $c_1$ | 9.807 | $2.304\times10$ | $-1.917\times10$ | $-2.687\times10$ | 5.652 | 1.873 | 9.493 | $4.545\times10^{-1}$ | $-2.335\times10$ |
| $c_2$ | $-1.033\times10^{3}$ | $-2.288\times10^{3}$ | $1.837\times10^{3}$ | $2.575\times10^{3}$ | $-5.862\times10^{2}$ | $-2.664\times10^{2}$ | $-9.854\times10^{2}$ | $-9.747\times10$ | $2.247\times10^{3}$ |
| $R$ | $9.108\times10^{-1}$ | $7.626\times10^{-1}$ | $9.365\times10^{-1}$ | $9.706\times10^{-1}$ | $9.806\times10^{-1}$ | $9.838\times10^{-1}$ | $9.747\times10^{-1}$ | $9.736\times10^{-1}$ | $9.088\times10^{-1}$ |
| $S$ | 1.647 | 2.442 | 3.328 | 2.541 | 1.996 | $9.462\times10^{-1}$ | 1.545 | $7.894\times10^{-1}$ | 2.216 |

续表

| 系数 | 测点 | | | | | | | | |
|---|---|---|---|---|---|---|---|---|---|
| | S5-1-4-3 | S5-1-5-1 | S5-1-5-2 | S5-1-5-3 | S5-1-5-4 | S5-1-5-5 | S5-2-1-2 | S5-2-1-4 | S5-2-1-5 |
| $a_0$ | $-6.631\times10$ | $-1.532\times10^{2}$ | $-1.446\times10^{2}$ | $-1.311\times10^{2}$ | $-1.433\times10^{2}$ | $-4.447\times10$ | $2.727\times10$ | 1.664 | $-1.693\times10$ |
| $a_1$ | $9.651\times10$ | 4.513 | 2.129 | 1.079 | 6.590 | $1.380\times10^{-2}$ | 0.000 | $3.528\times10^{-1}$ | $7.134\times10$ |
| $a_2$ | 0.000 | $-2.086\times10^{-2}$ | $-9.966\times10^{-3}$ | 0.000 | $-3.402\times10^{-2}$ | 0.000 | 0.000 | 0.000 | $-5.940\times10^{-1}$ |
| $a_3$ | $-2.404\times10^{-3}$ | $1.887\times10^{-5}$ | $9.127\times10^{-6}$ | 0.000 | $3.385\times10^{-5}$ | 0.000 | 0.000 | 0.000 | $9.384\times10^{-4}$ |
| $a_4$ | $6.065\times10^{-6}$ | 0.000 | 0.000 | $-3.602\times10^{-8}$ | 0.000 | 0.000 | 0.000 | $-1.056\times10^{-8}$ | 0.000 |
| $a_5$ | $-4.264\times10^{-9}$ | 0.000 | 0.000 | $5.155\times10^{-11}$ | 0.000 | $-1.625\times10^{-13}$ | 0.000 | $1.462\times10^{-11}$ | $-5.898\times10^{-10}$ |
| $a_6$ | $4.781\times10^{-14}$ | 0.000 | $-1.565\times10^{-14}$ | $-7.381\times10^{-14}$ | $-2.555\times10^{-14}$ | $-6.265\times10^{-14}$ | $6.922\times10^{-14}$ | $-6.206\times10^{-14}$ | $1.393\times10^{-14}$ |
| $b_1$ | 5.168 | −6.649 | $3.240\times10^{-1}$ | 3.656 | −1.473 | 9.621 | −1.438 | −1.279 | −1.479 |
| $b_2$ | $-1.400\times10$ | 0.000 | 3.595 | $-1.874\times10^{-1}$ | −3.438 | −3.120 | 2.430 | $8.350\times10^{-1}$ | $3.429\times10^{-1}$ |
| $b_3$ | −1.752 | 1.351 | $1.181\times10^{-1}$ | −1.421 | $-2.696\times10^{-1}$ | $8.443\times10^{-1}$ | $-6.477\times10^{-1}$ | $-4.130\times10^{-1}$ | $-7.061\times10^{-1}$ |
| $b_4$ | −1.184 | −2.827 | −1.084 | 2.393 | $7.675\times10^{-1}$ | $4.768\times10^{-1}$ | $-8.236\times10^{-2}$ | $2.291\times10^{-1}$ | $1.541\times10^{-1}$ |
| $c_1$ | $-4.535\times10$ | $5.573\times10$ | $3.180\times10$ | −6.394 | $3.247\times10$ | $1.946\times10$ | 1.400 | 0.000 | $4.178\times10^{-1}$ |
| $c_2$ | $4.388\times10^{3}$ | $-5.611\times10^{3}$ | $-3.209\times10^{3}$ | $5.997\times10^{2}$ | $-3.253\times10^{3}$ | $-2.007\times10^{3}$ | $-1.083\times10^{2}$ | $3.881\times10$ | $-3.120\times10$ |
| $R$ | $9.842\times10^{-1}$ | $8.931\times10^{-1}$ | $8.990\times10^{-1}$ | $9.602\times10^{-1}$ | $8.796\times10^{-1}$ | $9.711\times10^{-1}$ | $9.463\times10^{-1}$ | $9.361\times10^{-1}$ | $8.678\times10^{-1}$ |
| $S$ | 2.235 | 4.648 | 2.342 | 1.244 | 1.846 | 1.832 | $9.515\times10^{-1}$ | $6.844\times10^{-1}$ | $8.119\times10^{-1}$ |

续表

| 系数 | 测点 | | | | | | | | |
|---|---|---|---|---|---|---|---|---|---|
| | S5-2-3-1 | S5-2-3-3 | S5-2-3-5 | S5-2-5-3 | S5-2-5-4 | S5-2-5-5 | S5-2-6-3 | S5-2-6-4 | S5-2-6-5 |
| $a_0$ | 2.027 | 2.977×10 | 5.781×10 | 6.237×10 | 9.235×10 | $-2.714\times10^{2}$ | 1.755×10 | −1.702×10 | −7.234×10 |
| $a_1$ | −1.658 | −1.183 | $7.429\times10^{-2}$ | $-3.720\times10^{-1}$ | 6.345 | 1.038×10 | 9.884 | 1.068×10 | 1.237×10 |
| $a_2$ | 0.000 | 0.000 | 0.000 | 0.000 | $-3.376\times10^{-2}$ | $-5.476\times10^{-2}$ | $-3.195\times10^{-2}$ | $-3.450\times10^{-2}$ | $-3.977\times10^{-2}$ |
| $a_3$ | 0.000 | 0.000 | $-2.899\times10^{-7}$ | 0.000 | $3.438\times10^{-5}$ | $5.540\times10^{-5}$ | 0.000 | 0.000 | 0.000 |
| $a_4$ | $5.488\times10^{-8}$ | $3.827\times10^{-8}$ | 0.000 | $9.901\times10^{-9}$ | 0.000 | 0.000 | 0.000 | 0.000 | 0.000 |
| $a_5$ | $-7.822\times10^{-11}$ | $-5.420\times10^{-11}$ | 0.000 | $-1.315\times10^{-11}$ | 0.000 | 0.000 | $5.812\times10^{-11}$ | $6.259\times10^{-11}$ | $7.140\times10^{-11}$ |
| $a_6$ | 0.000 | 0.000 | $1.534\times10^{-14}$ | $-1.039\times10^{-13}$ | $-4.397\times10^{-14}$ | $-1.042\times10^{-13}$ | $-5.773\times10^{-14}$ | $-5.740\times10^{-14}$ | 0.000 |
| $b_1$ | −2.839 | 1.135 | $7.570\times10^{-1}$ | $-7.693\times10^{-1}$ | −6.995 | −1.005×10 | −1.372×10 | −1.352×10 | −1.456×10 |
| $b_2$ | −1.092 | −2.841 | $8.847\times10^{-1}$ | −7.347 | −1.325 | $-3.008\times10^{-1}$ | 6.035 | 5.754 | 4.651 |
| $b_3$ | $5.083\times10^{-1}$ | $5.597\times10^{-1}$ | $4.528\times10^{-1}$ | $6.076\times10^{-1}$ | −1.241 | −1.738 | −1.794 | −2.266 | −4.198 |
| $b_4$ | −2.288 | $-9.411\times10^{-1}$ | $9.887\times10^{-1}$ | −2.243 | −1.305 | $-6.648\times10^{-1}$ | 2.521 | 2.512 | 2.865 |
| $c_1$ | 6.687×10 | 3.315×10 | 3.739 | −2.978 | −4.372 | −9.812 | 0.000 | $-4.308\times10^{-1}$ | −2.146×10 |
| $c_2$ | $-6.554\times10^{3}$ | $-3.266\times10^{3}$ | $-4.559\times10^{2}$ | $3.052\times10^{2}$ | $3.927\times10^{2}$ | $8.585\times10^{2}$ | −1.870×10 | 0.000 | $2.069\times10^{3}$ |
| $R$ | $7.788\times10^{-1}$ | $8.234\times10^{-1}$ | $9.345\times10^{-1}$ | $9.627\times10^{-1}$ | $9.389\times10^{-1}$ | $9.543\times10^{-1}$ | $9.747\times10^{-1}$ | $9.694\times10^{-1}$ | $9.465\times10^{-1}$ |
| S | 5.348 | 2.694 | 1.329 | 1.547 | 2.013 | 2.773 | 2.529 | 2.790 | 4.069 |

续表

| 系数 | 测点 | | | | | | | | |
|---|---|---|---|---|---|---|---|---|---|
| | S5-2-7-1 | S5-2-7-2 | S5-2-7-3 | S5-2-7-4 | S5-2-8-1 | S5-2-8-2 | S5-2-8-3 | S5-2-8-4 | S5-2-8-5 |
| $a_0$ | $-1.817\times10$ | $2.658\times10$ | $-4.856\times10$ | $-5.557\times10$ | $1.905\times10$ | $-3.784\times10$ | $1.710\times10$ | 1.455 | $9.890\times10$ |
| $a_1$ | $-2.291\times10^{-1}$ | 0.000 | $-2.675\times10^{-1}$ | $5.107\times10^{-3}$ | −2.249 | $1.058\times10^{-1}$ | $9.450\times10^{-1}$ | −2.096 | −3.430 |
| $a_2$ | $5.064\times10^{-4}$ | 0.000 | $5.848\times10^{-4}$ | 0.000 | $8.227\times10^{-3}$ | 0.000 | 0.000 | $7.442\times10^{-3}$ | $1.099\times10^{-2}$ |
| $a_3$ | 0.000 | 0.000 | 0.000 | 0.000 | 0.000 | 0.000 | 0.000 | 0.000 | 0.000 |
| $a_4$ | 0.000 | $-3.591\times10^{-9}$ | 0.000 | 0.000 | 0.000 | 0.000 | $-3.254\times10^{-8}$ | 0.000 | 0.000 |
| $a_5$ | 0.000 | $6.530\times10^{-12}$ | 0.000 | 0.000 | $-1.836\times10^{-11}$ | $-1.150\times10^{-12}$ | $4.688\times10^{-11}$ | $-1.592\times10^{-11}$ | $-1.945\times10^{-11}$ |
| $a_6$ | $1.261\times10^{-13}$ | $2.865\times10^{-14}$ | $7.929\times10^{-14}$ | $1.341\times10^{-13}$ | $1.113\times10^{-13}$ | $5.920\times10^{-14}$ | $2.833\times10^{-14}$ | $7.058\times10^{-14}$ | $1.182\times10^{-13}$ |
| $b_1$ | −3.290 | −3.675 | $-1.248\times10$ | $-1.303\times10$ | $-2.216\times10$ | −6.607 | 3.213 | $-1.128\times10$ | $-2.582\times10$ |
| $b_2$ | 4.779 | 2.067 | 4.680 | 4.683 | −8.991 | $-1.203\times10$ | −5.424 | −8.277 | −6.173 |
| $b_3$ | 1.170 | 1.653 | $-3.404\times10^{-1}$ | $8.012\times10^{-1}$ | −2.844 | −1.441 | 1.039 | −1.337 | −2.274 |
| $b_4$ | −2.161 | −2.242 | $8.408\times10^{-1}$ | 1.776 | 2.449 | $1.572\times10^{-1}$ | $2.276\times10^{-1}$ | 2.076 | 0.000 |
| $c_1$ | 0.000 | $2.636\times10$ | $-1.066\times10$ | $1.772\times10$ | $1.699\times10$ | 1.392 | −3.814 | $1.322\times10$ | $-1.341\times10$ |
| $c_2$ | $-1.925\times10^{2}$ | $-2.852\times10^{3}$ | $9.725\times10^{2}$ | $-1.926\times10^{3}$ | $-1.882\times10^{3}$ | $-2.622\times10^{2}$ | $3.529\times10^{2}$ | $-1.442\times10^{3}$ | $1.203\times10^{3}$ |
| $R$ | $8.458\times10^{-1}$ | $9.796\times10^{-1}$ | $8.263\times10^{-1}$ | $9.675\times10^{-1}$ | $9.743\times10^{-1}$ | $9.786\times10^{-1}$ | $9.183\times10^{-1}$ | $9.688\times10^{-1}$ | $9.839\times10^{-1}$ |
| $S$ | 5.361 | 2.444 | 6.565 | 2.938 | 4.583 | 2.491 | 1.993 | 3.218 | 3.377 |

续表

| 系数 | 测点 | | | | | | | | |
|---|---|---|---|---|---|---|---|---|---|
| | S5-3-1-1 | S5-3-1-3 | S5-3-1-4 | S5-3-1-5 | S5-3-3-1 | S5-3-3-3 | S5-3-3-4 | S5-3-3-5 | |
| $a_0$ | $-3.555\times10$ | $-6.378\times10$ | $-3.539\times10$ | $2.010\times10$ | 8.029 | −9.118 | $-1.744\times10$ | $-3.563\times10$ | |
| $a_1$ | $5.483\times10^{-1}$ | $2.363\times10^{2}$ | $5.489\times10$ | $-9.752\times10^{-1}$ | $-2.477\times10^{2}$ | $-4.704\times10^{-1}$ | −1.929 | $-9.507\times10^{-1}$ | |
| $a_2$ | 0.000 | −1.964 | $-4.508\times10^{-1}$ | 0.000 | 1.347 | 0.000 | 0.000 | 0.000 | |
| $a_3$ | 0.000 | $3.100\times10^{-3}$ | $7.065\times10^{-4}$ | 0.000 | 0.000 | 0.000 | 0.000 | 0.000 | |
| $a_4$ | $-1.518\times10^{-8}$ | 0.000 | 0.000 | $3.264\times10^{-8}$ | $-5.347\times10^{-6}$ | $1.651\times10^{-8}$ | $6.567\times10^{-8}$ | $3.921\times10^{-8}$ | |
| $a_5$ | $2.041\times10^{-11}$ | $-1.946\times10^{-9}$ | $-4.382\times10^{-10}$ | $-4.638\times10^{-11}$ | $5.081\times10^{-9}$ | $-2.396\times10^{-11}$ | $-9.457\times10^{-11}$ | $-5.927\times10^{-11}$ | |
| $a_6$ | $3.512\times10^{-14}$ | $7.214\times10^{-14}$ | $5.949\times10^{-14}$ | $9.385\times10^{-14}$ | $8.958\times10^{-14}$ | $6.846\times10^{-14}$ | $1.141\times10^{-13}$ | $6.505\times10^{-14}$ | |
| $b_1$ | 2.046 | −4.000 | −2.118 | −6.133 | 1.970 | −9.392 | −6.810 | −5.486 | |
| $b_2$ | 1.390 | 1.906 | 1.600 | 1.029 | $1.382\times10$ | 2.896 | $1.831\times10$ | 2.892 | |
| $b_3$ | $2.263\times10^{-1}$ | −1.864 | −1.038 | −2.768 | −2.563 | −1.060 | −3.275 | $-2.910\times10^{-1}$ | |
| $b_4$ | $5.413\times10^{-1}$ | $2.434\times10^{-1}$ | $3.607\times10^{-1}$ | $-7.008\times10^{-1}$ | 3.806 | −2.901 | 3.631 | 4.275 | |
| $c_1$ | $1.808\times10$ | $4.302\times10$ | $2.896\times10$ | $3.697\times10$ | $2.353\times10$ | 2.252 | $3.074\times10$ | $2.983\times10$ | |
| $c_2$ | $-1.924\times10^{3}$ | $-4.376\times10^{3}$ | $-2.974\times10^{3}$ | $-3.717\times10^{3}$ | $-2.333\times10^{3}$ | $-3.250\times10^{2}$ | $-3.097\times10^{3}$ | $-2.997\times10^{3}$ | |
| $R$ | $9.764\times10^{-1}$ | $9.528\times10^{-1}$ | $9.768\times10^{-1}$ | $8.688\times10^{-1}$ | $9.621\times10^{-1}$ | $9.780\times10^{-1}$ | $9.704\times10^{-1}$ | $8.889\times10^{-1}$ | |
| $S$ | 1.572 | 2.430 | 1.343 | 3.632 | 2.882 | 1.584 | 3.618 | 4.921 | |

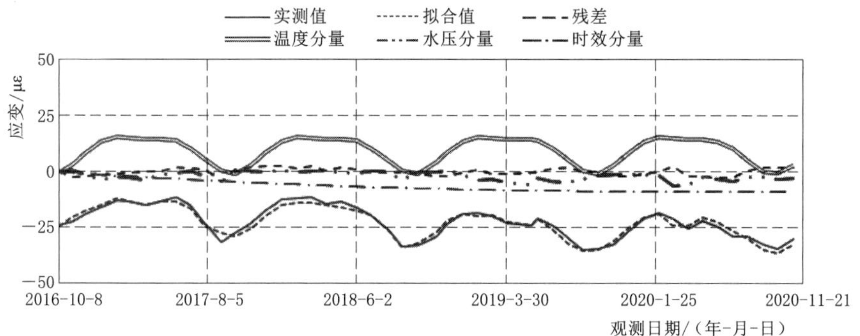


图 4-65 应变计测点 S5-1-3-3 统计模型过程线

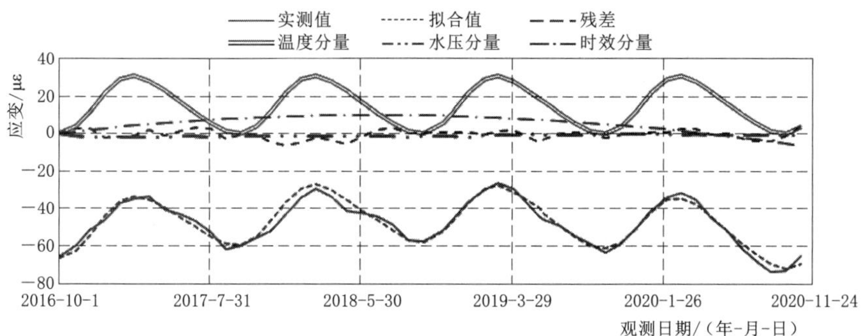


图 4-66 应变计测点 S5-1-4-3 统计模型过程线

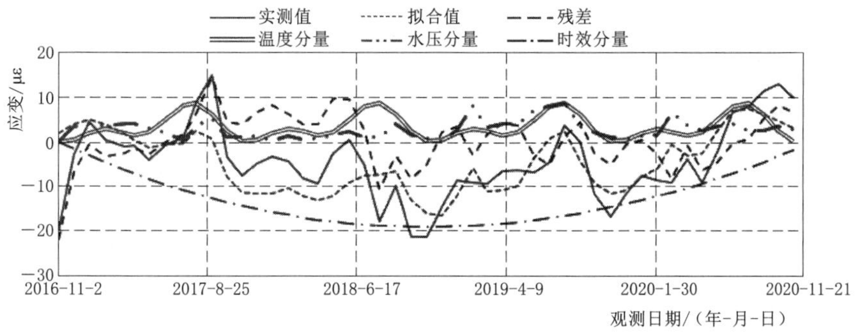


图 4-67 应变计测点 S5-2-3-1 统计模型过程线

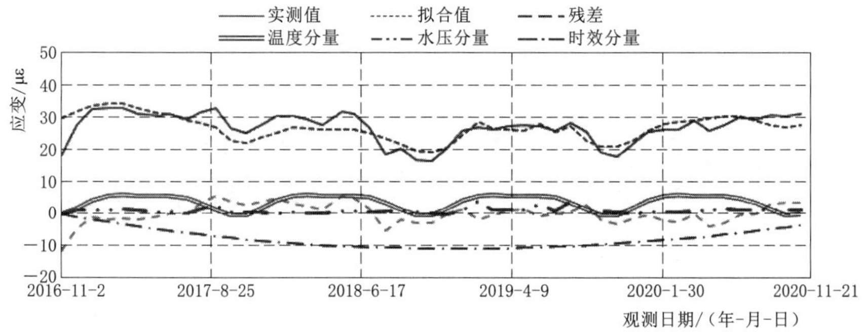


图 4-68 应变计测点 S5-2-3-3 统计模型过程线

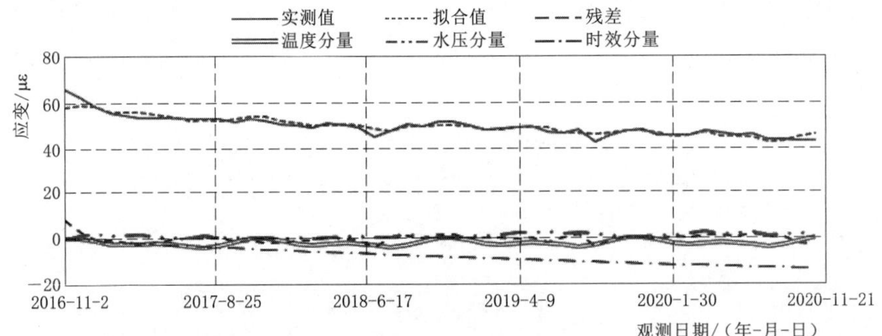


图 4-69 应变计测点 S5-2-3-5 统计模型过程线

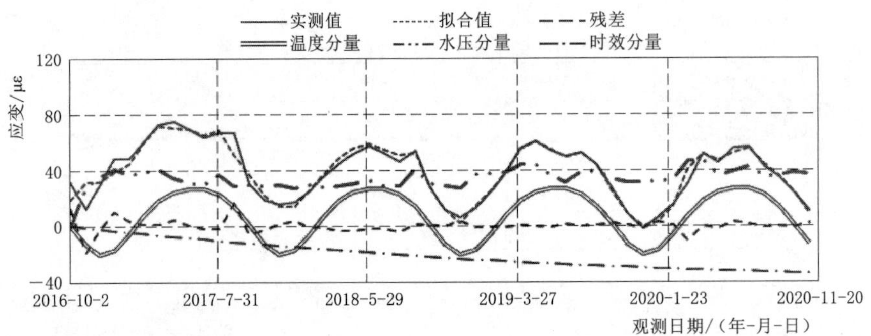


图 4-70 应变计测点 S5-2-8-1 统计模型过程线

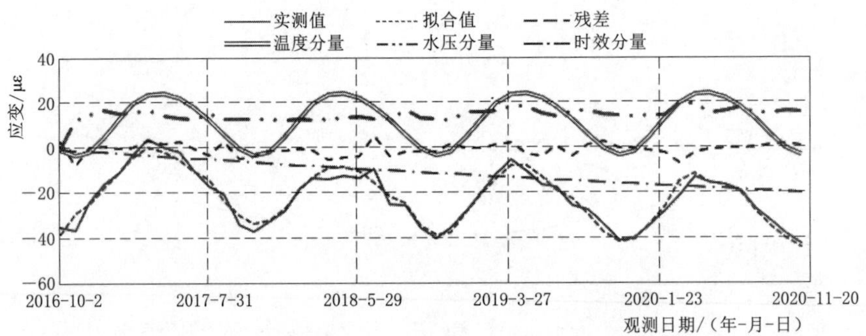


图 4-71 应变计测点 S5-2-8-2 统计模型过程线

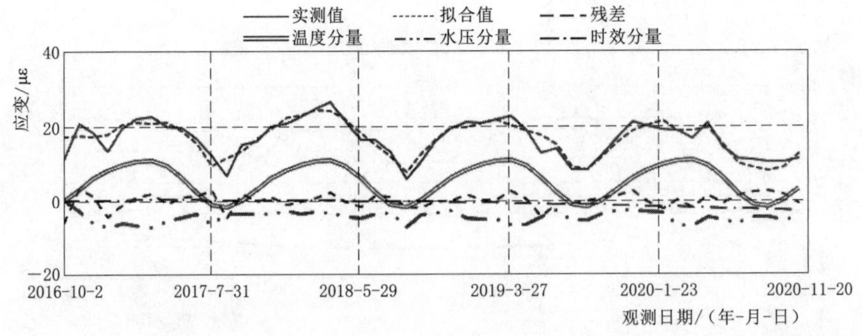


图 4-72 应变计测点 S5-2-8-3 统计模型过程线

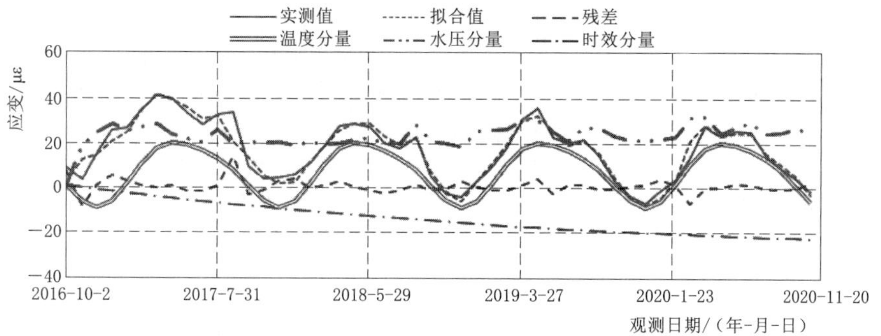


图 4-73　应变计测点 S5-2-8-4 统计模型过程线

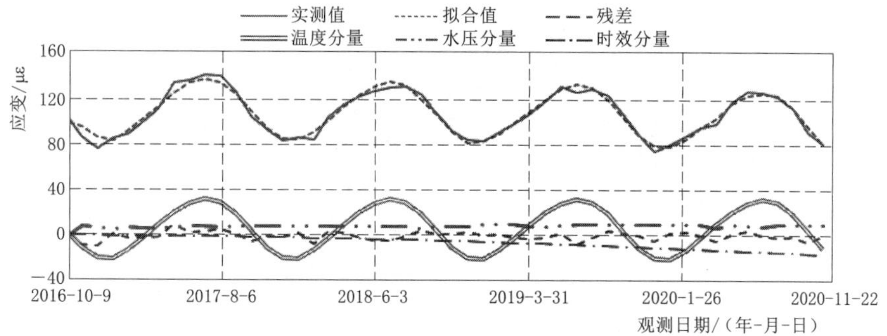


图 4-74　应变计测点 S5-2-8-5 统计模型过程线

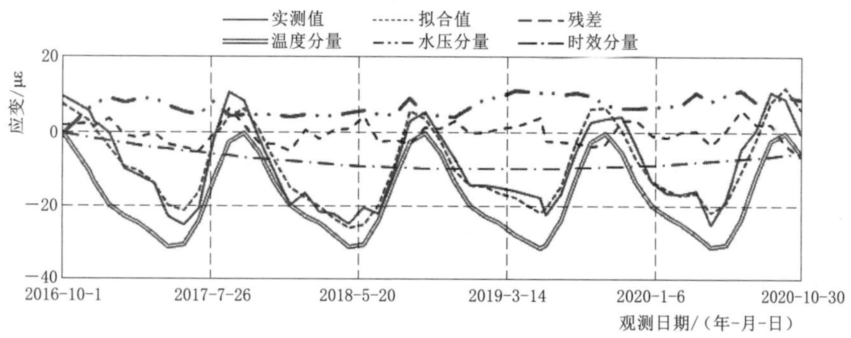


图 4-75　应变计测点 S5-3-3-1 统计模型过程线

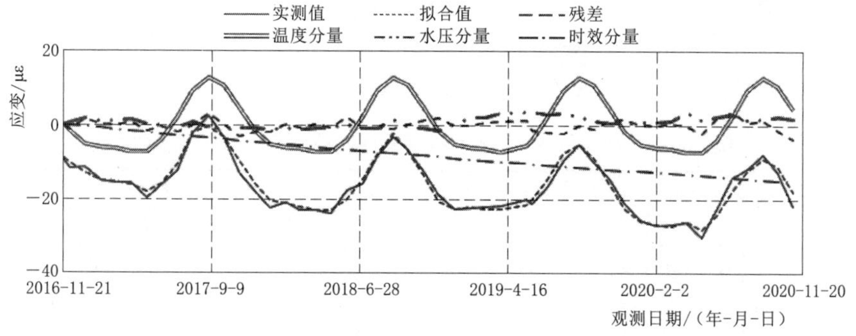


图 4-76　应变计测点 S5-3-3-3 统计模型过程线

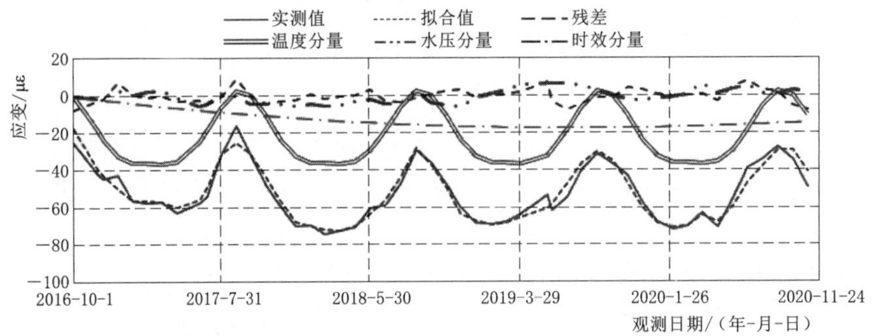


图 4－77　应变计测点 S5－3－3－4 统计模型过程线

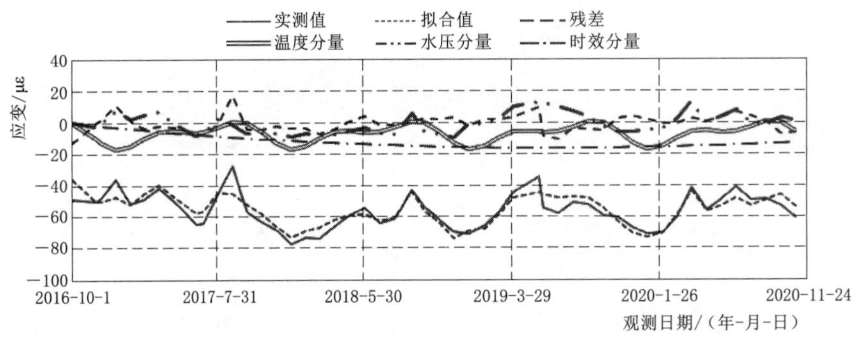


图 4－78　应变计测点 S5－3－3－5 统计模型过程线

1. *精度分析*

在 44 个混凝土拱坝五向应变计测点中，复相关系数在 0.9 以上的测点数为 33 个，在 0.8～0.9 之间的有 9 个，低于 0.8 的测点有 2 个。

从标准差统计情况来看，44 个混凝土拱坝五向应变计测点标准差在 0.6844～6.565με 之间，最大为 S5－2－7－3（6.565），最小为 S5－2－1－4（0.6844）。

建模资料系列相对较为完整，可见模型的优劣与资料系列的完整性有一定关系。总体上可认为所建模型精度比较高，可进行下一步分析。

2. *影响因素分析*

为了定量分析和评价水压、温度和时效等分量对混凝土应变的影响，用统计模型分离出水压分量、温度分量和时效分量这三部分，各分量过程线如图 4－63～图 4－78 所示，并以 2019 年为例，计算出了各测点应力分量变幅，见表 4－34。其中，影响占比＝(分量变幅/总变幅)×100％，总变幅为各分量变幅之和。

**表 4－34　　五向应变计典型测点 2019 年实测变幅、拟合值及各分量变幅**

| 测　点 | 实测值/με | 拟合值/με | 水压分量/με | 温度分量/με | 时效分量/με | 水压分量变幅/％ | 温度分量变幅/％ | 时效分量变幅/％ | 备注 |
|---|---|---|---|---|---|---|---|---|---|
| S5－1－1－2 | 11.5000 | 4.6519 | 3.4833 | 5.5911 | 1.7323 | 32.23 | 51.74 | 16.03 | 主监测断面Ⅰ |
| S5－1－1－4 | 12.9700 | 4.4278 | 3.6172 | 3.0490 | 1.0017 | 47.17 | 39.76 | 13.06 | |
| S5－1－2－1 | 34.7900 | 32.0429 | 12.7971 | 19.9725 | 3.1975 | 35.58 | 55.53 | 8.89 | |

续表

| 测 点 | 实测值/με | 拟合值/με | 水压分量/με | 温度分量/με | 时效分量/με | 水压分量变幅/% | 温度分量变幅/% | 时效分量变幅/% | 备注 |
|---|---|---|---|---|---|---|---|---|---|
| S5－1－2－2 | 33.1400 | 29.9954 | 2.0952 | 26.6878 | 4.4715 | 6.30 | 80.25 | 13.45 | 主监测断面Ⅰ |
| S5－1－2－5 | 29.9600 | 29.1533 | 4.2300 | 27.4370 | 0.6742 | 13.08 | 84.84 | 2.08 | |
| S5－1－3－2 | 16.2700 | 13.1558 | 1.5731 | 13.0067 | 2.8376 | 9.03 | 74.68 | 16.29 | |
| S5－1－3－3 | 21.3400 | 19.9302 | 5.3060 | 16.5619 | 1.1605 | 23.04 | 71.92 | 5.04 | |
| S5－1－4－1 | 10.6900 | 8.1998 | 1.3847 | 6.0684 | 1.8784 | 14.84 | 65.03 | 20.13 | |
| S5－1－4－2 | 19.5300 | 16.5631 | 5.4824 | 11.0456 | 3.5554 | 27.30 | 55.00 | 17.70 | |
| S5－1－4－3 | 39.2500 | 34.3735 | 1.7412 | 30.9286 | 6.0234 | 4.50 | 79.93 | 15.57 | |
| S5－1－5－1 | 42.5800 | 35.4310 | 22.9521 | 15.7683 | 1.1913 | 57.51 | 39.51 | 2.98 | |
| S5－1－5－2 | 17.0500 | 15.6407 | 10.3126 | 7.5723 | 0.8458 | 55.06 | 40.43 | 4.52 | |
| S5－1－5－3 | 16.1400 | 12.2908 | 5.5104 | 10.7267 | 1.5398 | 31.00 | 60.34 | 8.66 | |
| S5－1－5－4 | 15.0100 | 14.4651 | 9.0574 | 8.0169 | 0.6969 | 50.97 | 45.11 | 3.92 | |
| S5－1－5－5 | 23.0500 | 18.5255 | 3.4211 | 20.2117 | 1.8915 | 13.40 | 79.19 | 7.41 | |
| S5－2－1－2 | 11.7500 | 7.0454 | 1.6075 | 5.9264 | 1.1714 | 18.47 | 68.08 | 13.46 | 主监测断面Ⅱ |
| S5－2－1－4 | 8.4300 | 5.1986 | 2.9340 | 3.4200 | 1.3633 | 38.02 | 44.32 | 17.67 | |
| S5－2－1－5 | 7.8500 | 4.7599 | 2.2956 | 3.8695 | 0.3899 | 35.02 | 59.03 | 5.95 | |
| S5－2－3－1 | 27.6900 | 15.1086 | 9.5562 | 8.8556 | 5.8432 | 39.40 | 36.51 | 24.09 | |
| S5－2－3－3 | 13.4700 | 8.4548 | 4.4614 | 6.5483 | 2.3014 | 33.52 | 49.19 | 17.29 | |
| S5－2－3－5 | 7.8700 | 6.1361 | 3.9184 | 3.8870 | 2.9162 | 36.55 | 36.25 | 27.20 | |
| S5－2－5－3 | 19.2400 | 18.0892 | 5.8928 | 15.9442 | 0.2242 | 26.71 | 72.27 | 1.02 | |
| S5－2－5－4 | 19.7200 | 16.8424 | 4.0387 | 15.5707 | 1.6814 | 18.97 | 73.13 | 7.90 | |
| S5－2－5－5 | 29.8500 | 28.0192 | 8.6562 | 21.2385 | 4.6012 | 25.09 | 61.57 | 13.34 | |
| S5－2－6－3 | 44.9900 | 32.6767 | 4.9913 | 32.1412 | 0.6779 | 13.20 | 85.01 | 1.79 | |
| S5－2－6－4 | 43.8600 | 32.6580 | 5.8526 | 31.9671 | 1.5682 | 14.86 | 81.16 | 3.98 | |
| S5－2－6－5 | 41.6600 | 39.2975 | 9.3055 | 35.4951 | 3.1193 | 19.42 | 74.07 | 6.51 | |
| S5－2－7－1 | 61.7900 | 15.4834 | 5.3791 | 13.7422 | 6.9754 | 20.61 | 52.66 | 26.73 | |
| S5－2－7－2 | 12.1200 | 11.2941 | 7.6669 | 12.1563 | 7.4140 | 28.15 | 44.63 | 27.22 | |
| S5－2－7－3 | 102.7600 | 29.7257 | 6.1099 | 26.8580 | 3.5691 | 16.72 | 73.51 | 9.77 | |
| S5－2－7－4 | 29.1600 | 27.8065 | 3.1351 | 27.7974 | 5.3219 | 8.65 | 76.67 | 14.68 | |
| S5－2－8－1 | 67.9600 | 65.4003 | 16.6827 | 47.8519 | 6.4031 | 23.52 | 67.46 | 9.03 | |
| S5－2－8－2 | 40.0400 | 35.8381 | 5.8067 | 27.7116 | 4.4391 | 15.30 | 73.01 | 11.69 | |
| S5－2－8－3 | 17.1600 | 14.2251 | 4.8676 | 12.9665 | 1.0925 | 25.72 | 68.51 | 5.77 | |
| S5－2－8－4 | 44.8700 | 41.7754 | 11.6325 | 28.8218 | 4.1661 | 26.07 | 64.59 | 9.34 | |
| S5－2－8－5 | 59.0400 | 56.2092 | 4.2096 | 53.7112 | 5.1896 | 6.67 | 85.11 | 8.22 | |
| S5－3－1－1 | 7.7000 | 5.0273 | 6.4591 | 5.4028 | 3.9120 | 40.95 | 34.25 | 24.80 | 主监测断面Ⅲ |
| S5－3－1－3 | 17.8100 | 13.6409 | 6.2909 | 10.5957 | 2.0509 | 33.22 | 55.95 | 10.83 | |

续表

| 测　点 | 实测值/με | 拟合值/με | 水压分量/με | 温度分量/με | 时效分量/με | 水压分量变幅/% | 温度分量变幅/% | 时效分量变幅/% | 备注 |
|---|---|---|---|---|---|---|---|---|---|
| S5-3-1-4 | 11.7100 | 9.2750 | 4.8991 | 6.1849 | 2.3826 | 36.38 | 45.93 | 17.69 | 主监测断面Ⅲ |
| S5-3-1-5 | 25.0800 | 16.4155 | 1.6957 | 15.4288 | 0.6862 | 9.52 | 86.63 | 3.85 | |
| S5-3-3-1 | 33.7900 | 31.9670 | 5.3552 | 31.3868 | 1.1275 | 14.14 | 82.88 | 2.98 | |
| S5-3-3-3 | 22.4100 | 21.6765 | 3.6062 | 20.6317 | 3.5826 | 12.96 | 74.16 | 12.88 | |
| S5-3-3-4 | 44.2700 | 44.4650 | 11.4938 | 39.1222 | 0.7032 | 22.40 | 76.23 | 1.37 | |
| S5-3-3-5 | 39.5300 | 32.9574 | 22.9932 | 17.9555 | 0.5263 | 55.44 | 43.29 | 1.27 | |

（1）水压分量。以2019年为例，主监测断面Ⅰ混凝土应变水压分量占拟合值变幅比例为4.50%～57.51%，主监测断面Ⅱ混凝土应变水压分量占拟合值变幅比例为6.67%～39.40%，主监测断面Ⅲ混凝土应变水压分量占拟合值变幅比例为9.52%～55.44%。整体来看，水压分量对混凝土应变影响较大。

（2）温度分量。以2019年为例，主监测断面Ⅰ混凝土应变温度分量占拟合值变幅比例为39.51%～84.84%，主监测断面Ⅱ混凝土应变温度分量占拟合值变幅比例为36.25%～85.11%，主监测断面Ⅲ混凝土应变温度分量占拟合值变幅比例为34.25%～86.63%。整体来看，温度分量对混凝土应变影响较大。

（3）时效分量。以2019年为例，主监测断面Ⅰ混凝土应变时效分量占拟合值变幅比例为2.08%～20.13%，主监测断面Ⅱ混凝土应变时效分量占拟合值变幅比例为1.02%～27.22%，主监测断面Ⅲ混凝土应变时效分量占拟合值变幅比例为1.27%～24.80%。整体来看，时效分量对混凝土应变影响较大。

### 4.4.6　预报模型

通过以上对坝体变形和缝开度监测资料的定量分析，采用式（4-27）计算的和表4-21、表4-24、表4-27、表4-30、表4-33的统计模型成果，选择复相关系数较高（$R$大于0.8）的建立统计模型，得到坝体应力应变的预报模型为

$$\begin{cases}|\delta-\hat{\delta}|\leqslant 2S\text{，正常；}\\ 2S<|\delta-\hat{\delta}|\leqslant 3S\text{，应跟踪监测，如无趋势性变化为正常；否则为异常，需进行成因分析；}\\ |\delta-\hat{\delta}|>3S\text{ 则测值异常，分析其成因。}\end{cases} \tag{4-30}$$

式中　$\delta$——变形实测值；

$\hat{\delta}$——模型计算值；

$S$——统计模型标准差。

## 4.5　正分析成果评价

本章首先介绍了统计模型的建模原理，分别建立了变形、渗流渗压和应力应变的统计

模型，对计算成果进行了精度分析和效应分析，定量分析和评价水压、降雨、温度和时效等分量对各效应量的影响，并以 2019 年为例，计算了效应量的分量变幅占比，最终提出了预报模型。

### 4.5.1 变形

1. 径向水平位移

径向水平位移统计模型复相关系数（*R*）在 0.80～0.97 之间，均方根误差（*RMSE*）在 0.07～2.58 之间。所选 12 个测点的径向水平位移，统计模型复相关系数均大于或等于 0.8。

径向水平位移主要受温度分量影响，其次受水压分量影响，再次受时效分量影响。其中，以 2019 年为例，温度分量的年变幅占比为 24.86%～74.78%，水压分量的年变幅占比为 18.96%～51.62%，时效分量的年变幅占比为 2.52%～42.42%。

2. 切向水平位移

切向水平位移统计模型复相关系数（*R*）在 0.46～0.99 之间，均方根误差（*RMSE*）在 0.15～2.05 之间。所选 12 个测点的切向水平位移，复相关系数在 0.9 以上的测点数为 6 个，在 0.8～0.9 之间的为 3 个，0.7 以下的测点有 3 个。

切向水平位移主要受温度分量影响，其次受水压分量影响，再次受时效分量影响。其中，以 2019 年为例，温度分量的年变幅占比为 14.11%～81.30%，水压分量的年变幅占比为 0%～36.84%，时效分量的年变幅占比为 5.00%～79.92%。

### 4.5.2 渗流渗压

1. 坝基扬压力水头

坝基扬压力水头统计模型复相关系数（*R*）在 0.68～0.99 之间，均方根误差（*RMSE*）在 0.019～7.766 之间。所选 10 个测点的坝基扬压力水头，统计模型复相关系数大于 0.8 的有 7 个。

坝基扬压力水头主要受时效分量影响，其次受温度分量影响，再次受降雨分量影响，受上游水位分量影响较小。其中，以 2019 年为例，时效分量的年变幅占比为 2.84%～86.03%，温度分量的年变幅占比为 8.77%～57.23%，时效分量的年变幅占比为 1.41%～48.95%，时效分量的年变幅占比为 0%～44.13%。

2. 坝基总扬压力

13# 坝段坝基总扬压力统计模型复相关系数（*R*）为 0.76，均方根误差（*RMSE*）为 367.12kN。13# 坝段坝基总扬压力主要受温度分量影响，其次受上游水位分量影响，再次受降雨分量影响，受时效分量影响较小。其中，以 2019 年为例，温度分量、上游水位分量、降雨分量和时效分量的年变幅占比分别为 29.72%、27.26%、21.56%和 21.46%。

3. 渗流量

WE1、WE2 量水堰渗流量统计模型复相关系数（*R*）分别为 0.78 和 0.72，均方根误差（*RMSE*）分别为 1.62 和 0.16。WE1 量水堰渗流量主要受温度分量影响，其次受时效分量影响，再次受上游水压分量影响，受降雨分量影响较小。其中，以 2019 年为例，温度分量、时效分量、上游水压分量和降雨分量的年变幅占比分别为37.31%、25.14%、20.91%和16.65%。WE2量水堰渗流量主要受温度分量影响，其次受上游水压分量影响，再次受降雨分量影响，受时效分量影响较小。其中，以2019年为例，温度分量、上游水压分量、降雨分量和时效分量的年变幅占比分别为44.43%、29.94%、21.27%和4.36%。

### 4.5.3　应力应变

1. 锚杆应力计

锚杆应力主要受温度分量影响。以2019年为例，锚杆应力水压分量占拟合值变幅比例为3.35%～9.53%，温度分量占拟合值变幅比例为88.91%～94.39%，时效分量占拟合值变幅比例为0%～4.74%。

2. 钢板应力计

钢板应力主要受温度分量影响。以2019年为例，钢板应力水压分量占拟合值变幅比例为0%～40.89%；温度分量占拟合值变幅比例为27.90%～94.50%，时效分量占拟合值变幅比例为0%～36.17%。

3. 横缝测缝计

整体来看，温度分量对横缝开合度影响最大，占比在30%～90%之间；水压分量对横缝开合度影响较大，最高占比达到近60%；时效分量有一定影响。

4. 裂缝计

(1) 主监测断面。温度分量对坝体层面及基础缝的开合度影响最大，占比在40%～80%之间；水压分量对坝体层面及基础缝的开合度影响较大，最大达到近40%；时效分量有一定影响。

(2) 施工越冬面缝开合度。温度分量对施工越冬面开合度影响最大，占比在11.47%～84.67%之间；水压分量占拟合值变幅比例为0%～46.87%；时效分量占拟合值变幅比例为4.04%～84.38%。

(3) 坝基裂缝开合度。温度分量对混凝土拱坝的缝开合度影响最大，占比在27%～58%之间；水压分量和时效分量均有一定影响，占比在6%～50%之间。

5. 五向应变计组

温度分量对混凝土自生体积变形影响最大，占比在35%～87%之间；水压分量对混凝土自生体积变形影响较大，最高占比达到近60%；时效分量有一定影响。

# 第5章 拱坝变形参数反演分析

## 5.1 概　　述

坝体混凝土的综合弹性模量是影响长期运行混凝土拱坝变形和应力的主要参数之一。在混凝土拱坝设计时，坝体混凝土的设计弹性模量一般取 18～24GPa。然而，由大坝混凝土室内试验表明，在设计龄期 90d 或 180d 时，试件的弹性模量一般达到 30GPa 以上。究其原因为：①大坝混凝土设计弹性模量为坝体混凝土的综合弹性模量，其综合反映了坝体混凝土结构各类施工分缝、灌浆质量和浇筑缺陷或薄弱部位等因素影响，区别于室内试验获得的点弹性模量；②大坝混凝土设计弹性模量本质上为坝体混凝土变形模量，一定程度计入了混凝土徐变等因素影响；③大坝混凝土设计弹性模量忽略了混凝土龄期影响。研究表明，当坝体内部混凝土的温湿度条件良好时，随着水泥水化反应，坝体混凝土弹性模量随着龄期持续缓慢增长若干年。由于 BEJSK 拱坝位于严寒地区，外界环境极为恶劣（最低气温−30℃以下，气温年变幅 50℃以上）。在如此严酷的气候条件下，大坝混凝土变形参数发展性态与室内试验差异甚大。即由于大坝工程问题的复杂性，以及室内试验本身存在尺寸效应、湿筛效应、级配差异和理想养护等局限性，导致大坝混凝土设计弹性模量、坝体混凝土真实弹性模量以及室内试验点弹性模量难免存在一定出入。当在混凝土拱坝的运行期中取得了一些实测变形值时，通过反分析可以推算坝体混凝土的综合弹性模量，其数值更接近于真实值。

基于大坝运行期的实测变形值反演坝体混凝土综合弹性模量的方法较多，可以分为常规反演分析法、确定性模型反演法和混合模型反演法等。近十多年来，不同带约束的最优化方法、均匀设计（或正交设计）、粒子群（或遗传算法）、均匀设计（或正交设计）—演化神经网络—遗传算法（或粒子群）以及均匀设计（或正交设计）—演化支持向量机—遗传算法（或粒子群）等智能反演方法在实际工程中得到较广泛应用，为此，本章在上一章拱坝变形监测资料统计模型分析的基础上，采用正交设计—神经网络—数值计算相结合的方法进行拱坝变形参数反演。

## 5.2 拱坝变形参数优化反演原理

### 5.2.1 正交设计原理

1. 正交设计相关概念

正交试验法是应用正交表的正交原理和数理统计分析，研究多因素优化试验的一种科学方法。它可以用最少的试验次数优选出各因素较优参数或条件的组合。

正交表是根据正交原理设计的，已规范化的表格。其符号是 $L_n(m^k)$，其中 $L$ 表示正交表；$n$ 表示正交表的横行数（可安排的试验次数）；$k$ 表示正交表的纵列数（能容纳的最多试验因素个数）；$m$ 表示各试验因数的位级（水平）数。位级数不同的正交表称为混合位级正交表，其符号为 $L_n(m_1^{k1}\times m_2^{k2})$。

考核指标是正交试验中用来衡量试验结果的特征量。考核指标有定量指标和定性指标两种，定量指标是指直接用数量表示的指标，如产量、效率、尺寸、强度等；定性指标是指不能直接用数量表示的指标，如颜色、手感、外观等。

因素是影响试验考核指标的要素。因素有可控因素和不可控因素两类，可控因素是指在试验中能够人为地控制和调节的因素，如温度、压力、速度、材料、切削用量等；不可控因素是指暂时还不能人为地控制与调节的因素，如机床的轻微振动，刀具的微量磨损等。在正交试验中选用的因素必须是可控因素。

位级（水平）是指因素在试验中所取数值或状态的档次。

交互作用是指在正交试验中，若一个因素对考核指标的作用会受到另一个因素变动的影响，则该二因素间称为有交互作用。若因素 A 与因素 B 之间有交互作用，则记为 A×B。

*2. 正交试验的程序与要求*

（1）确定考核指标。考核指标应为定量的，若属于定性指标，应制定试验评分标准，通过评分，使定性指标定量化，以便于分析比较。当考核指标为两项或多项时，应采用综合评分法，将多项指标化为单项指标，以便于综合评价。

（2）挑选因素，确定位级（水平）。挑选因素时，应先把可能影响考核指标的各种因素进行分类，然后根据经验，从中挑选出可能有显著影响的可控因素，作为试验因素。挑选的试验因素不应过多，一般以 3～7 个为宜，以免加大无效试验工作量。若第一轮试验后，达不到预期目的，可在第一轮试验的基础上，调整试验因素，再进行试验。因素的位级数不应多取，一般取 2～4 个为宜。各因素的位级数可以相同，也可以不同。对重要因素可多取一些位级。各位级的数值应适当拉开，以利于对试验结果进行分析。

（3）选用正交表。正交表的类型比较多，常用正交表类型见表 5-1。

**表 5-1　常用正交表类型**

| 水平数 | 正交表类型 |
|---|---|
| 二水平 | $L_4$ $(2^3)$、$L_8$ $(2^7)$、$L_{16}$ $(2^{15})$ |
| 三水平 | $L_9$ $(3^4)$、$L_{27}$ $(3^{13})$ |
| 多水平 | $L_{16}$ $(4^5)$、$L_{25}$ $(5^6)$、$L_{49}$ $(7^8)$ |
| 混合水平 | $L_8$ $(4\times2^4)$、$L_{12}$ $(3\times2^3)$、$L_{16}$ $(4^2\times2^9)$<br>$L_{16}$ $(4^3\times2^6)$、$L_{16}$ $(4\times2^{12})$、$L_{16}$ $(4^4\times2^3)$<br>$L_{16}$ $(8\times2^8)$、$L_{18}$ $(2\times3^7)$、$L_{18}$ $(6\times3^6)$、$L_{24}$ $(3\times4\times2^4)$ |

选用正交表的列数不得少于试验因素个数，正交表的位级数必须与各因素的位级数相同。在因素和位级均相同的情况下，试验精度要求高的，应选用试验次数多的正交表；试验费用高的或试验周期长的，应尽量选用试验次数少的正交表。若各试验因素的位级数不相等，一般应选用相应的混合位级正交表。若考虑试验因素间的交互作用，应根据交互作用因素的多少和交互作用安排原则选用正交表。

（4）表头设计。当试验因素数等于正交表的列数时，优先将位级改变较困难的因素放在第1列，位级变换容易的因素放到最后一列，其余因素可任意安排。当试验因素数少于正交表的列数，表中有空列时，若不考虑交互作用，空列可作为误差列，其位置一般放在中间或靠后。

当考虑因素间交互作用时，交互作用的安排可以参考相关规范的规定。一般 $m$ 位级的正交表，两列因素间的交互作用应占 $m-1$ 列。交互作用一般不应与因素安排在同一列，以免产生混杂。

根据正交表的位级序号，安排各试验因素的每一位级取值或状态，进行试验条件分配。为了消除人为的系统误差，在安排试验因素的每一位级取值或状态时，可采用随机的方法来确定。根据考核指标项目的多少和对试验结果采用的分析方法，在正交表的右边和下边分别画出考核指标和计算数据记录栏目。

（5）进行试验。在进行试验时，必须严格按各号试验条件执行，不能随意改变。各号试验进行的先后顺序可自行安排，不要求一定按表中的顺序。在试验中要严格按正交表的试验序号正确地把每一试验结果数值记入相应的考核指标栏内。

3. 正交设计的特点

根据正交性从全面试验中挑选出部分有代表性的点进行试验，这些有代表性的点具备均匀分散、齐整可比的特点。正交试验设计是分析多因素设计的主要方法。当试验涉及的因素在3个或3个以上，而且因素间可能有交互作用时，试验工作量就会变得很大，甚至难以实施。针对这个困扰，正交试验设计无疑是一种更好的选择。正交试验设计的主要工具是正交表，试验者可根据试验的因素数、因素的水平数以及是否具有交互作用等需求查找相应的正交表，再依托正交表的正交性从全面试验中挑选出部分有代表性的点进行试验，可以实现以最少的试验次数达到与大量全面试验等效的结果，因此应用正交表设计试验是一种高效、快速而经济的多因素试验设计方法。

4. 正交表的性质

（1）每一列中，不同的数字出现的次数是相等的。例如在两水平正交表中，任何一列都有数码“1”与“2”，且任何一列中它们出现的次数是相等的；如在三水平正交表中，任何一列都有“1”“2”“3”，且在任一列的出现数均相等。

（2）任意两列中数字的排列方式齐全且均衡。例如在两水平正交表中，任何两列（同一横行内）有序对共有4种：（1，1）、（1，2）、（2，1）、（2，2），每种对数出现次数相等。在三水平情况下，任何两列（同一横行内）有序对共有9种，1.1、1.2、1.3、2.1、2.2、2.3、3.1、3.2、3.3，且每对出现数也均相等。

以上两点充分地体现了正交表的两大优越性，即“均匀分散性，整齐可比”。通俗的说，每个因素的每个水平与另一个因素各水平各碰一次，这就是正交性。

5. 正交表示例及正交试验示例

表 5－2 就是一个正交表，并记为 $L_9$（$3^4$），这里“$L$”表示正交表，“9”表示总共要做 9 次试验，“3”表示每个因素都有 3 个水平，“4”表示这个表有 4 列，最多可以安排 4 个因素。常用的二水平表有 $L_4$（$2^3$），$L_8$（$2^7$），$L_{16}$（$2^{15}$），$L_{32}$（$2^{31}$）；三水平表有 $L_9$（$3^4$），$L_{27}$（$3^{13}$）；四水平表有 $L_{16}$（$4^5$）；五水平表有 $L_{25}$（$5^6$）等。还有一批混合水平的表在实际中也十分有用，如 $L_8$（$4\times2^4$），$L_{12}$（$2^3\times3^1$），$L_{16}$（$4^4\times2^3$），$L_{16}$（$4^3\times2^6$），$L_{16}$（$4^2\times2^9$），$L_{16}$（$4\times2^{12}$），$L_{16}$（$8^1\times2^8$），$L_{18}$（$2\times3^7$）等。例如 $L_{16}$（$4^3\times2^6$）表示要求做 16 次试验，允许最多安排三个“4”水平因素，六个“2”水平因素。

**表 5－2　　正交表 $L_9$（$3^4$）**

| 序号 | 1 | 2 | 3 | 4 | 序号 | 1 | 2 | 3 | 4 |
|---|---|---|---|---|---|---|---|---|---|
| 1 | 1 | 1 | 1 | 1 | 6 | 2 | 3 | 1 | 2 |
| 2 | 1 | 2 | 2 | 2 | 7 | 3 | 1 | 2 | 2 |
| 3 | 1 | 3 | 3 | 3 | 8 | 3 | 2 | 1 | 3 |
| 4 | 2 | 1 | 2 | 3 | 9 | 3 | 3 | 2 | 1 |
| 5 | 2 | 2 | 3 | 1 | | | | | |

使用正交表来安排试验，其步骤十分简单，示例如下：

（1）选择合适的正交表。适合于该项试验的正交表有 $L_9$（$3^4$），$L_{18}$（$2\times3^7$），$L_{27}$（$3^{13}$）等，我们取 $L_9$（$3^4$），因为所需试验数较少。

（2）将 A、B、C 三个因素放到 $L_9$（$3^4$）的任意三列的表头上，例如放在前三列。

（3）将 A、B、C 三列的“1”“2”“3”变为相应因素的三个水平。

（4）9 次试验方案（表 5－3）为：第一号试验的工艺条件为 A1（80℃），B1（90 分），C1（5%）；第二号试验的工艺条件为 A1（80℃），B2（120 分），C2（6%）……。

**表 5－3　　正交试验方案**

| 序号 | A | B | C | 序号 | A | B | C |
|---|---|---|---|---|---|---|---|
| 1 | 80℃ | 90 分 | 5% | 6 | 85℃ | 150 分 | 5% |
| 2 | 80℃ | 120 分 | 6% | 7 | 90℃ | 90 分 | 7% |
| 3 | 80℃ | 150 分 | 7% | 8 | 90℃ | 120 分 | 5% |
| 4 | 85℃ | 90 分 | 6% | 9 | 90℃ | 150 分 | 6% |
| 5 | 85℃ | 120 分 | 7% | | | | |

在表 5－3 的正交试验设计中，可以看到有如下的特点：

（1）每个因素的水平都重复进行 3 次试验。

（2）每两个因素的水平组成一个全面试验方案。这两个特点使试验点在试验范围内排列规律整齐，又被称为“整齐可比”。另一方面，如果将正交设计的 9 个试验点点成图（图 5－1），可以发现 9 个试验点在试验范围内散布均匀，这个特点被称为“均匀分散”。正交设计的优点本质上来自“均匀分散，整齐可比”这两个特点。

### 5.2.2 神经网络模型

1. 神经网络模型

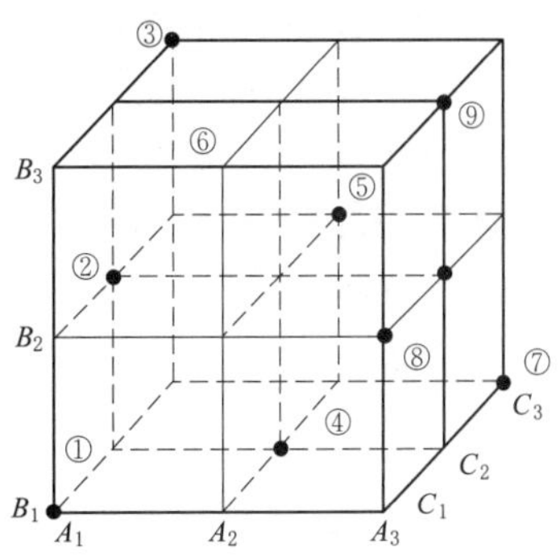

图 5-1 正交试验的 9 个试验点

生物神经网络主要是指人脑的神经网络，它是人工神经网络的技术原型。人脑是人类思维的物质基础，思维的功能定位在大脑皮层，后者含有大约 $10^{11}$ 个神经元，每个神经元又通过神经突触与大约 $10^3$ 个其他神经元相连，形成一个高度复杂、高度灵活的动态网络。作为一门学科，生物神经网络主要研究人脑神经网络的结构、功能及其工作机制，旨在探索人脑思维和智能活动的规律。

人工神经网络是生物神经网络在某种简化意义下的技术复现，作为一门学科，它的主要任务是根据生物神经网络的原理和实际应用的需要建造实用的人工神经网络模型，设计相应的学习算法，模拟人脑的某种智能活动，然后在技术上实现出来用以解决实际问题。因此，生物神经网络主要研究智能的机理；人工神经网络主要研究智能机理的实现，两者相辅相成。人工神经网络是一种模仿动物神经网络行为特征，进行分布式并行信息处理的算法数学模型。这种网络依靠系统的复杂程度，通过调整内部大量节点之间相互连接的关系，从而达到处理信息的目的。

人工神经网络共同的特点是，大规模并行处理，分布式存储，弹性拓扑，高度冗余和非线性运算。因而具有很高的运算速度，很强的联想能力，很强的适应性，很强的容错能力和自组织能力。这些特点和能力构成了人工神经网络模拟智能活动的技术基础，并在广阔的领域获得了重要的应用。例如，在通信领域，人工神经网络可以用于数据压缩、图像处理、矢量编码、差错控制（纠错和检错编码）、自适应信号处理、自适应均衡、信号检测、模式识别、ATM 流量控制、路由选择、通信网优化和智能网管理等。

人工神经网络按其模型结构大体可以分为前馈型网络（也称为多层感知机网络）和反馈型网络（也称为 Hopfield 网络）两大类，前者在数学上可以看作是一类大规模的非线性映射系统，后者则是一类大规模的非线性动力学系统。按照学习方式，人工神经网络又可分为有监督学习、非监督和半监督学习三类；按工作方式则可分为确定性和随机性两类；按时间特性还可分为连续型或离散型两类。

2. BP 神经网络模型

BP 神经网络是一种多层前馈神经网络，该网络的主要特点是信号前向传递，误差反向传递，BP 神经网络由输入层，隐含层，输出层构成：

（1）输入层神经元数目为样本中输入向量的维数。

（2）隐含层数目的确定没有明确的要求，最佳隐含层节点数可参考以下公式：

$$l<n-1 \tag{5-1}$$

$$l<\sqrt{(m+n)}+a \tag{5-2}$$

$$l=\log_2 n \tag{5-3}$$

式中 $n$——输入层节点数；

$l$——隐含层节点数；

$m$——输出层节点数；

$a$——0～10之间的常数。

隐含层也可设计为可变的，通过误差比确定最佳的隐含层神经元个数。

隐含层输出计算，根据输入向量、输入层和隐含层间连接权值 $\omega_{ij}$ 以及隐含层阈值，隐含层输出 $H$ 计算公式为

$$H_j = f\left(\sum_{i=1}^{n}\omega_{ij}x_i - a_j\right) \quad (j = 1 \sim l) \tag{5-4}$$

式中　$f$——隐含层激励函数。

(3) 输出层则根据隐含层输出 $H$，连接隐含层和输出层权值 $\omega_{jk}$ 和阈值 $b$，输出值 $O$ 计算公式为

$$O_k = \sum_{j=1}^{l}H_j\omega_{jk} - b_k \quad (k = 1 \sim m) \tag{5-5}$$

3. BP神经网络模型计算步骤

假设BP神经网络结构为3层，通常为多个输入一个输出，网络模型结构如图5-2所示，其中 $X_i(i=1,2,\cdots,n)$ 表示各分量分项。

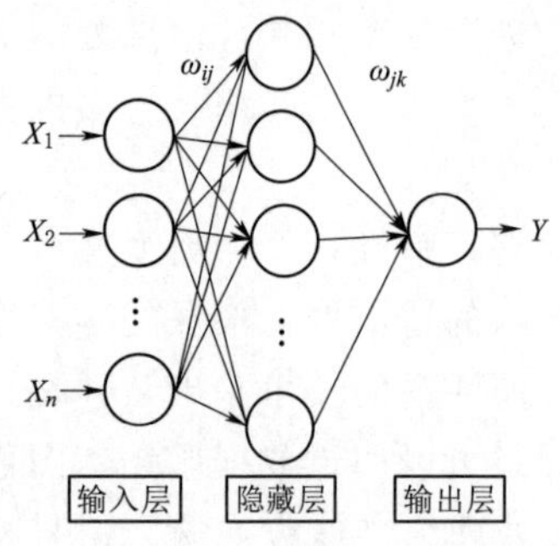


图5-2　神经网络拓扑结构图

(1) 网络初始化。根据系统输入输出序列 $(X, Y)$ 确定网络输入层节点数 $n$（即分量分项个数），隐含层节点数 $l$，输出层节点数 $m$（此处为1），初始化输入层、隐含层和输出层神经元之间的连接权值 $\omega_{ij}$（表示第 $i$ 个输入层与第 $j$ 个隐含层之间的权值），$\omega_{jk}$（表示第 $j$ 个隐含层与第 $i$ 个隐含层之间的权值），初始化隐含层阈值 $a$，输出层阈值 $b$，给定学习速率和神经元激励函数。

(2) 隐含层输出计算。根据输入变量 $X$，输入层和隐含层间连接权值 $\omega_{ij}$，以及隐含层阈值 $a$，计算隐含层输出 $H$，其计算公式为

$$H_f = f\left(\sum_{i=1}^{n}\omega_{ij}x_i - a_j\right) \quad (j = 1,2,\cdots,l) \tag{5-6}$$

式中　$l$——隐含层节点数；

$f$——隐含层激励函数。

激励函数有多种表达形式，可选择函数：

$$f(x)=\frac{1}{1+e^{-x}} \tag{5-7}$$

(3) 输出层输出计算。根据隐含层输出 $H$、连接权值 $\omega_{jk}$ 和阈值 $b$ 计算BP神经网络预测输出 $O$，其计算公式为

$$O_k = \sum_{j=1}^{l}H_j\omega_{jk} - b_k \quad (k = 1,2,\cdots,m) \tag{5-8}$$

(4) 误差计算。根据网络预测输出 $O_k$ 和期望输出 $Y$，计算网络预测误差 $e$。

$$e_k = Y_k = O_k \tag{5-9}$$

(5) 权值更新。根据网络预测误差 $e$ 更新网络连接权值 $\omega_{ij}$，$\omega_{jk}$，其计算公式分别为

$$\omega_{ij}=\omega_{ij}+\eta H_j(1-H_j)x(i)\sum_{k=1}^{m}\omega_{jk}e_k \quad (i=1,2,\cdots,n;j=1,2,\cdots,l)$$

$$\omega_{jk}=\omega_{jk}+\eta H_j e_k \quad (j=1,2,\cdots,l;k=1,2,\cdots,m) \tag{5-10}$$

式中 $\eta$——学习速率。

(6) 阈值更新。根据网络预测误差 $e$ 更新节点阈值 $a$、$b$，其计算公式分别为

$$a_j=a_j+\eta H_j(1-H_j)\sum_{k=1}^{m}\omega_{jk}e_k \quad (i=1,2,\cdots,l)$$

$$b_k=b_k+e_k \quad (k=1,2,\cdots,m) \tag{5-11}$$

(7) 判断算法迭代是否结束，若没有结束，返回 (2)。

## 5.2.3 基于正交设计—神经网络—数值计算的拱坝材料参数反演分析

### 5.2.3.1 基于正交设计—神经网络—数值计算反演分析方法

正交设计—神经网络—数值计算反演分析方法的主要思想可分为以下 3 步：

(1) 利用数值计算产生神经网络的学习样本，即首先设置待反演参数的取值水平，利用正交设计的方法在待反演参数 $x=\{x_1, x_2, \cdots, x_n\}$ 的可能取值空间中构造参数取值组合，形成待反演参数若干个取值集合。把每一个待反演参数的取值集合输入给有限元计算软件，计算出大坝关键点（位置）相应的参与反演的监测物理量 $y=\{y_1, y_2, \cdots, y_n\}$ 的值。待反演参数 $x$ 可能的取值与相应的监测物理量计算值 $y$ 即可组成学习样本集，如图 5-3 所示。

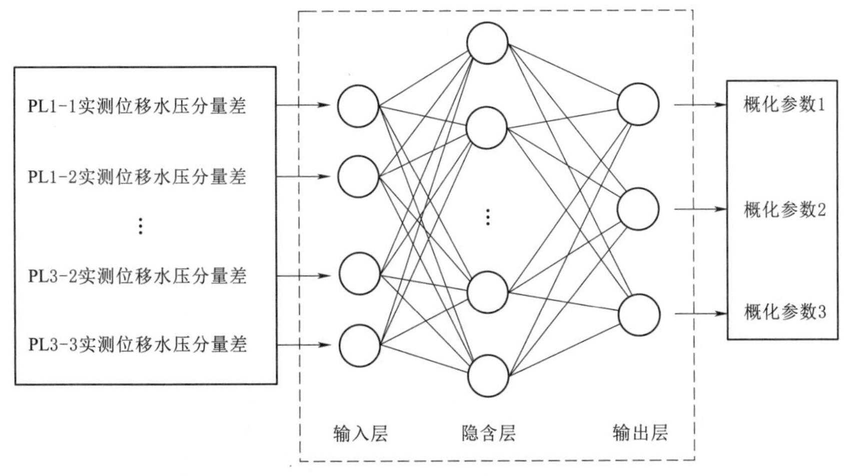


图 5-3 基于正交设计的材料参数反演神经网络模型

(2) 利用该样本集对神经网络进行训练，获得较为合理的神经网络模型。

(3) 利用训练好的神经网络代替有限元计算，将关键点（位置）相应的实测值（实测值对应的统计模型分量值）输入神经网络模型，反演获得参数的取值。

### 5.2.3.2 拱坝变形参数反演分析

由于典型测点的变形监测值能够充分地反映出大坝整体的变形和受力性态，而基于变

形实测值建立的统计模型能够进一步分离出上游水位对变形实测值的影响。因此，在拱坝变形参数优化反演数学模型中，以位移的有限元计算值与位移实测值分离的水压分量相差最小为目标，进行拱坝弹性模量优化反演计算。由此建立的拱坝弹性模量优化反演数学模型如下：

$$\min f(E)=\frac{1}{n}\sum_{j=1}^{n}[\delta_j^M-\delta_j^C(\boldsymbol{E})]^2 \tag{5-12}$$

$$\text{s. t. } \boldsymbol{K\delta}=\boldsymbol{R};\underline{E_i}\leqslant E_i\leqslant\overline{E_i},E_i\in\boldsymbol{E}$$

式中　$\boldsymbol{E}$——拱坝待反演弹性模量集合，GPa；

$\delta_j^M$——典型测点位移实测值分离的水压分量，mm；

$\delta_j^C(\boldsymbol{E})$——弹性模量组合取 $\boldsymbol{E}$ 时典型测点位移的有限元计算值，mm；

$\boldsymbol{K}$、$\boldsymbol{\delta}$、$\boldsymbol{R}$——拱坝整体刚体矩阵、位移列阵和荷载列阵；

$E_i$——第 $i$ 个待反演弹性模量；

$\underline{E_i}$、$\overline{E_i}$——$i$ 个待反演弹性模量下限和上限，GPa。

首先根据BEJSK拱坝实际运行情况以及参考大坝质量检测成果和设计报告，得到坝址区岩土体物理力学性质建议值；然后基于实测径向水平位移统计模型分离出来的水压分量差对概化材料进行优化反演，反演流程如图5-4所示，主要优化反演步骤如下：

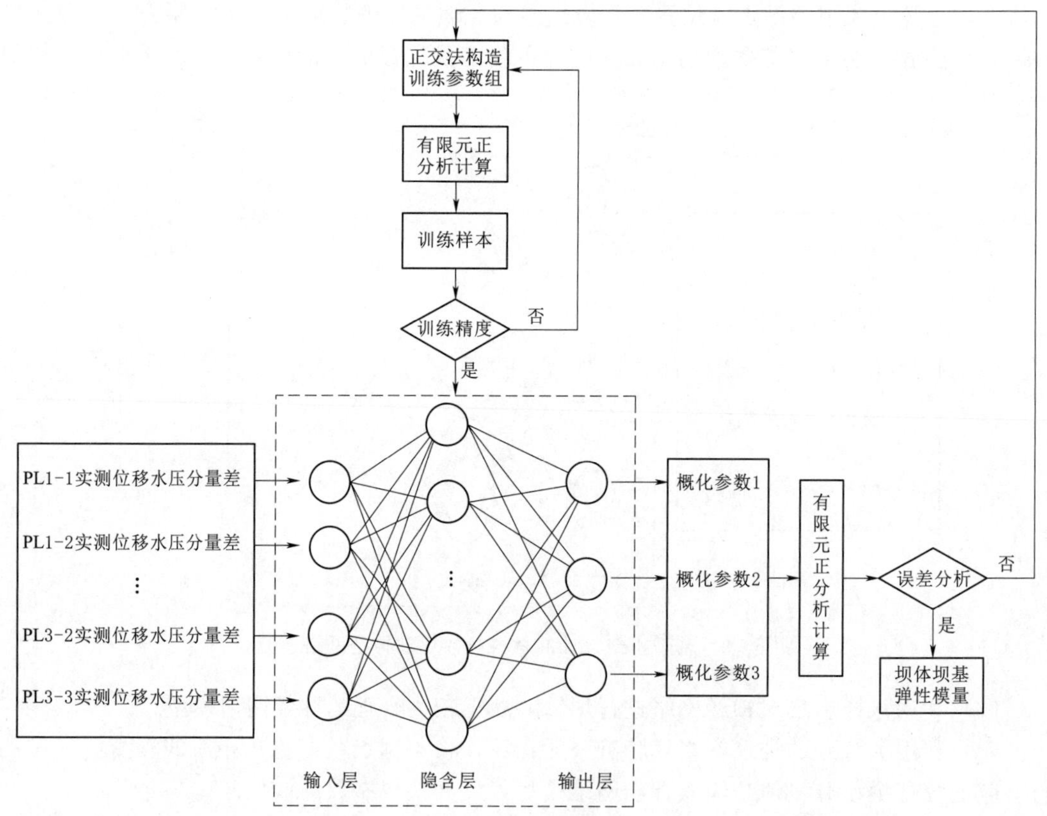


图5-4　拱坝弹性模量反演流程图

(1) 参考该拱坝设计参数和质量检测成果以及进行试算后确定待反演参数的取值范围，结合正交试验的基本原理和确定因素的水平，选择合适的正交试验表，构造数值计算的基本参数组合。

(2) 建立拱坝的三维有限元模型，选定计算工况，将正交设计得到参数组合输入到有限元模型中，作用相应的工况条件，得到不同参数组合下各测点的位移计算值。

(3) 将正交设计得到的参数组合及有限元模型计算得到的位移计算值作为训练样本对神经网络进行训练，获得合理的神经网络模型。

(4) 将实测径向水平位移统计模型分离出来的水压分量差输入到训练好的神经网络模型中，即可反演获得拱坝相应的弹性模量。

(5) 将反演获得的弹性模量输入到有限元模型中进行反馈分析，若有限元计算值与实测值分离出来的水压分量相差较小，则可认为反演结果合理；反之，则重复（2）～（4）的步骤，直到获得合理的反演参数值。

### 5.2.4 拱坝计算位移转换原理

由于正垂线、倒垂线变形监测资料回归分析得到的是大坝安装现场的径向位移和切向位移，而有限元计算得到的位移为沿笛卡尔坐标系的坐标轴方向的位移，为此需要对计算位移进行转换。为了方便阐述，对位移符号进行规定：径向位移以向下游为正，切向位移以向左岸为正，反之为负。位移转换示意如图 5-5 所示。

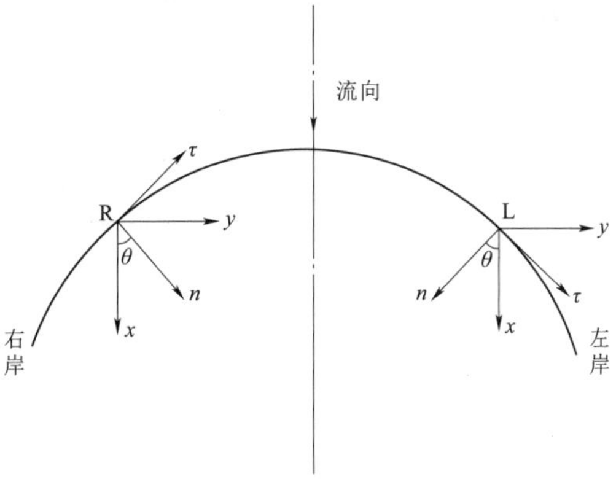

图 5-5 位移转换示意图

位移转换计算公式如下：

L 点：
$$\begin{cases} u_n = u_x\cos\theta - u_y\sin\theta \\ u_\tau = u_x\sin\theta + u_y\cos\theta \end{cases} \tag{5-13}$$

R 点：
$$\begin{cases} u_n = u_x\cos\theta + u_y\sin\theta \\ u_\tau = -u_x\sin\theta + u_y\cos\theta \end{cases} \tag{5-14}$$

式中 $u_n$、$u_\tau$——径向位移和切向位移；

$u_x$、$u_y$——$x$ 方向和 $y$ 方向的位移；

$\theta$——读盘中心线方向与顺河的锐角夹角，读盘中心线与廊道内的观测房位置相关，一般读盘中心线平行坝段横缝。

## 5.3 拱坝运行期变形参数优化反演分析

### 5.3.1 拱坝三维有限元模型

#### 5.3.1.1 拱坝几何体型

BEJSK 拱坝为抛物线双曲中厚拱坝，最大坝高 94m，坝顶高程 649.00m，坝顶弧长 319.646m，弧高比为 3.4，拱冠梁顶厚 10.0m，拱冠梁底厚 27m，拱端最大厚度 27m，厚高比为0.287，上游最大倒悬度0.088，下游面最大倒悬度0.158，坝顶最大中心角96.964°。水平拱圈线型采用抛物线变厚拱圈，拱冠梁上游面曲线、下游面曲线均由拟合三次方程曲线组成。拱坝抛物线体型参数见表5-4。

**表5-4 拱坝抛物线体型参数**

| 高程/m | 拱冠梁中心线Y坐标/m | 拱冠处厚度/m | 拱端厚度/m | | 拱冠处曲率半径/m | | 半中心角/(°) | |
|---|---|---|---|---|---|---|---|---|
| | | | 左岸 | 右岸 | 左岸 | 右岸 | 左岸 | 右岸 |
| 649.00 | 0.000 | 10.000 | 10.004 | 10.004 | 101.673 | 129.564 | 47.516 | 49.448 |
| 635.00 | 2.642 | 10.860 | 11.833 | 12.028 | 91.520 | 120.202 | 48.095 | 48.846 |
| 620.00 | 5.407 | 11.906 | 13.783 | 13.817 | 80.902 | 111.126 | 48.601 | 47.505 |
| 605.00 | 7.666 | 13.448 | 15.921 | 15.618 | 71.305 | 101.857 | 48.231 | 45.785 |
| 592.00 | 8.865 | 15.477 | 18.083 | 17.507 | 64.412 | 92.717 | 47.518 | 43.130 |
| 579.00 | 9.051 | 18.405 | 20.669 | 19.983 | 59.373 | 81.726 | 45.707 | 39.666 |
| 567.00 | 8.070 | 22.119 | 23.546 | 23.022 | 56.801 | 69.241 | 41.430 | 31.529 |
| 555.00 | 5.746 | 27.000 | 27.000 | 27.000 | 56.635 | 53.874 | 23.005 | 15.458 |

拱坝几何参数$F(z)$插值方程为

$$F(z)=a_0+a_1z+a_2z^2+a_3z^3 \tag{5-15}$$

式中 坐标$z$原点在坝顶，方向铅直向下；

$a_0$、$a_1$、$a_2$、$a_3$——插值系数，见表5-5。

**表5-5 拱坝几何参数$F(z)$的插值系数**

| 几何参数 | $a_0$ | $a_1$ | $a_2$ | $a_3$ |
|---|---|---|---|---|
| 拱冠梁中心线坐标 | 0.000 | $1.817\times10^{-1}$ | $8.084\times10^{-4}$ | $-2.225\times10^{-5}$ |
| 拱冠处厚度 | 10.000 | $6.496\times10^{-2}$ | $-5.121\times10^{-4}$ | $1.856\times10^{-5}$ |
| 左拱端厚度 | 10.004 | $1.349\times10^{-1}$ | $-4.492\times10^{-4}$ | $9.969\times10^{-6}$ |
| 右拱端厚度 | 10.004 | $1.650\times10^{-1}$ | $-1.746\times10^{-3}$ | $2.036\times10^{-5}$ |
| 左拱中心线拱冠处曲率半径 | 101.673 | $-7.179\times10^{-1}$ | $-1.052\times10^{-3}$ | $3.821\times10^{-5}$ |
| 右拱中心线拱冠处曲率半径 | 129.564 | $-7.241\times10^{-1}$ | $4.793\times10^{-3}$ | $-6.016\times10^{-5}$ |

#### 5.3.1.2 拱坝监测概况

BEJSK拱坝工程分别在6#、9#、13#坝段各层廊道中分段设置正垂线（共9条），分别和基础廊道的倒垂线衔接，监测坝体水平绝对变形和挠度；在2#、6#、9#、13#、20#坝段布置了5条倒垂线来观测基岩水平变形。与此同时，在2#、6#、9#、20#坝段布置了4个双金属标来观测垂直位移；并在560.00m高程纵向廊道8#～11#坝段和597.00m高程纵向廊道6#～13#坝段各布置了1条静力水准来观测大坝垂直位移，共12个测点，如图5-6所示。由前述变形监测资料定性和定量分析可见，正倒垂线测值变化规律相对双金属标和静力水准测值变化规律更好，为此，以下选取6#、9#和13#坝段中上部的测点测值进行该拱坝弹性模量反演分析。为此，在拱坝三维有限元模型剖分时考虑这些测点位置，以方便获得测点计算位移。

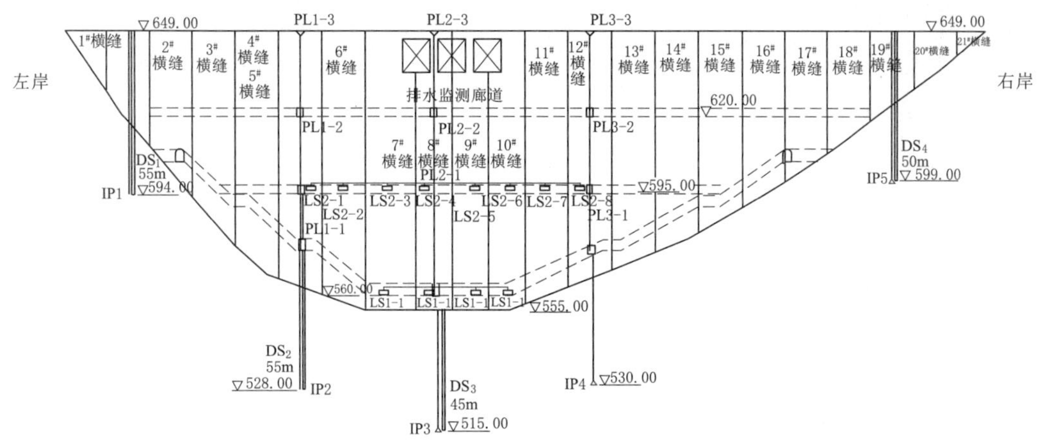


图 5-6 BEJSK 拱坝变形监测布置图

#### 5.3.1.3 拱坝三维有限元模型建立

依据上述 BEJSK 拱坝几何体型及坝基地质资料，建立了三维有限元模型。三维有限元模型坐标系选定：$Y$ 轴正向为横河向指向右岸，$X$ 轴正向为顺河向指向上游，$Z$ 轴正向为垂直向上。采用六面体八节点等参单元进行网格剖分，共剖分单元数为 35589，节点数为 42843，其中，坝体单元数为 19645，节点数为 24315。将坝体以及坝基概化为三种材料，其中，坝体混凝土概化为一种材料，记为 $E_1$，坝基花岗片麻岩（D2a-4）概化为一种材料（基岩类型Ⅰ），记为 $E_2$，坝基黑云母斜长片麻岩（D2a-3 和 D2a-5）概化为一种材料（基岩类型Ⅱ），记为 $E_3$。拱坝三维有限元模型以及模型材料概化分区如图 5-7 所示。计算域上下游施加顺河向连杆约束，左右岸施加横河向连杆约束，底部施加完全位移约束。假设坝体混凝土和基岩均为各向同性材料，弹性模量为待反演参数，其中混凝土材料 1 泊松比为 0.20，密度为 24.0kg/m$^3$，基岩材料 1 泊松比为 0.22，基岩材料 2 泊松比为 0.25。

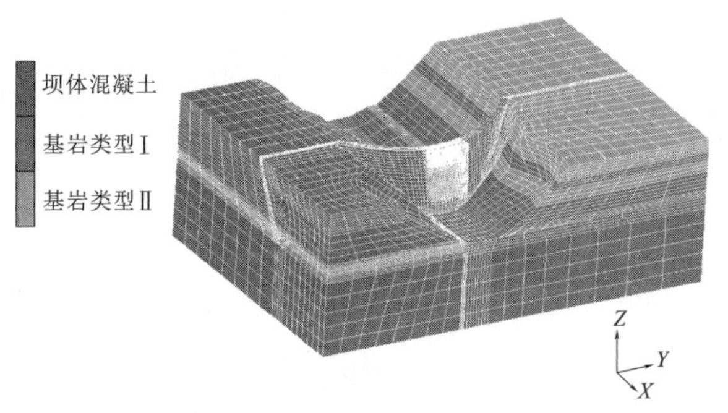


图 5-7 拱坝三维整体有限元模型

由于采用有限元计算得到的任一点处的位移值对应的是有限元模型采用的坐标系，而位移实测值对应的是拱坝的极坐标系，因此通过有限元计算得到各测点位移计算值后需按 5.2.4 节原理进行坐标转换，后续的有限元计算结果均经过了坐标转换处理。

### 5.3.2 反演参数取值范围

根据该拱坝实际运行情况以及参考大坝质量检测成果和设计报告，得到坝址区岩土体物理力学性质建议值，见表 5-6。其中，基岩可分为两类，即材料 2 为基岩类型Ⅰ［坝基花岗片麻岩（D2a$^{-4}$）］，弹性模量记为 $E_2$，材料 2 为基岩类型Ⅱ［坝基黑云母斜长片麻岩（D2a$^{-3}$ 和 D2a$^{-5}$）］，弹性模量记为 $E_3$。

表 5-6　**上1坝线拱坝坝基分段岩石（体）物理力学参数表**

| 部　位 | 坝基建基面岩性 | 风化程度 | 天然密度/(g/cm³) | 饱和抗压/MPa | 允许承载力/MPa | 纵波速度/(m/s) | 泊松比 $\mu$ | 变形模量/GPa | 弹性模量/GPa | 饱和抗剪断 | | | |
|---|---|---|---|---|---|---|---|---|---|---|---|---|---|
| | | | | | | | | | | 混凝土/岩 | | 岩/岩 | |
| | | | | | | | | | | $f$ | $C'$/MPa | $f$ | $C'$/MPa |
| 左岸岸坡坝段（桩号0+000－0+067） | 花岗片麻岩（$D_2a^{-4}$） | 新鲜 | 2.69 | 67 | 5.0 | 4000～5500 | 0.22 | 10 | 18 | 1.0 | 0.90 | 1.2 | 1.1 |
| 左岸岸坡坝段（桩号0+067－0+088） | 黑云母斜长片麻岩（$D_2a^{-3}$） | 新鲜 | 2.68 | 48 | 4.0 | 3500～4500 | 0.25 | 8.0 | 15 | 0.95 | 0.80 | 1.1 | 0.95 |
| 左岸、主河床、右岸坝段（桩号0+088－0+249） | 花岗片麻岩（$D_2a^{-4}$） | 新鲜 | 2.69 | 67 | 5.0 | 4000～5500 | 0.22 | 10 | 18 | 1.0 | 0.90 | 1.2 | 1.1 |
| 右岸岸坡坝段（桩号0+249－0+277） | 黑云母斜长片麻岩（$D_2a^{-5}$） | 新鲜 | 2.68 | 48 | 4.0 | 3500～4500 | 0.25 | 8.0 | 15 | 0.95 | 0.80 | 1.1 | 0.95 |
| 右岸岸坡坝段（桩号0+277－0+287） | 花岗片麻岩（$D_2a^{-4}$） | 新鲜 | 2.69 | 67 | 5.0 | 4000～5500 | 0.22 | 10 | 18 | 1.0 | 0.90 | 1.2 | 1.1 |
| 右岸岸坡坝段（桩号0+287－0+319） | 黑云母斜长片麻岩（$D_2a^{-5}$） | 新鲜 | 2.68 | 48 | 4.0 | 3500～4500 | 0.25 | 8.0 | 15 | 0.95 | 0.80 | 1.1 | 0.95 |

根据 BEJSK 大坝设计报告以及工程地质勘察报告确定拱坝各分区材料弹性模量初始值，通过参考相关文献和大坝质量检测成果以及辅助试算后，确定各分区材料弹性模量取值范围，见表 5-7。

表 5-7　　各概化材料分区材料参数取值

| 概化材料分类 | 弹性模量设计参考值/GPa | 弹性模量反演取值范围/GPa | 泊松比 |
|---|---|---|---|
| $E_1$ | 30 | 20～40 | 0.20 |
| $E_2$ | 18 | 14～22 | 0.22 |
| $E_3$ | 15 | 11～19 | 0.25 |

### 5.3.3 反演参数取值组合

结合表 5-7 的参数取值范围，采用正交设计方法对这 3 个材料参数因素进行组合，水平数均取 5，即 $E_1$ 取 20GPa、25GPa、30GPa、35GPa、40GPa，$E_2$ 取 14GPa、16GPa、18GPa、20GPa、22GPa，$E_3$ 取 11GPa、13GPa、15GPa、17GPa、19GPa；依据正交设计表 $L_{25}(5^3)$ 得到 3 种材料的 25 种参数组合，见表 5-8。

表 5-8　　坝体及坝基的弹性模量正交设计组合

| 样本编号 | $E_1$/GPa | $E_2$/GPa | $E_3$/GPa | 样本编号 | $E_1$/GPa | $E_2$/GPa | $E_3$/GPa |
|---|---|---|---|---|---|---|---|
| 1 | 20 | 14 | 11 | 14 | 30 | 20 | 11 |
| 2 | 20 | 16 | 13 | 15 | 30 | 22 | 13 |
| 3 | 20 | 18 | 15 | 16 | 35 | 14 | 17 |
| 4 | 20 | 20 | 17 | 17 | 35 | 16 | 19 |
| 5 | 20 | 22 | 19 | 18 | 35 | 18 | 11 |
| 6 | 25 | 14 | 13 | 19 | 35 | 20 | 13 |
| 7 | 25 | 16 | 15 | 20 | 35 | 22 | 15 |
| 8 | 25 | 18 | 17 | 21 | 40 | 14 | 19 |
| 9 | 25 | 20 | 19 | 22 | 40 | 16 | 11 |
| 10 | 25 | 22 | 11 | 23 | 40 | 18 | 13 |
| 11 | 30 | 14 | 15 | 24 | 40 | 20 | 15 |
| 12 | 30 | 16 | 17 | 25 | 40 | 22 | 17 |
| 13 | 30 | 18 | 19 | | | | |

### 5.3.4 计算工况选取

由于现有的监测数据无法支持较严格地考虑监测时段内拱坝的温度荷载，本次有限元计算只考虑水压荷载作用下的变形而不考虑温度荷载的作用。结合该坝变形监测资料定性及定量分析成果，选取 2019 年 12 月 27 日和 2020 年 4 月 14 日的上游水位 $H_1$ 和 $H_2$ 作为计算工况，水位分别为 644.30m 和 628.20m。根据第 3.2 节建立的径向水平位移统计模型分离得到对应水位 $H_1$ 与 $H_2$ 下各典型测点的水压分量差见表 5-9。

表 5-9 实测径向水平位移水压分量差

| 测　点 | 监测位移所在坝段 | 监测位移所在高程/m | 水压分量差/mm |
|---|---|---|---|
| PL1-3 | 6# | 649.00 | 6.231 |
| PL3-3 | 13# | 649.00 | 8.443 |
| PL1-2 | 6# | 620.00 | 3.989 |
| PL3-2 | 13# | 620.00 | 7.001 |
| PL1-1 | 6# | 594.00 | 1.983 |
| PL2-1 | 9# | 594.00 | 2.670 |
| PL3-1 | 13# | 594.00 | 3.398 |

## 5.3.5 学习样本准备

将 5.3.3 节由正交设计得到的三种材料不同的组合（表 5-8），逐一代入有限元模型中计算得到对应的径向水平位移水压分量差，见表 5-10。

表 5-10 有限元模型计算径向水平位移水压分量差

| 样本编号 | 水压分量差/mm | | | | | | |
|---|---|---|---|---|---|---|---|
| | PL1-3 | PL3-3 | PL1-2 | PL3-2 | PL1-1 | PL2-1 | PL3-1 |
| 1 | 8.703 | 13.836 | 6.829 | 9.279 | 3.266 | 4.783 | 4.049 |
| 2 | 8.555 | 13.633 | 6.685 | 9.104 | 3.147 | 4.643 | 3.916 |
| 3 | 8.438 | 13.475 | 6.573 | 8.968 | 3.054 | 4.533 | 3.812 |
| 4 | 8.438 | 13.475 | 6.573 | 8.968 | 3.054 | 4.445 | 3.812 |
| 5 | 8.345 | 13.349 | 6.483 | 8.858 | 2.980 | 4.373 | 3.727 |
| 6 | 8.268 | 13.246 | 6.409 | 8.767 | 2.919 | 4.025 | 3.658 |
| 7 | 7.178 | 11.334 | 5.657 | 7.669 | 2.763 | 3.892 | 3.436 |
| 8 | 7.027 | 11.116 | 5.506 | 7.489 | 2.636 | 3.788 | 3.304 |
| 9 | 6.924 | 10.997 | 5.417 | 7.374 | 2.568 | 3.703 | 3.209 |
| 10 | 6.834 | 10.878 | 5.331 | 8.269 | 2.499 | 3.675 | 3.128 |
| 11 | 6.155 | 9.653 | 4.868 | 6.586 | 2.420 | 3.513 | 3.021 |
| 12 | 6.018 | 9.476 | 4.741 | 6.429 | 2.319 | 3.386 | 2.899 |
| 13 | 5.911 | 9.336 | 4.640 | 6.305 | 2.238 | 3.286 | 2.803 |
| 14 | 5.861 | 9.344 | 4.627 | 6.267 | 2.249 | 3.250 | 2.746 |
| 15 | 5.782 | 9.226 | 4.547 | 6.170 | 2.181 | 3.174 | 2.676 |
| 16 | 5.419 | 8.445 | 4.298 | 5.805 | 2.171 | 3.141 | 2.720 |
| 17 | 5.287 | 8.277 | 4.178 | 5.655 | 2.075 | 3.020 | 2.602 |
| 18 | 5.225 | 8.277 | 4.154 | 5.606 | 2.079 | 2.973 | 2.534 |
| 19 | 5.132 | 8.141 | 4.062 | 5.494 | 2.002 | 2.885 | 2.452 |
| 20 | 5.056 | 8.031 | 3.987 | 5.403 | 1.939 | 2.813 | 2.385 |

续表

| 样本编号 | 水压分量差/mm | | | | | | |
|---|---|---|---|---|---|---|---|
| | PL1-3 | PL3-3 | PL1-2 | PL3-2 | PL1-1 | PL2-1 | PL3-1 |
| 21 | 4.864 | 7.531 | 3.867 | 5.213 | 1.980 | 2.859 | 2.490 |
| 22 | 4.783 | 7.520 | 3.829 | 5.150 | 1.974 | 2.798 | 2.407 |
| 23 | 4.672 | 7.360 | 3.722 | 5.017 | 1.885 | 2.693 | 2.309 |
| 24 | 4.583 | 8.234 | 3.635 | 4.911 | 1.814 | 2.609 | 2.230 |
| 25 | 4.509 | 7.131 | 3.564 | 4.824 | 1.755 | 2.539 | 2.165 |

### 5.3.6 反演分析

将表5-10中7个测点的径向水平位移计算值作为输入，表5-8中对应样本$E_1 \sim E_3$的弹性模量作为输出，选择人工神经网络中常用的BP神经网络来建立径向水平位移差—弹性模量之间的非线性映射关系。运用MATLAB中的newff函数建立前馈神经网络，同时为了较好地防止计算过程中出现“过拟合”等问题，在进行训练之前对训练样本进行归一化处理。通过多次试算后确定隐含层为50-12-12-12单元，传递函数采用S型正切函数，输出为purelin函数，使用train函数进行训练，再使用sim函数进行仿真预测，最后对仿真结果进行反归一化处理。经过大于200次的学习训练后，神经网络模型的精度达到预期，迭代后所得的均方误差降至0.05以下，即建立起了径向水平位移差—弹性模量之间的非线性映射关系。

根据前述建立的径向水平位移统计模型分离得到对应水位$H_1$与$H_2$下各典型测点的水压分量差值，将其归一化处理后输入到以上训练好的神经网络模型中即可得到待反演参数，见表5-11。

**表5-11　材料弹性模量反演结果**

| 材料分区 | $E_1$/GPa | $E_2$/GPa | $E_3$/GPa |
|---|---|---|---|
| 材料弹性模量反演结果 | 32.49 | 18.03 | 14.90 |

### 5.3.7 反演结果验证及分析

#### 5.3.7.1 反演结果验证

将反演结果输入到有限元模型中，计算出水位$H_1$和$H_2$工况下拱坝变形的计算差值与实测位移分离出来的水压分量差进行比较，验证结果见表5-12，所选测点实测位移水压分量差与反演计算所得位移水压分量差如图5-8所示。

**表5-12　基于反演参数的各测点位移验证结果**

| 测点编号 | PL1-3 | PL3-3 | PL1-2 | PL3-2 | PL1-1 | PL2-1 | PL3-1 |
|---|---|---|---|---|---|---|---|
| 实测值水压分量差/mm | 6.231 | 8.443 | 3.989 | 7.001 | 1.983 | 2.670 | 3.398 |
| 有限元位移计算差值/mm | 5.539 | 8.755 | 4.373 | 5.923 | 2.146 | 3.114 | 2.656 |
| 相对误差百分比 | 11.1% | 3.7% | 9.6% | 15.4% | 8.2% | 16.6% | 21.8% |

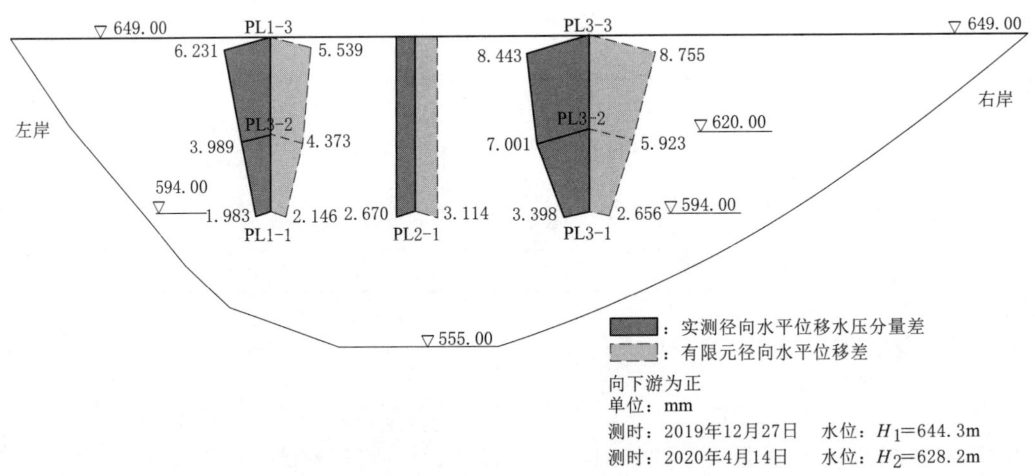


图5-8　实测位移水压分量差与反演计算所得位移水压分量差对比图

由表5-11、表5-12和图5-8可见，7个测点的实测水压分量差与计算位移差相差较小，说明本次反演结果是有效的。根据《水工混凝土结构设计规范》（DL/T 5057—2009）中对于C30混凝土弹性模量设计值的建议，其弹性模量可取30.0GPa；根据BEJSK拱坝地质勘测资料，对基岩材料进行概化，概化后材料1弹性模量建议值为18.0GPa，材料2弹性模量为15.0GPa。由此可见，基岩反演所得材料参数与建议值基本一致；反演得到坝体混凝土材料参数在设计值基础上偏大，参考规范中该弹性模量所对应的混凝土强度等级为C40，其原因为混凝土强度随着时间推移不断发展，符合大坝混凝土演变的一般规律。由此可见，此次反演结果基本可靠。

#### 5.3.7.2　基于反演结果的坝体变形反馈

基于5.3.6节中反演获得的BEJSK拱坝分区弹性模量，通过有限元数值计算可以得到计算工况：上游水位 $H_1$ 和 $H_2$ 分别为644.30m和628.20m时的计算云图，如图5-9和图5-10所示。

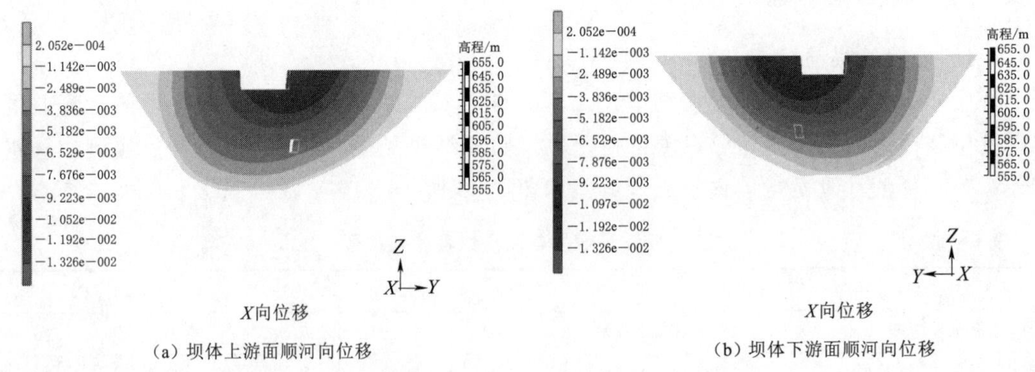


(a) 坝体上游面顺河向位移　　(b) 坝体下游面顺河向位移

图5-9（一）　反演参数下库水位644.30m时坝体位移云图

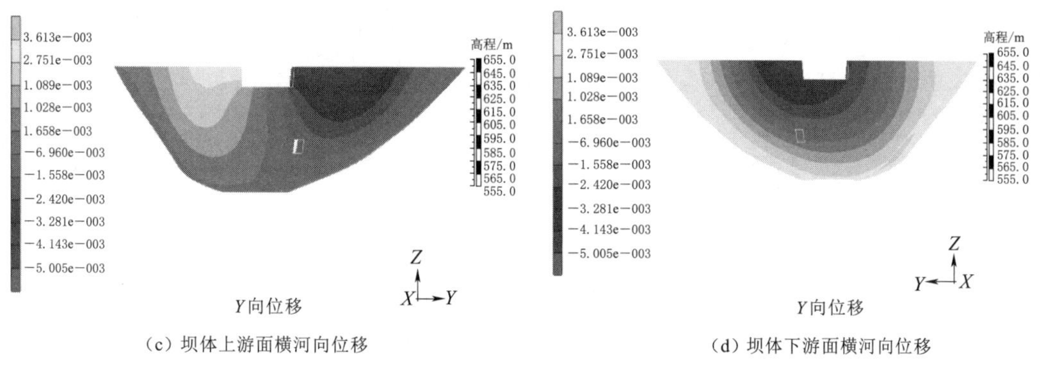


图 5-9（二） 反演参数下库水位 644.30m 时坝体位移云图

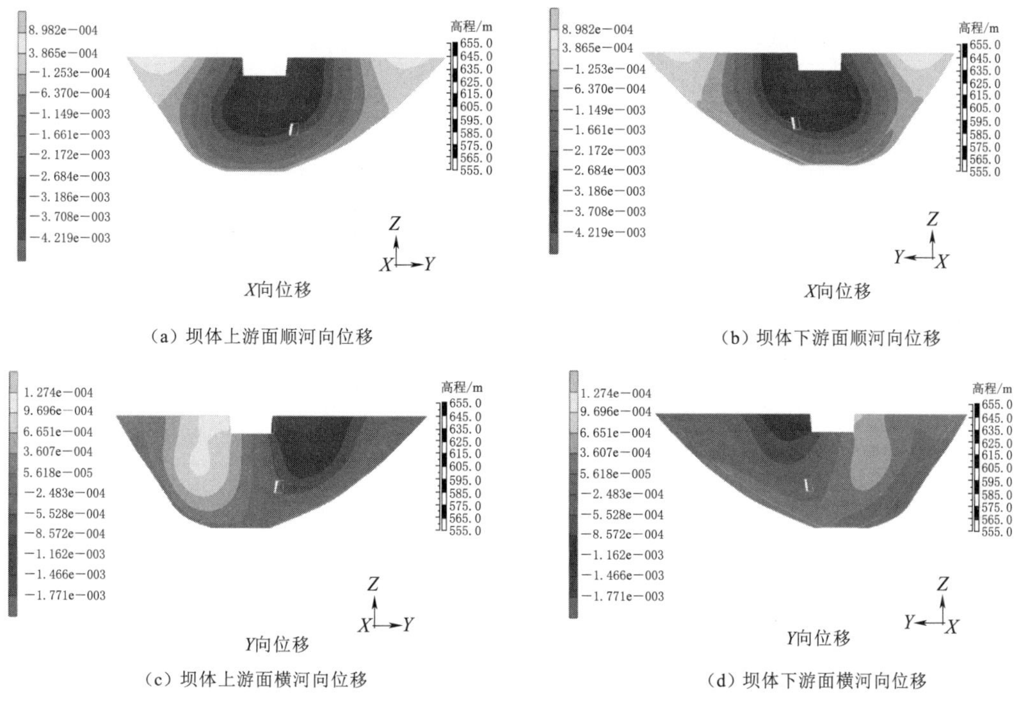


图 5-10 反演参数下库水位 628.20m 时坝体位移云图

## 5.4 反演分析总结与评价

依据坝体设计报告及坝基地质资料，将坝体和坝基的材料概化为 3 种，并建立有限元模型，建立材料参数组合的正交设计表作为材料参数输入组合，选取 2019 年 12 月 27 日和 2020 年 4 月 14 日的上游水位 $H_1$ 和 $H_2$ 作为计算工况，水位分别为 644.30m 和 628.20m。通过有限元计算的到 PL1-3、PL3-3、PL1-2、PL3-2、PL1-1、PL2-1、PL3-1 这 7 个测点的材料参数组合对应的径向水平位移计算值。通过 BP 神经网络反演得到 $E_1$ 弹性模量为32.49GPa（设计建议值为30.0GPa），$E_2$弹性模量为18.03GPa（建议值为18.0GPa），$E_3$弹性模量为14.90GPa（建议值为15.0GPa）。其中，基岩材料参数与地质勘测报告中建议值基本一致，虽然BEJSK拱坝坝址外界环境恶劣，但坝体混凝土在设计值基础上有所提升，符合水工混凝土演变一般规律。将其代入有限元模型中验证得到实测水压分量差与计算位移差相差较小。

# 第6章 拱坝监控指标拟定的监测资料法

## 6.1 概　　述

在大坝蓄水运行期，由于监控指标对识别险情、保障大坝安全具有重大意义，是实现大坝安全运行的关键，在设计阶段或当获得足够的监测资料时，常经过分析求得相应的监控指标。拟定监控指标的主要任务是根据大坝系统（坝体和坝基）对已经历荷载的抵御能力，来评估和预测抵御可能发生荷载的能力，从而确定各荷载组合下大坝服役性态效应量的警戒值和极值。

目前，拟定大坝安全监控指标的方法有规范法、数理统计法和结构计算分析法。其中，规范法仅局限于坝基扬压力等规程规范上有明确规定的监测项目；数理统计法分为置信区间估计法、典型监测效应量的小概率法、最大熵法和云模型法等。由于典型监测效应量的小概率法定性联系了对强度和稳定不利的荷载组合所产生的效应量，并根据以往监测资料来估计监控指标，比置信区间估计法在物理含义上更明确；此外，当有长期监测资料，并真正遭遇较不利荷载组合时（如严寒地区的极端低温工况），典型监测效应量的小概率法估计的监控指标具有很强的参考指导作用。另外，典型监测效应量的小概率法通过分布检验确定出样本的概率密度函数，再由小概率法拟定监控指标。然而，由于实际监测效应量的小子样分布类型可能并不完全符合典型的分布函数（如正态分布、对数正态分布和极值Ⅰ型分布等），这导致基于经典概率密度函数来估计大坝安全监控指标可能存在一定的误差。最大熵法的出现为拟定大坝安全监控指标提供了一种新的方法，最大熵法不需要事先假设分布类型，直接根据各基本随机变量的数字特征值进行计算，这样就可以得到精度较高的概率密度函数。虽然云模型也无需事先假定样本的分布类型，采用逆行云发生器确定样本的期望、熵和超熵，实现样本特征的定性，从而反映出监控的随机性和概念性，但目前该方法在实际大坝工程上使用较少。为此，本章首先介绍典型小概率法和最大熵法的基本原理，然后运用这两种方法拟定 BEJSK 拱坝变形（水平位移、垂直位移、横缝测缝计和裂缝计）监控指标、渗流渗压（渗流量和坝基渗压计）监控指标和应力应变（锚杆应力、钢板应力和五向应变计）监控指标。

## 6.2 基于典型小概率法的监控指标拟定

### 6.2.1 基本原理

拟定大坝安全监控指标的典型监测效应量的小概率法的基本原理如下：

已知基于监测资料的不利荷载组合及其相应的监测效应量 $E_{mi}$，设定的某时段内有一组子样，由监测系列获得的样本数为 $n$ 的子空间。

$$E=\{E_{m1},E_{m2},\cdots,E_{mn}\} \tag{6-1}$$

估计样本 $X$ 的数字特征值的计算公式为

$$\overline{E}=\frac{1}{n}\sum_{i=1}^{n}E_{mi} \tag{6-2}$$

$$\sigma_X=\sqrt{\frac{1}{n-1}\left(\sum_{i=1}^{n}E_{mi}^2-n\overline{E}^2\right)} \tag{6-3}$$

然后用小子样统计检验方法（如 A－D 法、K－S 法）对其进行分布检验，确定其概率密度 $f(x)$ 的分布函数 $F(x)$（如正态分布和极值Ⅰ型分布等）。小子样检验法是根据随机变量的测值子样分布情况进而识别母体分布类型，本质上属于非参数假设检验问题，为此，基于 Kolmogorov－Smirnov 法（简称 K－S 法）检验计算样本值分布。

拟合优度检验是通过分析两个分布间的差异进而判断样本的特点是否与总体样本相似。该法的计算流程主要为对比计算累积分布函数的差的绝对值进而取较大值 $D$。然后通过查表以确定 $D$ 值是否落在所要求相应的区间范围内，具体的步骤方法如下：

（1）假设 $H_0$：$F(X)=F_n(X)$，即理论分布 $F(X)$ 等于经验分布 $F_n(X)$，其中理论分布的参数可由样本数字特征确定，即 $\sigma=\sigma_E$，$\mu=\overline{E}$；经验分布可由样本数据确定。

（2）确定样本，并从小到大排列，即 $x_{(1)}\leqslant x_{(2)}\leqslant\cdots\leqslant x_{(n)}$。

（3）计算经验分布函数，其计算公式为

$$F_n(x)=\begin{cases}0 & x\leqslant x_{(1)}\\ \dfrac{v_1}{n} & x_{(1)}<x\leqslant x_{(2)}\\ \vdots & \vdots\\ \dfrac{v_1+v_2+\cdots++v_n}{n} & x_{(i)}<x\leqslant x_{(i+1)}\\ \vdots & \vdots\\ 1 & x_{(n)}<x\end{cases} \tag{6-4}$$

这里假定 $x_i$ 的频数为 $v_i$，且 $\sum_{i}^{k}v_i=n$。

（4）计算统计量，其计算公式为

$$\begin{aligned}D_n&=\sup_{-\infty<x<+\infty}|F(x_i)-F_0(x_i)|\\&=\max_{1\leqslant i\leqslant k}\{|F(x_i)-F_0(x_i)|,|F(x_{i+1})-F_0(x_i)|\}\end{aligned} \tag{6-5}$$

其中 $F(x_{n+1})=1$。

（5）根据样本容量 $m$ 及已知的置信水平 $\alpha_1$（一般取 0.01～0.20），由柯尔莫哥洛夫分布表，根据 $P\{D_n<D_n^0\}=p=1-\alpha_1$，求出 $D_n^0$。

（6）若 $D_n<D_n^0$（或显著性大于 $\alpha_1$），则接受假设 $H_0$；若 $D_n\geqslant D_n^0$（或显著性小于 $\alpha_1$），则拒绝假设 $H_0$，根据以上步骤可以甄别待计算样本分布情况，若为正态分布，则相应的密度函数分布如图 6－1 所示。分布函数 $F(x)$ 的具体形式为

$$F(E_{mi})=\int_{-\infty}^{E_{mi}}\frac{1}{\sqrt{2\pi}\sigma_E}e^{-\frac{(E-\overline{E})^2}{2\sigma_E^2}}dE \tag{6-6}$$

(7) 求监控指标。令 $E_n$ 为由监测效应量样本拟定的大坝安全监控指标。当 $E>E_m$ 时大坝将会出现潜在危险或异常，则

$$P(E>E_m)=P_a=\int_{E_m}^{+\infty}f(E)dE \tag{6-7}$$

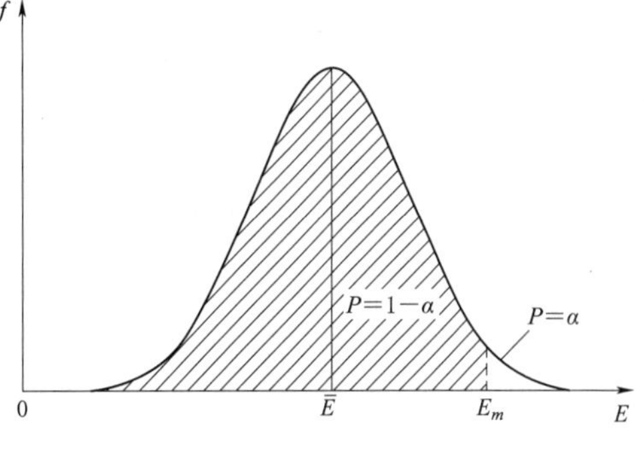

图 6-1 样本空间的概率密度分布

或

$$P(E>E_m)=P_a=\int_{-\infty}^{E_m}f(E)dE \tag{6-8}$$

确定样本分布后，由式（6-7）和式（6-8）可知，若计算大坝安全监控极值 $E_m$，则必须要拟定一个合理的失事概率，其值可基于工程经验选取或工程级别进行选取。确定 $\alpha_2$（一般取 0.05 或 0.01）后，由 $E_m$ 的分布函数直接求出 $E_m=F^{-1}(E,\sigma_E,\alpha_2)$。

拟定大坝安全监控指标的典型监测效应量的小概率法的计算流程如图 6-2 所示。

需要说明的是，当有长期监测资料，并真正遭遇较不利荷载组合时，典型小概率法估计的监控指标才接近极值；否则，只能是现行荷载条件下的极值。当获得更多的监测系列资料后，宜定期根据实测资料提出和调整运行监控指标。

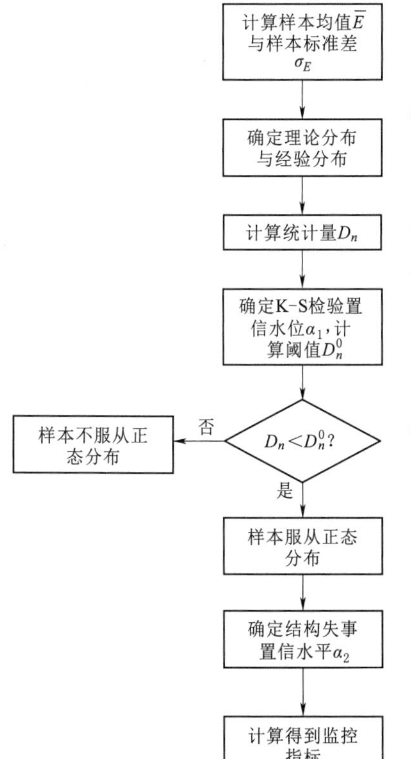

图 6-2 典型小概率法计算流程示意图

### 6.2.2 拟定结果

以下结合 BEJSK 拱坝监测资料，采用大坝安全监控指标的典型监测效应量的小概率法，分别拟定变形（水平位移、垂直位移、横缝测缝计和裂缝计）监控指标、渗流渗压（渗流量和坝基渗压计）监控指标和应力应变（锚杆应力、钢板应力和五向应变计）监控指标。

#### 6.2.2.1 水平位移监控指标拟定

1. 子样选择

如前文所述，BEJSK 拱坝水平位移由正倒垂线进行监测，包含径向水平位移和切向水平位移。其中径向水平位移以向下游为正，向上游为负；切向水平位移以向左岸为正，向右岸为负。对于拱坝，通常着重考虑分析向下游的位移，同时，BEJSK 大坝为双曲拱坝，低水位时可能存在反拱的情况，因此，河床坝段坝顶测点向上游的位移也需要重点考虑。为此，对径向水平位移的最大值和典型测点的最小值以及切向水

平位移最大值和最小值进行监控指标拟定分析。

为便于直观分析，采用如下约定：直接对实测值的数值大小来分析。由实测水平位移正负号规定可知，实测水平位移数值最小值表示向上游（向右岸）位移最大值；实测水平位移数值最大值表示向下游（向左岸）位移最大值。由于监测值年最值较少，可采用每季度最值作为典型监测值进行监控指标拟定，子样选择结果见表 6-1～表 6-4。

**表 6-1　　典型径向水平位移最大值数据汇总**

| 季度 | 测点 | | | | | |
|---|---|---|---|---|---|---|
| | IP2 | IP3 | IP4 | PL1-1 | PL1-2 | PL1-3 |
| 2016 年第四季度 | -0.46 | 2.34 | -7.24 | 2.45 | 5.61 | 9.81 |
| 2017 年第一季度 | -0.11 | 1.23 | -7.17 | 3.56 | 8.71 | 13.73 |
| 2017 年第二季度 | -0.06 | 1.42 | -7.16 | 4.40 | 9.96 | 15.61 |
| 2017 年第三季度 | -0.17 | 2.42 | -6.84 | 2.17 | 6.83 | 10.35 |
| 2017 年第四季度 | 0.04 | 1.80 | -7.72 | 3.93 | 8.71 | 14.35 |
| 2018 年第一季度 | 0.23 | 1.57 | -7.26 | 5.40 | 11.16 | 16.13 |
| 2018 年第二季度 | 0.27 | 1.58 | -6.13 | 4.52 | 10.98 | 14.92 |
| 2018 年第三季度 | -0.02 | 1.58 | -6.31 | 4.04 | 7.80 | 12.59 |
| 2018 年第四季度 | 0.12 | 1.61 | -6.72 | 5.19 | 10.38 | 17.28 |
| 2019 年第一季度 | 0.45 | 1.51 | -7.49 | 5.98 | 12.47 | 18.62 |
| 2019 年第二季度 | 0.00 | 1.57 | -6.94 | — | — | — |
| 2019 年第三季度 | -1.93 | 1.63 | -5.32 | 2.54 | 4.30 | 9.83 |
| 2019 年第四季度 | -1.48 | 1.59 | -5.53 | 3.32 | 8.05 | 13.98 |
| 2020 年第一季度 | -1.44 | 1.50 | -6.65 | 3.51 | 8.98 | 15.36 |
| 2020 年第二季度 | -0.84 | 1.53 | -6.05 | 3.09 | 9.74 | 15.58 |
| 2020 年第三季度 | -1.49 | 1.62 | -5.69 | 1.79 | 3.65 | 9.68 |
| 2020 年第四季度 | -1.40 | 1.63 | -5.68 | 2.62 | 6.48 | 8.81 |

| 季度 | 测点 | | | | | |
|---|---|---|---|---|---|---|
| | PL2-1 | PL2-2 | PL2-3 | PL3-1 | PL3-2 | PL3-3 |
| 2016 年第四季度 | 10.22 | 14.43 | 18.91 | -0.87 | 5.78 | 12.51 |
| 2017 年第一季度 | 12.59 | 19.16 | 27.84 | 0.31 | 9.48 | 15.75 |
| 2017 年第二季度 | 13.51 | 25.56 | 35.84 | 0.29 | 9.51 | 17.69 |
| 2017 年第三季度 | 11.72 | 21.21 | 22.63 | -1.45 | 3.30 | 9.96 |
| 2017 年第四季度 | 12.48 | 23.91 | 30.97 | 0.36 | 9.57 | 19.95 |
| 2018 年第一季度 | 14.86 | 29.44 | 39.74 | 1.39 | 12.19 | 22.32 |
| 2018 年第二季度 | 14.93 | 29.25 | 39.65 | 2.43 | 11.87 | 20.43 |
| 2018 年第三季度 | 12.79 | 20.23 | 26.10 | 1.50 | 10.14 | 16.40 |
| 2018 年第四季度 | 13.30 | 23.88 | 30.90 | 0.51 | 10.44 | 20.01 |
| 2019 年第一季度 | 15.11 | — | — | 0.90 | 11.76 | 20.84 |

续表

| 季度 | 测点 | | | | | |
|---|---|---|---|---|---|---|
| | PL2-1 | PL2-2 | PL2-3 | PL3-1 | PL3-2 | PL3-3 |
| 2019年第二季度 | 14.57 | — | — | 0.83 | 9.15 | 17.75 |
| 2019年第三季度 | 13.08 | 20.84 | 29.15 | −0.61 | 7.00 | 11.83 |
| 2019年第四季度 | 13.30 | 25.41 | 28.80 | 1.98 | 11.29 | 20.60 |
| 2020年第一季度 | 14.66 | 26.39 | 28.66 | 2.14 | 12.77 | 21.21 |
| 2020年第二季度 | 15.22 | 30.92 | 35.19 | 1.41 | 11.36 | 18.71 |
| 2020年第三季度 | 11.73 | 25.42 | 29.37 | −0.39 | 4.74 | 10.45 |
| 2020年第四季度 | 11.63 | 23.38 | 23.41 | 0.86 | 7.58 | 11.82 |

**表6-2　典型径向水平位移最小值数据汇总**　单位：mm

| 季度 | 测点 | | |
|---|---|---|---|
| | PL1-3 | PL2-3 | PL3-3 |
| 2016年第四季度 | 6.13 | 16.06 | 7.17 |
| 2017年第一季度 | 5.81 | 24.17 | 6.54 |
| 2017年第二季度 | 9.69 | 16.60 | 10.14 |
| 2017年第三季度 | 1.31 | 15.64 | −2.56 |
| 2017年第四季度 | 0.40 | 27.37 | 10.96 |
| 2018年第一季度 | 9.44 | 33.74 | 16.73 |
| 2018年第二季度 | 12.58 | 25.47 | 7.06 |
| 2018年第三季度 | 6.98 | 21.27 | 7.12 |
| 2018年第四季度 | 5.99 | 26.12 | 16.09 |
| 2019年第一季度 | 14.59 | — | 10.53 |
| 2019年第二季度 | — | — | 7.53 |
| 2019年第三季度 | 7.05 | 20.94 | 7.97 |
| 2019年第四季度 | 3.55 | 24.14 | 15.63 |
| 2020年第一季度 | 10.44 | 25.07 | 12.48 |
| 2020年第二季度 | 9.23 | 23.88 | 6.53 |
| 2020年第三季度 | 4.49 | 18.85 | 5.98 |
| 2020年第四季度 | 6.43 | 20.27 | 7.21 |

**表6-3　典型切向水平位移最小值数据汇总**　单位：mm

| 季度 | 测点 | | | | | |
|---|---|---|---|---|---|---|
| | IP2 | IP3 | IP4 | PL1-1 | PL1-2 | PL1-3 |
| 2016年第四季度 | −0.13 | 6.08 | −3.39 | −1.51 | −0.54 | −3.77 |
| 2017年第一季度 | 0.31 | 7.05 | −2.89 | −1.13 | −0.10 | −0.61 |
| 2017年第二季度 | 0.84 | 7.57 | −2.25 | −1.12 | 0.17 | 0.61 |

续表

| 季　度 | 测　点 | | | | | |
|---|---|---|---|---|---|---|
| | IP2 | IP3 | IP4 | PL1-1 | PL1-2 | PL1-3 |
| 2017年第三季度 | -0.52 | 6.43 | -3.83 | -2.37 | -2.56 | -6.11 |
| 2017年第四季度 | 0.53 | 7.45 | -1.90 | -0.77 | -0.35 | -4.14 |
| 2018年第一季度 | 1.31 | 9.20 | -1.49 | 0.26 | 1.61 | 1.49 |
| 2018年第二季度 | 1.50 | 9.42 | -0.79 | 0.61 | 1.74 | -3.04 |
| 2018年第三季度 | 0.14 | 7.36 | -2.64 | -0.92 | -0.75 | -4.03 |
| 2018年第四季度 | 0.76 | 7.82 | -1.96 | -0.19 | 0.98 | -2.78 |
| 2019年第一季度 | 1.45 | 9.40 | -1.25 | 0.37 | 2.26 | 4.17 |
| 2019年第二季度 | 2.10 | 9.19 | -1.51 | 1.35 | 2.91 | 5.31 |
| 2019年第三季度 | -0.47 | 7.54 | -2.81 | -1.85 | -1.16 | -3.20 |
| 2019年第四季度 | -0.77 | 7.80 | -2.39 | -2.10 | -1.32 | -5.95 |
| 2020年第一季度 | -0.63 | 9.29 | -2.14 | -0.31 | 1.35 | 3.32 |
| 2020年第二季度 | -1.01 | 8.08 | -2.72 | -0.91 | 0.07 | 0.82 |
| 2020年第三季度 | -0.50 | 7.86 | -3.28 | -1.93 | -2.02 | -4.93 |
| 2020年第四季度 | -0.64 | 7.94 | -2.89 | -2.01 | -1.62 | -0.63 |

| 季　度 | 测　点 | | | | | |
|---|---|---|---|---|---|---|
| | PL2-1 | PL2-2 | PL2-3 | PL3-1 | PL3-2 | PL3-3 |
| 2016年第四季度 | 6.52 | 6.11 | -5.97 | -5.33 | -5.69 | -3.59 |
| 2017年第一季度 | 6.99 | 6.76 | -3.61 | -3.90 | -4.63 | -2.98 |
| 2017年第二季度 | 7.57 | 3.66 | -6.21 | -4.78 | -6.34 | -1.08 |
| 2017年第三季度 | 6.37 | 0.21 | -9.13 | -3.06 | -4.45 | -3.76 |
| 2017年第四季度 | 7.00 | 2.77 | -5.03 | -3.82 | -5.05 | -2.68 |
| 2018年第一季度 | 7.72 | 5.12 | — | -2.61 | -4.59 | -3.62 |
| 2018年第二季度 | 8.09 | 5.10 | — | -1.50 | -3.66 | -3.12 |
| 2018年第三季度 | 7.27 | 0.66 | -2.98 | -2.96 | -3.58 | -2.35 |
| 2018年第四季度 | 7.56 | 4.02 | -6.31 | -2.75 | -3.77 | -2.82 |
| 2019年第一季度 | 7.90 | — | 1.66 | -2.62 | -4.01 | -3.63 |
| 2019年第二季度 | 12.14 | — | 0.07 | -2.09 | -3.54 | -3.62 |
| 2019年第三季度 | 11.78 | 6.69 | -4.36 | -2.92 | -3.25 | -2.92 |
| 2019年第四季度 | 7.76 | 3.35 | -3.00 | -3.21 | -4.32 | -3.61 |
| 2020年第一季度 | 7.90 | 3.65 | — | -3.30 | -4.61 | — |
| 2020年第二季度 | 8.00 | 2.69 | — | -3.17 | -4.40 | — |
| 2020年第三季度 | 7.74 | 0.54 | — | -3.35 | -3.79 | — |
| 2020年第四季度 | 7.83 | -0.07 | — | -3.37 | -4.34 | — |

**表 6-4　　典型切向水平位移最大值数据汇总　　单位：mm**

| 季　度 | 测　点 | | | | | |
|---|---|---|---|---|---|---|
| | IP2 | IP3 | IP4 | PL1-1 | PL1-2 | PL1-3 |
| 2016 年第四季度 | 0.51 | 7.52 | −2.59 | −0.82 | 0.24 | 0.28 |
| 2017 年第一季度 | 0.87 | 7.66 | −2.06 | 0.03 | 1.57 | 1.66 |
| 2017 年第二季度 | 1.51 | 9.22 | −1.07 | 1.01 | 2.43 | 3.56 |
| 2017 年第三季度 | 1.32 | 7.90 | −1.47 | 1.38 | 3.15 | 3.79 |
| 2017 年第四季度 | 1.33 | 9.23 | −1.25 | 0.26 | 1.58 | 1.56 |
| 2018 年第一季度 | 1.73 | 8.73 | −0.16 | 1.47 | 3.19 | 2.63 |
| 2018 年第二季度 | 1.91 | 8.79 | 0.05 | 1.68 | 3.07 | 7.15 |
| 2018 年第三季度 | 1.54 | 9.45 | −0.75 | 0.73 | 2.27 | 4.24 |
| 2018 年第四季度 | 1.46 | 9.40 | −1.16 | 0.71 | 2.16 | 3.99 |
| 2019 年第一季度 | 2.19 | 9.58 | −0.95 | 1.91 | 3.45 | 5.70 |
| 2019 年第二季度 | 2.10 | 8.73 | −0.53 | 1.35 | 2.91 | 5.31 |
| 2019 年第三季度 | −0.30 | 9.46 | −1.04 | −1.09 | −0.34 | 3.33 |
| 2019 年第四季度 | −0.44 | 9.54 | −1.51 | −0.13 | 1.64 | 3.47 |
| 2020 年第一季度 | −0.36 | 8.66 | −1.78 | −0.11 | 1.82 | 5.04 |
| 2020 年第二季度 | −0.29 | 8.94 | −1.08 | −0.23 | 1.41 | 5.69 |
| 2020 年第三季度 | −0.28 | 9.17 | −2.61 | −0.75 | 0.21 | 1.40 |
| 2020 年第四季度 | −0.33 | 9.30 | −2.31 | −1.91 | −0.82 | 1.75 |

| 季　度 | 测　点 | | | | | |
|---|---|---|---|---|---|---|
| | PL2-1 | PL2-2 | PL2-3 | PL3-1 | PL3-2 | PL3-3 |
| 2016 年第四季度 | 7.30 | 10.22 | 10.60 | −3.51 | −3.95 | 0.54 |
| 2017 年第一季度 | 7.56 | 9.86 | 9.69 | −3.34 | −4.38 | −2.54 |
| 2017 年第二季度 | 8.02 | 10.29 | 27.19 | −1.39 | −2.93 | 0.26 |
| 2017 年第三季度 | 7.55 | 5.77 | −5.78 | −1.69 | −3.36 | −1.42 |
| 2017 年第四季度 | 7.69 | 6.32 | −2.48 | −2.31 | −3.33 | −0.66 |
| 2018 年第一季度 | 9.26 | 8.64 | −0.77 | −0.53 | −2.20 | 1.06 |
| 2018 年第二季度 | 9.37 | 8.01 | −1.43 | −0.55 | −2.02 | 1.19 |
| 2018 年第三季度 | 8.07 | 3.84 | −4.49 | −1.35 | −1.97 | −0.34 |
| 2018 年第四季度 | 7.86 | 5.64 | −3.59 | −2.03 | −2.79 | −0.29 |
| 2019 年第一季度 | 12.69 | — | — | −1.88 | −3.26 | −2.05 |
| 2019 年第二季度 | 13.19 | — | — | −1.24 | −2.61 | 0.49 |
| 2019 年第三季度 | 13.30 | 8.69 | −0.74 | −1.67 | −2.50 | 1.13 |
| 2019 年第四季度 | 12.68 | 9.12 | 2.65 | −1.93 | −2.67 | −0.06 |
| 2020 年第一季度 | 9.23 | 9.31 | 6.57 | −3.06 | −4.37 | −2.69 |
| 2020 年第二季度 | 13.40 | 9.21 | 7.34 | −1.84 | −2.99 | −1.98 |
| 2020 年第三季度 | 18.68 | 15.09 | 9.69 | −2.80 | −3.27 | −1.59 |
| 2020 年第四季度 | 7.94 | 2.22 | −0.92 | −2.61 | −3.14 | −1.13 |

2. 分布检验

利用K－S法对水平位移子样进行检验，结果如下：

(1) 水平位移最大值分布。由K－S法检验，水平位移每季度的最大值近似服从正态分布，即 $\delta \sim N\ (\overline{\delta}_{mi},\ \sigma_i)$。因此，当位移 $\delta$ 大于位移的极值 $\delta_{mi}$ 时，其概率为

$$F(\delta > \delta_{mi}) = \alpha_i = \int_{\delta_{mi}}^{+\infty} \frac{1}{\sqrt{2\pi}\sigma_i} e^{-\frac{(\delta-\overline{\delta}_{mi})^2}{2\sigma_i^2}} d\delta \tag{6-9}$$

(2) 水平位移最小值分布。由K－S法检验，水平位移每季度的最小值近似服从正态分布，即 $\delta \sim N(\overline{\delta}_{mj},\ \sigma_j)$。则当 $\delta < \delta_{mj}$（$\delta_{mj}$ 为位移的极值）时概率为

$$F(\delta < \delta_{mj}) = \alpha_j = \int_{-\infty}^{\delta_{mj}} \frac{1}{\sqrt{2\pi}\sigma_j} e^{-\frac{(\delta-\overline{\delta}_{mj})^2}{2\sigma_j^2}} d\delta \tag{6-10}$$

用K－S法对水平位移各测点每季度的最大值进行检验后，对检验结果为近似服从正态分布的测点进行监控指标拟定。

3. 监控指标拟定

对水平位移数据系列作为典型监测量进行监控指标拟定，根据该枢纽工程等别为Ⅱ等工程，工程规模为大（2）型，选定失效概率为1%，径向水平位移监控指标拟定结果见表6－5、表6－6，切向水平位移监控指标拟定结果见表6－7。

**表6－5　典型小概率法拟定各测点径向水平位移监控指标汇总表**　单位：mm

| 测点编号 | 径向水平位移 | | 失效概率 $\alpha$/% | 均值 $\overline{E}$ | 标准差 $\sigma_E$ | 监控指标 $E_m$ | 备注 |
|---|---|---|---|---|---|---|---|
| IP2 | 最大值 | $[\delta_{max}]$ | 1 | −0.52 | 0.78 | 1.30 | |
| IP3 | 最大值 | $[\delta_{max}]$ | 1 | 1.65 | 0.30 | 2.34 | 历史最大值2.42 |
| IP4 | 最大值 | $[\delta_{max}]$ | 1 | −6.58 | 0.74 | −4.86 | |
| PL1－1 | 最大值 | $[\delta_{max}]$ | 1 | 3.66 | 1.22 | 6.49 | |
| PL1－2 | 最大值 | $[\delta_{max}]$ | 1 | 9.36 | 2.49 | 14.17 | |
| PL1－3 | 最大值 | $[\delta_{max}]$ | 1 | 13.54 | 3.02 | 20.57 | |
| PL2－1 | 最大值 | $[\delta_{max}]$ | 1 | 13.28 | 1.46 | 16.68 | |
| PL2－2 | 最大值 | $[\delta_{max}]$ | 1 | 23.83 | 4.18 | 33.56 | |
| PL2－3 | 最大值 | $[\delta_{max}]$ | 1 | 29.74 | 5.96 | 43.61 | |
| PL3－1 | 最大值 | $[\delta_{max}]$ | 1 | 0.68 | 1.09 | 3.21 | |
| PL3－2 | 最大值 | $[\delta_{max}]$ | 1 | 9.29 | 2.75 | 15.68 | |
| PL3－3 | 最大值 | $[\delta_{max}]$ | 1 | 16.95 | 4.15 | 26.60 | |

**表6－6　典型小概率法拟定各测点径向水平位移监控指标汇总表**　单位：mm

| 测点编号 | 径向水平位移 | | 失效概率 $\alpha$/% | 均值 $\overline{E}$ | 标准差 $\sigma_E$ | 监控指标 $E_m$ | 备注 |
|---|---|---|---|---|---|---|---|
| PL1－3 | 最小值 | $[\delta_{min}]$ | 1 | 7.25 | 4.06 | −2.20 | |
| PL2－3 | 最小值 | $[\delta_{min}]$ | 1 | 22.81 | 5.00 | 11.17 | |
| PL3－3 | 最小值 | $[\delta_{min}]$ | 1 | 9.25 | 4.91 | −2.19 | |

表 6-7　　典型小概率法拟定各测点切向水平位移监控指标汇总表　　单位：mm

| 测点编号 | 切向水平位移 | | 失效概率 $\alpha$/% | 均值$\overline{E}$ | 标准差 $\sigma_E$ | 监控指标 $E_m$ | 备注 |
|---|---|---|---|---|---|---|---|
| IP2 | 最大值 | $[\delta_{max}]$ | 1 | 0.85 | 0.98 | 3.14 | |
| | 最小值 | $[\delta_{min}]$ | 1 | 0.25 | 0.94 | −1.94 | |
| IP3 | 最大值 | $[\delta_{max}]$ | 1 | 9.37 | 0.39 | 9.28 | |
| | 最小值 | $[\delta_{min}]$ | 1 | 7.67 | 0.66 | 6.14 | |
| IP4 | 最大值 | $[\delta_{max}]$ | 1 | −1.31 | 0.77 | 0.49 | |
| | 最小值 | $[\delta_{min}]$ | 1 | −2.36 | 0.82 | −4.26 | |
| PL1-1 | 最大值 | $[\delta_{max}]$ | 1 | 0.32 | 1.09 | 2.85 | |
| | 最小值 | $[\delta_{min}]$ | 1 | −0.85 | 1.07 | −3.35 | |
| PL1-2 | 最大值 | $[\delta_{max}]$ | 1 | 1.76 | 1.29 | 4.77 | |
| | 最小值 | $[\delta_{min}]$ | 1 | 0.04 | 1.57 | −3.61 | |
| PL1-3 | 最大值 | $[\delta_{max}]$ | 1 | 3.56 | 1.86 | 7.88 | |
| | 最小值 | $[\delta_{min}]$ | 1 | −1.38 | 3.53 | −9.60 | |
| PL2-1 | 最大值 | $[\delta_{max}]$ | 1 | 10.04 | 3.28 | 17.68 | |
| | 最小值 | $[\delta_{min}]$ | 1 | 8.01 | 1.57 | 4.35 | |
| PL2-2 | 最大值 | $[\delta_{max}]$ | 1 | 7.95 | 3.04 | 15.01 | |
| | 最小值 | $[\delta_{min}]$ | 1 | 3.42 | 2.31 | −1.96 | |
| PL2-3 | 最大值 | $[\delta_{max}]$ | 1 | 3.57 | 9.57 | 23.51 | |
| | 最小值 | $[\delta_{min}]$ | 1 | −4.08 | 3.04 | −11.15 | |
| PL3-1 | 最大值 | $[\delta_{max}]$ | 1 | −1.98 | 0.87 | 0.05 | |
| | 最小值 | $[\delta_{min}]$ | 1 | −3.22 | 0.91 | −5.33 | 历史最小值−5.33 |
| PL3-2 | 最大值 | $[\delta_{max}]$ | 1 | −3.04 | 0.72 | −1.37 | |
| | 最小值 | $[\delta_{min}]$ | 1 | −4.35 | 0.80 | −6.21 | 历史最小值−6.34 |
| PL3-3 | 最大值 | $[\delta_{max}]$ | 1 | −0.59 | 1.29 | 2.41 | |
| | 最小值 | $[\delta_{min}]$ | 1 | −3.06 | 0.75 | −4.80 | |

根据典型小概率法所拟定的监控指标可知，表 6-5 和表 6-6 中，监控指标最大值表示径向水平位移最大测值不宜大于该值。表 6-7 中，监控指标最大值表示向左岸的切向水平位移测值不宜大于该值，监控指标最小值表示向右岸的切向水平位移测值不宜小于该值。例如，IP2 倒垂线测点径向水平位移测值最大值不宜超过 1.30mm；IP2 倒垂线测点切向水平位移测值最大值不宜超过 3.14mm，同时其最小值不宜小于−1.94mm。由表 6-5 可知，IP3 径向水平位移拟定的监控指标为 2.34mm，历史最大值为 2.42mm，应对该测点加强观测并待资料补充完整后更新监控指标；由表 6-7 可知，PL3-1 和 PL3-2 切向水平位移历史最小值等于或小于最小值监控指标，应对该测点加强观测并待资料补充完整

后更新监控指标。

#### 6.2.2.2　垂直位移监控指标拟定

1. 子样选择

垂直位移（下沉为正，上抬为负）由静力水准和双金属标进行监测。采用如下约定：直接对实测值的数值大小来分析。由实测垂直位移正负号规定可知，实测垂直位移数值最小值表示上抬位移最大值；实测垂直位移数值最大值表示下沉位移最大值。垂直位移最大值对应根据 6.2.1 节，从垂直位移数据系列中，选择不利荷载工况对应日期的位移监测值组成小子样样本空间，为此，可选取每月最大值和最小值，子样选择结果见表 6-8 和表 6-9，按 6.2.1 节原理，估计小子样样本空间的均值和方差，并进行概率密度分布函数检验。

**表 6-8　　双金属标垂直位移监控指标子样汇总表　　单位：mm**

| 季度 | 测点 | | | |
|---|---|---|---|---|
| | DS2-1 | | DS2-2 | |
| | 最大值 | 最小值 | 最大值 | 最小值 |
| 2016 年第四季度 | 5.87 | 5.57 | 5.87 | 5.57 |
| 2017 年第一季度 | 6.56 | 6.41 | 6.56 | 6.41 |
| 2017 年第二季度 | 6.52 | 6.30 | 6.52 | 6.30 |
| 2017 年第三季度 | 6.09 | 5.91 | 6.09 | 5.92 |
| 2017 年第四季度 | 7.20 | 6.82 | 7.20 | 6.82 |
| 2018 年第一季度 | 9.46 | 7.49 | 9.46 | 7.49 |
| 2018 年第二季度 | 7.30 | 6.95 | 7.30 | 6.95 |
| 2018 年第三季度 | 7.60 | 6.09 | 7.60 | 6.09 |
| 2018 年第四季度 | 9.52 | 6.55 | 9.52 | 6.55 |
| 2019 年第一季度 | 8.77 | 7.23 | 8.77 | 7.23 |
| 2019 年第二季度 | 7.17 | 6.58 | 7.17 | 6.58 |
| 2019 年第三季度 | 7.22 | 5.64 | 7.22 | 5.64 |
| 2019 年第四季度 | 4.93 | 4.54 | 4.93 | 4.54 |
| 2020 年第一季度 | 4.59 | 3.82 | 4.59 | 3.82 |
| 2020 年第二季度 | 1.92 | 0.79 | 1.92 | 0.79 |
| 2020 年第三季度 | −0.68 | −1.41 | −0.68 | −1.41 |
| 2020 年第四季度 | −1.64 | −1.76 | −1.64 | −1.76 |

2. 分布检验

利用 K-S 法对水平位移子样进行检验，结果如下：

(1) 垂直位移最大值分布。由 K-S 法检验，垂直位移每季度的最大值近似服从正态分布，即 $\delta \sim N(\overline{\delta}_{mi}, \sigma_i)$。

**表 6-9　　静力水准垂直位移监控指标子样汇总表　　单位：mm**

| 季度 | 测点 | | | | | | | |
|---|---|---|---|---|---|---|---|---|
| | LS2-1 | | LS2-2 | | LS2-3 | | LS2-4 | |
| | 最大值 | 最小值 | 最大值 | 最小值 | 最大值 | 最小值 | 最大值 | 最小值 |
| 2016年第四季度 | 6.39 | 6.09 | -0.03 | -0.24 | 7.14 | 6.89 | 0.93 | 0.74 |
| 2017年第一季度 | 6.56 | 6.41 | -0.10 | -0.32 | 7.09 | 6.87 | 0.61 | 0.39 |
| 2017年第二季度 | 6.52 | 6.30 | -0.22 | -0.57 | 6.96 | 6.63 | 0.47 | 0.06 |
| 2017年第三季度 | 6.09 | 5.91 | -1.06 | -1.17 | 6.08 | 5.86 | -0.44 | -0.66 |
| 2017年第四季度 | 7.20 | 6.82 | -0.36 | -0.63 | 6.59 | 6.27 | -0.10 | -0.33 |
| 2018年第一季度 | 9.46 | 7.49 | 0.83 | -0.26 | 7.76 | 6.74 | 1.08 | -0.10 |
| 2018年第二季度 | 7.30 | 6.95 | -0.59 | -0.94 | 6.45 | 6.09 | -0.4 | -0.76 |
| 2018年第三季度 | 7.60 | 6.09 | -0.36 | -1.88 | 6.60 | 5.15 | 0.07 | -1.63 |
| 2018年第四季度 | 9.52 | 6.55 | 0.38 | -1.55 | 7.18 | 5.21 | 0.57 | -1.34 |
| 2019年第一季度 | 8.77 | 7.23 | 0.60 | -0.96 | 7.40 | 5.86 | 0.74 | -0.81 |
| 2019年第二季度 | 7.17 | 6.58 | -1.06 | -1.74 | 5.81 | 5.11 | -0.81 | -1.49 |
| 2019年第三季度 | 7.22 | 5.64 | -1.13 | -2.71 | 5.72 | 4.16 | -0.80 | -2.42 |
| 2019年第四季度 | 4.93 | 4.54 | -3.46 | -3.85 | 3.31 | 2.81 | -3.07 | -3.56 |
| 2020年第一季度 | 4.59 | 3.82 | -3.85 | -4.65 | 2.81 | 2.02 | -3.60 | -4.40 |
| 2020年第二季度 | 1.92 | 0.79 | -6.59 | -7.77 | 0.14 | -1.04 | -6.21 | -7.45 |
| 2020年第三季度 | -0.68 | -1.41 | -9.27 | -10.02 | -2.50 | -3.27 | -8.74 | -9.45 |
| 2020年第四季度 | -1.64 | -1.76 | -10.29 | -10.42 | -3.66 | -3.74 | -9.7 | -9.80 |

| 季度 | 测点 | | | | | | | |
|---|---|---|---|---|---|---|---|---|
| | LS2-5 | | LS2-6 | | LS2-7 | | LS2-8 | |
| | 最大值 | 最小值 | 最大值 | 最小值 | 最大值 | 最小值 | 最大值 | 最小值 |
| 2016年第四季度 | 8.64 | 9.43 | 7.61 | 7.40 | -2.34 | -2.77 | 3.62 | 3.17 |
| 2017年第一季度 | 9.49 | 9.27 | 7.50 | 7.31 | -1.91 | -2.23 | 3.93 | 3.68 |
| 2017年第二季度 | 9.40 | 8.04 | 7.41 | 7.10 | -1.84 | -2.06 | 3.89 | 3.65 |
| 2017年第三季度 | 7.67 | 7.48 | 6.93 | 6.82 | -1.92 | -2.19 | 3.47 | 3.27 |
| 2017年第四季度 | 9.17 | 7.90 | 7.64 | 7.36 | -1.07 | -1.46 | 4.77 | 4.33 |
| 2018年第一季度 | 9.34 | 9.21 | 8.86 | 7.74 | 0.16 | -0.74 | 6.06 | 5.05 |
| 2018年第二季度 | 7.97 | 7.61 | 7.48 | 7.15 | -0.61 | -0.90 | 4.80 | 4.45 |
| 2018年第三季度 | 9.50 | 6.73 | 9.15 | 6.42 | 0.21 | -1.68 | 5.56 | 3.72 |
| 2018年第四季度 | 9.04 | 7.11 | 8.92 | 6.97 | 0.86 | -1.19 | 6.63 | 4.57 |
| 2019年第一季度 | 9.25 | 7.73 | 9.11 | 7.57 | 1.17 | -0.32 | 6.99 | 5.51 |
| 2019年第二季度 | 7.77 | 7.12 | 7.57 | 6.91 | -0.15 | -0.62 | 5.46 | 4.85 |
| 2019年第三季度 | 7.75 | 6.16 | 7.67 | 6.07 | 0.16 | -1.46 | 5.46 | 3.85 |
| 2019年第四季度 | 5.47 | 4.94 | 5.46 | 5.04 | -2.08 | -2.66 | 3.22 | 2.86 |

续表

| 季　度 | 测点 | | | | | | | |
|---|---|---|---|---|---|---|---|---|
| | LS2-5 | | LS2-6 | | LS2-7 | | LS2-8 | |
| | 最大值 | 最小值 | 最大值 | 最小值 | 最大值 | 最小值 | 最大值 | 最小值 |
| 2020 年第一季度 | 4.91 | 4.14 | 5.07 | 4.26 | −2.61 | −3.34 | 3.09 | 2.35 |
| 2020 年第二季度 | 2.37 | 1.11 | 2.41 | 1.21 | −4.91 | −6.18 | 0.60 | −0.73 |
| 2020 年第三季度 | −0.15 | −0.92 | −0.12 | −0.83 | −7.22 | −7.94 | −2.13 | −2.96 |
| 2020 年第四季度 | −1.21 | −1.30 | −1.00 | −1.13 | −9.16 | −9.24 | −3.13 | −3.29 |

因此，当位移 $\delta$ 大于位移的极值 $\delta_{mi}$ 时，其概率为

$$F(\delta > \delta_{mi}) = \alpha_i = \int_{\delta_{mi}}^{+\infty} \frac{1}{\sqrt{2\pi}\sigma_i} e^{-\frac{(\delta-\bar{\delta}_{mi})^2}{2\sigma_i^2}} d\delta \tag{6-11}$$

（2）垂直位移最小值分布。由 K－S 法检验，垂直位移每季度的最小值近似服从正态分布，即 $\delta \sim N(\bar{\delta}_{mj}, \sigma_j)$。

则当 $\delta < \delta_{mj}$（$\delta_{mj}$ 为位移的极值）时概率为

$$F(\delta < \delta_{mj}) = \alpha_j = \int_{-\infty}^{\delta_{mj}} \frac{1}{\sqrt{2\pi}\sigma_j} e^{-\frac{(\delta-\bar{\delta}_{mj})^2}{2\sigma_j^2}} d\delta \tag{6-12}$$

利用 K－S 法对垂直位移每季度的最大值和最小值进行检验，均基本服从正态分布。

用 K－S 法对各垂直位移每季度的最大值和最小值进行检验后，对检验结果为近似服从正态分布的测点进行监控指标拟定，对于检验结果不服从正态分布的测点也利用典型小概率法进行监控指标拟定与下文最大熵法进行对比。

3. 监控指标拟定

对垂直位移数据系列作为典型监测量进行监控指标拟定，根据本工程的工程等级，选定失效概率为 1%，结果见表 6－10。

**表 6－10　典型小概率法拟定各测点垂直位移监控指标汇总表**　单位：mm

| 测点编号 | 径向水平位移 | | 失效概率 $\alpha$ | 均值 $\overline{E}$ | 标准差 $\sigma_E$ | 监控指标 $E_m$ | 备注 |
|---|---|---|---|---|---|---|---|
| LS2-1 | 最大值 | $[\delta_{\max}]$ | 1% | 5.70 | 3.07 | 12.84 | |
| | 最小值 | $[\delta_{\min}]$ | 1% | 4.94 | 2.92 | −1.85 | |
| LS2-2 | 最大值 | $[\delta_{\max}]$ | 1% | −2.15 | 3.44 | 5.84 | |
| | 最小值 | $[\delta_{\min}]$ | 1% | −2.92 | 3.36 | −10.75 | |
| LS2-3 | 最大值 | $[\delta_{\max}]$ | 1% | 4.76 | 3.55 | 13.02 | |
| | 最小值 | $[\delta_{\min}]$ | 1% | 3.98 | 3.49 | −4.14 | |
| LS2-4 | 最大值 | $[\delta_{\max}]$ | 1% | −1.73 | 3.41 | 6.20 | |
| | 最小值 | $[\delta_{\min}]$ | 1% | −2.53 | 3.35 | −10.31 | |
| LS2-5 | 最大值 | $[\delta_{\max}]$ | 1% | 6.61 | 3.28 | 14.23 | |
| | 最小值 | $[\delta_{\min}]$ | 1% | 5.81 | 3.20 | −1.63 | |

续表

| 测点编号 | 径向水平位移 | | 失效概率 $\alpha$ | 均值 $\overline{E}$ | 标准差 $\sigma_E$ | 监控指标 $E_m$ | 备注 |
|---|---|---|---|---|---|---|---|
| LS2-6 | 最大值 | $[\delta_{max}]$ | 1% | 6.27 | 3.04 | 13.35 | |
| | 最小值 | $[\delta_{min}]$ | 1% | 5.49 | 2.92 | −1.29 | |
| LS2-7 | 最大值 | $[\delta_{max}]$ | 1% | −1.90 | 2.65 | 4.28 | |
| | 最小值 | $[\delta_{min}]$ | 1% | −2.70 | 2.44 | −9.37 | |
| LS2-8 | 最大值 | $[\delta_{max}]$ | 1% | 3.66 | 2.83 | 10.24 | |
| | 最小值 | $[\delta_{min}]$ | 1% | 2.84 | 2.64 | −3.30 | |
| DS2-1 | 最大值 | $[\delta_{max}]$ | 1% | 5.67 | 3.06 | 12.80 | |
| | 最小值 | $[\delta_{min}]$ | 1% | 4.91 | 2.91 | −1.86 | |
| DS2-2 | 最大值 | $[\delta_{max}]$ | 1% | 5.67 | 3.06 | 12.80 | |
| | 最小值 | $[\delta_{min}]$ | 1% | 4.91 | 2.91 | −1.86 | |

根据典型小概率法所拟定的监控指标可知，表 6-10 中，监控指标最大值表示垂直位移最大测值不宜大于该值；监控指标最小值表示垂直位移最小测值不宜小于该值。例如，LS1-2 静力水准测值最大值不宜超过 12.84mm，同时其最小值不宜小于−1.85mm；DS2-1 双金属标测值最大值不宜超过 12.80mm，同时其最小值不宜小于−1.86mm。

#### 6.2.2.3 渗流监控指标拟定

1. 子样的选择

渗流监测内容包含量水堰（WE1、WE2）所测得的坝体渗流量以及测压管所测得的坝基扬压力（Pj1-2、Pj1-4、Pj2-1、Pj2-3、Pj2-4、Pj3-2、Pj3-3、Pj3-4）。根据 6.2.1 节，从渗流数据系列中，选择不利荷载工况对应日期的渗流监测值组成小子样样本空间，为此选择每月最大测值为子样本，结果见表 6-11 和表 6-12，按 6.2.1 节原理，估计小子样样本空间的均值和方差，并进行概率密度分布函数检验。

**表 6-11　　坝基扬压力水头监控指标子样汇总表**　　单位：mm

| 季　度 | 测　点 | | | |
|---|---|---|---|---|
| | Pj1-2 | Pj1-4 | Pj2-1 | Pj2-3 |
| 2016 年第二季度 | — | 11.56 | 54.69 | 17.14 |
| 2016 年第三季度 | — | 11.59 | 49.24 | 17.34 |
| 2016 年第四季度 | — | — | 49.77 | 19.01 |
| 2017 年第一季度 | — | — | 57.94 | 20.89 |
| 2017 年第二季度 | — | — | 67.23 | 25.19 |
| 2017 年第三季度 | 59.65 | 11.67 | — | 23.92 |
| 2017 年第四季度 | 59.44 | 8.92 | 59.11 | 22.21 |
| 2018 年第一季度 | 59.55 | 11.84 | 63.40 | 26.42 |
| 2018 年第二季度 | 59.13 | 12.13 | 62.64 | 25.17 |

续表

| 季度 | 测点 | | | |
|---|---|---|---|---|
| | Pj1-2 | Pj1-4 | Pj2-1 | Pj2-3 |
| 2018 年第三季度 | 59.16 | 11.96 | 62.54 | 24.30 |
| 2018 年第四季度 | 59.64 | 12.01 | 65.25 | 23.16 |
| 2019 年第一季度 | 59.72 | 8.99 | 64.07 | 20.91 |
| 2019 年第二季度 | 61.62 | 12.03 | 67.01 | 24.35 |
| 2019 年第三季度 | 60.16 | 11.97 | 63.85 | 22.53 |
| 2019 年第四季度 | 60.38 | 11.70 | 66.04 | 22.89 |
| 2020 年第一季度 | 59.65 | — | 65.14 | 20.50 |
| 2020 年第二季度 | 59.44 | — | 65.93 | 24.47 |
| 2020 年第三季度 | 59.55 | — | 59.12 | 22.40 |
| 2020 年第四季度 | 59.13 | — | 59.70 | 22.42 |

| 季度 | 测点 | | | |
|---|---|---|---|---|
| | Pj2-4 | Pj3-2 | Pj3-3 | Pj3-4 |
| 2016 年第二季度 | 19.48 | — | 9.93 | 7.16 |
| 2016 年第三季度 | 17.84 | — | 9.91 | 6.68 |
| 2016 年第四季度 | 19.63 | 0.14 | 10.14 | 6.29 |
| 2017 年第一季度 | 20.70 | 0.22 | 10.21 | 6.22 |
| 2017 年第二季度 | 24.83 | 0.57 | 10.34 | 6.38 |
| 2017 年第三季度 | 23.34 | 1.01 | 10.37 | 7.60 |
| 2017 年第四季度 | 21.53 | 1.41 | 10.57 | 8.85 |
| 2018 年第一季度 | 25.80 | 1.49 | 10.59 | 10.02 |
| 2018 年第二季度 | 25.13 | 1.43 | 10.58 | 10.55 |
| 2018 年第三季度 | 23.83 | 1.37 | 10.58 | 10.94 |
| 2018 年第四季度 | 22.82 | 1.01 | 10.57 | 12.48 |
| 2019 年第一季度 | 20.27 | 0.89 | 10.55 | 14.01 |
| 2019 年第二季度 | 23.88 | 0.72 | 10.57 | 19.31 |
| 2019 年第三季度 | 22.76 | 0.70 | 10.57 | 20.98 |
| 2019 年第四季度 | 22.48 | 0.58 | 10.56 | 23.18 |
| 2020 年第一季度 | 19.91 | 0.69 | 10.56 | 23.99 |
| 2020 年第二季度 | 23.74 | 0.73 | 10.56 | 24.14 |
| 2020 年第三季度 | 22.12 | 0.91 | 10.57 | 24.92 |
| 2020 年第四季度 | 22.12 | 0.96 | 10.56 | 29.22 |

表 6-12　　渗流量监控指标子样汇总表　　单位：L/s

| 季　度 | 测　点 | | 季　度 | 测　点 | |
|---|---|---|---|---|---|
| | WE1 | WE2 | | WE1 | WE2 |
| | 最大值 | 最大值 | | 最大值 | 最大值 |
| 2016 年第三季度 | 6.03 | — | 2018 年第四季度 | 19.30 | 1.06 |
| 2016 年第四季度 | 15.78 | 1.37 | 2019 年第一季度 | 3.67 | 0.90 |
| 2017 年第一季度 | 15.37 | 1.50 | 2019 年第二季度 | 29.91 | 1.61 |
| 2017 年第二季度 | 20.02 | 1.66 | 2019 年第三季度 | 19.30 | 1.25 |
| 2017 年第三季度 | 16.04 | 1.37 | 2019 年第四季度 | 12.20 | 1.61 |
| 2017 年第四季度 | 3.60 | 1.36 | 2020 年第一季度 | 3.32 | 0.98 |
| 2018 年第一季度 | 5.78 | 1.03 | 2020 年第二季度 | 22.32 | 1.05 |
| 2018 年第二季度 | 23.93 | 1.26 | 2020 年第三季度 | 15.40 | 1.44 |
| 2018 年第三季度 | 17.86 | 1.52 | 2020 年第四季度 | 4.13 | 1.53 |

2. 分布检验

利用 K-S 法对每月的最大值进行检验，结果如下：

由 K-S 法检验，扬压力水位以及渗流量每季度的最大值近似服从正态分布，即 $\delta \sim N(\overline{\delta}_{mi}, \sigma_i)$。

因此，当监测值 $\delta$ 大于位移的极值 $\delta_{mi}$ 时，其概率为

$$F(\delta > \delta_{mi}) = \alpha_i = \int_{\delta_{mi}}^{+\infty} \frac{1}{\sqrt{2\pi}\sigma_i} e^{-\frac{(\delta - \overline{\delta}_{mi})^2}{2\sigma_i^2}} d\delta \tag{6-13}$$

利用 K-S 法对扬压力水位以及渗流量的最大值进行检验后，对检验结果为近似服从正态分布的测点进行监控指标拟定，对于检验结果不服从正态分布的测点也利用典型小概率法进行监控指标拟定与下文最大熵法进行对比。

3. 监控指标拟定

根据表 6-11 和表 6-12，对渗流数据系列作为典型监测量进行监控指标拟定，根据本工程的工程等级，选定失效概率为 1%，结果见表 6-13。

表 6-13　　典型小概率法拟定各测点渗流监控指标汇总表

| 测点编号 | 失效概率 $\alpha$ | 均值 $\overline{E}$ | 标准差 $\sigma_E$ | 监控指标 $E_m$ |
|---|---|---|---|---|
| Pj1-2 | 1% | 59.85mm | 0.74mm | 61.56m |
| Pj1-4 | 1% | 11.17mm | 1.29mm | 14.17m |
| Pj2-1 | 1% | 61.15mm | 5.63mm | 74.25m |
| Pj2-3 | 1% | 22.38mm | 2.58mm | 29.37m |
| Pj2-4 | 1% | 22.17mm | 2.23mm | 27.35m |
| Pj3-2 | 1% | 0.87mm | 0.40mm | 1.80m |
| Pj3-3 | 1% | 10.44mm | 0.23mm | 10.96m |
| Pj3-4 | 1% | 14.26mm | 7.67mm | 32.10m |
| WE1 | 1% | 14.05L/s | 8.01L/s | 32.69L/s |
| WE2 | 1% | 1.32L/s | 0.24L/s | 1.89L/s |

由表 6-13 可知，监控指标表示渗流监测值不宜大于该值。例如，Pj1-2 测点所测压力水头不宜大于 61.56m；WE1 测点所测渗流量不宜大于 32.69L/s。

#### 6.2.2.4　锚杆应力监控指标拟定

1. 子样的选择

锚杆应力计测值以受拉为正，受压为负。为便于直观分析，直接对实测值的数值大小来分析。实测最大值表示受拉最大值，实测最小值表示受压最大值，因此对锚杆应力计实测最大值和最小值进行监控指标拟定分析。由于实测年最值较少，可采用每季度最值作为典型监测值进行监控指标拟定，子样选择结果见表 6-14。

**表 6-14　锚杆应力监控指标子样选择**　　单位：MPa

| 季　度 | 测　点 | | | |
|---|---|---|---|---|
| | ASB3 | ASB5 | ASB6 | ASB8 |
| | 最小值 | 最大值 | 最小值 | 最大值 |
| 2016 年第四季度 | －3.75 | 21.98 | －3.10 | 32.92 |
| 2017 年第一季度 | －3.93 | 21.14 | －9.59 | 33.67 |
| 2017 年第二季度 | －3.53 | 2.21 | －15.93 | 13.84 |
| 2017 年第三季度 | －3.20 | 11.74 | －14.48 | 10.59 |
| 2017 年第四季度 | －3.98 | 39.72 | －4.30 | 39.25 |
| 2018 年第一季度 | －3.93 | 36.13 | －8.36 | 40.05 |
| 2018 年第二季度 | －3.55 | 8.86 | －16.15 | 15.23 |
| 2018 年第三季度 | －3.41 | 13.84 | －15.22 | 15.63 |
| 2018 年第四季度 | －3.55 | 31.89 | －4.58 | 41.46 |
| 2019 年第一季度 | －3.67 | 30.92 | －7.78 | 41.61 |
| 2019 年第二季度 | －3.40 | 6.39 | －16.20 | 15.88 |
| 2019 年第三季度 | －3.44 | 12.82 | －15.80 | 10.44 |
| 2019 年第四季度 | －3.65 | 25.15 | －4.12 | 33.89 |
| 2020 年第一季度 | －3.69 | 23.98 | －11.44 | 32.88 |
| 2020 年第二季度 | －3.26 | 2.56 | －16.77 | 12.35 |
| 2020 年第三季度 | －3.12 | 8.26 | －15.84 | 10.61 |

2. 监控指标拟定

本枢纽工程等别为Ⅱ等工程，工程规模为大（2）型，选定失效概率为 1%，根据上一节的子样选择表拟定锚杆应力监控指标，拟定结果见表 6-15。

**表 6-15　锚杆应力监控指标拟定结果**　　单位：MPa

| 测点编号 | 锚杆应力 | | 失效概率 $\alpha$/% | 均值 $\overline{E}$ | 标准差 $\sigma_E$ | 监控指标 $E_m$ | 备注 |
|---|---|---|---|---|---|---|---|
| ASB3 | 最小值 | $[\delta_{min}]$ | 1 | －3.57 | 0.26 | －4.17 | |
| ASB5 | 最大值 | $[\delta_{max}]$ | 1 | 18.60 | 11.98 | 46.46 | |
| ASB6 | 最小值 | $[\delta_{min}]$ | 1 | －11.23 | 5.18 | －23.27 | |
| ASB8 | 最大值 | $[\delta_{max}]$ | 1 | 25.02 | 12.74 | 54.65 | |

由表 6－15 可知，锚杆应力计各测点历史测值均在拟定的监控指标范围内，锚杆应力状态正常。

#### 6.2.2.5 钢板应力监控指标拟定

1. 子样的选择

钢板应力计测值以受拉为正，受压为负。为便于直观分析，直接对实测值的数值大小来分析。实测最大值表示受拉最大值，实测最小值表示受压最大值，因此对钢板应力计实测最大值和最小值进行监控指标拟定分析。由于实测年最值较少，可采用每季度最值作为典型监测值进行监控指标拟定，子样选择结果见表 6－16。

**表 6－16　钢板应力最大值监控指标子样选择**　单位：MPa

| 季度 | 测点 | | | | | | |
|---|---|---|---|---|---|---|---|
| | GBF9 | GBF10 | GBF11 | GBF14 | GBF16 | GBF17 | GBF23 |
| 2016 年第四季度 | 131.76 | 22.70 | 49.99 | 40.27 | －54.06 | 38.27 | 16.20 |
| 2017 年第一季度 | 130.03 | 26.99 | 48.77 | 41.16 | －19.14 | 35.83 | 16.20 |
| 2017 年第二季度 | 127.02 | 24.60 | 48.78 | 39.87 | 6.79 | 7.63 | 12.22 |
| 2017 年第三季度 | 135.06 | 37.08 | 83.73 | 48.12 | 3.37 | 39.89 | 13.87 |
| 2017 年第四季度 | 136.43 | 35.53 | 83.82 | 42.65 | －41.11 | 44.61 | 13.97 |
| 2018 年第一季度 | 134.22 | 33.19 | 79.77 | 41.45 | －21.73 | 33.02 | 16.83 |
| 2018 年第二季度 | 128.64 | 23.85 | 57.19 | 38.55 | 2.21 | 24.97 | 10.90 |
| 2018 年第三季度 | 133.39 | 37.72 | 51.33 | 44.33 | 1.69 | 46.79 | 14.26 |
| 2018 年第四季度 | 133.46 | 37.28 | 50.42 | 44.14 | －40.54 | 51.21 | 14.40 |
| 2019 年第一季度 | 129.38 | 32.49 | 42.78 | 41.88 | －21.41 | 46.65 | 12.48 |
| 2019 年第二季度 | 123.44 | 30.97 | 33.87 | 36.49 | 8.90 | 35.42 | 9.33 |
| 2019 年第三季度 | 131.28 | 37.62 | 36.09 | 43.73 | 8.44 | 30.37 | 14.13 |
| 2019 年第四季度 | 135.60 | 37.29 | 31.04 | 45.44 | －40.81 | 27.66 | 13.96 |
| 2020 年第一季度 | 130.98 | 33.24 | 28.95 | 43.72 | －4.92 | 36.18 | 12.48 |
| 2020 年第二季度 | 121.45 | 36.18 | 15.51 | 38.44 | 10.74 | 21.53 | 6.69 |
| 2020 年第三季度 | 128.24 | 34.37 | 20.92 | 49.90 | 7.91 | 32.16 | 12.83 |

| 季度 | 测点 | | | | | | | |
|---|---|---|---|---|---|---|---|---|
| | GBF30 | GBF31 | GBF32 | GBF33 | GBF35 | GBF37 | GBF42 | GBF45 |
| 2016 年第四季度 | 98.70 | 133.68 | 65.29 | 30.06 | 55.27 | 88.59 | 107.10 | 120.65 |
| 2017 年第一季度 | 106.98 | 131.43 | 81.87 | 26.21 | 52.13 | 77.75 | 121.90 | 128.06 |
| 2017 年第二季度 | 95.06 | 132.62 | 98.96 | 19.62 | 46.57 | 76.90 | 138.90 | 69.22 |
| 2017 年第三季度 | 98.64 | 123.99 | 94.81 | 34.17 | 54.78 | 72.70 | 137.20 | 108.87 |
| 2017 年第四季度 | 102.75 | 132.76 | 71.65 | 35.89 | 54.48 | 74.27 | 110.00 | 121.68 |
| 2018 年第一季度 | 104.29 | 131.60 | 70.40 | 35.91 | 53.89 | 74.77 | 120.20 | 122.93 |

续表

| 季　度 | 测　　点 | | | | | | | |
|---|---|---|---|---|---|---|---|---|
| | GBF30 | GBF31 | GBF32 | GBF33 | GBF35 | GBF37 | GBF42 | GBF45 |
| 2018 年第二季度 | 89.63 | 137.35 | 77.26 | 22.65 | 51.92 | 69.61 | 141.90 | 79.08 |
| 2018 年第三季度 | 100.53 | 130.30 | 73.51 | 36.26 | 55.62 | 71.46 | 133.90 | 110.13 |
| 2018 年第四季度 | 102.51 | 128.00 | 63.99 | 36.89 | 55.42 | 104.31 | 109.30 | 122.26 |
| 2019 年第一季度 | 107.03 | 123.11 | 67.39 | 35.18 | 54.73 | 98.22 | 123.90 | 122.25 |
| 2019 年第二季度 | 91.60 | 126.70 | 70.97 | 24.97 | 54.35 | 68.43 | 142.60 | 74.66 |
| 2019 年第三季度 | 94.08 | 119.19 | 71.56 | 40.59 | 58.07 | 75.56 | 141.80 | 108.03 |
| 2019 年第四季度 | 99.08 | 116.13 | 63.77 | 41.07 | 55.39 | 76.97 | 109.20 | 122.27 |
| 2020 年第一季度 | 96.60 | 111.65 | 71.00 | 40.54 | 54.91 | 75.74 | 128.50 | 122.18 |
| 2020 年第二季度 | 79.98 | 124.09 | 75.72 | 25.70 | 52.08 | 70.99 | 142.40 | 61.42 |
| 2020 年第三季度 | 92.43 | 120.18 | 69.47 | 45.45 | 55.84 | 75.08 | 141.10 | 103.98 |

| 季　度 | 测　　点 | | | | | | | |
|---|---|---|---|---|---|---|---|---|
| | GBF16 | GBF17 | GBF20 | GBF26 | GBF28 | GBF34 | GBF40 | GBF44 |
| 2016 年第四季度 | −57.64 | 33.16 | −152.80 | −10.07 | −76.42 | −120.10 | −110.49 | −115.68 |
| 2017 年第一季度 | −60.15 | 7.04 | −163.10 | −19.23 | −80.66 | −121.45 | −113.48 | −145.32 |
| 2017 年第二季度 | −18.14 | −16.59 | −131.08 | −37.16 | −81.11 | −127.22 | −112.22 | −168.73 |
| 2017 年第三季度 | −40.14 | −8.21 | −141.23 | −36.31 | −73.10 | −127.88 | −108.01 | −166.10 |
| 2017 年第四季度 | −55.70 | 33.91 | −196.52 | −6.09 | −87.45 | −125.80 | −90.46 | −117.01 |
| 2018 年第一季度 | −56.39 | 19.14 | −206.70 | −15.70 | −89.98 | −128.94 | −93.57 | −135.66 |
| 2018 年第二季度 | −21.78 | −11.80 | −151.12 | −29.93 | −69.43 | −125.71 | −95.57 | −161.71 |
| 2018 年第三季度 | −41.22 | −5.70 | −155.48 | −28.99 | −65.37 | −121.78 | −93.58 | −161.01 |
| 2018 年第四季度 | −59.20 | 35.80 | −214.92 | −3.89 | −98.21 | −128.87 | −91.69 | −121.19 |
| 2019 年第一季度 | −60.62 | 26.87 | −220.23 | −19.92 | −100.80 | −138.42 | −98.85 | −142.45 |
| 2019 年第二季度 | −21.46 | −15.14 | −151.19 | −32.50 | −77.50 | −118.28 | −94.26 | −167.61 |
| 2019 年第三季度 | −40.52 | −12.54 | −148.44 | −29.93 | −71.17 | −111.67 | −93.17 | −163.89 |
| 2019 年第四季度 | −56.35 | 17.98 | −213.03 | −2.74 | −100.36 | −120.09 | −97.29 | −119.22 |
| 2020 年第一季度 | −55.83 | 11.08 | −220.57 | −22.17 | −103.96 | −128.74 | −101.77 | −150.41 |
| 2020 年第二季度 | −4.87 | −36.66 | −150.84 | −31.23 | −79.53 | −117.46 | −102.68 | −167.90 |
| 2020 年第三季度 | −33.84 | −13.77 | −144.65 | −25.22 | −64.98 | −114.62 | −99.72 | −155.98 |

2. 监控指标拟定

本枢纽工程等别为Ⅱ等工程，工程规模为大（2）型，选定失效概率为 1%，根据上一节的子样选择表拟定钢板应力监控指标，拟定结果见表 6 - 17。

表 6-17　　钢板应力监控指标拟定结果　　单位：MPa

| 测点编号 | 钢板应力 | | 失效概率 $\alpha$ | 均值 $\overline{E}$ | 标准差 $\sigma_E$ | 监控指标 $E_m$ | 备注 |
|---|---|---|---|---|---|---|---|
| GBF9 | 最大值 | $[\delta_{max}]$ | 1% | 130.65 | 4.23 | 140.50 | |
| GBF10 | 最大值 | $[\delta_{max}]$ | 1% | 32.57 | 5.25 | 44.78 | |
| GBF11 | 最大值 | $[\delta_{max}]$ | 1% | 47.69 | 20.79 | 96.05 | |
| GBF14 | 最大值 | $[\delta_{max}]$ | 1% | 42.51 | 3.53 | 50.73 | |
| GBF16 | 最小值 | $[\delta_{min}]$ | 1% | −42.74 | 17.98 | −84.58 | |
| | 最大值 | $[\delta_{max}]$ | 1% | −12.10 | 22.05 | 39.19 | |
| GBF17 | 最小值 | $[\delta_{min}]$ | 1% | 4.04 | 22.04 | −47.25 | |
| | 最大值 | $[\delta_{max}]$ | 1% | 34.51 | 10.90 | 59.86 | |
| GBF20 | 最小值 | $[\delta_{min}]$ | 1% | −172.62 | 32.63 | −248.53 | |
| GBF23 | 最大值 | $[\delta_{max}]$ | 1% | 13.17 | 2.59 | 19.21 | |
| GBF26 | 最小值 | $[\delta_{min}]$ | 1% | −21.94 | 11.43 | −48.54 | |
| GBF28 | 最小值 | $[\delta_{min}]$ | 1% | −82.50 | 12.92 | −112.57 | |
| GBF30 | 最大值 | $[\delta_{max}]$ | 1% | 97.49 | 7.03 | 113.85 | |
| GBF31 | 最大值 | $[\delta_{max}]$ | 1% | 126.42 | 7.11 | 142.96 | |
| GBF32 | 最大值 | $[\delta_{max}]$ | 1% | 74.23 | 10.06 | 97.63 | 历史最大值 98.96 |
| GBF33 | 最大值 | $[\delta_{max}]$ | 1% | 33.20 | 7.49 | 50.62 | |
| GBF34 | 最小值 | $[\delta_{min}]$ | 1% | −123.56 | 6.66 | −139.05 | |
| GBF35 | 最大值 | $[\delta_{max}]$ | 1% | 54.09 | 2.54 | 60.01 | |
| GBF37 | 最大值 | $[\delta_{max}]$ | 1% | 78.21 | 10.13 | 101.79 | 历史最大值 104.31 |
| GBF40 | 最小值 | $[\delta_{min}]$ | 1% | −99.80 | 7.60 | −117.47 | |
| GBF42 | 最大值 | $[\delta_{max}]$ | 1% | 128.12 | 13.65 | 159.86 | |
| GBF44 | 最小值 | $[\delta_{min}]$ | 1% | −147.49 | 19.93 | −193.85 | |
| GBF45 | 最大值 | $[\delta_{max}]$ | 1% | 106.10 | 22.16 | 157.67 | |

由表 6-17 可知，GBF32 钢板应力计拟定的最大值监控指标为 97.63MPa，历史最大值为 98.96MPa；GBF37 钢板应力计拟定的最大值监控指标为 101.79MPa，历史最大值为 104.31MPa，应对这两个测点加强观测，待获得更新的监测资料后重新拟定监控指标。

#### 6.2.2.6　横缝开合度监控指标拟定

1. 子样的选择

横缝开合度以张开为正，闭合为负。为便于直观分析，直接对实测值的数值大小来分析。实测最大值表示横缝张开的最大值，实测最小值表示横缝闭合的最大值。对于开合度，一般重点考虑张开的情况，因此仅对横缝测缝计实测最大值进行监控指标拟定分析。由于实测年最值较少，可采用每季度最值作为典型监测值进行监控指标拟定，子样选择结果见表 6-18。

2. 监控指标拟定

本枢纽工程等别为Ⅱ等工程，工程规模为大（2）型，选定失效概率为 1%，根据上一节的子样选择表拟定横缝开合度的监控指标，拟定结果见表 6-19。

表 6-18　　横缝开合度最大值监控指标子样选择　　单位：mm

| 季度 | 测点 | | | | | | | |
|---|---|---|---|---|---|---|---|---|
| | J7 | J10 | J14 | J16 | J18 | J19 | J21 | J22 |
| 2016 年第四季度 | 2.03 | 1.50 | 0.61 | 0.15 | 0.81 | 0.45 | 1.53 | 1.67 |
| 2017 年第一季度 | 2.04 | 1.57 | 0.75 | 0.15 | 0.79 | 0.44 | 1.58 | 1.72 |
| 2017 年第二季度 | 1.97 | 1.10 | 0.58 | −0.01 | 0.16 | 0.46 | 1.49 | 1.70 |
| 2017 年第三季度 | 1.90 | 1.02 | 0.56 | −0.05 | 0.01 | 0.46 | 1.50 | 1.71 |
| 2017 年第四季度 | 1.91 | 1.15 | 0.51 | 0.04 | 0.47 | 0.42 | 1.40 | 1.66 |
| 2018 年第一季度 | 1.93 | 1.32 | 0.55 | 0.04 | 0.46 | 0.43 | 1.49 | 1.65 |
| 2018 年第二季度 | 1.91 | 1.03 | 0.54 | −0.01 | 0.18 | 0.43 | 1.44 | 1.64 |
| 2018 年第三季度 | 1.88 | 0.88 | 0.52 | 0.00 | 0.15 | 0.40 | 1.39 | 1.60 |
| 2018 年第四季度 | 1.91 | 1.20 | 0.51 | 0.12 | 0.89 | 0.40 | 1.39 | 1.74 |
| 2019 年第一季度 | 1.98 | 1.43 | 0.66 | 0.11 | 0.87 | 0.44 | 1.56 | 1.74 |
| 2019 年第二季度 | 1.96 | 1.00 | 0.56 | −0.05 | 0.13 | 0.42 | 1.41 | 1.58 |
| 2019 年第三季度 | 1.87 | 0.87 | 0.52 | −0.02 | 0.16 | 0.39 | 1.33 | 1.52 |
| 2019 年第四季度 | 1.91 | 1.23 | 0.50 | 0.08 | 0.68 | 0.40 | 1.39 | 1.61 |
| 2020 年第一季度 | 2.01 | 1.52 | 0.64 | 0.08 | 0.67 | 0.42 | 1.52 | 1.65 |
| 2020 年第二季度 | 1.91 | 1.02 | 0.56 | −0.05 | 0.12 | 0.48 | 1.42 | 1.50 |
| 2020 年第三季度 | 1.88 | 0.90 | 0.51 | −0.07 | 0.05 | 0.47 | 1.35 | 1.37 |

| 季度 | 测点 | | | | | | | |
|---|---|---|---|---|---|---|---|---|
| | J23 | J26 | J28 | J29 | J31 | J32 | J33 | J34 |
| 2016 年第四季度 | 3.73 | 3.02 | 0.04 | 3.42 | 1.52 | 1.83 | 0.34 | 3.41 |
| 2017 年第一季度 | 3.73 | 3.02 | 0.05 | 3.53 | 1.52 | 1.84 | 0.34 | 3.29 |
| 2017 年第二季度 | 3.73 | 3.03 | 0.13 | 3.01 | 1.52 | 1.84 | 0.34 | 2.97 |
| 2017 年第三季度 | 3.73 | 3.03 | 0.14 | 3.02 | 1.52 | 1.82 | 0.34 | 2.93 |
| 2017 年第四季度 | 3.72 | 3.03 | 0.04 | 3.02 | 1.53 | 1.84 | 0.33 | 3.03 |
| 2018 年第一季度 | 3.72 | 3.03 | 0.04 | 3.03 | 1.53 | 1.85 | 0.33 | 3.03 |
| 2018 年第二季度 | 3.72 | 3.04 | 0.09 | 3.01 | 1.54 | 1.85 | 0.33 | 2.95 |
| 2018 年第三季度 | 3.73 | 3.04 | 0.07 | 3.02 | 1.53 | 1.84 | 0.33 | 3.13 |
| 2018 年第四季度 | 3.73 | 3.04 | 0.04 | 3.04 | 1.54 | 1.85 | 0.32 | 3.36 |
| 2019 年第一季度 | 3.73 | 3.04 | 0.05 | 3.17 | 1.54 | 1.87 | 0.33 | 3.35 |
| 2019 年第二季度 | 3.73 | 3.05 | 0.06 | 3.03 | 1.54 | 1.86 | 0.31 | 2.93 |
| 2019 年第三季度 | 3.73 | 3.05 | 0.05 | 3.04 | 1.53 | 1.84 | 0.31 | 3.16 |
| 2019 年第四季度 | 3.73 | 3.04 | 0.03 | 3.04 | 1.55 | 1.86 | 0.31 | 3.48 |
| 2020 年第一季度 | 3.74 | 3.05 | 0.04 | 3.26 | 1.55 | 1.87 | 0.30 | 3.41 |
| 2020 年第二季度 | 3.73 | 3.05 | 0.05 | 3.06 | 1.54 | 1.86 | 0.30 | 2.91 |
| 2020 年第三季度 | 3.74 | 3.05 | 0.04 | 3.07 | 1.54 | 1.86 | 0.31 | 3.00 |

续表

| 季度 | 测点 | | | | | | | |
|---|---|---|---|---|---|---|---|---|
| | J35 | J36 | J38 | J39 | J40 | J42 | J44 | J45 |
| 2016年第四季度 | 2.54 | 3.25 | 2.80 | 2.28 | 2.64 | 2.03 | 0.87 | 0.57 |
| 2017年第一季度 | 2.52 | 3.28 | 2.80 | 2.28 | 2.65 | 2.03 | 0.88 | 0.56 |
| 2017年第二季度 | 2.53 | 3.19 | 2.75 | 2.28 | 2.66 | 2.10 | 1.17 | 0.49 |
| 2017年第三季度 | 2.51 | 3.20 | 2.74 | 2.29 | 2.66 | 2.10 | 1.18 | 0.50 |
| 2017年第四季度 | 2.51 | 3.25 | 2.77 | 2.27 | 2.64 | 1.98 | 0.87 | 0.46 |
| 2018年第一季度 | 2.53 | 3.24 | 2.77 | 2.27 | 2.64 | 1.98 | 0.87 | 0.50 |
| 2018年第二季度 | 2.52 | 3.19 | 2.75 | 2.28 | 2.66 | 2.04 | 0.97 | 0.49 |
| 2018年第三季度 | 2.48 | 3.18 | 2.76 | 2.28 | 2.65 | 2.03 | 0.95 | 0.47 |
| 2018年第四季度 | 2.50 | 3.34 | 2.81 | 2.26 | 2.64 | 1.98 | 0.86 | 0.47 |
| 2019年第一季度 | 2.51 | 3.35 | 2.81 | 2.27 | 2.65 | 2.01 | 0.97 | 0.52 |
| 2019年第二季度 | 2.52 | 3.16 | 2.74 | 2.27 | 2.65 | 2.03 | 0.99 | 0.48 |
| 2019年第三季度 | 2.49 | 3.15 | 2.77 | 2.26 | 2.65 | 2.03 | 0.97 | 0.46 |
| 2019年第四季度 | 2.50 | 3.23 | 2.82 | 2.26 | 2.63 | 1.97 | 0.86 | 0.47 |
| 2020年第一季度 | 2.51 | 3.26 | 2.81 | 2.26 | 2.64 | 1.99 | 0.89 | 0.52 |
| 2020年第二季度 | 2.56 | 3.15 | 2.74 | 2.26 | 2.64 | 2.00 | 0.99 | 0.49 |
| 2020年第三季度 | 2.56 | 3.10 | 2.75 | 2.26 | 2.63 | 1.98 | 0.93 | 0.46 |

| 季度 | 测点 | | | | | | |
|---|---|---|---|---|---|---|---|
| | J48 | J49 | J50 | J54 | J55 | J58 | J60 |
| 2016年第四季度 | 0.08 | 2.20 | 3.53 | 1.70 | 3.11 | 3.24 | 0.45 |
| 2017年第一季度 | 0.08 | 2.20 | 3.43 | 1.75 | 3.11 | 3.24 | 0.46 |
| 2017年第二季度 | 0.08 | 2.21 | 3.32 | 1.43 | 3.10 | 3.24 | 0.49 |
| 2017年第三季度 | 0.08 | 2.21 | 3.32 | 1.39 | 3.10 | 3.25 | 0.49 |
| 2017年第四季度 | 0.09 | 2.20 | 3.31 | 1.70 | 3.10 | 3.24 | 0.44 |
| 2018年第一季度 | 0.09 | 2.19 | 3.30 | 1.68 | 3.11 | 3.24 | 0.45 |
| 2018年第二季度 | 0.09 | 2.18 | 3.32 | 1.43 | 3.10 | 3.25 | 0.46 |
| 2018年第三季度 | 0.09 | 2.17 | 3.35 | 1.39 | 3.10 | 3.25 | 0.46 |
| 2018年第四季度 | 0.09 | 2.16 | 3.55 | 1.79 | 3.10 | 3.25 | 0.43 |
| 2019年第一季度 | 0.09 | 2.16 | 3.55 | 1.80 | 3.12 | 3.25 | 0.45 |
| 2019年第二季度 | 0.09 | 2.15 | 3.34 | 1.38 | 3.10 | 3.25 | 0.45 |
| 2019年第三季度 | 0.09 | 2.15 | 3.35 | 1.32 | 3.09 | 3.25 | 0.46 |
| 2019年第四季度 | 0.09 | 2.15 | 3.59 | 1.63 | 3.10 | 3.25 | 0.42 |
| 2020年第一季度 | 0.09 | 2.15 | 3.55 | 1.64 | 3.12 | 3.25 | 0.44 |
| 2020年第二季度 | 0.09 | 2.15 | 3.34 | 1.36 | 3.11 | 3.25 | 0.45 |
| 2020年第三季度 | 0.09 | 2.15 | 3.34 | 1.21 | 3.10 | 3.25 | 0.45 |

续表

| 季 度 | 测 点 | | | | | | |
|---|---|---|---|---|---|---|---|
| | J62 | J65 | J66 | J67 | J68 | J69 | J70 |
| 2016年第四季度 | 1.12 | 1.63 | 1.79 | 1.40 | 1.20 | 0.35 | 0.33 |
| 2017年第一季度 | 0.98 | 1.64 | 1.78 | 1.39 | 1.21 | 0.35 | 0.33 |
| 2017年第二季度 | 0.54 | 1.64 | 1.39 | 1.40 | 1.12 | 0.35 | 0.42 |
| 2017年第三季度 | 0.66 | 1.64 | 1.36 | 1.40 | 1.10 | 0.36 | 0.42 |
| 2017年第四季度 | 0.70 | 1.64 | 1.73 | 1.39 | 1.22 | 0.35 | 0.32 |
| 2018年第一季度 | 0.68 | 1.64 | 1.70 | 1.38 | 1.21 | 0.34 | 0.32 |
| 2018年第二季度 | 0.52 | 1.64 | 1.30 | 1.39 | 1.11 | 0.35 | 0.38 |
| 2018年第三季度 | 0.61 | 1.64 | 1.29 | 1.39 | 1.09 | 0.34 | 0.37 |
| 2018年第四季度 | 0.64 | 1.65 | 1.67 | 1.39 | 1.29 | 0.34 | 0.32 |
| 2019年第一季度 | 0.71 | 1.65 | 1.66 | 1.38 | 1.29 | 0.34 | 0.34 |
| 2019年第二季度 | 0.50 | 1.65 | 1.18 | 1.39 | 1.12 | 0.34 | 0.37 |
| 2019年第三季度 | 0.65 | 1.64 | 0.94 | 1.39 | 1.08 | 0.34 | 0.36 |
| 2019年第四季度 | 0.66 | 1.64 | 1.16 | 1.38 | 1.15 | 0.33 | 0.32 |
| 2020年第一季度 | 0.81 | 1.64 | 1.15 | 1.38 | 1.15 | 0.33 | 0.33 |
| 2020年第二季度 | 0.47 | 1.64 | 0.87 | 1.39 | 1.09 | 0.33 | 0.34 |
| 2020年第三季度 | 0.58 | 1.64 | 0.74 | 1.39 | 1.07 | 0.34 | 0.33 |

| 季 度 | 测 点 | | | | | | |
|---|---|---|---|---|---|---|---|
| | J71 | J72 | J81 | J82 | J83 | J84 | J85 |
| 2016年第四季度 | −0.05 | −1.31 | 3.53 | 3.42 | 1.98 | 1.95 | 2.62 |
| 2017年第一季度 | −0.05 | −1.33 | 3.53 | 3.42 | 1.98 | 1.95 | 2.59 |
| 2017年第二季度 | −0.06 | −1.30 | 3.47 | 3.42 | 1.97 | 1.97 | 2.53 |
| 2017年第三季度 | −0.08 | −1.29 | 3.48 | 3.43 | 1.94 | 1.95 | 2.50 |
| 2017年第四季度 | −0.08 | −1.31 | 3.49 | 3.43 | 1.96 | 2.00 | 2.50 |
| 2018年第一季度 | −0.07 | −1.32 | 3.50 | 3.43 | 1.99 | 1.99 | 2.51 |
| 2018年第二季度 | −0.08 | −1.30 | 3.48 | 3.44 | 1.98 | 2.00 | 2.50 |
| 2018年第三季度 | −0.09 | −1.29 | 3.48 | 3.44 | 1.97 | 1.99 | 2.50 |
| 2018年第四季度 | −0.08 | −1.31 | 3.51 | 3.46 | 1.98 | 2.03 | 2.50 |
| 2019年第一季度 | −0.07 | −1.32 | 3.53 | 3.45 | 1.99 | 2.03 | 2.52 |
| 2019年第二季度 | −0.09 | −1.30 | 3.49 | 3.45 | 2.00 | 2.04 | 2.50 |
| 2019年第三季度 | −0.10 | −1.29 | 3.49 | 3.45 | 2.02 | 2.05 | 2.48 |
| 2019年第四季度 | −0.09 | −1.30 | 3.52 | 3.45 | 2.05 | 2.16 | 2.51 |
| 2020年第一季度 | −0.08 | −1.31 | 3.56 | 3.45 | 2.05 | 2.16 | 2.53 |
| 2020年第二季度 | −0.09 | −1.29 | 3.50 | 3.45 | 2.11 | 2.15 | 2.50 |
| 2020年第三季度 | −0.11 | −1.28 | 3.51 | 3.45 | 2.09 | 1.94 | 2.50 |

**表 6-19　横缝开合度监控指标拟定结果**　　单位：mm

| 测点编号 | 横缝开合度 | | 失效概率 $\alpha$ | 均值 $\overline{E}$ | 标准差 $\sigma_E$ | 监控指标 $E_m$ | 备注 |
|---|---|---|---|---|---|---|---|
| J7 | 最大值 | $[\delta_{max}]$ | 1% | 1.94 | 0.05 | 2.06 | |
| J10 | 最大值 | $[\delta_{max}]$ | 1% | 1.17 | 0.24 | 1.72 | |
| J14 | 最大值 | $[\delta_{max}]$ | 1% | 0.57 | 0.07 | 0.73 | 历史最大值 0.75 |
| J16 | 最大值 | $[\delta_{max}]$ | 1% | 0.03 | 0.07 | 0.21 | |
| J18 | 最大值 | $[\delta_{max}]$ | 1% | 0.41 | 0.33 | 1.17 | |
| J19 | 最大值 | $[\delta_{max}]$ | 1% | 0.43 | 0.03 | 0.49 | |
| J21 | 最大值 | $[\delta_{max}]$ | 1% | 1.45 | 0.08 | 1.63 | |
| J22 | 最大值 | $[\delta_{max}]$ | 1% | 1.63 | 0.10 | 1.86 | |
| J23 | 最大值 | $[\delta_{max}]$ | 1% | 3.73 | 0.01 | 3.74 | 历史最大值 3.74 |
| J26 | 最大值 | $[\delta_{max}]$ | 1% | 3.04 | 0.01 | 3.06 | |
| J28 | 最大值 | $[\delta_{max}]$ | 1% | 0.06 | 0.03 | 0.14 | 历史最大值 0.14 |
| J29 | 最大值 | $[\delta_{max}]$ | 1% | 3.11 | 0.16 | 3.48 | 历史最大值 3.53 |
| J31 | 最大值 | $[\delta_{max}]$ | 1% | 1.53 | 0.01 | 1.56 | |
| J32 | 最大值 | $[\delta_{max}]$ | 1% | 1.85 | 0.01 | 1.88 | |
| J33 | 最大值 | $[\delta_{max}]$ | 1% | 0.32 | 0.01 | 0.36 | |
| J34 | 最大值 | $[\delta_{max}]$ | 1% | 3.15 | 0.20 | 3.62 | |
| J35 | 最大值 | $[\delta_{max}]$ | 1% | 2.52 | 0.02 | 2.57 | |
| J36 | 最大值 | $[\delta_{max}]$ | 1% | 3.22 | 0.07 | 3.38 | |
| J38 | 最大值 | $[\delta_{max}]$ | 1% | 2.77 | 0.03 | 2.84 | |
| J39 | 最大值 | $[\delta_{max}]$ | 1% | 2.27 | 0.01 | 2.29 | 历史最大值 2.29 |
| J40 | 最大值 | $[\delta_{max}]$ | 1% | 2.65 | 0.01 | 2.67 | |
| J42 | 最大值 | $[\delta_{max}]$ | 1% | 2.02 | 0.04 | 2.11 | |
| J44 | 最大值 | $[\delta_{max}]$ | 1% | 0.95 | 0.10 | 1.18 | 历史最大值 1.18 |
| J45 | 最大值 | $[\delta_{max}]$ | 1% | 0.49 | 0.03 | 0.57 | 历史最大值 0.57 |
| J48 | 最大值 | $[\delta_{max}]$ | 1% | 0.09 | 0.00 | 0.10 | |
| J49 | 最大值 | $[\delta_{max}]$ | 1% | 2.17 | 0.02 | 2.23 | |
| J50 | 最大值 | $[\delta_{max}]$ | 1% | 3.41 | 0.11 | 3.66 | |
| J54 | 最大值 | $[\delta_{max}]$ | 1% | 1.54 | 0.19 | 1.98 | |
| J55 | 最大值 | $[\delta_{max}]$ | 1% | 3.10 | 0.01 | 3.12 | 历史最大值 3.12 |
| J58 | 最大值 | $[\delta_{max}]$ | 1% | 3.25 | 0.00 | 3.26 | |

续表

| 测点编号 | 横缝开合度 | | 失效概率 $\alpha$ | 均值$\overline{E}$ | 标准差 $\sigma_E$ | 监控指标 $E_m$ | 备注 |
|---|---|---|---|---|---|---|---|
| J60 | 最大值 | $[\delta_{max}]$ | 1% | 0.45 | 0.02 | 0.50 | |
| J62 | 最大值 | $[\delta_{max}]$ | 1% | 0.68 | 0.17 | 1.08 | 历史最大值 1.12 |
| J65 | 最大值 | $[\delta_{max}]$ | 1% | 1.64 | 0.01 | 1.65 | 历史最大值 1.65 |
| J66 | 最大值 | $[\delta_{max}]$ | 1% | 1.36 | 0.34 | 2.15 | |
| J67 | 最大值 | $[\delta_{max}]$ | 1% | 1.39 | 0.01 | 1.41 | |
| J68 | 最大值 | $[\delta_{max}]$ | 1% | 1.16 | 0.07 | 1.32 | |
| J69 | 最大值 | $[\delta_{max}]$ | 1% | 0.34 | 0.01 | 0.36 | 历史最大值 0.36 |
| J70 | 最大值 | $[\delta_{max}]$ | 1% | 0.35 | 0.03 | 0.43 | |
| J71 | 最大值 | $[\delta_{max}]$ | 1% | −0.08 | 0.02 | −0.04 | |
| J72 | 最大值 | $[\delta_{max}]$ | 1% | −1.30 | 0.01 | −1.27 | |
| J81 | 最大值 | $[\delta_{max}]$ | 1% | 3.50 | 0.02 | 3.56 | 历史最大值 3.56 |
| J82 | 最大值 | $[\delta_{max}]$ | 1% | 3.44 | 0.01 | 3.47 | |
| J83 | 最大值 | $[\delta_{max}]$ | 1% | 2.00 | 0.05 | 2.11 | 历史最大值 2.11 |
| J84 | 最大值 | $[\delta_{max}]$ | 1% | 2.02 | 0.07 | 2.20 | |
| J85 | 最大值 | $[\delta_{max}]$ | 1% | 2.52 | 0.04 | 2.60 | 历史最大值 2.62 |

由表 6 - 19 可知，J14 测缝计拟定的最大值监控指标为 0.73mm，历史最大值为 0.75mm；J23 测缝计拟定的最大值监控指标为 3.74mm，历史最大值为 3.74mm；J28 测缝计拟定的最大值监控指标为 0.14mm，历史最大值为 0.14mm；J29 测缝计拟定的最大值监控指标为 3.48mm，历史最大值为 3.53mm；J39 测缝计拟定的最大值监控指标为 2.29mm，历史最大值为 2.29mm；J44 测缝计拟定的最大值监控指标为 1.18mm，历史最大值为 1.18mm；J45 测缝计拟定的最大值监控指标为 0.57mm，历史最大值为 0.57mm；J55 测缝计拟定的最大值监控指标为 3.12mm，历史最大值为 3.12mm；J62 测缝计拟定的最大值监控指标为 1.08mm，历史最大值为 1.12mm；J65 测缝计拟定的最大值监控指标为 1.65mm，历史最大值为 1.65mm；J69 测缝计拟定的最大值监控指标为 0.36mm，历史最大值为 0.36mm；J81 测缝计拟定的最大值监控指标为 3.56mm，历史最大值为 3.56mm；J83 测缝计拟定的最大值监控指标为 2.11mm，历史最大值为 2.11mm；J85 测缝计拟定的最大值监控指标为 2.60mm，历史最大值为 2.62mm；应对这些测点加强观测，待获得更新的监测资料后重新拟定监控指标。

#### 6.2.2.7 裂缝开合度监控指标拟定

1. 子样的选择

裂缝开合度以张开为正，闭合为负。为便于直观分析，直接对实测值的数值大小来分析。实测最大值表示裂缝张开的最大值，实测最小值表示裂缝闭合的最大值。对于开合度，一般重点考虑张开的情况，因此仅对裂缝计实测最大值进行监控指标拟定分析。由于实测年最值较少，可采用每季度最值作为典型监测值进行监控指标拟定，子样选择结果见表 6 - 20。

表 6-20 裂缝开合度最大值监控指标子样选择 单位：mm

| 季度 | 测点 | | | | | | | | |
|---|---|---|---|---|---|---|---|---|---|
| | K1-2 | K1-4 | K1-5 | K1-6 | K2-1 | K2-4 | K2-5 | K2-7 | K2-8 |
| 2016 年第四季度 | -0.37 | -0.78 | -0.44 | 0.41 | 1.42 | -0.44 | -0.22 | 0.14 | -0.31 |
| 2017 年第一季度 | -0.37 | -0.77 | -0.43 | 0.35 | 1.42 | -0.45 | -0.22 | 0.12 | -0.31 |
| 2017 年第二季度 | -0.39 | -0.82 | -0.48 | 0.24 | 1.42 | -0.46 | -0.23 | 0.01 | -0.32 |
| 2017 年第三季度 | -0.40 | -0.80 | -0.46 | 0.33 | 1.41 | -0.47 | -0.24 | 0.13 | -0.35 |
| 2017 年第四季度 | -0.39 | -0.79 | -0.45 | 0.38 | 1.41 | -0.46 | -0.24 | 0.13 | -0.34 |
| 2018 年第一季度 | -0.38 | -0.79 | -0.44 | 0.34 | 1.41 | -0.45 | -0.23 | 0.09 | -0.34 |
| 2018 年第二季度 | -0.40 | -0.82 | -0.49 | 0.23 | 1.41 | -0.46 | -0.24 | -0.02 | -0.35 |
| 2018 年第三季度 | -0.41 | -0.81 | -0.47 | 0.33 | 1.40 | -0.47 | -0.26 | 0.08 | -0.37 |
| 2018 年第四季度 | -0.40 | -0.79 | -0.45 | 0.36 | 1.40 | -0.47 | -0.26 | 0.15 | -0.35 |
| 2019 年第一季度 | -0.41 | -0.78 | -0.45 | 0.31 | 1.40 | -0.47 | -0.26 | 0.13 | -0.35 |
| 2019 年第二季度 | -0.42 | -0.83 | -0.50 | 0.21 | 1.40 | -0.48 | -0.27 | 0.10 | -0.37 |
| 2019 年第三季度 | -0.43 | -0.82 | -0.49 | 0.32 | 1.39 | -0.49 | -0.28 | 0.17 | -0.40 |
| 2019 年第四季度 | -0.42 | -0.80 | -0.47 | 0.34 | 1.39 | -0.48 | -0.28 | 0.41 | -0.38 |
| 2020 年第一季度 | -0.41 | -0.80 | -0.47 | 0.29 | 1.39 | -0.48 | -0.28 | 0.41 | -0.37 |
| 2020 年第二季度 | -0.44 | -0.86 | -0.53 | 0.19 | 1.39 | -0.49 | -0.29 | 0.29 | -0.38 |
| 2020 年第三季度 | -0.44 | -0.83 | -0.50 | 0.29 | 1.38 | -0.50 | -0.29 | 0.26 | -0.42 |

| 季度 | 测点 | | | | | | | |
|---|---|---|---|---|---|---|---|---|
| | K2-9 | K3-3 | K3-4 | K3-5 | KB1-3 | KB1-5 | KB1-6 | KB1-8 |
| 2016 年第四季度 | -0.10 | 0.31 | -0.11 | -0.07 | 0.10 | -0.07 | -0.03 | 0.11 |
| 2017 年第一季度 | -0.10 | 0.30 | -0.11 | -0.07 | 0.11 | -0.06 | -0.03 | 0.10 |
| 2017 年第二季度 | -0.10 | 0.30 | -0.18 | -0.13 | 0.10 | -0.06 | -0.04 | 0.09 |
| 2017 年第三季度 | -0.15 | 0.26 | -0.15 | -0.11 | 0.10 | -0.07 | -0.04 | 0.10 |
| 2017 年第四季度 | -0.12 | 0.28 | -0.14 | -0.10 | 0.10 | -0.08 | -0.04 | 0.11 |
| 2018 年第一季度 | -0.11 | 0.30 | -0.14 | -0.09 | 0.11 | -0.07 | -0.04 | 0.10 |
| 2018 年第二季度 | -0.12 | 0.29 | -0.20 | -0.15 | 0.10 | -0.07 | -0.04 | 0.10 |
| 2018 年第三季度 | -0.15 | 0.26 | -0.17 | -0.13 | 0.10 | -0.08 | -0.04 | 0.11 |
| 2018 年第四季度 | -0.13 | 0.28 | -0.16 | -0.11 | 0.10 | -0.08 | -0.04 | 0.11 |
| 2019 年第一季度 | -0.13 | 0.28 | -0.16 | -0.12 | 0.10 | -0.08 | -0.04 | 0.11 |
| 2019 年第二季度 | -0.14 | 0.28 | -0.22 | -0.17 | 0.11 | -0.08 | -0.05 | 0.10 |
| 2019 年第三季度 | -0.17 | 0.25 | -0.19 | -0.16 | 0.10 | -0.08 | -0.05 | 0.12 |
| 2019 年第四季度 | -0.15 | 0.27 | -0.18 | -0.13 | 0.10 | -0.09 | -0.05 | 0.12 |
| 2020 年第一季度 | -0.14 | 0.27 | -0.18 | -0.14 | 0.10 | -0.09 | -0.05 | 0.11 |
| 2020 年第二季度 | -0.15 | 0.26 | -0.26 | -0.21 | 0.09 | -0.09 | -0.05 | 0.11 |
| 2020 年第三季度 | -0.19 | 0.25 | -0.22 | -0.18 | 0.09 | -0.09 | -0.06 | 0.12 |

续表

| 季 度 | 测 点 | | | | | | | |
|---|---|---|---|---|---|---|---|---|
| | KB2-1 | KB2-2 | KB2-3 | KB2-8 | KB2-9 | KB3-1 | KB3-3 | KB3-8 |
| 2016年第四季度 | 0.17 | -0.30 | 0.06 | -0.39 | 0.25 | 0.36 | 0.24 | 0.25 |
| 2017年第一季度 | 0.19 | -0.30 | 0.05 | -0.39 | 0.26 | 0.36 | 0.25 | 0.26 |
| 2017年第二季度 | 0.17 | -0.30 | 0.04 | -0.39 | 0.24 | 0.36 | 0.26 | 0.26 |
| 2017年第三季度 | 0.19 | -0.30 | 0.03 | -0.39 | 0.30 | 0.35 | 0.26 | 0.25 |
| 2017年第四季度 | 0.19 | -0.30 | 0.03 | -0.40 | 0.34 | 0.36 | 0.26 | 0.24 |
| 2018年第一季度 | 0.19 | -0.30 | 0.03 | -0.41 | 0.35 | 0.35 | 0.25 | 0.24 |
| 2018年第二季度 | 0.19 | -0.30 | 0.03 | -0.40 | 0.35 | 0.35 | 0.27 | 0.24 |
| 2018年第三季度 | 0.18 | -0.31 | 0.02 | -0.40 | 0.35 | 0.35 | 0.28 | 0.23 |
| 2018年第四季度 | 0.18 | -0.31 | 0.03 | -0.41 | 0.38 | 0.35 | 0.27 | 0.23 |
| 2019年第一季度 | 0.18 | -0.31 | 0.03 | -0.41 | 0.39 | 0.34 | 0.27 | 0.23 |
| 2019年第二季度 | 0.18 | -0.32 | 0.02 | -0.40 | 0.39 | 0.34 | 0.28 | 0.23 |
| 2019年第三季度 | 0.18 | -0.31 | 0.01 | -0.40 | 0.40 | 0.34 | 0.29 | 0.22 |
| 2019年第四季度 | 0.19 | -0.31 | 0.01 | -0.42 | 0.43 | 0.33 | 0.28 | 0.22 |
| 2020年第一季度 | 0.19 | -0.31 | 0.01 | -0.41 | 0.43 | 0.33 | 0.28 | 0.22 |
| 2020年第二季度 | 0.19 | -0.31 | 0.00 | -0.41 | 0.42 | 0.33 | 0.29 | 0.22 |
| 2020年第三季度 | 0.17 | -0.31 | 0.00 | -0.41 | 0.22 | 0.33 | 0.31 | 0.21 |

| 季 度 | 测 点 | | | | | | | |
|---|---|---|---|---|---|---|---|---|
| | KB-4 | KB4-2 | KB4-3 | KB-5 | KB5-1 | KB5-2 | KB5-3 | KB-6 |
| 2016年第四季度 | 0.03 | 0.12 | 0.31 | -0.46 | 0.16 | 0.27 | -0.04 | 0.08 |
| 2017年第一季度 | 0.02 | 0.13 | 0.31 | -0.46 | 0.16 | 0.28 | -0.04 | 0.06 |
| 2017年第二季度 | 0.02 | 0.12 | 0.33 | -0.47 | 0.16 | 0.27 | -0.04 | 0.06 |
| 2017年第三季度 | 0.03 | 0.12 | 0.34 | -0.48 | 0.15 | 0.26 | -0.06 | 0.06 |
| 2017年第四季度 | 0.03 | 0.12 | 0.33 | -0.48 | 0.15 | 0.26 | -0.06 | 0.06 |
| 2018年第一季度 | 0.02 | 0.12 | 0.33 | -0.49 | 0.15 | 0.26 | -0.06 | 0.05 |
| 2018年第二季度 | 0.02 | 0.12 | 0.34 | -0.49 | 0.15 | 0.26 | -0.06 | 0.05 |
| 2018年第三季度 | 0.02 | 0.11 | 0.35 | -0.5 | 0.14 | 0.26 | -0.07 | 0.06 |
| 2018年第四季度 | 0.02 | 0.11 | 0.35 | -0.51 | 0.14 | 0.26 | -0.07 | 0.07 |
| 2019年第一季度 | 0.01 | 0.11 | 0.34 | -0.51 | 0.14 | 0.26 | -0.07 | 0.06 |
| 2019年第二季度 | 0.01 | 0.11 | 0.35 | -0.51 | 0.14 | 0.25 | -0.07 | 0.05 |
| 2019年第三季度 | 0.02 | 0.11 | 0.36 | -0.52 | 0.13 | 0.25 | -0.07 | 0.06 |
| 2019年第四季度 | 0.02 | 0.11 | 0.36 | -0.53 | 0.13 | 0.26 | -0.07 | 0.07 |
| 2020年第一季度 | 0.01 | 0.10 | 0.36 | -0.53 | 0.13 | 0.26 | -0.05 | 0.05 |
| 2020年第二季度 | 0.01 | 0.09 | 0.37 | -0.53 | 0.12 | 0.25 | -0.05 | 0.05 |
| 2020年第三季度 | 0.01 | 0.09 | 0.37 | -0.54 | 0.11 | 0.25 | -0.06 | 0.06 |

续表

| 季 度 | 测 点 | | | | | | | |
|---|---|---|---|---|---|---|---|---|
| | KJ1 | KJ4 | KJ6 | KJ8 | KJ9 | KJ11 | KJ13 | KJ14 |
| 2016 年第四季度 | 0.97 | 8.85 | 0.25 | 1.76 | −0.47 | −0.51 | −0.14 | 0.07 |
| 2017 年第一季度 | 1.03 | 8.84 | 0.25 | 1.81 | −0.44 | −0.49 | −0.14 | 0.07 |
| 2017 年第二季度 | 1.03 | 8.83 | 0.26 | 1.83 | −0.44 | −0.49 | −0.14 | 0.07 |
| 2017 年第三季度 | 0.93 | 8.82 | 0.26 | 1.84 | −0.44 | −0.52 | −0.16 | 0.07 |
| 2017 年第四季度 | 0.95 | 8.81 | 0.27 | 1.85 | −0.44 | −0.49 | −0.15 | 0.05 |
| 2018 年第一季度 | 1.01 | 8.81 | 0.27 | 1.87 | −0.44 | −0.49 | −0.15 | 0.05 |
| 2018 年第二季度 | 1.01 | 8.81 | 0.27 | 1.88 | −0.45 | −0.49 | −0.15 | 0.05 |
| 2018 年第三季度 | 0.96 | 8.81 | 0.27 | 1.89 | −0.46 | −0.53 | −0.17 | 0.05 |
| 2018 年第四季度 | 0.96 | 8.81 | 0.28 | 1.90 | −0.46 | −0.52 | −0.16 | 0.04 |
| 2019 年第一季度 | 0.96 | 8.81 | 0.27 | 1.90 | −0.47 | −0.52 | −0.16 | 0.05 |
| 2019 年第二季度 | 0.97 | 8.81 | 0.27 | 1.91 | −0.47 | −0.53 | −0.16 | 0.04 |
| 2019 年第三季度 | 0.97 | 8.81 | 0.27 | 1.92 | −0.47 | −0.55 | −0.17 | 0.03 |
| 2019 年第四季度 | 0.97 | 8.81 | 0.27 | 1.93 | −0.47 | −0.54 | −0.17 | 0.03 |
| 2020 年第一季度 | 0.97 | 8.81 | 0.27 | 1.94 | −0.47 | −0.54 | −0.16 | 0.03 |
| 2020 年第二季度 | 0.97 | 8.83 | 0.27 | 1.95 | −0.49 | −0.54 | −0.16 | 0.03 |
| 2020 年第三季度 | 0.97 | 8.83 | 0.27 | 1.96 | −0.5 | −0.56 | −0.18 | 0.01 |

2. 监控指标拟定

本枢纽工程等别为Ⅱ等工程，工程规模为大（2）型，选定失效概率为 1%，根据上一节的子样选择表拟定裂缝开合度的监控指标，拟定结果见表 6 - 21。

**表 6 - 21　　裂缝开合度监控指标拟定结果**　　单位：mm

| 测点编号 | 裂缝开合度 | | 失效概率 $\alpha$ | 均值 $\overline{E}$ | 标准差 $\sigma_E$ | 监控指标 $E_m$ | 备注 |
|---|---|---|---|---|---|---|---|
| K1 - 2 | 最大值 | $[\delta_{max}]$ | 1% | −0.41 | 0.02 | −0.35 | |
| K1 - 4 | 最大值 | $[\delta_{max}]$ | 1% | −0.81 | 0.02 | −0.75 | |
| K1 - 5 | 最大值 | $[\delta_{max}]$ | 1% | −0.47 | 0.03 | −0.41 | |
| K1 - 6 | 最大值 | $[\delta_{max}]$ | 1% | 0.31 | 0.06 | 0.45 | |
| K2 - 1 | 最大值 | $[\delta_{max}]$ | 1% | 1.40 | 0.01 | 1.43 | |
| K2 - 4 | 最大值 | $[\delta_{max}]$ | 1% | −0.47 | 0.02 | −0.43 | |
| K2 - 5 | 最大值 | $[\delta_{max}]$ | 1% | −0.26 | 0.02 | −0.20 | |
| K2 - 7 | 最大值 | $[\delta_{max}]$ | 1% | 0.16 | 0.12 | 0.45 | |
| K2 - 8 | 最大值 | $[\delta_{max}]$ | 1% | −0.36 | 0.03 | −0.29 | |
| K2 - 9 | 最大值 | $[\delta_{max}]$ | 1% | −0.13 | 0.03 | −0.07 | |
| K3 - 3 | 最大值 | $[\delta_{max}]$ | 1% | 0.28 | 0.02 | 0.32 | |
| K3 - 4 | 最大值 | $[\delta_{max}]$ | 1% | −0.17 | 0.04 | −0.08 | |
| K3 - 5 | 最大值 | $[\delta_{max}]$ | 1% | −0.13 | 0.04 | −0.04 | |
| KB1 - 3 | 最大值 | $[\delta_{max}]$ | 1% | 0.10 | 0.01 | 0.11 | 历史最大值 0.11 |

续表

| 测点编号 | 裂缝开合度 | | 失效概率 $\alpha$ | 均值 $\overline{E}$ | 标准差 $\sigma_E$ | 监控指标 $E_m$ | 备注 |
|---|---|---|---|---|---|---|---|
| KB1-5 | 最大值 | $[\delta_{max}]$ | 1% | −0.08 | 0.01 | −0.05 | |
| KB1-6 | 最大值 | $[\delta_{max}]$ | 1% | −0.04 | 0.01 | −0.02 | |
| KB1-8 | 最大值 | $[\delta_{max}]$ | 1% | 0.11 | 0.01 | 0.13 | |
| KB2-1 | 最大值 | $[\delta_{max}]$ | 1% | 0.18 | 0.01 | 0.20 | |
| KB2-2 | 最大值 | $[\delta_{max}]$ | 1% | −0.31 | 0.01 | −0.29 | |
| KB2-3 | 最大值 | $[\delta_{max}]$ | 1% | 0.03 | 0.02 | 0.06 | 历史最大值0.06 |
| KB2-8 | 最大值 | $[\delta_{max}]$ | 1% | −0.40 | 0.01 | −0.38 | |
| KB2-9 | 最大值 | $[\delta_{max}]$ | 1% | 0.34 | 0.07 | 0.51 | |
| KB3-1 | 最大值 | $[\delta_{max}]$ | 1% | 0.35 | 0.01 | 0.37 | |
| KB3-3 | 最大值 | $[\delta_{max}]$ | 1% | 0.27 | 0.02 | 0.31 | 历史最大值0.31 |
| KB3-8 | 最大值 | $[\delta_{max}]$ | 1% | 0.23 | 0.02 | 0.27 | |
| KB-4 | 最大值 | $[\delta_{max}]$ | 1% | 0.02 | 0.01 | 0.04 | |
| KB4-2 | 最大值 | $[\delta_{max}]$ | 1% | 0.11 | 0.01 | 0.14 | |
| KB4-3 | 最大值 | $[\delta_{max}]$ | 1% | 0.34 | 0.02 | 0.39 | |
| 测点编号 | 裂缝开合度 | | 失效概率 $\alpha$ | 均值 $\overline{E}$ | 标准差 $\sigma_E$ | 监控指标 $E_m$ | 备注 |
| KB-5 | 最大值 | $[\delta_{max}]$ | 1% | −0.50 | 0.03 | −0.44 | |
| KB5-1 | 最大值 | $[\delta_{max}]$ | 1% | 0.14 | 0.01 | 0.18 | |
| KB5-2 | 最大值 | $[\delta_{max}]$ | 1% | 0.26 | 0.01 | 0.28 | 历史最大值0.28 |
| KB5-3 | 最大值 | $[\delta_{max}]$ | 1% | −0.06 | 0.01 | −0.03 | |
| KB-6 | 最大值 | $[\delta_{max}]$ | 1% | 0.06 | 0.01 | 0.08 | 历史最大值0.08 |
| KJ1 | 最大值 | $[\delta_{max}]$ | 1% | 0.98 | 0.03 | 1.04 | |
| KJ4 | 最大值 | $[\delta_{max}]$ | 1% | 8.82 | 0.01 | 8.85 | 历史最大值8.85 |
| KJ6 | 最大值 | $[\delta_{max}]$ | 1% | 0.27 | 0.01 | 0.29 | |
| KJ8 | 最大值 | $[\delta_{max}]$ | 1% | 1.88 | 0.05 | 2.01 | |
| KJ9 | 最大值 | $[\delta_{max}]$ | 1% | −0.46 | 0.02 | −0.42 | |
| KJ11 | 最大值 | $[\delta_{max}]$ | 1% | −0.52 | 0.02 | −0.46 | |
| KJ13 | 最大值 | $[\delta_{max}]$ | 1% | −0.16 | 0.01 | −0.13 | |
| KJ14 | 最大值 | $[\delta_{max}]$ | 1% | 0.05 | 0.02 | 0.09 | |

由表6-21可知，KB1-3裂缝计拟定的最大值监控指标为0.11mm，历史最大值为0.11mm；KB2-3裂缝计拟定的最大值监控指标为0.06mm，历史最大值为0.06mm；KB3-3裂缝计拟定的最大值监控指标为0.31mm，历史最大值为0.31mm；KB5-2裂缝计拟定的最大值监控指标为0.28mm，历史最大值为0.28mm；KB-6裂缝计拟定的最大值监控指标为0.08mm，历史最大值为0.08mm；KJ4裂缝计拟定的最大值监控指标为8.85mm，历史最大值为8.85mm；应对这些测点加强观测，待获得更新的监测资料后重新拟定监控指标。

### 6.2.2.8 五向应变计监控指标拟定

1. 子样的选择

五向应变计测值以受拉为正，受压为负。为便于直观分析，直接对实测值的数值大小来分析。实测最大值表示受拉最大值，实测最小值表示受压最大值，因此对五向应变计实测最大值和最小值进行监控指标拟定分析。由于实测年最值较少，可采用每季度最值作为典型监测值进行监控指标拟定，子样选择结果见表 6-22 和表 6-23。

表 6-22 五向应变计最大值监控指标子样选择 单位：με

| 季　度 | 测　点 | | | | | | |
|---|---|---|---|---|---|---|---|
| | S5-1-2-2 | S5-1-2-5 | S5-2-1-2 | S5-2-1-4 | S5-2-3-1 | S5-2-3-3 | S5-2-3-5 |
| 2016 年第四季度 | -4.26 | -7.32 | 27.68 | 1.98 | 5.81 | 34.41 | 62.16 |
| 2017 年第一季度 | 6.11 | 3.66 | 24.84 | 7.85 | 1.75 | 34.31 | 55.97 |
| 2017 年第二季度 | -1.42 | 11.43 | 29.02 | 8.04 | 17.13 | 36.20 | 53.87 |
| 2017 年第三季度 | -21.05 | 14.31 | 31.22 | 4.09 | 15.00 | 33.73 | 53.81 |
| 2017 年第四季度 | -3.31 | 0.20 | 26.60 | 5.28 | -2.47 | 31.42 | 52.60 |
| 2018 年第一季度 | 1.84 | 0.24 | 25.46 | 7.91 | 1.34 | 32.44 | 52.41 |
| 2018 年第二季度 | -3.88 | 5.66 | 31.34 | 6.59 | 4.77 | 32.81 | 51.24 |
| 2018 年第三季度 | -17.61 | 7.93 | 32.31 | 7.45 | -8.72 | 21.66 | 52.87 |
| 2018 年第四季度 | -2.05 | -5.56 | 27.95 | 8.14 | -7.87 | 27.79 | 52.15 |
| 2019 年第一季度 | 3.70 | 1.94 | 28.57 | 9.32 | 0.51 | 30.51 | 50.18 |
| 2019 年第二季度 | -2.90 | 7.34 | 33.02 | 5.26 | 10.29 | 30.91 | 48.27 |
| 2019 年第三季度 | -22.29 | 9.31 | 34.74 | 6.76 | 0.16 | 26.17 | 48.75 |
| 2019 年第四季度 | -5.14 | -5.70 | 31.71 | 8.35 | -6.44 | 27.19 | 48.21 |
| 2020 年第一季度 | 0.80 | -0.29 | 29.75 | 8.92 | -1.85 | 29.84 | 47.65 |
| 2020 年第二季度 | -8.46 | 12.79 | 33.43 | 33.43 | 12.92 | 31.40 | 46.25 |
| 2020 年第三季度 | -28.58 | 12.72 | 34.34 | 34.34 | 13.29 | 31.60 | 44.30 |

| 季　度 | 测　点 | | | | | | |
|---|---|---|---|---|---|---|---|
| | S5-2-5-3 | S5-2-5-4 | S5-2-6-3 | S5-2-7-2 | S5-2-8-1 | S5-2-8-2 | S5-2-8-3 |
| 2016 年第四季度 | 76.61 | 94.95 | -3.31 | 16.34 | 58.99 | -3.08 | 22.31 |
| 2017 年第一季度 | 82.52 | 105.45 | 11.91 | 19.63 | 78.86 | 7.37 | 23.20 |
| 2017 年第二季度 | 82.37 | 106.94 | 33.64 | 26.11 | 70.04 | -0.38 | 19.71 |
| 2017 年第三季度 | 74.07 | 106.14 | 35.45 | 6.68 | 67.47 | -19.13 | 19.69 |
| 2017 年第四季度 | 81.59 | 93.58 | -0.66 | 5.22 | 35.20 | -12.48 | 25.47 |
| 2018 年第一季度 | 82.24 | 101.23 | 10.83 | 2.47 | 58.31 | -8.96 | 26.65 |
| 2018 年第二季度 | 80.73 | 102.73 | 25.27 | 3.27 | 58.50 | -8.19 | 20.13 |
| 2018 年第三季度 | 70.80 | 100.74 | 24.67 | -3.92 | 54.82 | -24.29 | 19.89 |

续表

| 季 度 | 测 点 | | | | | | |
|---|---|---|---|---|---|---|---|
| | S5-2-5-3 | S5-2-5-4 | S5-2-6-3 | S5-2-7-2 | S5-2-8-1 | S5-2-8-2 | S5-2-8-3 |
| 2018年第四季度 | 76.16 | 91.03 | -5.20 | -5.42 | 37.57 | -11.78 | 22.71 |
| 2019年第一季度 | 77.60 | 103.10 | 15.73 | -10.32 | 66.01 | -2.32 | 23.12 |
| 2019年第二季度 | 79.03 | 99.59 | 20.78 | -8.73 | 55.41 | -14.55 | 15.23 |
| 2019年第三季度 | 67.22 | 97.66 | 20.20 | -10.64 | 47.29 | -25.21 | 21.66 |
| 2019年第四季度 | 75.33 | 89.83 | -6.85 | -11.75 | 30.53 | -20.69 | 22.13 |
| 2020年第一季度 | 80.97 | 101.33 | 11.95 | -14.55 | 56.97 | -7.05 | 22.60 |
| 2020年第二季度 | 77.13 | 102.17 | 19.66 | -14.73 | 57.53 | -15.65 | 14.03 |
| 2020年第三季度 | 69.21 | 92.08 | 15.94 | -15.37 | 37.23 | -31.30 | 13.89 |

| 季 度 | 测 点 | | | | | | |
|---|---|---|---|---|---|---|---|
| | S5-2-8-4 | S5-2-8-5 | S5-3-1-5 | S5-3-3-1 | S5-3-3-3 | S5D-3-2-2 | S5D-3-2-3 |
| 2016年第四季度 | 33.21 | 100.14 | 32.82 | 3.06 | -10.67 | 93.42 | 50.41 |
| 2017年第一季度 | 43.03 | 139.06 | 31.22 | -11.23 | -14.68 | 92.00 | 46.96 |
| 2017年第二季度 | 34.65 | 144.23 | 42.28 | 12.19 | 4.06 | 69.50 | 28.75 |
| 2017年第三季度 | 33.39 | 128.07 | 42.02 | 13.39 | 3.17 | 63.35 | 29.14 |
| 2017年第四季度 | 18.07 | 105.18 | 21.48 | -9.44 | -18.35 | 97.81 | 57.77 |
| 2018年第一季度 | 35.48 | 127.66 | 27.27 | -15.15 | -18.80 | 97.02 | 56.88 |
| 2018年第二季度 | 26.53 | 133.89 | 33.29 | 3.50 | -2.94 | 66.11 | 27.97 |
| 2018年第三季度 | 22.33 | 124.54 | 23.14 | 10.54 | -1.17 | 62.99 | 30.08 |
| 2018年第四季度 | 17.52 | 98.90 | 17.86 | -6.96 | -19.06 | 86.56 | 46.00 |
| 2019年第一季度 | 36.80 | 132.86 | 25.00 | -13.50 | -18.78 | 84.20 | 43.13 |
| 2019年第二季度 | 23.78 | 132.09 | 33.87 | 4.46 | -4.74 | 57.52 | 23.53 |
| 2019年第三季度 | 17.60 | 123.64 | 33.09 | 10.17 | -4.28 | 56.81 | 25.31 |
| 2019年第四季度 | 13.21 | 95.93 | 15.59 | -2.75 | -20.47 | 73.21 | 37.52 |
| 2020年第一季度 | 29.69 | 130.73 | 21.42 | -15.01 | -23.63 | 72.04 | 34.87 |
| 2020年第二季度 | 25.88 | 132.69 | 29.48 | 10.42 | -7.86 | 52.62 | 19.50 |
| 2020年第三季度 | 11.14 | 112.76 | 29.85 | 13.07 | -7.06 | 49.55 | 21.30 |

| 季 度 | 测 点 | | | | | |
|---|---|---|---|---|---|---|
| | S5D-3-2-5 | S5D-3-3-1 | S5D-3-3-2 | S5D-3-3-3 | S5D-3-3-4 | S5D-3-3-5 |
| 2016年第四季度 | 45.00 | 57.05 | 58.37 | 70.80 | 38.19 | 49.37 |
| 2017年第一季度 | 42.81 | 55.15 | 59.28 | 68.81 | 37.74 | 55.59 |
| 2017年第二季度 | 25.81 | 41.05 | 44.58 | 55.23 | 22.49 | 52.26 |

续表

| 季 度 | 测 点 | | | | | |
|---|---|---|---|---|---|---|
| | S5D-3-2-5 | S5D-3-3-1 | S5D-3-3-2 | S5D-3-3-3 | S5D-3-3-4 | S5D-3-3-5 |
| 2017 年第三季度 | 28.67 | 49.73 | 50.79 | 64.06 | 31.42 | 41.34 |
| 2017 年第四季度 | 45.79 | 51.24 | 53.40 | 65.76 | 34.63 | 44.69 |
| 2018 年第一季度 | 43.93 | 49.79 | 53.48 | 63.58 | 34.60 | 53.93 |
| 2018 年第二季度 | 19.83 | 39.74 | 43.82 | 54.65 | 22.11 | 51.56 |
| 2018 年第三季度 | 24.74 | 46.81 | 49.13 | 62.05 | 29.83 | 38.79 |
| 2018 年第四季度 | 32.49 | 49.92 | 53.88 | 65.60 | 33.82 | 47.23 |
| 2019 年第一季度 | 29.22 | 50.50 | 55.19 | 66.28 | 33.71 | 55.38 |
| 2019 年第二季度 | 14.35 | 37.39 | 41.71 | 53.80 | 18.91 | 49.87 |
| 2019 年第三季度 | 22.80 | 43.51 | 47.29 | 61.03 | 28.55 | 36.35 |
| 2019 年第四季度 | 23.56 | 46.86 | 52.05 | 64.17 | 32.73 | 44.40 |
| 2020 年第一季度 | 20.08 | 47.73 | 54.10 | 65.30 | 32.93 | 51.73 |
| 2020 年第二季度 | 15.05 | 30.62 | 37.55 | 50.16 | 14.30 | 49.22 |
| 2020 年第三季度 | 19.89 | 38.67 | 45.23 | 59.21 | 26.06 | 37.62 |

**表 6-23　五向应变计最小值监控指标子样选择**　单位：$\mu\varepsilon$

| 季 度 | 测 点 | | | | | | |
|---|---|---|---|---|---|---|---|
| | S5-1-1-2 | S5-1-1-4 | S5-1-2-1 | S5-1-2-2 | S5-1-2-5 | S5-1-3-2 | S5-1-3-3 |
| 2016 年第四季度 | −85.79 | −101.92 | −30.70 | −22.46 | −18.83 | −89.82 | −18.93 |
| 2017 年第一季度 | −87.61 | −103.14 | −26.17 | −5.72 | −18.00 | −88.17 | −16.05 |
| 2017 年第二季度 | −90.27 | −104.46 | −33.11 | −22.90 | 2.05 | −80.82 | −32.23 |
| 2017 年第三季度 | −89.13 | −107.29 | −46.55 | −29.91 | 0.40 | −91.83 | −32.76 |
| 2017 年第四季度 | −90.55 | −107.31 | −38.40 | −21.31 | −13.88 | −92.13 | −17.99 |
| 2018 年第一季度 | −91.58 | −107.78 | −26.68 | −4.73 | −12.70 | −93.04 | −18.04 |
| 2018 年第二季度 | −99.94 | −114.99 | −29.97 | −19.34 | −1.04 | −86.71 | −34.30 |
| 2018 年第三季度 | −91.74 | −112.30 | −40.09 | −24.18 | −6.56 | −94.71 | −36.63 |
| 2018 年第四季度 | −92.22 | −107.24 | −35.56 | −18.07 | −20.65 | −95.40 | −23.97 |
| 2019 年第一季度 | −93.23 | −106.42 | −21.12 | −4.01 | −19.57 | −94.60 | −25.48 |
| 2019 年第二季度 | −98.53 | −112.86 | −33.17 | −22.40 | 2.17 | −88.46 | −35.26 |
| 2019 年第三季度 | −99.43 | −113.61 | −43.48 | −29.44 | −6.03 | −97.27 | −38.57 |
| 2019 年第四季度 | −94.32 | −108.23 | −40.55 | −23.90 | −20.29 | −98.14 | −26.42 |
| 2020 年第一季度 | −94.19 | −107.23 | −24.86 | −8.63 | −19.94 | −97.96 | −26.57 |
| 2020 年第二季度 | −94.13 | −103.98 | −47.92 | −34.77 | −1.91 | −90.85 | −32.54 |
| 2020 年第三季度 | −94.94 | −106.91 | −52.54 | −38.23 | −2.03 | −98.80 | −34.46 |

续表

| 季 度 | 测 点 | | | | | |
|---|---|---|---|---|---|---|
| | S5-1-4-1 | S5-1-4-2 | S5-1-4-3 | S5-1-5-1 | S5-1-5-2 | S5-1-5-3 |
| 2016年第四季度 | −58.12 | −62.44 | −52.17 | — | — | — |
| 2017年第一季度 | −60.73 | −61.72 | −44.67 | — | — | — |
| 2017年第二季度 | −63.42 | −59.90 | −61.71 | −157.94 | −148.83 | −134.45 |
| 2017年第三季度 | −63.29 | −65.29 | −64.19 | −171.69 | −155.10 | −135.62 |
| 2017年第四季度 | −58.58 | −64.36 | −51.87 | −168.31 | −160.64 | −133.45 |
| 2018年第一季度 | −62.82 | −61.21 | −42.73 | −168.46 | −161.43 | −142.45 |
| 2018年第二季度 | −66.15 | −60.69 | −57.30 | −177.53 | −158.36 | −137.03 |
| 2018年第三季度 | −65.74 | −65.06 | −59.51 | −176.13 | −159.25 | −135.18 |
| 2018年第四季度 | −61.88 | −62.77 | −46.62 | −175.37 | −160.48 | −136.68 |
| 2019年第一季度 | −66.73 | −60.78 | −46.05 | −157.99 | −158.10 | −145.88 |
| 2019年第二季度 | −68.22 | −63.79 | −59.71 | −169.59 | −156.75 | −138.75 |
| 2019年第三季度 | −68.28 | −67.96 | −64.13 | −177.26 | −160.73 | −139.58 |
| 2019年第四季度 | −63.64 | −64.96 | −50.68 | −175.55 | −160.77 | −140.61 |
| 2020年第一季度 | −68.60 | −64.09 | −50.77 | −161.42 | −158.30 | −148.65 |
| 2020年第二季度 | −70.07 | −69.27 | −74.83 | −165.17 | −152.81 | −141.01 |
| 2020年第三季度 | −68.54 | −71.68 | −75.85 | −170.37 | −157.21 | −139.67 |

| 季 度 | 测 点 | | | | | |
|---|---|---|---|---|---|---|
| | S5-1-5-4 | S5-1-5-5 | S5-2-1-4 | S5-2-1-5 | S5-2-3-1 | S5-2-5-5 |
| 2016年第四季度 | — | — | −0.52 | −20.11 | −2.98 | −275.90 |
| 2017年第一季度 | — | — | 0.49 | −18.27 | −6.73 | −270.50 |
| 2017年第二季度 | −146.70 | −38.80 | 2.42 | −17.83 | −2.03 | −263.44 |
| 2017年第三季度 | −151.76 | −40.09 | 1.65 | −17.52 | −9.22 | −278.84 |
| 2017年第四季度 | −144.99 | −51.50 | 1.88 | −17.93 | −7.87 | −278.29 |
| 2018年第一季度 | −149.82 | −61.72 | 3.62 | −17.83 | −9.94 | −278.28 |
| 2018年第二季度 | −153.88 | −58.52 | 1.86 | −17.63 | −18.21 | −267.03 |
| 2018年第三季度 | −154.61 | −45.74 | 3.05 | −17.95 | −22.66 | −286.88 |
| 2018年第四季度 | −148.83 | −50.77 | 3.12 | −18.91 | −14.84 | −286.98 |
| 2019年第一季度 | −149.74 | −63.46 | 3.29 | −18.99 | −9.58 | −282.13 |
| 2019年第二季度 | −153.04 | −61.10 | 1.66 | −16.86 | −9.15 | −274.09 |
| 2019年第三季度 | −153.71 | −49.39 | 2.66 | −16.85 | −17.40 | −290.70 |
| 2019年第四季度 | −148.71 | −54.20 | 3.44 | −19.13 | −11.85 | −291.34 |
| 2020年第一季度 | −149.13 | −66.85 | 5.65 | −17.98 | −13.23 | −287.30 |
| 2020年第二季度 | −149.22 | −63.62 | 31.84 | −15.86 | −2.28 | −280.47 |
| 2020年第三季度 | −152.00 | −49.29 | 33.56 | −15.05 | 4.39 | −291.89 |

续表

| 季 度 | 测 点 | | | | | |
|---|---|---|---|---|---|---|
| | S5-2-6-3 | S5-2-6-4 | S5-2-6-5 | S5-2-7-1 | S5-2-7-2 | S5-2-7-3 |
| 2016 年第四季度 | −11.04 | −44.44 | −96.97 | −44.28 | 3.20 | −84.35 |
| 2017 年第一季度 | −3.55 | −37.53 | −83.64 | −46.58 | −8.43 | −80.36 |
| 2017 年第二季度 | 11.93 | −23.09 | −72.97 | −26.94 | 1.91 | −46.78 |
| 2017 年第三季度 | −1.13 | −36.13 | −88.67 | −29.18 | 0.78 | −67.75 |
| 2017 年第四季度 | −6.42 | −41.02 | −91.94 | −36.10 | −0.11 | −74.11 |
| 2018 年第一季度 | −2.27 | −37.56 | −84.03 | −39.12 | −4.50 | −68.06 |
| 2018 年第二季度 | 10.04 | −26.39 | −74.83 | −35.58 | −5.18 | −57.65 |
| 2018 年第三季度 | −6.36 | −42.79 | −92.36 | −37.62 | −8.46 | −69.90 |
| 2018 年第四季度 | −24.21 | −50.71 | −98.83 | −45.36 | −15.77 | −75.94 |
| 2019 年第一季度 | −11.82 | −47.08 | −88.91 | −51.31 | −20.85 | −73.90 |
| 2019 年第二季度 | 9.41 | −27.51 | −74.52 | −41.85 | −13.23 | −57.80 |
| 2019 年第三季度 | −7.16 | −45.05 | −94.48 | −43.55 | −14.83 | −74.18 |
| 2019 年第四季度 | −10.85 | −48.08 | −96.47 | −53.55 | −23.86 | −78.96 |
| 2020 年第一季度 | −7.98 | −44.87 | −89.94 | −59.40 | −29.97 | −77.85 |
| 2020 年第二季度 | 11.47 | −25.57 | −72.48 | −46.59 | −18.01 | −59.58 |
| 2020 年第三季度 | −3.95 | −42.34 | −93.62 | −49.68 | −19.52 | −75.16 |

| 季 度 | 测 点 | | | | | |
|---|---|---|---|---|---|---|
| | S5-2-7-4 | S5-2-8-1 | S5-2-8-2 | S5-2-8-4 | S5-3-1-1 | S5-3-1-3 |
| 2016 年第四季度 | −84.81 | 28.93 | −23.74 | 13.87 | −42.05 | −60.90 |
| 2017 年第一季度 | −82.04 | 59.87 | −3.62 | 27.64 | −50.80 | −66.06 |
| 2017 年第二季度 | −58.13 | 58.45 | −20.67 | 23.46 | −53.10 | −64.66 |
| 2017 年第三季度 | −79.01 | 15.14 | −38.61 | 0.93 | −52.68 | −73.73 |
| 2017 年第四季度 | −86.78 | 14.47 | −32.27 | 2.98 | −56.11 | −76.97 |
| 2018 年第一季度 | −86.56 | 34.49 | −15.69 | 17.88 | −58.12 | −78.08 |
| 2018 年第二季度 | −72.78 | 43.35 | −25.64 | 14.88 | −60.24 | −75.45 |
| 2018 年第三季度 | −86.54 | 4.73 | −41.06 | −6.13 | −55.71 | −84.29 |
| 2018 年第四季度 | −93.44 | 4.80 | −36.06 | −6.04 | −58.02 | −85.01 |
| 2019 年第一季度 | −90.81 | 37.36 | −15.74 | 17.26 | −60.79 | −79.39 |
| 2019 年第二季度 | −74.98 | 43.69 | −28.42 | 13.19 | −61.90 | −78.59 |
| 2019 年第三季度 | −92.88 | −1.48 | −42.36 | −8.07 | −60.32 | −85.00 |
| 2019 年第四季度 | −98.27 | −1.95 | −39.40 | −7.63 | −61.11 | −85.20 |
| 2020 年第一季度 | −93.86 | 30.18 | −21.97 | 12.63 | −62.37 | −83.41 |
| 2020 年第二季度 | −76.79 | 35.52 | −32.39 | 9.02 | −63.53 | −76.74 |
| 2020 年第三季度 | −92.65 | 1.84 | −43.76 | −7.65 | −64.14 | −77.58 |

续表

| 季　度 | 测　点 | | | | | |
|---|---|---|---|---|---|---|
| | S5-3-1-4 | S5-3-3-1 | S5-3-3-3 | S5-3-3-4 | S5-3-3-5 | S5D-1-4-1 |
| 2016年第四季度 | −36.54 | −13.74 | −17.92 | −62.47 | −57.07 | −25.59 |
| 2017年第一季度 | −41.81 | −27.28 | −20.96 | −65.94 | −54.81 | −25.94 |
| 2017年第二季度 | −40.98 | −25.78 | −17.40 | −58.29 | −66.76 | −43.26 |
| 2017年第三季度 | −47.10 | −10.60 | −18.87 | −59.06 | −68.29 | −42.96 |
| 2017年第四季度 | −50.16 | −21.25 | −23.77 | −74.72 | −79.64 | −29.52 |
| 2018年第一季度 | −50.83 | −25.19 | −24.36 | −75.36 | −74.35 | −25.70 |
| 2018年第二季度 | −49.04 | −25.13 | −19.35 | −64.59 | −67.26 | −43.68 |
| 2018年第三季度 | −54.16 | −7.17 | −19.30 | −60.27 | −69.91 | −45.30 |
| 2018年第四季度 | −54.56 | −16.41 | −24.09 | −70.40 | −73.04 | −30.85 |
| 2019年第一季度 | −51.47 | −21.35 | −24.33 | −68.68 | −57.69 | −30.47 |
| 2019年第二季度 | −51.68 | −23.62 | −22.01 | −63.20 | −63.14 | −47.90 |
| 2019年第三季度 | −55.89 | −2.88 | −20.50 | −56.64 | −66.27 | −48.92 |
| 2019年第四季度 | −56.25 | −17.41 | −28.42 | −73.18 | −72.85 | −34.50 |
| 2020年第一季度 | −55.15 | −30.19 | −33.61 | −74.56 | −60.96 | −35.53 |
| 2020年第二季度 | −51.42 | −18.21 | −23.02 | −55.08 | −52.01 | −49.65 |
| 2020年第三季度 | −52.03 | −7.12 | −26.90 | −59.33 | −68.59 | −51.51 |

| 季　度 | 测　点 | | | | | |
|---|---|---|---|---|---|---|
| | S5D-1-4-2 | S5D-1-4-3 | S5D-1-4-4 | S5D-1-4-5 | S5D-3-2-3 | S5D-3-2-4 |
| 2016年第四季度 | −30.27 | −33.28 | −96.80 | −32.36 | 28.79 | −95.21 |
| 2017年第一季度 | −38.98 | −36.92 | −118.54 | −39.44 | 28.17 | −110.49 |
| 2017年第二季度 | −42.66 | −43.68 | −121.54 | −42.74 | −5.75 | −109.86 |
| 2017年第三季度 | −44.99 | −45.12 | −109.88 | −45.16 | −7.30 | −100.20 |
| 2017年第四季度 | −39.96 | −39.64 | −109.18 | −41.80 | 29.28 | −102.10 |
| 2018年第一季度 | −42.75 | −37.44 | −120.54 | −44.66 | 28.14 | −113.51 |
| 2018年第二季度 | −46.82 | −43.39 | −124.15 | −47.15 | −1.24 | −113.78 |
| 2018年第三季度 | −48.36 | −44.10 | −118.87 | −48.68 | −0.70 | −103.73 |
| 2018年第四季度 | −43.49 | −38.77 | −108.98 | −46.30 | 29.30 | −104.52 |
| 2019年第一季度 | −41.39 | −39.54 | −124.68 | −41.84 | 11.60 | −117.12 |
| 2019年第二季度 | −51.76 | −42.94 | −131.23 | −51.68 | 4.58 | −115.23 |
| 2019年第三季度 | −51.95 | −44.31 | −119.66 | −51.58 | 1.11 | −103.41 |
| 2019年第四季度 | −47.76 | −40.75 | −109.14 | −48.96 | 24.85 | −109.54 |
| 2020年第一季度 | −48.55 | −45.10 | −130.57 | −47.56 | 16.77 | −117.85 |
| 2020年第二季度 | −54.97 | −49.12 | −130.89 | −52.96 | 5.38 | −104.94 |
| 2020年第三季度 | −55.56 | −50.97 | −124.03 | −54.47 | 6.10 | −98.11 |

2. 监控指标拟定

本枢纽工程等别为Ⅱ等工程，工程规模为大（2）型，选定失效概率为1%，根据上一节的子样选择表拟定五向应变计监控指标，拟定结果见表 6 - 24 和表 6 - 25。

**表 6 - 24　　五向应变计最大值监控指标拟定结果**　　单位：$\mu\varepsilon$

| 测点编号 | 五向应变计 | | 失效概率 $\alpha$ | 均值$\overline{E}$ | 标准差 $\sigma_E$ | 监控指标 $E_m$ | 备注 |
|---|---|---|---|---|---|---|---|
| S5 - 1 - 2 - 2 | 最大值 | [$\delta_{max}$] | 1% | −6.78 | 10.14 | 16.81 | |
| S5 - 1 - 2 - 5 | 最大值 | [$\delta_{max}$] | 1% | 4.29 | 7.00 | 20.59 | |
| S5 - 2 - 1 - 2 | 最大值 | [$\delta_{max}$] | 1% | 30.12 | 3.11 | 37.36 | |
| S5 - 2 - 1 - 4 | 最大值 | [$\delta_{max}$] | 1% | 10.23 | 9.43 | 32.17 | 历史最大值 34.34 |
| S5 - 2 - 3 - 1 | 最大值 | [$\delta_{max}$] | 1% | 3.48 | 8.27 | 22.71 | |
| S5 - 2 - 3 - 3 | 最大值 | [$\delta_{max}$] | 1% | 30.77 | 3.64 | 39.25 | |
| S5 - 2 - 3 - 5 | 最大值 | [$\delta_{max}$] | 1% | 51.29 | 4.27 | 61.22 | 历史最大值 62.16 |
| S5 - 2 - 5 - 3 | 最大值 | [$\delta_{max}$] | 1% | 77.10 | 4.82 | 88.32 | |
| S5 - 2 - 5 - 4 | 最大值 | [$\delta_{max}$] | 1% | 99.28 | 5.49 | 112.05 | |
| S5 - 2 - 6 - 3 | 最大值 | [$\delta_{max}$] | 1% | 14.38 | 13.02 | 44.67 | |
| S5 - 2 - 7 - 2 | 最大值 | [$\delta_{max}$] | 1% | −0.98 | 13.04 | 29.36 | |
| S5 - 2 - 8 - 1 | 最大值 | [$\delta_{max}$] | 1% | 54.42 | 13.63 | 86.13 | |
| S5 - 2 - 8 - 2 | 最大值 | [$\delta_{max}$] | 1% | −12.36 | 10.24 | 11.48 | |
| S5 - 2 - 8 - 3 | 最大值 | [$\delta_{max}$] | 1% | 20.78 | 3.72 | 29.42 | |
| S5 - 2 - 8 - 4 | 最大值 | [$\delta_{max}$] | 1% | 26.39 | 9.30 | 48.03 | |
| S5 - 2 - 8 - 5 | 最大值 | [$\delta_{max}$] | 1% | 122.65 | 15.20 | 158.02 | |
| S5 - 3 - 1 - 5 | 最大值 | [$\delta_{max}$] | 1% | 28.73 | 7.73 | 46.70 | |
| S5 - 3 - 3 - 1 | 最大值 | [$\delta_{max}$] | 1% | 0.42 | 10.86 | 25.68 | |
| S5 - 3 - 3 - 3 | 最大值 | [$\delta_{max}$] | 1% | −10.33 | 8.93 | 10.43 | |
| S5D - 3 - 2 - 2 | 最大值 | [$\delta_{max}$] | 1% | 73.42 | 16.33 | 111.40 | |
| S5D - 3 - 2 - 3 | 最大值 | [$\delta_{max}$] | 1% | 36.20 | 12.51 | 65.31 | |
| S5D - 3 - 2 - 5 | 最大值 | [$\delta_{max}$] | 1% | 28.38 | 10.68 | 53.21 | |
| S5D - 3 - 3 - 1 | 最大值 | [$\delta_{max}$] | 1% | 45.99 | 7.00 | 62.28 | |
| S5D - 3 - 3 - 2 | 最大值 | [$\delta_{max}$] | 1% | 49.99 | 6.14 | 64.28 | |
| S5D - 3 - 3 - 3 | 最大值 | [$\delta_{max}$] | 1% | 61.91 | 5.82 | 75.44 | |
| S5D - 3 - 3 - 4 | 最大值 | [$\delta_{max}$] | 1% | 29.50 | 6.92 | 45.59 | |
| S5D - 3 - 3 - 5 | 最大值 | [$\delta_{max}$] | 1% | 47.46 | 6.28 | 62.06 | |

**表 6-25　　五向应变计最小值监控指标拟定结果　　单位：με**

| 测点编号 | 五向应变计 | | 失效概率 $\alpha$ | 均值 $\overline{E}$ | 标准差 $\sigma_E$ | 监控指标 $E_m$ | 备注 |
|---|---|---|---|---|---|---|---|
| S5-1-1-2 | 最小值 | [$\delta_{min}$] | 1% | −92.98 | 4.02 | −102.32 | |
| S5-1-1-4 | 最小值 | [$\delta_{min}$] | 1% | −107.85 | 3.81 | −116.71 | |
| S5-1-2-1 | 最小值 | [$\delta_{min}$] | 1% | −35.68 | 9.07 | −56.78 | |
| S5-1-2-2 | 最小值 | [$\delta_{min}$] | 1% | −20.63 | 10.37 | −44.74 | |
| S5-1-2-5 | 最小值 | [$\delta_{min}$] | 1% | −9.80 | 8.99 | −30.71 | |
| S5-1-3-2 | 最小值 | [$\delta_{min}$] | 1% | −92.42 | 4.88 | −103.78 | |
| S5-1-3-3 | 最小值 | [$\delta_{min}$] | 1% | −28.14 | 7.45 | −45.47 | |
| S5-1-4-1 | 最小值 | [$\delta_{min}$] | 1% | −64.68 | 3.69 | −73.26 | |
| S5-1-4-2 | 最小值 | [$\delta_{min}$] | 1% | −64.12 | 3.28 | −71.75 | |
| S5-1-4-3 | 最小值 | [$\delta_{min}$] | 1% | −56.42 | 10.06 | −79.83 | |
| S5-1-5-1 | 最小值 | [$\delta_{min}$] | 1% | −169.48 | 6.78 | −185.26 | |
| S5-1-5-2 | 最小值 | [$\delta_{min}$] | 1% | −157.77 | 3.54 | −166.00 | |
| S5-1-5-3 | 最小值 | [$\delta_{min}$] | 1% | −139.22 | 4.35 | −149.33 | |
| S5-1-5-4 | 最小值 | [$\delta_{min}$] | 1% | −150.44 | 2.83 | −157.02 | |
| S5-1-5-5 | 最小值 | [$\delta_{min}$] | 1% | −53.93 | 8.90 | −74.64 | |
| S5-2-1-4 | 最小值 | [$\delta_{min}$] | 1% | 6.23 | 10.43 | −18.03 | |
| S5-2-1-5 | 最小值 | [$\delta_{min}$] | 1% | −17.79 | 1.25 | −20.69 | |
| S5-2-3-1 | 最小值 | [$\delta_{min}$] | 1% | −9.60 | 6.90 | −25.64 | |
| S5-2-5-5 | 最小值 | [$\delta_{min}$] | 1% | −280.25 | 8.68 | −300.44 | |
| S5-2-6-3 | 最小值 | [$\delta_{min}$] | 1% | −3.37 | 9.93 | −26.46 | |
| S5-2-6-4 | 最小值 | [$\delta_{min}$] | 1% | −38.76 | 8.76 | −59.14 | |
| S5-2-6-5 | 最小值 | [$\delta_{min}$] | 1% | −87.17 | 9.05 | −108.22 | |
| S5-2-7-1 | 最小值 | [$\delta_{min}$] | 1% | −42.92 | 8.66 | −63.06 | |
| S5-2-7-2 | 最小值 | [$\delta_{min}$] | 1% | −11.05 | 10.00 | −34.32 | |
| S5-2-7-3 | 最小值 | [$\delta_{min}$] | 1% | −70.15 | 10.08 | −93.60 | |
| S5-2-7-4 | 最小值 | [$\delta_{min}$] | 1% | −84.40 | 10.22 | −108.17 | |
| S5-2-8-1 | 最小值 | [$\delta_{min}$] | 1% | 25.59 | 20.66 | −22.47 | |
| S5-2-8-2 | 最小值 | [$\delta_{min}$] | 1% | −28.84 | 11.46 | −55.49 | |
| S5-2-8-4 | 最小值 | [$\delta_{min}$] | 1% | 7.39 | 11.98 | −20.48 | |
| S5-3-1-1 | 最小值 | [$\delta_{min}$] | 1% | −57.56 | 5.74 | −70.92 | |

续表

| 测点编号 | 五向应变计 | | 失效概率 $\alpha$ | 均值 $\overline{E}$ | 标准差 $\sigma_E$ | 监控指标 $E_m$ | 备注 |
|---|---|---|---|---|---|---|---|
| S5-3-1-3 | 最小值 | $[\delta_{min}]$ | 1% | −76.94 | 7.50 | −94.39 | |
| S5-3-1-4 | 最小值 | $[\delta_{min}]$ | 1% | −49.94 | 5.71 | −63.23 | |
| S5-3-3-1 | 最小值 | $[\delta_{min}]$ | 1% | −18.33 | 8.12 | −37.23 | |
| S5-3-3-3 | 最小值 | $[\delta_{min}]$ | 1% | −22.80 | 4.28 | −32.75 | 历史最小值−33.61 |
| S5-3-3-4 | 最小值 | $[\delta_{min}]$ | 1% | −65.11 | 6.91 | −81.19 | |
| S5-3-3-5 | 最小值 | $[\delta_{min}]$ | 1% | −65.79 | 7.68 | −83.65 | |
| S5D-1-4-1 | 最小值 | $[\delta_{min}]$ | 1% | −38.21 | 9.39 | −60.04 | |
| S5D-1-4-2 | 最小值 | $[\delta_{min}]$ | 1% | −45.64 | 6.52 | −60.81 | |
| S5D-1-4-3 | 最小值 | $[\delta_{min}]$ | 1% | −42.19 | 4.56 | −52.79 | |
| S5D-1-4-4 | 最小值 | $[\delta_{min}]$ | 1% | −118.67 | 9.61 | −141.03 | |
| S5D-1-4-5 | 最小值 | $[\delta_{min}]$ | 1% | −46.08 | 5.66 | −59.25 | |
| S5D-3-2-3 | 最小值 | $[\delta_{min}]$ | 1% | 12.44 | 13.82 | −19.70 | |
| S5D-3-2-4 | 最小值 | $[\delta_{min}]$ | 1% | −107.48 | 6.94 | −123.61 | |

由表6-24和表6-25可知，S5-2-1-4五向应变计拟定的最大值监控指标为32.17$\mu\varepsilon$，历史最大值为34.34$\mu\varepsilon$；S5-2-3-5五向应变计拟定的最大值监控指标为61.22$\mu\varepsilon$，历史最大值为62.16$\mu\varepsilon$；S5-3-3-3五向应变计拟定的最小值监控指标为−32.75$\mu\varepsilon$，历史最小值为−33.61$\mu\varepsilon$；应对这3个测点加强观测，待获得更新的监测资料后重新拟定监控指标。

## 6.3 基于最大熵法的变形监控指标拟定

### 6.3.1 基本原理

#### 6.3.1.1 信息熵原理

1948年C. E. Shannon引入了信息熵概念后，就可以对各领域中的信息不确定性进行研究。对于常见的随机变量来讲，熵表达式为

$$H(x)=-\sum_{i=1}^{n}p_i\ln p_i \tag{6-14}$$

$$H(x)=-\int_R f(x)\ln f(x)\mathrm{d}x \tag{6-15}$$

式中 $p_i$——信号 $x_i$ 可能出现的概率；

$\ln p_i$——信息量；

$H(x)$——信息量的大小；

$f(x)$——已知的密度函数。

1957年，E. T. Jaynes提出最大熵原理，认为在信息已知情况下对分布情况判断时，以上两式在所有概率分布中，存在一个使得信息熵取得极大值的概率分布。

#### 6.3.1.2　最大熵密度函数

根据最大熵原理可知，在已知样本信息约束条件下，若使得概率分布达到最小偏差，使得熵 $H(x)$ 达到最大值，具体表达式为

$$\max H(x) = -\int_R f(x)\ln f(x)\mathrm{d}x \tag{6-16}$$

$$\text{s.t}\begin{cases}\int_R f(x)\mathrm{d}x = 1\\ \int_R x^i f(x)\mathrm{d}x = \mu_i(i=0,1,2,\cdots,n)\end{cases} \tag{6-17}$$

其中

$$\mu_i = \sum_{k=1}^{n} x_k^i / n$$

式中　$\mu_0 = 1$；

$x_k$——第 $k$ 组样本值；

$n$——样本容量；

$R$——积分空间，一般可近似取 $[E-5\sigma, E+5\sigma]$，$E$ 为样本期望（均值），$\sigma$ 为标准差；

$\mu_i$——$i$ 阶原点矩（$i=1, 2, \cdots, n$）；

$n$——所用矩的阶数。$i=1$ 表示样本平均值，体现了随机变量均值化；$i=2$ 表示样本值的离散集中程度；$i=3$ 称为“偏度系数”，即随机变量具有偏倚性；$i=4$ 称为“峰度系数”，即表示随机变量分布情况。

首先基于拉格朗日乘子法构造函数 $L$，然后求其最大值，即用下式分析：

$$L = H(x) + (\lambda_0 + 1)\left[\int_R f(x)\mathrm{d}x - 1\right] + \sum_{i=1}^{n}\lambda_i\left[\int_R x^i f(x)\mathrm{d}x - \mu_i\right] \tag{6-18}$$

令上式 $\partial L/\partial f(x) = 0$，则得到下式：

$$f(x) = \exp\left(\lambda_0 + \sum_{i=0}^{n}\lambda_i x^i\right) \tag{6-19}$$

式（6-19）中的系数只要求出，则密度函数表达式就能确定。

将式（6-19）代入式（6-17），则得到下式：

$$\int_R \exp\left(\lambda_0 + \sum_{i=0}^{n}\lambda_i x^i\right)\mathrm{d}x = 1 \tag{6-20}$$

经整理可求解 $\lambda_0$，即

$$\lambda_0 = -\ln\left[\int_R \exp\left(\sum_{i=1}^{n}\lambda_i x^i\right)\mathrm{d}x\right] \tag{6-21}$$

结合式（6-19）、式（6-21）、式（6-17）计算可得

$$\begin{aligned}\int_R x^i f(x)\mathrm{d}x &= \int_R x^i \exp\left(\lambda_0 + \sum_{j=1}^{n}\lambda_j x^j\right)\mathrm{d}x\\ &= \frac{\int_R x^i \exp\left(\sum_{j=1}^{n}\lambda_j x^j\right)\mathrm{d}x}{\int_R \exp\left(\sum_{j=1}^{n}\lambda_j x^j\right)\mathrm{d}x} = \mu_i(i=1,2,\cdots,n)\end{aligned} \tag{6-22}$$

对于拉格朗日乘子系数的求解方法较多，如 Newton 法、遗传算法、单纯形法或粒子群算法等，将式（6－22）转化为残差趋近于 0，即

$$r_i = 1 - \frac{\int_R x^i \exp\left(\sum_{j=1}^{n} \lambda_j x^j\right) \mathrm{d}x}{\mu_i \int_R \exp\left(\sum_{j=1}^{n} \lambda_j x^j\right) \mathrm{d}x} \tag{6-23}$$

通过上式 $r_i$ 使得 $r = \sum_{i=1}^{n} r_i^2 \rightarrow \min$，当 $r < \varepsilon$ 认为该式收敛，从而求得拉格朗日乘子系数（$\lambda_1, \lambda_2, \cdots, \lambda_n$），然后代入式（6－21）得到 $\lambda_0$，即得到式（6－19）表达式的系数。

根据已求出的式（6－19）表达式的系数，令 $x_m$ 为监控指标或极值，则大坝出现异常或危险的可能性为

$$P_a = \begin{cases} \int_{x_m}^{+\infty} f(x) \mathrm{d}x & x > x_m \\ \int_{-\infty}^{x_m} f(x) \mathrm{d}x & x < x_m \end{cases} \tag{6-24}$$

首先结合工程结构重要性确定失效概率，然后根据式（6－24）中的逆累积分布函数的性质，即可得到变形监控指标值。

为了提高计算收敛速度和精度，通常将计算输入数据进行标准化在进行优化求解，此时，最大熵法所得概率密度函数为

$$f(x) = \exp\left(\lambda_0 + \sum_{i=0}^{n} \lambda_i \left(\frac{x - u_1}{\delta}\right)^i\right) \tag{6-25}$$

基于最大熵法拟定监控指标的计算流程如图 6－3 所示。

## 6.3.2 拟定结果

以下结合 BEJSK 拱坝监测资料，采用大坝安全监控指标拟定的最大熵法，分别拟定水平位移、垂直位移和渗流等监控指标。子样选择与 6.2 节中各个监测项目所选择的子样数据一致。

### 6.3.2.1 水平位移监控指标拟定

水平位移由正倒垂线测得，包含径向水平位移和切向水平位移。根据 6.3.1 节，从位移数据系列中，选择不利荷载工况对应日期的位移监测值组成小子样样本空间，按 6.3.1 节式（6－24）最大熵法原理，利用优化算法计算所得参数 $\lambda_0$、$\lambda_1$、$\lambda_2$、$\lambda_3$、$\lambda_4$，见表 6－26 和表 6－27。根据表 6－26 和表 6－27 中参数，将正倒垂线所测的径向水平位移和切向水平位移数据系列作为典型监测量进行监控指标拟定，根据本工程的工程等级，选定失效概率为 1%，结果见表 6－28 和表 6－29。

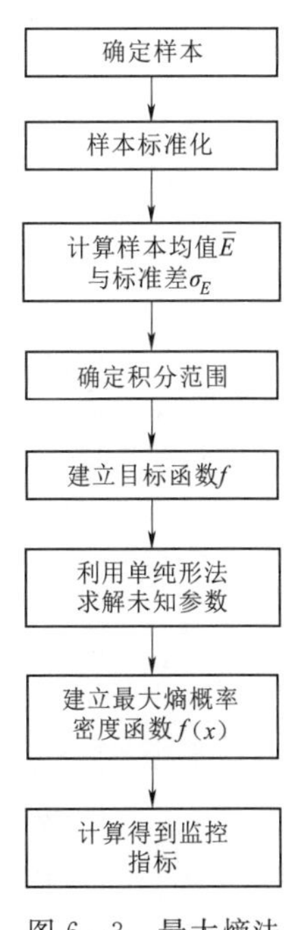

图 6－3 最大熵法计算流程

表 6-26　　最大熵法径向水平位移概率密度函数参数汇总表

| 测点编号 | 径向水平位移 | | $\lambda_0$ | $\lambda_1$ | $\lambda_2$ | $\lambda_3$ | $\lambda_4$ |
|---|---|---|---|---|---|---|---|
| IP2 | 最大值 | $[\delta_{max}]$ | −1.7129 | 1.9118 | 2.0822 | −1.4464 | −1.2928 |
| IP3 | 最大值 | $[\delta_{max}]$ | −0.4719 | −2.5701 | −1.9234 | 1.8512 | −0.4181 |
| IP4 | 最大值 | $[\delta_{max}]$ | −1.2663 | −0.5868 | 0.9066 | 0.3643 | −0.5972 |
| PL1-1 | 最大值 | $[\delta_{max}]$ | −0.9976 | −0.4772 | 0.1691 | 0.2573 | −0.3298 |
| PL1-2 | 最大值 | $[\delta_{max}]$ | −0.9376 | 0.4543 | −0.0207 | −0.2274 | −0.2588 |
| PL1-3 | 最大值 | $[\delta_{max}]$ | −1.1952 | 0.3733 | 0.7193 | −0.2232 | −0.5142 |
| PL2-1 | 最大值 | $[\delta_{max}]$ | −0.9671 | 0.4203 | 0.0811 | −0.2200 | −0.2956 |
| PL2-2 | 最大值 | $[\delta_{max}]$ | −0.7832 | 0.3326 | −0.4447 | −0.1448 | −0.1284 |
| PL2-3 | 最大值 | $[\delta_{max}]$ | −0.8543 | −0.1450 | −0.2336 | 0.0650 | −0.1839 |
| PL3-1 | 最大值 | $[\delta_{max}]$ | −0.9189 | 0.3057 | −0.0727 | −0.1472 | −0.2323 |
| PL3-2 | 最大值 | $[\delta_{max}]$ | −0.9973 | 1.3036 | 0.0994 | −0.8601 | −0.4279 |
| PL3-3 | 最大值 | $[\delta_{max}]$ | −1.5725 | 1.5825 | 1.6921 | −1.1373 | −1.0484 |

表 6-27　　最大熵法切向水平位移概率密度函数参数汇总表

| 测点编号 | 切向水平位移 | | $\lambda_0$ | $\lambda_1$ | $\lambda_2$ | $\lambda_3$ | $\lambda_4$ |
|---|---|---|---|---|---|---|---|
| IP2 | 最大值 | $[\delta_{max}]$ | −2.0273 | 0.8304 | 3.0718 | −0.6422 | −1.5726 |
| | 最小值 | $[\delta_{min}]$ | −1.0965 | 0.0017 | −0.0088 | 0.0051 | −0.1302 |
| IP3 | 最大值 | $[\delta_{max}]$ | −0.8948 | 0.9277 | −0.1590 | −0.5614 | −0.2782 |
| | 最小值 | $[\delta_{min}]$ | −1.2137 | −0.0230 | −0.0008 | −0.0793 | −0.0957 |
| IP4 | 最大值 | $[\delta_{max}]$ | −0.8998 | 0.1702 | −0.1228 | −0.0795 | −0.2120 |
| | 最小值 | $[\delta_{min}]$ | −1.1349 | 0.0000 | −0.0048 | 0.0000 | −0.1131 |
| PL1-1 | 最大值 | $[\delta_{max}]$ | −0.9748 | 0.4597 | 0.1019 | −0.2429 | −0.3051 |
| | 最小值 | $[\delta_{min}]$ | −1.1120 | 0.0018 | −0.0071 | 0.0055 | −0.1230 |
| PL1-2 | 最大值 | $[\delta_{max}]$ | −1.0455 | 0.9923 | 0.2707 | −0.5795 | −0.4188 |
| | 最小值 | $[\delta_{min}]$ | −1.1028 | 0.0007 | −0.0081 | 0.0021 | −0.1272 |
| PL1-3 | 最大值 | $[\delta_{max}]$ | −0.9169 | −0.0932 | −0.0551 | 0.0457 | −0.2384 |
| | 最小值 | $[\delta_{min}]$ | −1.1003 | 0.0018 | −0.0084 | 0.0054 | −0.1284 |
| PL2-1 | 最大值 | $[\delta_{max}]$ | −0.8583 | −1.8564 | −0.4107 | 1.2565 | −0.4181 |
| | 最小值 | $[\delta_{min}]$ | −1.3169 | 0.0254 | 0.0031 | 0.1078 | −0.0789 |
| PL2-2 | 最大值 | $[\delta_{max}]$ | −0.7274 | −0.0947 | −0.6094 | 0.0338 | −0.0711 |
| | 最小值 | $[\delta_{min}]$ | −1.0912 | −0.0004 | −0.0093 | −0.0012 | −0.1327 |
| PL2-3 | 最大值 | $[\delta_{max}]$ | −0.6923 | −1.2151 | −0.7278 | 0.7614 | −0.2108 |
| | 最小值 | $[\delta_{min}]$ | −1.1349 | 0.0000 | −0.0048 | 0.0000 | −0.1131 |
| PL3-1 | 最大值 | $[\delta_{max}]$ | −0.9028 | 0.1274 | −0.1154 | −0.0595 | −0.2127 |
| | 最小值 | $[\delta_{min}]$ | −1.2204 | −0.0139 | 0.0006 | −0.0493 | −0.0870 |

续表

| 测点编号 | 切向水平位移 | | $\lambda_0$ | $\lambda_1$ | $\lambda_2$ | $\lambda_3$ | $\lambda_4$ |
|---|---|---|---|---|---|---|---|
| PL3－2 | 最大值 | $[\delta_{max}]$ | −0.8788 | 0.4493 | −0.1721 | −0.2132 | −0.2170 |
| | 最小值 | $[\delta_{min}]$ | −1.2269 | −0.0174 | 0.0009 | −0.0606 | −0.0874 |
| PL3－3 | 最大值 | $[\delta_{max}]$ | −1.2840 | 0.3686 | 0.9903 | −0.2305 | −0.6247 |
| | 最小值 | $[\delta_{min}]$ | −1.2833 | 0.0188 | 0.0036 | 0.0723 | −0.0757 |

**表 6－28　　最大熵法径向水平位移各测点监控指标汇总表**　　单位：mm

| 测点编号 | 径向水平位移 | | 失效概率 | 监控指标 | 备注 |
|---|---|---|---|---|---|
| IP2 | 最大值 | $[\delta_{max}]$ | 1% | 0.46 | |
| IP3 | 最大值 | $[\delta_{max}]$ | 1% | 2.02 | |
| IP4 | 最大值 | $[\delta_{max}]$ | 1% | −5.35 | |
| PL1－1 | 最大值 | $[\delta_{max}]$ | 1% | 5.74 | |
| PL1－2 | 最大值 | $[\delta_{max}]$ | 1% | 12.27 | 历史最大值 12.49 |
| PL1－3 | 最大值 | $[\delta_{max}]$ | 1% | 19.15 | |
| PL2－1 | 最大值 | $[\delta_{max}]$ | 1% | 15.55 | |
| PL2－2 | 最大值 | $[\delta_{max}]$ | 1% | 30.59 | |
| PL2－3 | 最大值 | $[\delta_{max}]$ | 1% | 39.84 | |
| PL3－1 | 最大值 | $[\delta_{max}]$ | 1% | 2.43 | |
| PL3－2 | 最大值 | $[\delta_{max}]$ | 1% | 12.94 | |
| PL3－3 | 最大值 | $[\delta_{max}]$ | 1% | 22.36 | |

**表 6－29　　最大熵法切向水平位移各测点监控指标汇总表**　　单位：mm

| 测点编号 | 径向水平位移 | | 失效概率 | 监控指标 | 备注 |
|---|---|---|---|---|---|
| IP2 | 最大值 | $[\delta_{max}]$ | 1% | 2.18 | |
| | 最小值 | $[\delta_{min}]$ | 1% | −1.57 | |
| IP3 | 最大值 | $[\delta_{max}]$ | 1% | 8.92 | |
| | 最小值 | $[\delta_{min}]$ | 1% | 6.12 | |
| IP4 | 最大值 | $[\delta_{max}]$ | 1% | −0.04 | |
| | 最小值 | $[\delta_{min}]$ | 1% | −4.00 | |
| PL1－1 | 最大值 | $[\delta_{max}]$ | 1% | 2.00 | |
| | 最小值 | $[\delta_{min}]$ | 1% | −2.96 | |
| PL1－2 | 最大值 | $[\delta_{max}]$ | 1% | 3.60 | |
| | 最小值 | $[\delta_{min}]$ | 1% | −3.02 | |
| PL1－3 | 最大值 | $[\delta_{max}]$ | 1% | 6.66 | |
| | 最小值 | $[\delta_{min}]$ | 1% | −9.24 | |
| PL2－1 | 最大值 | $[\delta_{max}]$ | 1% | 17.03 | |
| | 最小值 | $[\delta_{min}]$ | 1% | 5.02 | |

续表

| 测点编号 | 径向水平位移 | | 失效概率 | 监控指标 | 备注 |
|---|---|---|---|---|---|
| PL2-2 | 最大值 | $[\delta_{max}]$ | 1% | 13.20 | |
| | 最小值 | $[\delta_{min}]$ | 1% | -1.06 | |
| PL2-3 | 最大值 | $[\delta_{max}]$ | 1% | 21.48 | |
| | 最小值 | $[\delta_{min}]$ | 1% | -10.21 | |
| PL3-1 | 最大值 | $[\delta_{max}]$ | 1% | -0.55 | |
| | 最小值 | $[\delta_{min}]$ | 1% | -5.32 | |
| PL3-2 | 最大值 | $[\delta_{max}]$ | 1% | -1.91 | |
| | 最小值 | $[\delta_{min}]$ | 1% | -6.23 | |
| PL3-3 | 最大值 | $[\delta_{max}]$ | 1% | 1.35 | |
| | 最小值 | $[\delta_{min}]$ | 1% | -4.56 | |

根据最大熵法所拟定的监控指标可知，表 6-28 中，监控指标最大值表示径向水平位移方向向下游不宜大于该值；监控指标最小值表示径向水平位移方向向上游位移不宜小于该值。表 6-29 中，监控指标最大值表示切向水平位移沿左右岸方向最大测值不宜大于该值，监控指标最小值表示切向水平位移沿左右岸方向最大测值不宜小于该值。例如，IP2 倒垂线测点径向水平位移测值最大值不宜超过 0.32mm；IP2 倒垂线测点切向水平位移测值最大值不宜超过 2.17mm，同时其最小值不宜小于－1.09mm。

#### 6.3.2.2　垂直位移监控指标拟定

垂直位移（下沉为正，上抬为负）由布置在基础廊道的静力水准和双金属标进行监测，选择相对较为连续的资料系列，根据最大熵法原理所得垂直位移概率密度函数参数见表 6-30，并根据 6.3.1 节原理拟定监控指标结果见表 6-31。

**表 6-30　　最大熵法垂直位移概率密度函数参数汇总表**

| 测点编号 | 径向水平位移 | | $\lambda_0$ | $\lambda_1$ | $\lambda_2$ | $\lambda_3$ | $\lambda_4$ |
|---|---|---|---|---|---|---|---|
| LS2-1 | 最大值 | $[\delta_{max}]$ | -0.8687 | 2.5885 | -0.6016 | -1.9738 | -0.6187 |
| | 最小值 | $[\delta_{min}]$ | -1.2192 | -0.0337 | -0.0028 | -0.1202 | -0.1064 |
| LS2-2 | 最大值 | $[\delta_{max}]$ | -1.0158 | 3.4524 | -0.5800 | -2.7979 | -0.9012 |
| | 最小值 | $[\delta_{min}]$ | -1.2040 | -0.0319 | -0.0030 | -0.1082 | -0.1070 |
| LS2-3 | 最大值 | $[\delta_{max}]$ | -1.0454 | 3.5112 | -0.5214 | -2.8432 | -0.9284 |
| | 最小值 | $[\delta_{min}]$ | -1.1892 | -0.0370 | -0.0051 | -0.1241 | -0.1169 |
| LS2-4 | 最大值 | $[\delta_{max}]$ | -1.0408 | 3.3980 | -0.4636 | -2.7479 | -0.9097 |
| | 最小值 | $[\delta_{min}]$ | -1.1807 | -0.0337 | -0.0049 | -0.1118 | -0.1156 |
| LS2-5 | 最大值 | $[\delta_{max}]$ | -1.0057 | 3.5783 | -0.6696 | -2.9539 | -0.9408 |
| | 最小值 | $[\delta_{min}]$ | -1.2079 | -0.0296 | -0.0022 | -0.0999 | -0.1034 |
| LS2-6 | 最大值 | $[\delta_{max}]$ | -0.9420 | 3.1554 | -0.6658 | -2.4576 | -0.7645 |
| | 最小值 | $[\delta_{min}]$ | -1.2205 | -0.0316 | -0.0021 | -0.1111 | -0.1031 |

续表

| 测点编号 | 径向水平位移 | | $\lambda_0$ | $\lambda_1$ | $\lambda_2$ | $\lambda_3$ | $\lambda_4$ |
|---|---|---|---|---|---|---|---|
| LS2-7 | 最大值 | $[\delta_{max}]$ | −0.8534 | 1.6999 | −0.3844 | −1.1299 | −0.3849 |
| | 最小值 | $[\delta_{min}]$ | −1.2199 | −0.0296 | −0.0017 | −0.1039 | −0.1009 |
| LS2-8 | 最大值 | $[\delta_{max}]$ | −0.8181 | 1.7726 | −0.4866 | −1.2136 | −0.3929 |
| | 最小值 | $[\delta_{min}]$ | −1.2421 | −0.0248 | 0.0006 | −0.0888 | −0.0904 |
| DS2-1 | 最大值 | $[\delta_{max}]$ | −0.8847 | 2.5080 | −0.5274 | −1.8765 | −0.5995 |
| | 最小值 | $[\delta_{min}]$ | −1.2178 | −0.0334 | −0.0028 | −0.1186 | −0.1063 |
| DS2-2 | 最大值 | $[\delta_{max}]$ | −0.8847 | 2.5080 | −0.5274 | −1.8765 | −0.5995 |
| | 最小值 | $[\delta_{min}]$ | −1.2178 | −0.0333 | −0.0028 | −0.1186 | −0.1063 |

**表 6-31　　最大熵法垂直位移概率密度函数系参数汇总表**　　单位：mm

| 测点编号 | 径向水平位移 | | 失效概率 $\alpha$ | 监控指标 $E_m$ | 备注 |
|---|---|---|---|---|---|
| LS2-1 | 最大值 | $[\delta_{max}]$ | 1% | 9.05 | |
| | 最小值 | $[\delta_{min}]$ | 1% | −2.06 | |
| LS2-2 | 最大值 | $[\delta_{max}]$ | 1% | 1.36 | |
| | 最小值 | $[\delta_{min}]$ | 1% | −10.84 | |
| LS2-3 | 最大值 | $[\delta_{max}]$ | 1% | 9.39 | |
| | 最小值 | $[\delta_{min}]$ | 1% | −4.15 | |
| LS2-4 | 最大值 | $[\delta_{max}]$ | 1% | 1.79 | |
| | 最小值 | $[\delta_{min}]$ | 1% | −10.22 | |
| LS2-5 | 最大值 | $[\delta_{max}]$ | 1% | 9.91 | |
| | 最小值 | $[\delta_{min}]$ | 1% | −1.73 | |
| LS2-6 | 最大值 | $[\delta_{max}]$ | 1% | 9.46 | |
| | 最小值 | $[\delta_{min}]$ | 1% | −1.50 | |
| LS2-7 | 最大值 | $[\delta_{max}]$ | 1% | 1.39 | |
| | 最小值 | $[\delta_{min}]$ | 1% | −9.53 | |
| LS2-8 | 最大值 | $[\delta_{max}]$ | 1% | 7.09 | |
| | 最小值 | $[\delta_{min}]$ | 1% | −3.58 | |
| DS2-1 | 最大值 | $[\delta_{max}]$ | 1% | 9.07 | |
| | 最小值 | $[\delta_{min}]$ | 1% | −2.06 | |
| DS2-2 | 最大值 | $[\delta_{max}]$ | 1% | 9.07 | |
| | 最小值 | $[\delta_{min}]$ | 1% | −2.06 | |

#### 6.3.2.3 渗流监控指标

渗流监测内容包含量水堰（WE1、WE2）所测得的坝体渗流量以及测压管所测得的坝基扬压力（Pj1-2、Pj1-4、Pj2-1、Pj2-3、Pj2-4、Pj3-2、Pj3-3、Pj3-4）。按6.3.1节式（6-24）最大熵法原理，利用优化算法计算所得参数 $\lambda_0$、$\lambda_1$、$\lambda_2$、$\lambda_3$、$\lambda_4$，见表6-32。

根据表6-32对渗流数据系列作为典型监测量进行监控指标拟定，根据本工程的工程等级，选定失效概率为1%，结果见表6-33。

表6-32　　最大熵法渗流概率密度函数系参数汇总表

| 测点 | $\lambda_0$ | $\lambda_1$ | $\lambda_2$ | $\lambda_3$ | $\lambda_4$ |
|---|---|---|---|---|---|
| Pj1-2 | −0.7136 | −1.9347 | −0.8062 | 1.3835 | −0.3943 |
| Pj1-4 | −4.2432 | 13.0569 | 2.3882 | −13.4368 | −5.6463 |
| Pj2-1 | −0.9229 | 1.7232 | −0.1773 | −1.2006 | −0.4564 |
| Pj2-3 | −0.8989 | 0.7485 | −0.1384 | −0.4474 | −0.2573 |
| Pj2-4 | −0.9564 | 0.4255 | 0.0411 | −0.2191 | −0.2794 |
| Pj3-2 | −0.8819 | 0.0486 | −0.1688 | −0.0222 | −0.1969 |
| Pj3-3 | −1.0678 | 3.8054 | −0.6166 | −3.1692 | −1.0240 |
| Pj3-4 | −1.7945 | −1.9681 | 2.2685 | 1.4974 | −1.3694 |
| WE1 | −1.0118 | −0.0811 | 0.2031 | 0.0427 | −0.3192 |
| WE2 | −1.3241 | 0.8060 | 1.0602 | −0.5176 | −0.6777 |

表6-33　　最大熵法拟定渗流监控指标汇总表

| 测点 | 失效概率 $\alpha$ | 监控指标 $a$ | 备注 | 测点 | 失效概率 $\alpha$ | 监控指标 $a$ | 备注 |
|---|---|---|---|---|---|---|---|
| Pj1-2 | 1% | 61.44m | | Pj3-2 | 1% | 1.53m | |
| Pj1-4 | 1% | 12.20m | | Pj3-3 | 1% | 10.66m | |
| Pj2-1 | 1% | 68.09m | | Pj3-4 | 1% | 26.98m | |
| Pj2-3 | 1% | 26.13m | | WE1 | 1% | 27.27L/s | |
| Pj2-4 | 1% | 25.65m | | WE2 | 1% | 1.67mL/s | |

## 6.4　两种方法拟定监控指标对比

对于实际大坝工程问题，当采用监测效应量的小概率法拟定大坝安全监控指标时，对子样统计检验其满足的典型概率密度分布函数（如正态分布、对数正态分布和极值Ⅰ型分布等），工程实践表明，典型小概率法多数情况下假设其满足正态分布；而最大熵法不需要事先假设分布类型，直接根据各基本随机变量的数字特征值进行计算，这样就可以得到精度较高的概率密度函数，为此，以下以径向水平向下游方向位移为例，对上述两种方法统计检验的概率密度分布函数进行对比，如图6-4～图6-7所示。

由图对比分析可知：①数据在样本数据较为完整时，即实际样本数据分布近似正态分布时，典型小概率法具有较好的适用性，反之，适用性较低；②最大熵法是根据实际样本数据的概率分布拟合出来的概率分布函数，其拟定监控指标的效果与数据样本有十分密切的关系，当样本不能准确反映总体分布规律时，所拟定的监控指标并不够准确。综上可见，两种方法拟定监控指标均依赖于数据样本的实际情况，单一的拟定方法并不够完善。

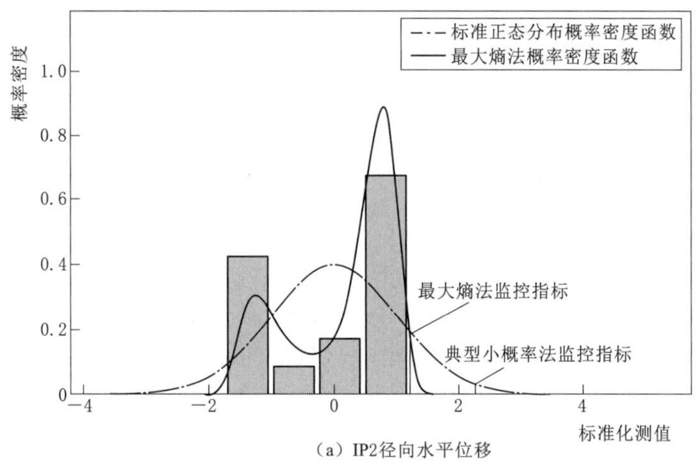


（a）IP2径向水平位移

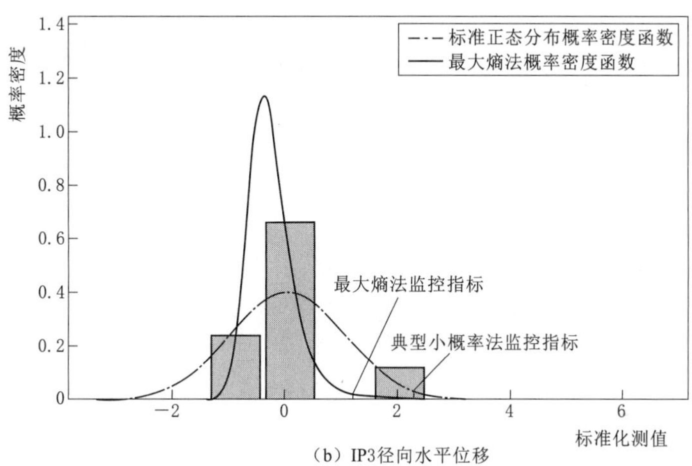


（b）IP3径向水平位移

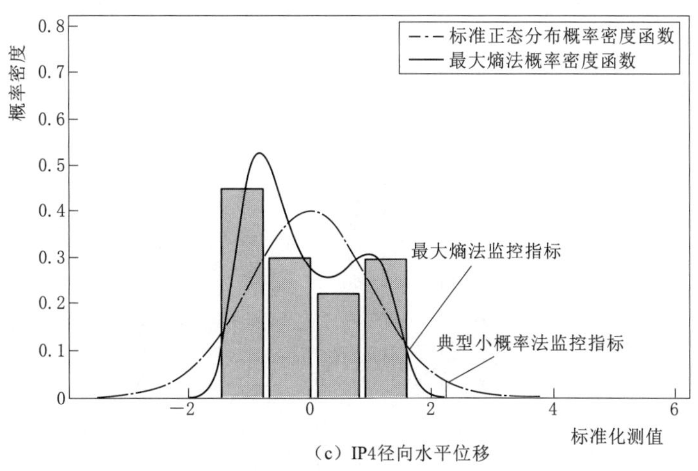


（c）IP4径向水平位移

图 6-4　倒垂线径向水平位移最大值概率分布图对比

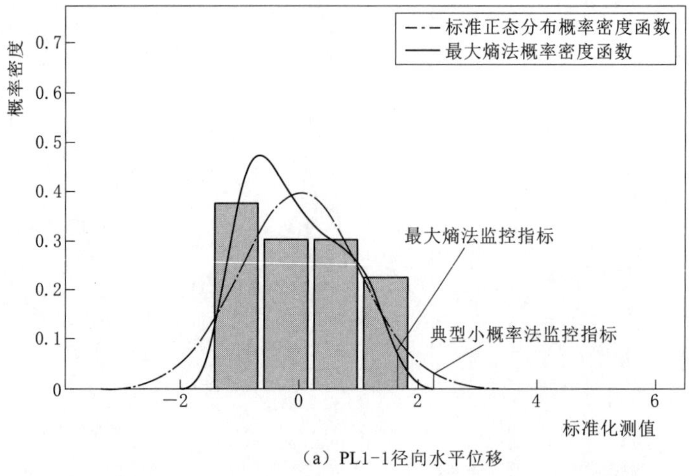


(a) PL1-1径向水平位移

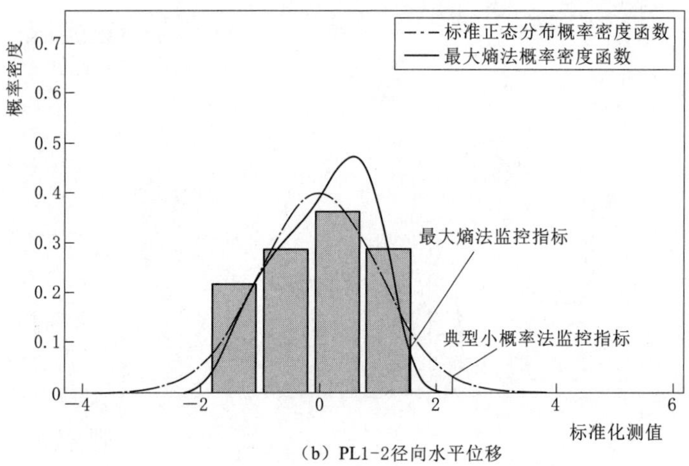


(b) PL1-2径向水平位移

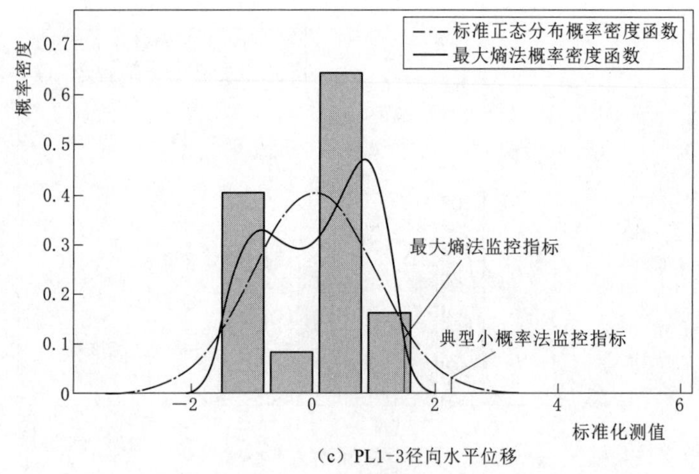


(c) PL1-3径向水平位移

图6-5　PL1垂线径向水平位移最大值概率分布图对比

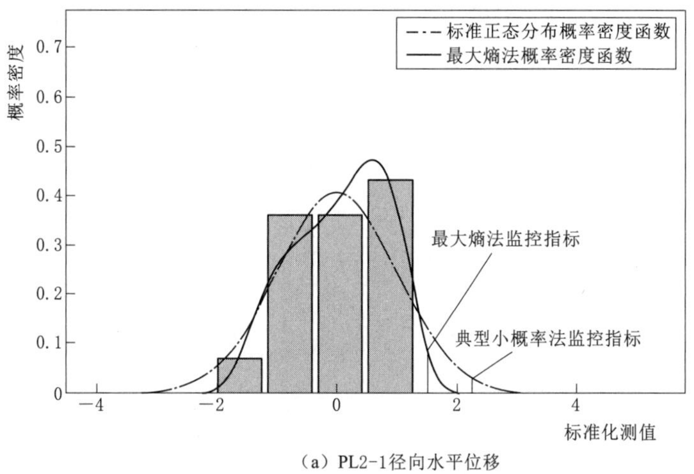


（a）PL2-1径向水平位移

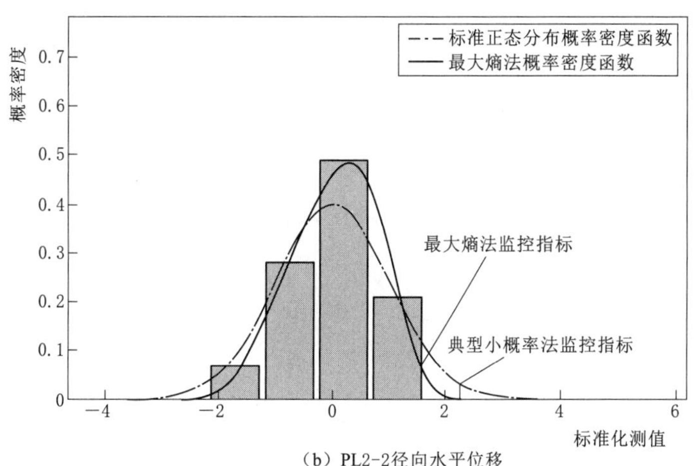


（b）PL2-2径向水平位移

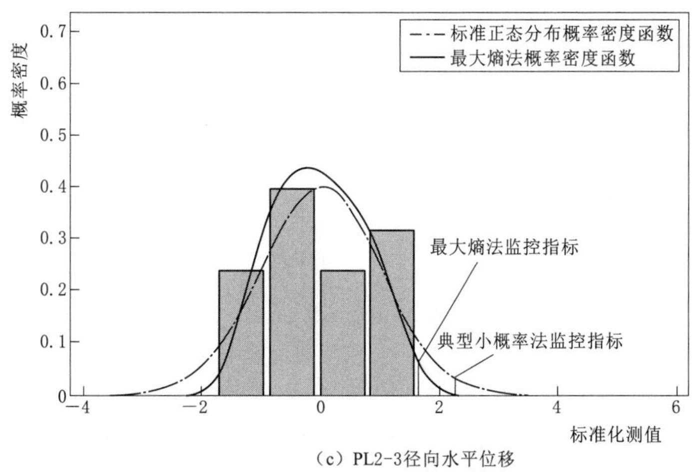


（c）PL2-3径向水平位移

图 6-6　PL2 垂线径向水平位移最大值概率分布图对比

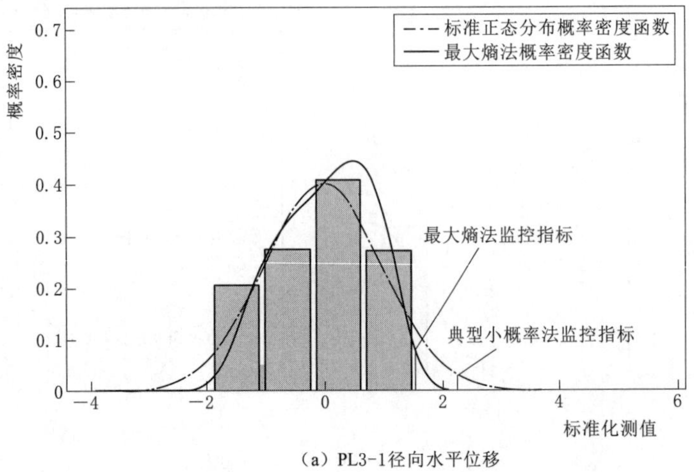


(a) PL3-1径向水平位移

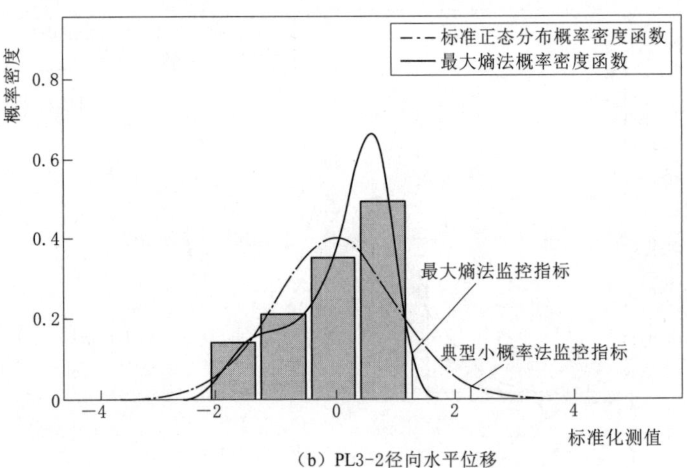


(b) PL3-2径向水平位移

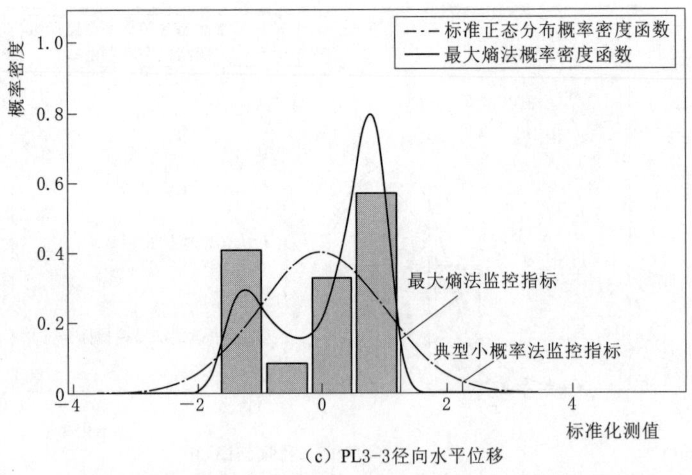


(c) PL3-3径向水平位移

图6-7　PL3垂线径向水平位移最大值概率分布图对比

## 6.5 拱坝监测量预警模式

根据典型小概率法和最大熵法拟定了 BEJSK 拱坝实测资料的监控指标。对于拟定了监控指标监测项目，采用以下预警模式来监控运行中的拱坝径向位移，如图 6-8 所示。

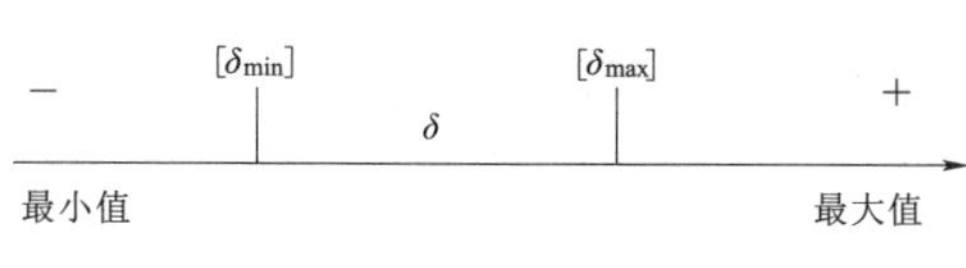


图 6-8 预警模式示意图

当 $[\delta_{min}] \leqslant \delta \leqslant [\delta_{max}]$ 时，大坝监测值处在正常范围内；

当 $\delta > [\delta_{max}]$ 或 $\delta < [\delta_{min}]$ 时，大坝监测值异常，必须跟踪监测，及时分析大坝监测值过大或过小的物理成因。

其中，$\delta$ 为实测监测数据；$[\delta_{min}]$ 和 $[\delta_{max}]$ 分别为采用小概率法或最大熵法拟定的最小值和最大值对应的监控指标。

## 6.6 总结与评价

(1) 结合 BEJSK 拱坝实测资料，采用典型小概率法和最大熵法，分别拟定了水平位移、垂直位移、渗流等监测项目的监控指标，为 BEJSK 拱坝的运维管理提供了有力参考。

(2) 由两种不同方法拟定的监控指标对比来看，根据最大熵法所拟定的最大值的监控指标普遍相对较保守，即监控指标相对于典型小概率法所拟定的监控指标偏小；而典型小概率法拟定的最小值监控指标相对较为保守。其中 IP3 监控指标小于历史最大值，这与 IP3 资料系列完整性有关，建议等待资料补充完整以后更新监控指标。

(3) 两种方法拟定监控指标均依赖于数据样本的实际情况，单一的拟定方法并不够完善。数据在样本数据较为完整时，即实际样本数据分布近似正态分布时，典型小概率法具有较好的适用性，反之，适用性较低；最大熵法是根据实际样本数据的概率分布拟合出来的概率分布函数，其拟定监控指标的效果与数据样本有十分密切的关系，当样本不能准确反映总体分布规律时，所拟定的监控指标并不够准确。目前，由于部分变形和渗流的检测资料系列较短且数据完整性不足，实际采样的子样数据并不理想，因此对于监控指标拟定，以典型小概率法为主，对一些并不严格服从标准正态分布的数据子样并辅以最大熵法进行补充，并待实测数据序列补充完整后及时跟新监控指标。

# 第7章 拱坝变形监控指标拟定的混合法

## 7.1 概 述

第6章介绍了基于实测数据拟定监控指标的典型小概率法和最大熵法，这类方法虽然简洁易行，但其可信度依赖于现有监测资料所包含的荷载信息，而且物理概念不明确，没有联系大坝失事的原因和机理。由于基于结构分析的数值计算法拟定监控指标的物理概念较明确，可模拟未发生过的不利荷载工况，由此拟定的监控指标更可靠。然而，由于监控指标拟定涉及的弹性参数、强度参数、渗流参数、热学参数和黏性参数众多且不易合理确定，完全采用数值计算法来拟定监控指标难度较大。类比监测资料混合模型建立思想，即采用数值计算法计算一部分相对可靠的效应量，其余效应量则采用统计模型的分离值，进而累加获得变形监控指标。目前，基于数值计算-变形统计模型的混合法拟定变形一级监控指标已有相关文献报导，然而，采用数值计算-变形统计模型的混合法拟定二级监控指标时，在监控指标拟定的准则上目前报道的文献存在分歧且比较含糊，进而导致材料强度参数以及安全储备系数（或强度折减系数）等的取值也较为含糊；此外，对变形统计模型分离的不利温度分量的非线性效应考虑也存在不足，该问题对于位于严寒地区的高拱坝尤为突出。为此，本章拟首先探讨变形监控指标拟定准则和方法，进而结合 BEJSK 拱坝变形监测资料，采用数值计算-变形统计模型的混合法拟定坝顶典型测点向下游径向水平位移一级和二级监控指标。

## 7.2 拱坝变形监控指标拟定的基本原理

### 7.2.1 拱坝变形监控指标拟定准则

采用数值计算分析法拟定混凝土坝变形监控指标，是通过建立大坝结构和地基的数值计算模型（如有限元模型），施加相应的初始边界条件，然后根据坝体和坝基设计、反演或临界的材料参数，计算最不利荷载工况下的效应量，从而确定监控指标的方法。吴中如和顾冲时等提出了一种隐含超载法思想的变形监控指标拟定准则。具体如下：

(1) 在拟定一级监控指标时，大坝应满足设计条件的强度和稳定条件，则变形一级监控指标为

$$\delta_1 = F(\sigma_{et} \leqslant [\sigma]_e, \sigma_{st} \leqslant [\sigma]_s, K = R/S \geqslant [K]) \tag{7-1}$$

式中　$[\sigma]_e$、$[\sigma]_s$——容许拉、压应力；

$\sigma_{et}$、$\sigma_{st}$——实际拉、压应力；

$K$——实际的稳定安全系数；

$[K]$——容许安全系数。

在计算抗滑力 $R$ 时，$c$、$f$ 为现场试验的峰值的小值平均值，并由专家确定；在计算滑动力 $S$ 时，荷载组合采用设计荷载组合工况。

（2）在拟定变形二级监控指标时，大坝应满足下列条件：

强度条件：$\sigma_{et}\leqslant\sigma_e$，$\sigma_{st}\leqslant\sigma_s$；稳定条件：$R\geqslant S$；抗裂条件：$K_C\geqslant K_\sigma$。

根据以上约束条件，则二级变形监控指标为

$$\delta_2=F(\sigma_{et}\leqslant\sigma_e,\sigma_{st}\leqslant\sigma_s,R\geqslant S,K_C\geqslant K_\sigma)\tag{7-2}$$

式中　$\sigma_e$、$\sigma_s$——拉、压应力屈服强度；

$K_\sigma$——应力强度因子；

$K_C$——断裂韧度。

在计算抗滑力 $R$ 时，$c$、$f$ 选用野外试验的屈服值，并由专家确定；在计算滑动力 $S$ 时，荷载工况采用大坝运行过程中最不利荷载工况。

（3）在拟定变形三级监控指标时，大坝应满足下列条件：

强度条件：$\sigma_{et}\leqslant\sigma_e$，$\sigma_{st}\leqslant\sigma_s$；

稳定条件：$R\geqslant S$。

根据以上约束条件，则三级变形监控指标为

$$\delta_3=F(\sigma_{et}\leqslant\sigma_e,\sigma_{st}\leqslant\sigma_s,R\geqslant S)\tag{7-3}$$

式中　$\sigma_e$、$\sigma_s$——极限拉、压强度。

在计算抗滑力 $R$ 时，$c$、$f$ 选用峰值平均值，并由专家确定；在计算滑动力 $S$ 时，荷载工况采用遇合概率极小而又可能发生的极限荷载组合工况。由于变形三级监控指标的拟定需要采用大坝变形非线性计算的大变形理论，此外，迄今关于混凝土坝溃坝的变形监测资料极少，因此，变形三级监控指标拟定十分复杂和困难。

显然，基于超载法思想拟定变形监控指标不方便应用于实际大坝工程。以下给出一种基于强度折减法思想的混凝土坝变形监控指标拟定准则。由于变形三级监控指标拟定十分复杂和困难，以下主要探讨变形一级、二级监控指标拟定的准则。

通常混凝土坝变形统计模型由水压、温度和时效分量组成。当拟定混凝土坝变形一级监控指标时，大坝处于黏弹性工作状态，此时采用弹性参数计算水压分量和温度分量，采用黏弹性参数计算时效分量。当拟定混凝土坝变形二级监控指标时，在不利荷载工况下，大坝处于黏弹塑性工作状态，此时采用弹塑性参数计算水压分量和温度分量，采用黏弹塑性参数计算时效分量。因此，混凝土坝变形一级、二级监控指标分别满足式（7-4）和式（7-5）。

$$\begin{aligned}&Find\quad \delta=\boldsymbol{\delta}^H+\boldsymbol{\delta}^T+\boldsymbol{\delta}^\theta\leqslant[\delta_{\mathrm{I}}]\\&St.\begin{cases}K(E,\mu)\boldsymbol{\delta}^H=R^H,K(E,\mu)\boldsymbol{\delta}^T=R^T\\K(E,\mu)\boldsymbol{\delta}^\theta=R^\theta+F^{ve},K_f\geqslant[K_f]\end{cases}\end{aligned}\tag{7-4}$$

$$Find\quad \delta=\boldsymbol{\delta}^H+\boldsymbol{\delta}^T+\boldsymbol{\delta}^\theta\leqslant[\delta_{\mathrm{II}}]$$

$$St.\begin{cases}K(E,\mu,c,\varphi,\cdots)\boldsymbol{\delta}^H=\boldsymbol{R}^H,K(E,\mu,c,\varphi,\cdots)\boldsymbol{\delta}^T=R^T\\K(E,\mu)\delta^\theta=R^\theta+F^{vp},K_f\geqslant[K_f],K_\sigma\leqslant K_C\end{cases}\tag{7-5}$$

其中
$$F^{ve}=\sum_e\int_v\boldsymbol{B}^T\boldsymbol{D}\varepsilon^{ve}\mathrm{d}v,F^{vp}=\sum_e\int_v\boldsymbol{B}^T\boldsymbol{D}\varepsilon^{vp}\mathrm{d}v\tag{7-6}$$

式中　$\delta$——大坝变形；

$[\delta_{\mathrm{I}}]$——大坝变形一级监控指标；

$[\delta_{\mathrm{II}}]$——大坝变形二级监控指标；

$K$——整体刚度矩阵；

$\boldsymbol{\delta}^H$、$\boldsymbol{\delta}^T$、$\boldsymbol{\delta}^\theta$——水压、温度和时效引起的位移矩阵；

$\boldsymbol{R}^H$、$\boldsymbol{R}^T$、$\boldsymbol{R}^\theta$——水压、温度和时效引起的荷载列向量；

$E$、$\mu$、$c$、$\varphi$——混凝土或基岩弹性模量、泊松比、凝聚力和内摩擦角；

$K_f$、$[K_f]$——抗滑稳定安全系数和抗滑稳定允许安全系数；

$K_\sigma$、$K_C$——裂缝尖端应力强度因子和断裂韧度；

$\varepsilon^{ve}$、$\varepsilon^{vp}$——黏弹性变形和黏塑性变形；

$\boldsymbol{B}$、$\boldsymbol{D}$——几何矩阵和弹性矩阵。

### 7.2.2　拱坝变形监控指标拟定的混合计算方法

由于混凝土坝变形监控指标拟定十分复杂，涉及的坝体和基岩的弹性参数、强度参数和黏性参数众多且不容易准确获取。考虑到水压分量数值计算涉及的参数相对较少且计算结果相对可靠，为此，采用基于数值计算—变形统计模型的混合法拟定混凝土坝变形监控指标，即水压分量由数值计算分析法计算获得，不利工况下的温度分量和时效分量，则由长时间系列混凝土坝变形监测资料统计模型分离获得，从而叠加得到混凝土坝变形一级、二级监控指标为

$$[\delta]=\Delta\delta_H^c+\Delta\delta_T^m+\Delta\delta_\theta^m+\delta_0^m\tag{7-7}$$

式中　$[\delta]$——混凝土坝变形监控指标；

$\Delta\delta_H^c$——不利水位工况与起始日水位工况下计算水压分量差；

$\Delta\delta_T^m$——相对起始日温度工况下的最大温度分量差值；

$\Delta\delta_\theta^m$——相对起始日起的最大时效分量差；

$\delta_0^m$——起始日实测位移。

式（7-7）中各不利工况下的水压、温度和时效分量的具体计算如下。

1. 最不利水压分量

（1）一级监控指标。通过参数反演获得坝体混凝土和基岩的综合弹性参数，输入大坝有限元计算模型，计算给定不利水位工况下的水压分量差，作为大坝变形一级监控指标的水压分量差。

（2）二级监控指标。考虑坝体混凝土和基岩的塑性屈服。借鉴分项系数极限状态设计准则，凝聚力和内摩擦角等强度参数采用设计值，其由强度参数极限值或标准值除以折减（材料性能分项）系数得到，坝体混凝土和基岩的弹性参数仍采用反演值，建立弹塑性大坝有限元模型，计算不利水位工况下的水压分量差，计算结果作为大坝变形二级监控指

标的水压分量差。

2. 最不利温度分量

(1) 一级监控指标。由变形统计模型分离出的温度分量，计算得到温度分量向下游的最大位移，进而得到不利温度工况下相对起始日的一级监控指标温度分量差。

(2) 二级监控指标。由于变形统计模型分离出的温度分量本质上为线性温度分量，而一些极端不利温度工况下会产生非线性的温度效应，为此，由不利温度工况下的实测变形扣除变形统计模型分离出的水压分量和时效分量，进而得到含非线性因素的真实温度分量，在非线性温度分量基础上，选取相对于起始日真实温度分量向下游最大的差值作为二级监控指标的温度分量差。

3. 最不利时效分量

由变形统计模型分离出时效分量，选取至起始日起，时效分量最大变幅值（最大值-最小值）作为一级和二级监控指标的时效分量差。

### 7.2.3 拱坝变形二级监控指标拟定的弹塑性本构模型

当混凝土坝局部出现塑性状态时，大坝处于二级监控状态，变形二级监控指标可应用弹塑性理论分析大坝在最不利荷载情况下的变形值而获得。由塑性力学可知，材料从弹性状态进入塑性状态时应力分量之间满足屈服条件。对于混凝土和岩石这类脆性材料的屈服函数有很多的形式。目前在混凝土大坝工程中常采用如下几种屈服准则

1. 摩尔-库仑屈服准则

$$F=\frac{1}{3}I_1\sin\varphi+\sqrt{J_2}\left(\cos\theta-\frac{1}{\sqrt{3}}\sin\theta\sin\varphi\right)-c\cos\varphi \tag{7-8}$$

其中

$$-\frac{\pi}{6}\leqslant\theta=\frac{1}{3}\sin^{-1}\left(-\frac{3\sqrt{3}}{2}\frac{J_3}{J_2^{3/2}}\right)\leqslant\frac{\pi}{6} \tag{7-9}$$

式中 $I_1$——第一应力不变量；

$J_2$——第二偏应力不变量；

$c$、$\varphi$——材料的凝聚力和内摩擦角；

$\theta$——洛德角；

$J_3$——第三偏应力不变量。

2. Drucker - Prager 屈服准则

$$F=\alpha I_1+\sqrt{J_2}-K \tag{7-10}$$

式中 $I_1$——第一应力不变量；

$J_2$——第二偏应力不变量；

$\alpha$、$K$——材料参数。

当 $F<0$ 时，材料处于弹性状态；当 $F=0$，$dF>0$ 时，表示加载；当 $F=0$，$dF<0$ 时，表示卸载；当 $F=0$，$dF=0$ 时，表示中性变载。

由 Drucker - Prager 屈服面和摩尔-库仑六角形的关系，分内切圆、外接圆和交接圆，如图 7-1 所示，其对应的材料参数表达式分别为

内切圆：
$$\alpha=\frac{\sqrt{3}\sin\varphi}{3\sqrt{3+\sin^2\varphi}},\ K=\frac{\sqrt{3}c\cdot\cos\varphi}{\sqrt{3+\sin^2\varphi}} \tag{7-11}$$

外接圆：
$$\alpha=\frac{2\sin\varphi}{\sqrt{3}(3-\sin\varphi)},\ K=\frac{6c\cdot\cos\varphi}{\sqrt{3}(3-\sin\varphi)} \tag{7-12}$$

交接圆：
$$\alpha=\frac{2\sin\varphi}{\sqrt{3}(3+\sin\varphi)},\ K=\frac{6c\cdot\cos\varphi}{\sqrt{3}(3+\sin\varphi)} \tag{7-13}$$

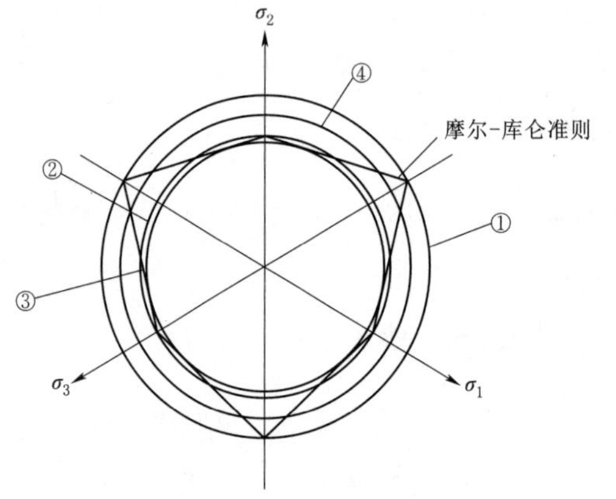


图 7-1　Drucker-Prager 屈服面和摩尔-库仑六角形的关系

①摩尔-库仑外角点外接圆准则；②摩尔-库仑内角点外接圆；③摩尔-库仑内切圆准则；④摩尔-库仑等面积圆准则。

3. 最大拉应力准则

$$F=\sigma_i-\sigma_0\quad(i=1,2,3) \tag{7-14}$$

式中　$\sigma_i$——主拉应力；

$\sigma_0$——抗拉强度。

4. Hsieh-Ting-Chen 四参数屈服准则

$$F=a\frac{J_2}{R_c}+b\sqrt{J_2}+c\sigma_1+dI_1-R_c \tag{7-15}$$

其中，当 $a=c=0$ 时，它退化为 Drucker-Prager 准则；当 $a=c=d=0$ 时，它退化为 Mises 准则。4 个参数 $a$、$b$、$c$、$d$ 需要由 4 种不同类型的试验确定，即由单轴压缩试验（$\sigma_1=\sigma_2=0$，$\sigma_3=-R_c$）、单轴拉伸试验（$\sigma_1=R_t$，$\sigma_2=\sigma_3=0$）、双轴压缩试验（$\sigma_1=0$，$\sigma_2=\sigma_3=-R_{bc}$）和三轴压缩试验（$\sigma_1=\sigma_2=-R_{pc}$，$\sigma_3=-R_{cc}$，且 $R_{cc}>R_{pc}$）确定。

在拱坝变形二级监控指标拟定的弹塑性数值计算时，根据工程实际情况选用相应的屈服准则。

## 7.3　基于混合法的拱坝径向水平位移监控指标拟定

### 7.3.1　典型测点选取

BEJSK 拱坝工程分别在 2#、6#、9#、13# 和 20# 坝段布置了 5 套正倒垂线进行坝体和基岩变形监测，如图 7-2 所示。选取河床坝段坝顶处 3 个典型测点 PL1-3、PL2-3、PL3-3，采用数值计算—变形统计模型的混合法进行大坝变形监控指标拟定。

### 7.3.2　变形一级监控指标拟定

#### 7.3.2.1　变形统计模型建立

在 3.2 节结合该拱坝坝顶处测点 PL1-3、PL2-3、PL3-3 的水平径向位移监测资料系列（2016 年 10 月 2 日—2020 年 10 月 29 日），建立了变形统计模型，并采用逐步回归

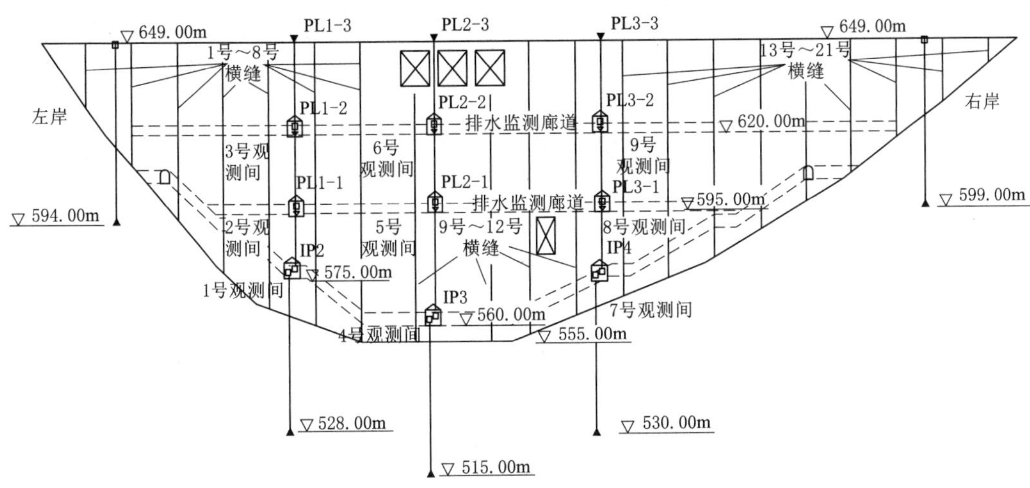


图 7-2 BEJSK 拱坝正、倒垂线监测布置图

分析法进行回归分析，3 个测点回归分析的复相关系数分别为 0.935、0.878 和 0.967，这说明所建立的变形统计模型效果良好。3 个测点实测值和统计模型拟合值对比如图 7-3 所示。

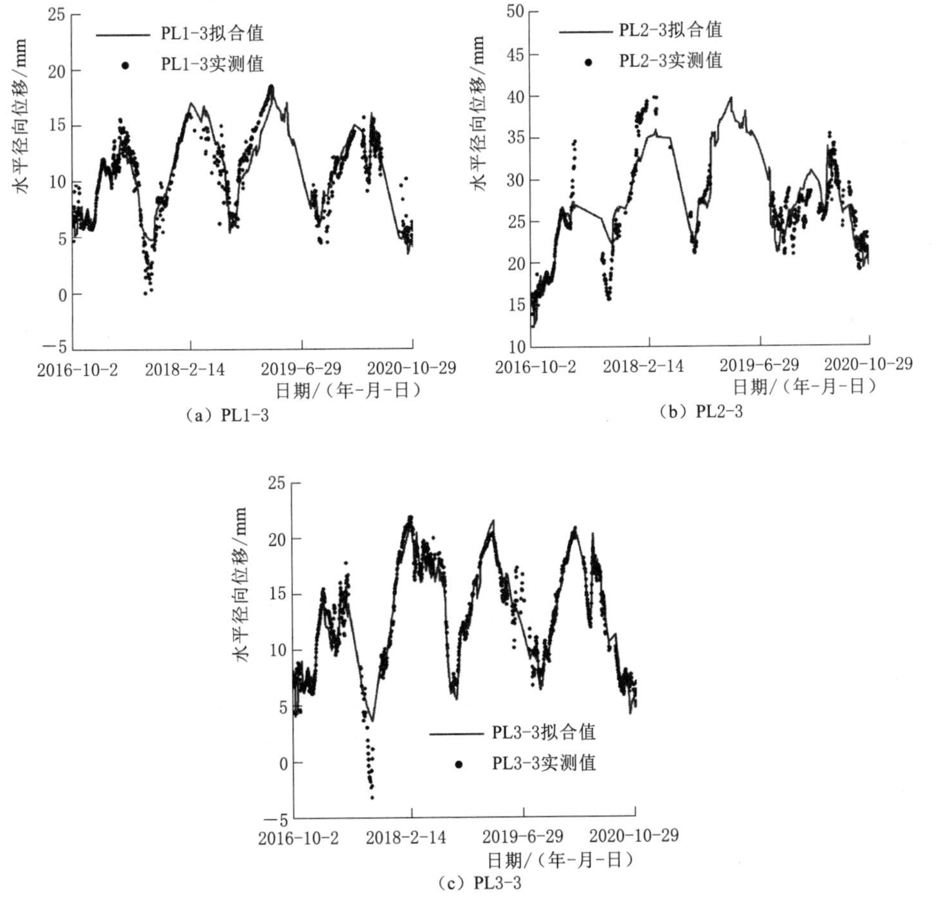


图 7-3 大坝坝顶处典型测点实测值与统计模型拟合值对比

由该拱坝径向水平位移和环境量（库水位和日平均气温，图 7-4）的相关性分析可知，坝顶处测点 PL1-3、PL2-3、PL3-3 的水平径向位移主要表现为向下游位移（图 7-3）；库水位较高时，大坝向下游变形较大；低温季节时，温度引起的向下游变形也较大，即高水位低温对大坝变形不利。为此，在拟定该坝变形一级监控指标时，选取低温高水位作为计算工况。

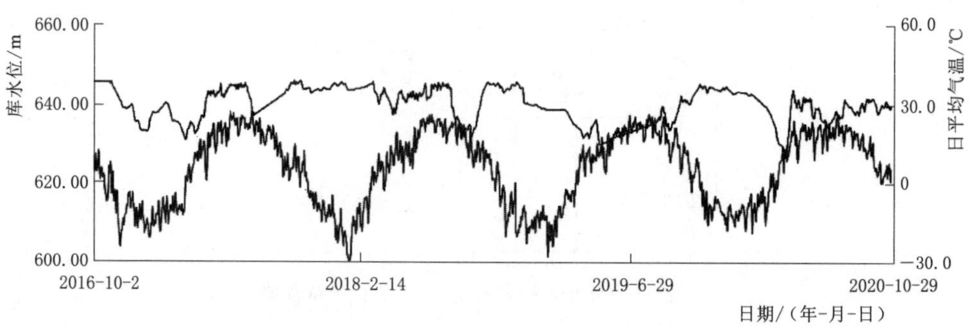


图 7-4　库水位和日平均气温过程线

#### 7.3.2.2　水压分量计算

1. 拱坝三维有限元模型建立

依据 BEJSK 大坝坝体设计报告及坝基地质资料，建立了三维有限元模型，如图 5-7 所示。如前文所述，将坝体以及坝基概化为三种材料，其中，坝体混凝土概化为一种材料，记为 $E_1$，坝基花岗片麻岩（D2a-4）概化为一种材料（基岩类型Ⅰ），记为 $E_2$，坝基黑云母斜长片麻岩（D2a-3 和 D2a-5）概化为一种材料（基岩类型Ⅱ），记为 $E_3$。3 种概化材料的弹性模量采用 4.3 节的反演弹性模量，见表 7-1。

**表 7-1　　拱坝材料弹性模量取值**

| 材　料　分　区 | $E_1$ | $E_2$ | $E_3$ |
|---|---|---|---|
| 材料弹性模量/GPa | 32.49 | 18.03 | 14.90 |
| 泊松比 | 0.20 | 0.22 | 0.25 |

2. 不利工况下的水压分量差

该拱坝自下闸蓄水运行以来，在 2017 年 10 月 27 日出现历史最高水位 646.20m，超过了正常蓄水位 646.00m，为此，选择历史最高水位 646.20m 作为不利计算水位工况；通过分析该拱坝径向水平位移和库水位监测资料，选择较低水位 630.54m 的 2017 年 3 月 27 日作为起始日。

结合 4.3 节优化反演的材料参数，将选定的水位输入所建立的大坝三维有限元计算模型，通过线弹性有限元计算得到不利工况下的水压分量差 $\Delta\delta_H^{e-c}=\delta_H^{e-c}(H=646.20)-\delta_H^{e-c}(H=630.54)$。

#### 7.3.2.3　温度分量选取

由 3.2 节建立的变形统计模型 $\delta=\delta_H^m+\delta_T^m+\delta_\theta^m$，分离出温度分量 $\delta_T^m$，计算得到相对于起始日向下游最大的差值作为对应温度分量的差值 $\Delta\delta_T^m$。

#### 7.3.2.4 时效分量选取

由 3.2 节建立的变形统计模型 $\delta=\delta_H^m+\delta_T^m+\delta_\theta^m$，分离出时效分量 $\delta_\theta^m$，选取至起始日起的最大变幅值作为最不利时效分量差 $\Delta\delta_\theta^m$。

#### 7.3.2.5 变形一级监控指标拟定结果

根据式（7-7）得到该坝变形一级监控指标，见表 7-2。

表 7-2　　大坝变形一级监控指标拟定结果

| | PL1-3 | PL2-3 | PL3-3 |
|---|---|---|---|
| 起始日实测位移 $\delta_0$/mm | 10.28 | 24.31 | 12.04 |
| 有限元水压分量差 $\Delta\delta_H^{e-c}$/mm | 6.12 | 9.13 | 9.95 |
| 统计模型温度分量差 $\Delta\delta_T^m$/mm | 0.08 | 0.53 | 0.14 |
| 统计模型时效分量差 $\Delta\delta_\theta^m$/mm | 5.41 | 12.30 | 5.92 |
| 变形一级监控指标 $\delta_{\mathrm{I}}$/mm | 21.89 | 46.27 | 28.06 |

### 7.3.3 变形二级监控指标拟定

#### 7.3.3.1 水压分量计算

与变形一级监控指标类似，选择历史最高水位 646.20m 作为不利计算水位工况，并选择较低水位 630.54m 的日期作为起始日。拱坝三维有限元模型仍采用 7.3.1 节的有限元模型。材料弹性模量和泊松比见表 7-1。由于 Drucker-Prager 屈服准则适用于混凝土和基岩两类脆性材料，不存在屈服面上的奇点问题，且需要的参数相对简单，为此，假设坝体混凝土和基岩的屈服准则满足 Drucker-Prager 屈服准则，强度参数采用设计值，由凝聚力和摩擦系数建议值除以折减系数获得。

当采用单一安全系数法的设计准则时，《混凝土重力坝设计规范》（SL 319—2018）收集了部分实际工程的安全系数，取值范围一般为［1.36，3.07］；《混凝土拱坝设计规范》（SL 282—2018）收集了国内高校针对国内高拱坝地质力学模型采用的安全系数，取值范围一般为［1.5，3.0］；由于上述安全系数的取值范围较大，在实际应用时难以合理确定折减系数，而且上述安全系数对应于极限状态，将其作为变形二级监控指标拟定时的强度折减系数也与实际不符。

当采用分项系数极限状态设计准则时，其将材料强度参数区分为强度标准值和强度设计值，并用材料性能分项系数建立两者之间的关系。如《混凝土重力坝设计规范》（NB/T 35026—2014）从材料性能分项系数的角度考虑材料的变异性，建议混凝土/基岩、混凝土/混凝土和基岩/基岩的凝聚力和摩擦系数对应的材料性能分项系数分别为 2.0 和 1.7，其与材料强度折减的含义一致，因此选择《混凝土重力坝设计规范》（NB/T 35026—2014）的关于材料性能分项系数的建议值作为折减系数。

依据 BEJSK 拱坝设计报告及坝基地质资料，坝体混凝土、基岩类型Ⅰ和基岩类型Ⅱ相应的凝聚力建议值分别为 2.50MPa、1.10MPa 和 0.95MPa，摩擦系数建议值分别为 1.428、1.2 和 1.1，由凝聚力和摩擦系数对应的材料性能分项系数 2.0 和 1.7，容易得到强度参数相应的设计值，进而由内切圆公式［式（7-11）］计算得到 Drucker-Prager 屈服函数对应的材料参数 $\alpha$ 和 $K$，见表 7－3。然后通过弹塑性有限元计算获得不利工况下水压分量差 $\Delta\delta_H^{ep-c}=\delta_H^{ep-c}(H=646.20)-\delta_H^{ep-c}(H=630.53)$。

表 7－3　　拱坝材料强度参数取值

| 材料分区 | 凝聚力建议值 /MPa | 摩擦系数建议值 | 凝聚力设计值 /MPa | 摩擦系数设计值 | 材料参数 $\alpha$ | 材料参数 $K$/MPa |
|---|---|---|---|---|---|---|
| 坝体混凝土 | 2.50 | 1.428 | 1.25 | 0.84 | 0.2010 | 0.8973 |
| 基岩类型Ⅰ | 1.10 | 1.2 | 0.55 | 0.706 | 0.1824 | 0.4263 |
| 基岩类型Ⅱ | 0.95 | 1.1 | 0.475 | 0.647 | 0.1728 | 0.3805 |

#### 7.3.3.2　温度分量选取

由该拱坝径向水平位移和环境量（库水位和日平均气温）的相关性进一步分析可知，该坝除了高水位低温工况下会引起较大的向下游变形，另外，该坝在运行过程中会遭遇低水位与极端低温同时发生工况。此时大坝上游面混凝土裸露面积增大，由此引起的温度分量相对于高水位低温工况下的温度分量更为不利。为此，考虑到低水位低温工况会引起的复杂的不利变形效应量，根据实测径向位移和变形统计模型的水压分量和时效分量分离出低水位低温工况下的实测温度分量为

$$\Delta\delta_T^{m'}=\Delta\delta^{m'}-\Delta\delta_H^{m'}-\Delta\delta_\theta^{m'} \tag{7-16}$$

式中　$\Delta\delta_T^{m'}$——低水位低温工况下实际温度分量与起始日温度分量差值；

$\Delta\delta^{m'}$——低温低水位相对于起始日实测位移变化量；

$\Delta\delta_H^{m'}$——低水位低温工况下变形统计模型水压分量相对于起始日水压分量的差值；

$\Delta\delta_\theta^{m'}$——低水位低温工况下变形统计模型时效分量相对于起始日时效分量的差值。

在低水位低温工况下，由式（7－16）计算相对于起始日的实测温度分量差值 $\Delta\delta_T^{m'}$，如图 7－5 所示，在图中同时对比给出了变形统计模型的温度分量（或称线性温度分量）差值。典型年份下不利温度工况引起的温度分量与起始日温度分量的差值见表 7－4。

表 7－4　　典型年份温度分量差值统计表

| 年份 | 测点 | | | | | |
|---|---|---|---|---|---|---|
| | PL1－3 | | PL2－3 | | PL3－3 | |
| | 线性温度分量差 /mm | 非线性温度分量差 /mm | 线性温度分量差 /mm | 非线性温度分量差 /mm | 线性温度分量差 /mm | 非线性温度分量差 /mm |
| 2017 | 0.09 | 1.05 | 0.45 | 8.79 | 0.00 | 0.76 |
| 2018 | －0.02 | －1.90 | 0.29 | 5.70 | 0.14 | －0.17 |
| 2019 | 0.09 | －0.34 | 0.53 | －2.64 | 0.14 | －0.47 |
| 2020 | 0.09 | 1.36 | 0.53 | 4.42 | 0.12 | －0.68 |

由于该实测温度分量差值包含了不利温度工况引起的非线性温度分量，取其最大差值作为变形二级监控指标的温度分量差 $\Delta\delta_T^m$。

#### 7.3.3.3　时效分量选取

时效分量选取与 7.3.1.3 节相同。由 3.2 节建立的变形统计模型 $\delta=\delta_H^m+\delta_T^m+\delta_\theta^m$，分

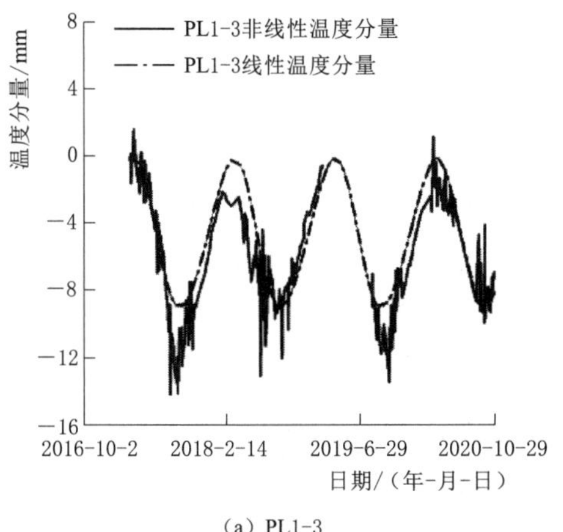


(a) PL1-3

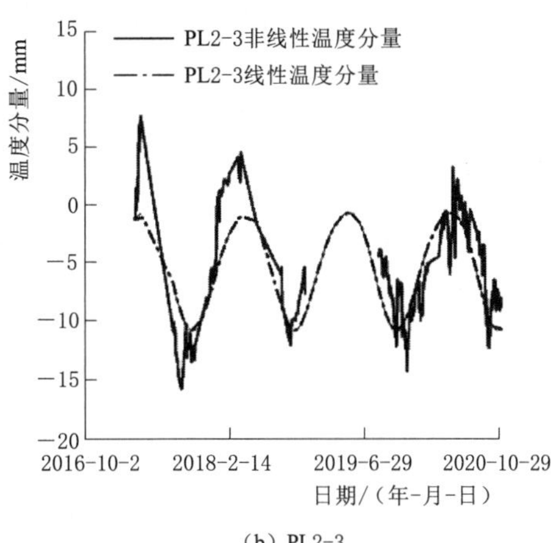


(b) PL2-3

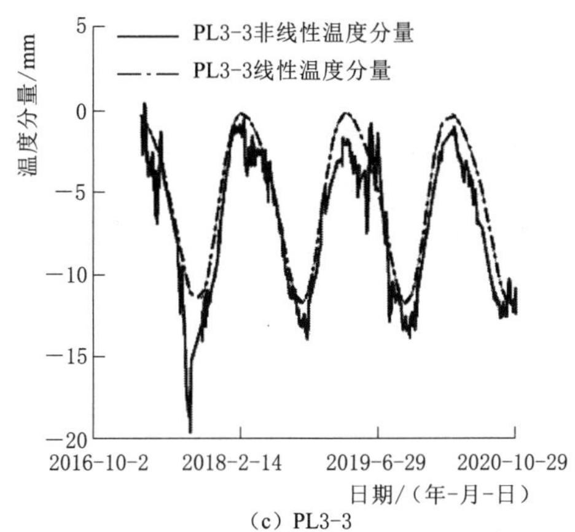


(c) PL3-3

图 7-5　非线性温度分量与线性温度分量过程线对比

离出时效分量 $\delta_{\theta}^{m}$，选取至起始日起的最大变幅值作为最不利时效分量差 $\Delta\delta_{\theta}^{m}$。

#### 7.3.3.4　变形二级监控指标拟定结果

根据式（7-7）得到该坝变形二级监控指标，见表 7-5。

**表 7-5　　大坝变形二级监控指标拟定结果**

| | PL1-3 | PL2-3 | PL3-3 |
|---|---|---|---|
| 起始日实测位移 $\delta_0$/mm | 10.28 | 24.31 | 12.04 |
| 有限元水压分量差 $\Delta\delta_{H}^{ep-c}$/mm | 7.26 | 12.01 | 13.74 |
| 温度分量差 $\Delta\delta_{T}^{m'}$/mm | 1.36 | 8.79 | 0.76 |
| 统计模型时效分量差 $\Delta\delta_{\theta}^{m}$/mm | 5.41 | 12.30 | 5.92 |
| 变形二级监控指标 $\delta_{\text{II}}$/mm | 24.31 | 57.41 | 32.46 |

### 7.3.4　变形监控指标拟定评价

作为对比，结合实测变形监测资料系列，采用典型小概率法拟定了坝顶处测点 PL1-3、

PL2－3、PL3－3 的水平径向位移监控指标，见表 7－6。

**表 7－6　　大坝变形一级、二级监控指标拟定结果对比**

| | PL1－3 | PL2－3 | PL3－3 |
|---|---|---|---|
| 混合法拟定变形一级监控指标 $\delta_{\mathrm{I}}$ /mm | 21.89 | 46.27 | 28.06 |
| 混合法拟定变形二级监控指标 $\delta_{\mathrm{II}}$ /mm | 24.31 | 57.41 | 32.46 |
| 典型小概率法拟定监控指标/mm | 20.57 | 43.61 | 26.60 |
| 历史最大监测值/mm | 18.64 | 39.74 | 22.32 |

由表 7－6 可知，三种监控指标均大于历史最大监测值；由于典型小概率法拟定的监控指标为大坝处在正常工作状态下的监控指标，该值与混合法拟定的变形一级监控指标接近但略小，其原因为混合法拟定的变形一级监控指标考虑的因素更全面。这同时也表明，该拱坝目前处于黏弹性工作性态。

### 7.3.5　拱坝监测量预警模式

当 $\delta \leqslant [\delta_{\mathrm{I}}]$ 时，BEJSK 拱坝处于黏弹性工作状态；

当 $[\delta_{\mathrm{I}}] < \delta \leqslant [\delta_{\mathrm{II}}]$ 时，BEJSK 拱坝处于黏弹塑性工作状态；

当 $\delta > [\delta_{\mathrm{II}}]$ 时，必须跟踪监测，及时分析大坝监测值的变化趋势。

式中：$\delta$ 为实测监测数据；$[\delta_{\mathrm{I}}]$ 和 $[\delta_{\mathrm{II}}]$ 分别为基于数值计算-变形统计模型的混合法拟定的变形一级和二级监控指标。

## 7.4　总 结 与 评 价

针对混凝土坝变形监控指标拟定涉及的坝体和基岩的弹性参数、强度参数和黏性参数众多且不容易准确获取的问题，考虑到水压分量数值计算涉及的参数相对较少且计算结果相对可靠，采用数值计算—变形统计模型的混合法拟定混凝土坝变形监控指标，并结合某常态混凝土高拱坝，展示了基于混合法的混凝土坝变形一级、二级监控指标拟定。通过分析得到如下结论：

（1）给出了基于数值计算—变形统计模型的混合法拟定混凝土坝变形一级、二级监控指标的计算准则，以及给出了不利工况下水压分量、温度分量和时效分量的计算方法；其中，在计算变形二级监控指标的水压分量时，引入凝聚力和摩擦系数对应的材料性能分项系数来获得强度参数的设计值；而在计算变形二级监控指标的温度分量时，采用包含了非线性温度分量的不利温度工况下的实测温度分量差。

（2）结合某常态混凝土高拱坝拟定变形监控指标结果表明，基于典型小概率法拟定的变形监控指标与混合法拟定的变形一级监控指标接近但略小，这表明该拱坝目前处于黏弹性工作性态，而且混合法拟定的变形一级监控指标考虑的因素更全面。

# 第8章 监测资料分析及监控指标拟定研究展望

安全监测是大坝安全的“耳目”，安全监测仪器是大坝健康的“听诊器”，监控指标是大坝健康的“安全线”，专业分析报告是大坝的“体检报告”，对大坝安全监控理论的方法和应用展开研究，不仅可以及时监测大坝的运行性态，使大坝在保证安全运行的前提下最大限度地发挥其工程效益，而且对发展坝工理论和提高施工及管理水平具有重要的科学价值。本书结合严寒地区的混凝土拱坝的工程实际，依据安全监测资料进行了正反分析和监控指标拟定，对工程运行性态进行了评价，对多种监控指标拟定方法进行了研究和对比分析，希望能够为安全监测行业的深层次研究和发展提供借鉴。

由于时间和篇幅所限，本书的研究内容仍有一定局限性，诸如混凝土重力坝、土石坝以及其他坝型和水工建筑物的安全监控指标拟定与拱坝存在一定差异，需要结合具体实际工程特性进行研究，对于水工建筑物的安全运行的评价体系也需要进一步完善，现对安全监测资料分析评价、监控指标拟定以及运行管理方面提出一些展望供参考。

(1) 加强初蓄期—运行期安全监测。水库大坝是一种特殊的大体积水工建筑物，由于坝区和坝基水文、地质条件的复杂性，以及水压、温度等外部荷载的长期作用，大坝的实际工作性态是无法确知的。首次蓄水是对水库大坝的一次重大考验，如若设计参数取用不当，基础情况未查明施工中留下的施工隐患未觉，都会对大坝安全产生危害。在水库初期蓄水及以后的3～5年内，近坝区域内的水文地质条件将发生较大的改变。在初期运行阶段大坝处于安全考验期，各项参数指标随加载历时和加载路径而变化，将导致大坝自身强度与周围实际边界的相容性与设计预想规律不完全一致。大坝事故统计资料表明，几乎有60%左右的事故是发生在初期蓄水或初期运行阶段。

安全监测是了解水库大坝运行形态和安全状况的有效手段，也是水库大坝运行管理的重要环节。因此水库大坝安全运行监控的唯一途径就是在大坝中设置监测仪器系统，通过监测设备获取所在部位的变形、渗流、渗压、应力应变等特征数据，然后采用一定的数学方法和分析模型对这些数据进行处理、计算和综合分析，进而揭示大坝的运行性态、评估大坝的安全状况，为工程运行决策提供科学依据。通过初期运行安全监测工作，加强对重要参数（近坝区域变形、应力、谷幅变形、渗流渗压等）的不间断监测，为枢纽建筑物安全鉴定与评价提供可靠、准确、完整、连续的监测成果，同时为运行期大坝安全监控和评价提供重要的支撑。

(2) 创新安全监控指标拟定方法。我国水利行业相关规范基于单一安全系数法设计混凝土拱坝，而电力行业（或国家能源局）规范基于分项系数极限状态设计法设计混凝土拱坝。由于根据可靠度理论制定的分项系数法设计规范明确规定按极限状态设计的同时，给出了计算中的变异性来源分项系数，统一考虑了不同的结构受影响的因素，因此更能与工程设计情况相吻合。因此，为了使运行期大坝变形监控指标的拟定和设计准则相配套，结合电力行业规范从正常使用极限状态与承载能力极限状态角度给出监控指标定义，并提出相应的监控指标拟定准则和方法有待进一步研究。

由于监控指标拟定涉及参数众多且不易合理确定，完全采用数值计算法来拟定监控指标难度大；即使采用数值计算—变形统计模型的混合法拟定二级监控指标时，也存在不利温度分量的非线性效应考虑不足、材料强度参数和安全储备系数（或强度折减系数）等的取值不明确等问题。在本书中，作者虽然对上述问题进行了一些探索，但仍需要进一步研究。此外，由于变形三级监控指标的拟定需要采用大坝变形非线性计算的大变形理论，以及迄今关于混凝土坝溃坝的变形监测资料极少，因此，变形三级监控指标拟定十分复杂和困难。即如何获得合理可靠的二级和三级监控指标仍需要进一步研究。

（3）推进安全监测智慧化。在高坝安全监测与运行管理方面，在线动态监控、智能巡检等方面的研究逐步得到应用。基于大数据分析、高性能仿真、深度学习算法、视频监控、在线监控软件系统均有进展，GIS＋BIM 技术与监测管理平台的深度融合化等方面已开始在大坝工程建设、运行维护与安全管控中得到越来越多的采用。基于物联网技术的全过程自动化、面向不同用户需求的专题可视化、聚焦工程安全风险的模型化、信息化转向可视化、逐步转入智能化是未来大坝安全监测与监控的重点发展方向。

数字孪生技术通过数字化的手段构建了一个与物理世界同样的虚拟体，从而实现对物理实体的了解、分析、预测、优化、控制决策，能够解决“信息水利”向“智慧水利”跨越过程中的科学决策问题。大坝安全监测智慧化最重要的基础模型，应是基于数字孪生技术建立工程对象及其安全监控体系的统一信息物理模型。对于运行期的大坝，安全监测自动化系统采集了大坝的变形、渗流、水位等信息，这些信息在一定层面上可以反映当前大坝的安全状态。通过收集工程建设阶段的地勘资料、设计资料、建设资料等，借助 BIM、GIS 技术构建物理实体对应的虚拟体，基于虚拟体，可以实现大坝实体的预报、预警、预演、预案，并验证、运行管理决策等。